向量式膜板壳结构理论与应用

王 震 赵 阳 杨学林 著

中国建筑工业出版社

图书在版编目（CIP）数据

向量式膜板壳结构理论与应用/王震，赵阳，杨学林著. —北京：中国建筑工业出版社，2022.12
ISBN 978-7-112-28014-8

Ⅰ.①向… Ⅱ.①王… ②赵… ③杨… Ⅲ.①薄膜结构-研究②平板结构-研究③薄壳结构-研究 Ⅳ.①TU33

中国版本图书馆CIP数据核字（2022）第178605号

本书采用理论推导、程序开发、算例分析和数值模拟的方法，对向量式有限元新型分析方法的膜、板、壳结构基本理论与复杂结构行为应用进行了系统研究。全书共10章内容，包括：绪论，向量式结构理论基础，向量式膜单元理论，向量式板单元理论，向量式壳单元理论，膜板壳结构的大变形大转动和材料非线性行为，膜板壳结构的屈曲和褶皱行为，膜板壳结构的接触非线性行为，膜板壳结构的断裂和穿透行为，向量式实体单元理论及不连续行为。

本书结构严谨，内容翔实，并配有大量图表以及相关理论推导公式，可作为高等院校土木工程及力学专业等教师与学生学习向量式有限元的教学及科研参考书，也可供航空航天、机械工程等相关专业的科研人员和设计人员参考。

责任编辑：张伯熙
文字编辑：沈文帅
责任校对：董　楠

向量式膜板壳结构理论与应用
王　震　赵　阳　杨学林　著

*

中国建筑工业出版社出版、发行（北京海淀三里河路9号）
各地新华书店、建筑书店经销
霸州市顺浩图文科技发展有限公司制版
北京中科印刷有限公司印刷

*

开本：787毫米×960毫米　1/16　印张：16　字数：323千字
2023年6月第一版　2023年6月第一次印刷
定价：**96.00**元
ISBN 978-7-112-28014-8
（40129）

序

传统有限元方法在结构行为预测时需要区分各种行为类型，针对不同的行为类型采用各自专用的公式和程序来处理。而由美国普渡大学丁承先教授所创立的向量式有限元法，对各类复杂力学行为（包括大变形、空间运动、材料性质变化、断裂和坍塌等）都可以用相同的概念和流程来处理，即用一个完整而通用的理论进行广义的结构模拟和行为预测，其理论内涵涉及力学的基本构想和连续介质力学理论。由于其独特的理论优势，尤其适用于碰撞、断裂、穿透、倒塌等强非线性和不连续力学行为的预测分析和全过程数值模拟。

本人于 2009～2011 年两度邀请丁承先教授在浙江大学建筑工程学院开设研究生课程“向量式结构与固体力学”，旨在为研究生从事复杂结构行为分析研究提供新的思路与方法。此后，浙江大学及其他高校的不少学者投入了该方法的基础理论及应用研究，推动了这一新型分析方法的理论发展，并将其成功应用于空间结构、大跨桥梁、高层建筑、输电塔线等结构的复杂行为分析。

王震博士于 2008～2013 年在浙江大学空间结构研究中心攻读博士学位，毕业后在浙江省建筑设计研究院从事建筑结构设计和分析工作多年，近年入职于浙大城市学院。他在浙江大学学习期间就修读了丁教授开设的课程，尝试将向量式有限元应用于钢储罐结构的爆炸破坏分析，并在赵阳教授指导下完成了博士学位论文《向量式有限元薄壳单元的理论与应用》。本书为王震博士以其博士学位论文为基础，在赵阳教授、浙江省建筑设计研究院杨学林教高的理论指导和实践帮助下，针对膜、板、壳三类典型面单元，对向量式结构理论、复杂行为实现及应用进行深入探讨而所做的创新研究。本书系统推导了向量式膜单元、板单元和壳单元的基本理论，针对膜、板、壳结构的大变形大转动和材料非线性行为、屈曲和褶皱行为、接触非线性行为以及断裂和穿透行为，深入探讨其向量式实现机制，开发了相应的分析程序，并进行了算例验证和实际应用。

在空间结构科技领域中，这是一本理论分析与工程应用相结合的创新著作，希望这样的论著多多出版问世，为我国空间结构从大国迈向强国做出积极贡献。

中国工程院院士
浙 江 大 学 教 授 董石麟
2022 年于浙江大学求是园

前　　言

自2009年丁承先教授应浙江大学建筑工程学院董石麟院士之邀，两度于浙江大学为一年级研究生讲授“向量式结构与固体力学”以来，向量式有限元方法获得国内学者的广泛关注，并被成功应用于空间结构、高层建筑、大跨桥梁、海洋工程等结构的复杂力学行为分析。向量式有限元是一种基于点值描述和向量力学理论的新型分析方法，以牛顿力学基本原理为基础，抛开了数学函数描述和偏微分方程控制，通过向量力学基本概念和运算法则，以质点来描述力（矩）、位移和加速度等物理量并建立相互间关系，而以多质点离散模式的数值结果作为近似解。由于其理论基础的独特优势，特别适用于结构大位移大转动、机构运动以及存在严重不连续行为的结构碰撞、断裂和穿透等复杂行为预测分析及全过程数值模拟。

基于此，本书以向量式有限元膜板壳结构理论及复杂行为实现存在的科学问题为导向，在国家自然科学基金项目“基于向量式有限元的爆炸作用下大型钢储罐结构破坏分析”（编号：51378459）等项目资助下，通过理论推导、程序开发、算例分析和数值模拟等方式，针对向量式膜、板、壳结构单元基本理论及应用进行了系统研究，解决了其大变形大转动和材料非线性、屈曲和褶皱、接触非线性、断裂和穿透等复杂结构行为的理论及实现方式等多项关键问题。本书是作者围绕向量式有限元膜板壳结构理论及复杂行为应用关键问题深入研究的系统总结。本书共10章，包括：绪论，向量式结构理论基础，向量式膜单元理论，向量式板单元理论，向量式壳单元理论，膜板壳结构的大变形大转动和材料非线性行为，膜板壳结构的屈曲和褶皱行为，膜板壳结构的接触非线性行为，膜板壳结构的断裂和穿透行为，向量式实体单元理论及不连续行为。

在本书的撰写过程中，得到了中国工程院院士董石麟教授、浙江省工程勘察设计大师陈志青等人的指导、建议和帮助，在此表示衷心的感谢！并特别感谢彭涛、于磊等硕士，在本课题相关工作方面的付出。同时对研究生汪儒灏、刘玉锋、陈寅等在资料收集、图表绘制及计算分析等方面的辛勤劳动，在此一并表示衷心的感谢。

本书的分工如下：第 1 章、第 3 章由王震、赵阳撰写；第 2 章、第 7 章由赵阳、王震撰写；第 4 章、第 5 章、第 6 章、第 8 章由王震撰写；第 9 章、第 10 章由王震、杨学林撰写。本书引用了大量的参考文献，包括各类学术期刊和专著，但难免会有疏漏之处，在此敬请谅解和表示感谢！由于作者水平、能力及可获得的资料有限，书中难免存在不妥之处，敬请各位专家、同行和读者批评指正。

2022 年于浙大城市学院

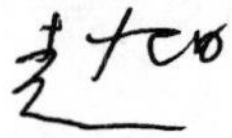

2022 年于浙江大学紫金港

2022 年于杭州

目　　录

第1章

绪　论

1.1　向量式有限元

向量式有限元[1-3]（Vector Form Intrinsic Finite Element，VFIFE）分析方法是参考传统的共转坐标法改良而来的一种基于点值描述和向量力学理论的新型分析方法，由美国普渡大学丁承先教授于 2002 年提出。不同于传统有限元的分析及思考模式，向量式有限元以牛顿力学基本原理为力学基础，抛开了数学函数描述和偏微分方程控制，通过向量力学的基本概念和向量运算法则，以质点来描述力、力矩、位移、速度和加速度等这些物理量并建立相互之间的关系，而以多质点离散模式的数值计算结果作为真实解的近似值。随着计算机技术的迅速发展，需处理大量质点参数及复杂行为向量运算的向量式有限元方法获得了极大的发展。

向量式有限元由于其理论基础的独特优势，特别适用于结构的大位移大转动、机构运动以及存在严重不连续行为的结构碰撞、断裂和穿透等应用领域的复杂动力行为预测分析及其全过程数值模拟。近年来吸引了不少国内外学者投入该方法的基础理论及应用研究[4]，主要包括以下四个方向的研究。

（1）分析理论的完善。该方向主要为完善或加强向量式有限元法的理论和分析模式，使其应用时更便捷、更稳定和更广泛。Wu 等[5] 将向量式有限元从途经单元内的大位移小变形应用扩展到大位移大变形的领域，以更好地应用于具有极大变形的柔性结构。袁行飞等[6] 基于能量原理推导了一致质量矩阵和集中质量矩阵在杆系结构中的向量化方程，表明在瞬态分析和刚体转动分析中前者可有效改善计算精度和计算效率。

（2）单元形式的发展。该方向主要针对各类实际结构的特性发展相对应的单元种类，包括索、杆、梁、膜、板、壳和实体等单元，以应用于各类实际工程结构。Wang 等[7] 将向量式有限元推广至空间桁架的弹性与弹塑性分析，模拟了该类结构的倒塌与非线性动力分析。俞锋等[8] 针对张拉连续索施加预应力下在接触点处滑移时的摩擦问题，发展了考虑接触点摩擦的滑移索单元，并给出了接触点力传递系数计算方法。

(3) 复杂结构行为的模拟。该方向主要为针对弹塑性、碰撞、断裂、摩擦等复杂行为的问题，开发相应的分析计算程序，使向量式有限元法在不连续行为中发挥优势。Wang 等[9] 探讨了空间桁架单元的断裂失效行为和接触破坏行为，体现了向量式有限元在模拟结构断裂模式和接触模式方面的优势和简便性。喻莹等[10] 将基于向量式有限元的弹塑性材料和构件断裂机制引入单层球面网壳分析中，研究其在强震作用下的连续倒塌破坏行为及抗倒塌设计。

(4) 其他领域的应用。该方向主要为将向量式有限元推广到其他非常规的特殊领域，包括工程实务模拟、控制元件模拟、机构分析模拟、火灾和温度效应模拟以及海域结构物分析等。Chang 等[11] 将向量式有限元应用于海上结构物的分析，研究了海上结构物在波浪力这一非线性外力作用下的动力行为。孙友刚等[12] 基于向量式有限元建立可变刚度的高架轨道梁模型，并通过可控悬浮电磁力进行模型耦合，模拟获得了系统结构振动响应和变形规律。

1.2 膜板壳结构及行为

膜板壳结构在实际工程中有着广泛应用，本节主要介绍膜板壳单元和膜板壳结构复杂行为的相关研究。

1. 膜板壳基本单元研究

(1) 膜单元。膜结构是一种被广泛使用的柔性结构，仅有很小的抗压或抗弯刚度，面外荷载下容易产生大变形大转动甚至发生褶皱及碰撞、断裂等复杂行为，具有极强的非线性效应，应用包括建筑膜结构、空间可展结构、安全气囊和布料运动仿真等[13]。三角形常应变膜单元 (Constant Strain Triangle，CST)[14] 是最早发展起来的膜单元，由于单元面内应力应变为常量分布而得其名。江见鲸等[15] 引入等参坐标概念对四节点四边形等参膜单元的形函数描述进行了研究，并给出了其表达式。

(2) 板单元。当板仅受到垂直于板平面的横向荷载作用时，将发生弯曲变形而不存在面内拉伸变形[16]。Clough 和 Tocher[17] 通过引进子域法最早推导出完全协调的 9 自由度 3 阶多项式形函数，但在单元间，边界仍存在位移不连续现象。Batoz 等[18] 发展了离散 Kirchhoff 理论三角形板单元 (Discrete Kirchhoff Triangle，DKT)，解决了相邻单元间完全协调的问题。Mindlin 板理论是 1951 年由 Raymond Mindlin 在 Kirchhoff-love 板理论的基础上提出的，考虑了板厚度方向的剪切变形。

(3) 壳单元。壳结构是一种二维单元结构，广泛应用于双曲扁壳、球壳、柱壳以及具有复杂曲面构造及边界的曲面形式等结构[16]。在荷载作用下，壳结构同时存在面内拉伸变形和面外弯曲变形，可视为膜单元和板单元的组合。Green

等[19] 于 1961 年首度采用三角形平面壳单元（Triangular Flat Shell Element，TFSE），并应用于任意形状的壳结构物。Batho 和 Ho[20] 则提出了基于高阶形函数及积分模式的高阶参壳单元，以及由膜单元与板单元叠加而成的壳单元。

2. 膜板壳大变形大转动和材料非线性行为

（1）膜结构的大变形大转动。膜结构在面外荷载作用下容易产生大变形大转动，具有较强的几何非线性效应。传统非线性有限元法采用忽略抗弯刚度的膜单元进行膜结构分析，Bletzinger 和 Ramm[21] 进行了张拉膜结构的找形和荷载分析。Maurin 和 Motro[22] 将力密度法由索杆单元扩展至三角形面单元，该法计算简单，但得到的找形初始位形会存在较大误差。张华和单建[23] 采用平面三角形膜单元，并采用动力松弛法进行了膜结构的找形分析。

（2）板壳结构的大变形大转动。板壳结构的大变形大转动通常伴随着结构弹塑性（第 6.4 节）、屈曲（第 7 章）、接触非线性（第 8 章）、断裂和穿透（第 9 章）而出现，此处不再单独列出。

（3）膜结构的材料非线性。建筑膜材料是一种在织物基体上涂敷涂层材料而制成的柔性复合材料，往往呈现正交异性力学特性。Valdés 等[24] 考虑了膜材正交异性，采用非线性有限元法对膜结构进行荷载与褶皱分析。周树路和叶继红[25] 改进了力密度法，使其计算效率和精度得到提升。动力松弛法与力密度法均将膜结构离散为索网模型，正交异性仅需调整各方向索网刚度即可；而非线性有限元法需根据膜材方向对各单元设置局部坐标系，相对复杂。

（4）板壳结构的材料非线性。在壳结构的大变形大转动以及屈曲、碰撞、断裂和穿透等复杂结构行为中，往往伴随着材料非线性效应，对于高速动力问题还需考虑应变率的影响。Cowper 等[26] 在弹塑性本构模型中加入幂指数的应变率因子来缩放屈服应力，建立了考虑应变硬化和应变率效应的 Cowper-Symonds 黏塑性本构模型。Johnson 等[27] 修正了应变率因子，所建立的 Johnson-Cook 热黏塑性本构模型考虑了应变硬化、应变率效应和温度软化效应。

3. 膜板壳屈曲和褶皱行为

（1）平面膜结构的屈曲褶皱。在外荷载作用下，膜结构容易出现局部褶皱而失去稳定性（屈曲），并进一步发生褶皱扩展（后屈曲）。Miyamura[28] 对受扭剪圆环形膜片进行了褶皱屈曲试验研究。谭锋等[29] 基于主应力-主应变判别准则和修正本构矩阵对张拉矩形膜片的平面弯曲褶皱效应进行了研究。李云良等[30] 采用张力场理论获得矩形膜片剪切褶皱屈曲的理论解，并与基于非线性稳定理论的 ANSYS 模拟结果和实验结果进行比较验证。

（2）空间膜结构的褶皱。膜结构仅具有很小的抗压或抗弯刚度，面外荷载作用下容易产生压缩应力从而发生褶皱。基于张力场理论，Miller 等[31] 将可变泊松比用应变关系代替，得到了褶皱状态时的膜材本构方程。Fujikake 等[32] 针对张拉膜结构提出修正本构矩阵的方法，并在 ADINA 程序中实现。谭锋等[33] 考虑初始预应力产生的应变，对膜结构褶皱进行了分析。

（3）考虑正交异性的空间膜结构褶皱。建筑膜材料是一种在织物基体上涂敷涂层材料而制成的柔性复合材料，呈现正交异性力学特性，该特性对膜结构荷载分析和裁剪设计有着直接影响。因此在膜结构的计算分析中有必要考虑膜材的正交异性受力特性。

（4）板壳结构的屈曲。屈曲和后屈曲是研究壳结构在外荷载下产生变形以至失稳的过程，主要分析方法有力控制法、位移控制法和弧长法。刘正兴等[34] 提出交替使用载荷、位移参数确定屈曲路径、临界荷载的数值分析方法，避免了以往方法中存在的极值点处刚度矩阵奇异性的影响。Lee 等[35] 在结构屈曲路径的预测和校正两个步骤同时引入隐式和显式的 Newton-Raphson 算法，并成功跟踪获得半刚性弹塑性空间框架的后屈曲平衡路径。

4. 膜板壳结构的接触非线性行为

（1）膜结构的碰撞接触。碰撞接触往往同时涉及大变形引起的几何、材料及接触非线性效应，包括膜材与刚体、膜材和膜材的碰撞两大类。Fang 等[36] 采用气体动力学和多刚体动力学对卷曲折叠管进行了展开动力学研究，展开过程中存在膜材自身的碰撞接触。李良春等[37] 采用 LS-DYNA 对一种新型着陆缓冲气囊进行了仿真分析，考虑了气囊与着陆面、气囊和气囊两类接触行为。

（2）板壳结构的碰撞接触。碰撞接触是壳结构动力复杂不连续行为分析中的一类重要问题，各质点（或单元）的速度、加速度等物理量具有严重不连续性。Gupat 等[38] 进行了质量块动力冲击球壳的理论和试验研究，系统分析了其破坏模式和吸能能力。Liu 等[39] 利用 DYTRAN 对不同角度受射弹撞击时圆柱壳结构的破坏过程进行了数值模拟，分析了其损伤变形、能量吸收以及撞击力的变化，表明不同工况下的破坏形态有折叠、屈曲和撕裂等。

5. 膜板壳结构的断裂和穿透行为

（1）膜结构的断裂和穿透。膜结构的断裂和穿透破坏过程同时存在几何、材料和接触非线性复杂不连续行为，如强风或暴雪下膜材撕裂、物体撞击下膜材穿透及气球充气破裂等。Giles 等[40] 对拉伸应力作用下脆性膜/基材料的预先开裂情况这一失效破坏进行了研究。宋维举[41] 利用 LS-DYNA 对刚性小球撞击薄膜的动力过程进行研究，模拟了其在冲击作用下的大挠度振动响应。

（2）板壳结构的断裂和穿透。断裂和穿透是壳结构动力复杂不连续行为中的两类重要问题，也具有极强的几何、材料和接触非线性效应，同时各质点的速度、加速度等物理量具有严重不连续性。Manjit 等[42] 对爆轰加载下金属柱壳结构的膨胀变形和断裂破坏响应进行了试验研究，表现出高应变率效应和塑性峰现象。Sikhanda 等[43] 利用 DYNA 3D 软件和试验研究了长杆件对薄板靶的穿透问题，穿透过程中薄靶对长杆的作用通过压力脉冲来实现。

1.3 MATLAB 程序设计

1. MATLAB 简介

MATLAB（代表“矩阵实验室”，即 Matrix Laboratory）是一种高效的第四代工程计算编程语言，它将计算、可视化和编程等功能集于一个易于使用的环境。MATLAB 的运算内核是基于线性代数软件包 LINPACK 和特征值计算软件包 EISPACK 中的子程序发展起来的，即基于矩阵运算的开放型设计语言，因而广泛适用于自然科学和工程领域的数值计算。

MATLAB 系统由以下 5 个主要部分组成：

（1）开发环境。由一系列工具组成，包括 MATLAB 桌面和命令窗口、历史命令窗口、编辑器和调试器、路径搜索和用于浏览帮助、工作空间、文件的浏览器。

（2）MATLAB 数学函数库。这是一个包含大量计算算法的集合，包括基本的函数到诸如矩阵的特征向量、快速傅里叶变换等较为复杂的函数。

（3）MATLAB 语言。这是一个高级的矩阵/阵列语言，包括控制语句、函数、数据结构、输入输出和面向对象的编程特点。具体操作包括在命令窗口中输入语句并同步执行命令、编写好较大的复杂应用程序（M 文件）后再一起运行这两种执行方式。

（4）图形处理。采用 MATLAB 可以将向量和矩阵用图形表现出来，并且对图形进行标注和打印。包括二维、三维数据可视化、图像处理、动画和表达式作图等。

（5）MATLAB 应用程序接口（API）：这是一个库，允许用户编写可以和 MATLAB 进行交互的 C 或 Fortran 语言程序。

2. 常用矩阵命令

MATLAB 中常用的矩阵分析函数见表 1.3-1，线性方程组求解运算见表 1.3-2，矩阵分解函数见表 1.3-3，矩阵的特征值和特征向量函数见表 1.3-4，非线性矩阵运算函数见表 1.3-5。

矩阵分析函数　　表 1.3-1

函数名	功能描述	函数名	功能描述
norm	求矩阵或者向量的范数	null	0 空间
normest	估计矩阵的 2 阶范数	orth	正交化空间
rank	矩阵的秩，即求对角元素的和	rref	约化行阶梯形式
det	矩阵的行列式	subspace	求两个矩阵空间的角度
trace	矩阵的迹		

线性方程组求解运算　表 1.3-2

求解	功能描述	求解	功能描述
$\boldsymbol{X}=\boldsymbol{A}/\boldsymbol{B}$	表示 $\boldsymbol{AX}=\boldsymbol{B}$ 的解	$\boldsymbol{X}=\boldsymbol{A}/\boldsymbol{B}$	表示 $\boldsymbol{XA}=\boldsymbol{B}$ 的解
恒等变换式：$(\boldsymbol{B}/\boldsymbol{A})'=(\boldsymbol{A}'/\boldsymbol{B}')$		恒等变换式：$(\boldsymbol{B}/\boldsymbol{A})'=(\boldsymbol{A}'/\boldsymbol{B}')$	

矩阵分解函数　表 1.3-3

函数名	功能描述	函数名	功能描述
chol	Cholesky 分解	qr	正交三角分解
cholinc	稀疏矩阵的不完全 Cholesky 分解	Svd	奇异值分解
lu	矩阵 LU 分解	gsvd	一般奇异值分解
luinc	稀疏矩阵的不完全 LU 分解	Schur	舒尔分解

矩阵的特征值和特征向量函数　表 1.3-4

函数名	功能描述
$d=\text{eig}(\boldsymbol{A})$	返回矩阵 $\boldsymbol{A}$ 的所有特征值
$[V, D]=\text{eig}(\boldsymbol{A})$	返回矩阵 $\boldsymbol{A}$ 的特征值和特征向量
$[V, D]=\text{eig}(\boldsymbol{A}$, ‘nobalance’)	在求解特征值和特征向量时不采用初期的平衡步骤
$d=\text{eig}(\boldsymbol{A}, \boldsymbol{B})$	返回矩阵 $\boldsymbol{A}$ 和 $\boldsymbol{B}$ 的广义特征值
$[V, D]=\text{eig}(\boldsymbol{A}, \boldsymbol{B})$	返回矩阵 $\boldsymbol{A}$ 和 $\boldsymbol{B}$ 的广义特征值和广义特征向量
$[V, D]=\text{eig}(\boldsymbol{A}, \boldsymbol{B}, \text{flag})$	当 flag=‘chol’时，计算广义特征值采用 $\boldsymbol{B}$ 的 Cholesky 分解来实现 当 flag=‘qz’时，无论矩阵是否对称，均采用 QZ 算法来求解广义特征值

非线性矩阵运算函数　表 1.3-5

函数名	功能描述	函数名	功能描述
expm	矩阵指数运算	sqrtm	矩阵开平方运算
logm	矩阵对数运算	funm	一般非线性矩阵运算

1.4　本书的主要内容

1. 出发点和思路

膜板壳结构在实际工程中具有广泛的应用。在外荷载作用下，膜板壳结构往往会出现大变形大转动、材料非线性、屈曲褶皱、接触非线性、断裂和穿透等严重不连续行为。传统有限元在处理这类复杂行为分析时，需事先区分行为类型，并采用专用的公式和程序来处理，对于结构行为预测和破坏全过程模拟往往难以得到满意的结果。本书基于向量式有限元这一新型分析方法，以向量力学为理论基础，通过理论分析、公式推导、程序开发和数值模拟，发展了向量式膜板壳的基本单元，引入复杂行为处理机制，并将其应用于这些复杂行为问题的分析。

本书包括以下两条主线：

（1）单元发展主线：膜单元→板单元→壳单元；其中索杆单元（第 2.4 节）、实体单元（第 10 章）分别为本书的基础内容和扩展内容；

（2）复杂结构行为分析主线：大变形大转动和材料非线性、屈曲和褶皱、接触非线性、断裂和穿透复杂结构行为及其工程应用。

2. 本书主要内容

本书对向量式有限元膜板壳单元的基本理论和复杂结构行为应用进行了研究，主要内容框架如图 1.4-1 所示。

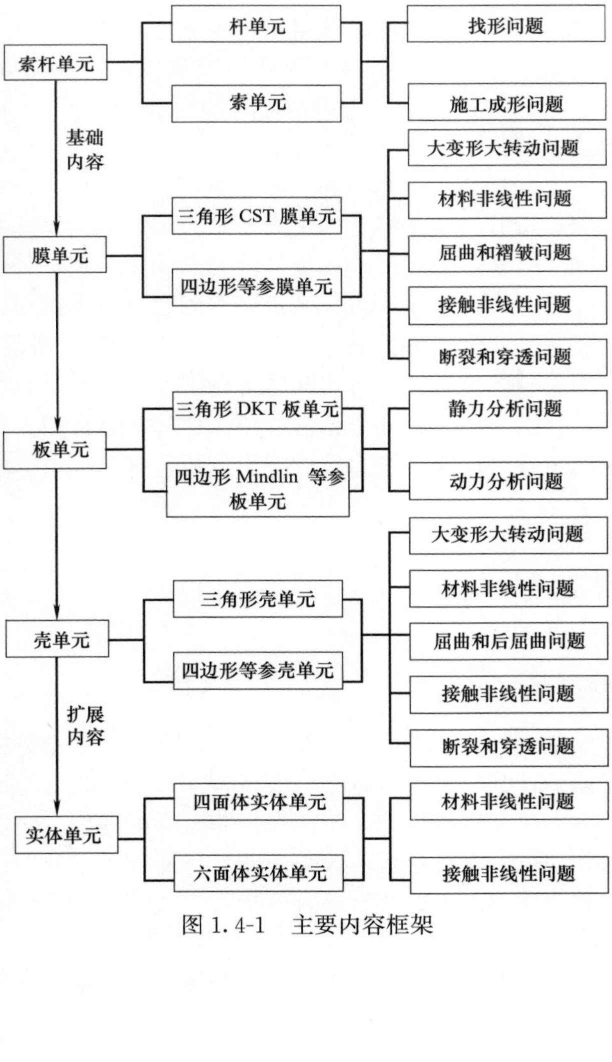

图 1.4-1　主要内容框架

第2章

向量式结构理论基础

向量式有限元适合于大位移大转动的结构以及机构问题的动力预测分析；且由于其采用质点描述模式，对于碰撞接触、破裂破碎和穿透等复杂不连续行为的问题，均可采用统一的主分析程序，相对于传统有限元并不存在对应复杂行为理论公式和偏微分控制方程的模块转换，因而具有极大的优势。对于静力分析问题，须经由动力分析的过程，最后达到稳定时即为分析结果；而对于动力问题，可直接跟踪质点运动获得。

本章首先介绍了向量式有限元法的三个基本概念和两个假设，以及其基本原理和详细推导思路；接着对该法涉及的中央差分公式、共转坐标和逆向运动、材料（非）线性属性、时间步长和阻尼参数、静力和动力求解、等效质量矩阵和惯量矩阵以及误差分析和内力（矩）自平衡机制等问题进行了探讨，并给出合理可行的处理方式；然后针对大变形大转动和材料非线性、屈曲和褶皱、碰撞接触、断裂和穿透等应用领域的复杂结构行为问题进行了探讨；最后总结了向量式有限元法的分析步骤，并给出了详细的分析流程图。此外，索杆单元作为本书基础内容，本章也对其向量式理论及在张力结构找形分析、施工成形分析中的应用进行研究。

2.1 基本概念和假设

2.1.1 基本概念

向量式有限元是一种基于点值描述和向量力学理论的新型分析方法。它以质点的运动来描述体系行为，不因其是结构或机构而改变；其计算流程是逐点逐步循环，计算过程中无单元刚度矩阵，不存在矩阵奇异的问题，无需求解复杂的非线性联立方程组，即也不存在迭代不收敛问题；且通过引入逆向运动，可消除刚体位移所带来的数值误差。因此非常适合分析大变位结构和机构问题的分析。

1. 点值描述

点值描述是将结构离散为有限个质点的组合体，因而不存在连续体中的函数描述和微分方程控制。点值描述包括形成结构几何形状与空间位置的点值描述和运动轨迹的点值描述这两部分内容。前者是用离散点的位置表示结构的形状和位置，后者通过离散点的运动轨迹表示结构的位移和变形。与传统有限元类似，离散的质点数量越多，就越能准确描述结构的形态，计算结果就越接近真实解。

2. 向量力学

向量力学建立了质点的基本概念以及与质点运动相关的力学参数，如力、力矩、质量、加速度等，也制定了质点运动定律作为力学行为的准则。向量式有限元方法将向量力学应用于结构分析，将质点运动所满足的牛顿运动定律作为质点运动控制方程，通过质点的运动轨迹来描述结构的行为。

3. 行为分析

行为分析是一种通过数值分析来预测模拟结构的真实运动行为的分析方法，其力学行为是不可预知的，即不能通过函数描述和微分方程控制来事先获得，而只能随着环境的变动来预测模拟结构的行为变化。向量式有限元避免了函数描述和微分方程式的假设和限制，是一种适用于行为预测分析的理论。

2.1.2　基本假设

(1) 将结构离散为有限个有质量的质点，质点的运动满足牛顿运动定律，质点间的约束可通过试验测定或直接采用传统有限元中单元的物理方程描述；

(2) 在时间增量步（即途经单元）内，结构单元的纯变形线（角）位移很小，即单元节点内力（矩）的计算是小变形和大变位的问题，且以变形前的几何位置作为基本架构，不考虑单元的几何变化对单元节点内力（矩）的影响，对应材料性质亦保持不变。

2.2　基本原理和推导思路

2.2.1　基本原理

向量式有限元的基本原理是将结构离散为有质量的质点和质点间无质量的单元，通过质点的动力运动过程来获得结构的位移和应力情况，质点间的运动约束通过单元连接来实现。质点 a 的运动满足质点平动微分方程和质点转动微分方程：

$$\begin{cases}\boldsymbol{M}_a\ddot{\boldsymbol{x}}_a+\alpha\boldsymbol{M}_a\dot{\boldsymbol{x}}_a=\boldsymbol{F}_a\\ \boldsymbol{I}_a\ddot{\boldsymbol{\theta}}_a+\alpha\boldsymbol{I}_a\dot{\boldsymbol{\theta}}_a=\boldsymbol{F}_{\theta a}\end{cases}\tag{2.2-1}$$

式中，$\boldsymbol{M}_a$ 和 $\boldsymbol{I}_a$ 是质点 a 的平动质量矩阵和转动惯量矩阵，$\dot{\boldsymbol{x}}$（$\ddot{\boldsymbol{x}}$）和 $\dot{\boldsymbol{\theta}}$（$\ddot{\boldsymbol{\theta}}$）是质点的速度（加速度）和角速度（角加速度）向量，α 是阻尼参数，$\boldsymbol{F}_a=\boldsymbol{f}_a^{\mathrm{ext}}+$

$\boldsymbol{f}_a^{\text{int}}$ 和 $\boldsymbol{F}_{\theta a}=\boldsymbol{f}_{\theta a}^{\text{ext}}+\boldsymbol{f}_{\theta a}^{\text{int}}$ 是质点受到的合力和合力矩向量，其中 $\boldsymbol{f}_a^{\text{ext}}$ 和 $\boldsymbol{f}_{\theta a}^{\text{ext}}$ 是质点的外力和外力矩向量，$\boldsymbol{f}_a^{\text{int}}$ 和 $\boldsymbol{f}_{\theta a}^{\text{int}}$ 是单元传递给质点的内力和内力矩向量。

2.2.2 推导思路

向量式有限元基本求解公式的推导思路如下：

（1）单元节点纯变形线（角）位移计算

由中央差分公式数值求解质点运动方程式获得质点总位移后，采用逆向运动方法扣除其中的刚体位移，以获得单元节点的纯变形线（角）位移。刚体位移包括刚体平移和刚体转动，前者可将单元的一个节点作为参考点，取其总位移向量；后者包括平面外和平面内转动位移，可通过单元平面外（内）刚体转动向量和对应平面外（内）逆向转动矩阵来换算求得。

（2）单元节点内力（矩）计算

在获得单元节点的纯变形线（角）位移后，通过单元变形满足的虚功方程来求解单元节点内力（矩）。首先引入单元变形坐标系，将空间单元问题转化到平面上；接着采用传统有限元中的单元形函数描述，获得变形坐标系下单元节点内力（矩）向量；然后利用坐标转换矩阵和平面外（内）正向转动矩阵，将变形坐标系下单元节点内力（矩）向量转换回到整体坐标系下分量；最后反向作用于质点上并进行集成得到单元传给质点的内力（矩）向量。

（3）下一步质点总线（角）位移计算

将质点内力（矩）向量和下一步初质点外力（矩）向量代回质点中央差分公式获得下一步的质点总位移，并进入下一步的单元节点纯变形线（角）位移计算。

如上往复循环以实现结构位移和应力的逐步循环计算。

2.3 关键问题的探讨

2.3.1 计算原理问题

1. 中央差分公式

由于质量矩阵 $\boldsymbol{M}_a$ 是对角阵，而转动惯量矩阵 $\boldsymbol{I}_a$ 一般是非对角阵，因而利用中央差分公式显式数值求解质点运动方程式（2.2-1）时，需先通过求逆矩阵 $\boldsymbol{I}_a^{-1}$ 进行角位移自变量的解耦，即有式（2.3-1）（m_a 是质点 a 的质量）：

$$\begin{cases}\ddot{\boldsymbol{x}}_a+\alpha\dot{\boldsymbol{x}}_a=\dfrac{1}{m_a}\boldsymbol{F}_a\\ \ddot{\boldsymbol{\theta}}_a+\alpha\dot{\boldsymbol{\theta}}_a=\boldsymbol{I}_a^{-1}\boldsymbol{F}_{\theta a}\end{cases}\tag{2.3-1}$$

而后，才可进行各质点运动方程式（2.3-1）的独立差分计算求解，无初始条件（连续）和有初始条件（不连续）时的中央差分公式如式（2.3-2）、式（2.3-3）所示（省略下标 a）：

$$\begin{cases}\boldsymbol{x}_{n+1}=c_1\left(\dfrac{\Delta t^2}{m}\right)\boldsymbol{F}_n+2c_1\boldsymbol{x}_n-c_2\boldsymbol{x}_{n-1}\\ \boldsymbol{\theta}_{n+1}=c_1\Delta t^2\boldsymbol{I}^{-1}\boldsymbol{F}_{\theta n}+2c_1\boldsymbol{\theta}_n-c_2\boldsymbol{\theta}_{n-1}\end{cases}\text{,连续时} \tag{2.3-2}$$

$$\begin{cases}\boldsymbol{x}_{n+1}=\dfrac{1}{1+c_2}\left\{c_1\left(\dfrac{\Delta t^2}{m}\right)\boldsymbol{F}_n+2c_1\boldsymbol{x}_n+2c_2\dot{\boldsymbol{x}}_n\Delta t\right\}\\ \boldsymbol{\theta}_{n+1}=\dfrac{1}{1+c_2}\left\{c_1\Delta t^2\boldsymbol{I}^{-1}\boldsymbol{F}_{\theta n}+2c_1\boldsymbol{\theta}_n+2c_2\dot{\boldsymbol{\theta}}_n\Delta t\right\}\end{cases}\text{,不连续时} \tag{2.3-3}$$

式中，Δt 是时间步长，$c_1=\dfrac{1}{1+\dfrac{\alpha}{2}\Delta t}$，$c_2=c_1\left(1-\dfrac{\alpha}{2}\Delta t\right)$。

2. 共转坐标和逆向运动

在每个时间子步（途经单元）内，向量式有限元通过定义变形坐标系（即共转坐标）的方法将空间单元问题转化到平面（或参考面）上，同时引入逆向运动的概念，扣除单元的刚体位移（刚体平移和刚体转动），而获得单元节点的纯变形线（角）位移，然后由纯变形线（角）位移求解单元节点内力（矩），避免了刚体运动对单元节点内力（矩）计算误差的影响。

变形坐标系通常选取单元的某个参考面进行定义，以将空间单元问题（整体坐标系下）转化到平面（变形坐标系下）上；同时通过原点的定义（定义在单元某个节点上）和坐标轴方向的定义（定义在单元某节点纯变形线（角）位移方向），以减少所需求解的未知量数目而大大减少计算量。由于变形坐标系的存在，在每个时间子步内，位移、内力、应力和应变等均需进行变形坐标系和整体坐标系之间的转换运算。

逆向运动包括逆向刚体平移、面外逆向刚体转动和面内逆向刚体转动三部分。逆向刚体平移部分通常选择单元的一个节点作为参考点，取其全位移 $\boldsymbol{u}_a$ 为刚体平移量，反向位移 $-\boldsymbol{u}_a$ 即为逆向刚体平移量；逆向刚体转动部分则通过单元参考面进行求解，通过单元参考面的面外逆向刚体转动矩阵和面内逆向刚体转动矩阵求解逆向刚体转动位移。

3. 材料（非）线性属性

在每个时间子步（即途经单元）内，单元运动变化是小变形和大变位的情况，以变形前的几何位置作为基本架构，不考虑单元的几何变化对单元节点内力（矩）的影响，对应材料性质亦保持不变，使用复杂的材料增量模式并不改变程序的整体计算流程，即不增加计算的复杂程度。式（2.3-4）为时间步内应力应变增量的关系式：

$$\Delta\hat{\boldsymbol{\sigma}}=\boldsymbol{D}\Delta\hat{\boldsymbol{\varepsilon}} \tag{2.3-4}$$

式中，$\boldsymbol{D}$ 为材料在时间步初 $\hat{\boldsymbol{\sigma}}$ 时的材料本构矩阵。

式（2.3-4）并未限定材料是线性或非线性材料。当为弹性材料时，$\boldsymbol{D}$ 为切线模数矩阵（线弹性时为常量矩阵）；当为塑性材料时，需增加弹塑性矩阵 $\boldsymbol{D}_{\mathrm{ep}}$ 的求解模块，并用 $\boldsymbol{D}_{\mathrm{ep}}$ 作为式（2.3-4）中的材料本构矩阵。

4. 时间步长和阻尼参数

向量式有限元以质点为研究对象，质点与相邻质点间的互质关系是由多个应力和应变量来描述的，可等效简化成质点 m-弹簧 k 单自由度体系，其自振圆频率为 $\omega=\sqrt{k/m}$，临界阻尼系数为 $C_{\mathrm{cr}}=2m\omega$。采用中央差分方法求解质点运动方程式时，则有临界时间步长 $h_{\mathrm{c}}=2\sqrt{m/k}$，临界阻尼参数 $\alpha_{\mathrm{c}}=C_{\mathrm{cr}}/m=2\omega=2\sqrt{k/m}=4/h_{\mathrm{c}}$，选取的实际时间步长需要满足 $h<h_{\mathrm{c}}$。

固体内部点与点之间的互质关系宏观上可分为轴向拉伸、剪切和弯曲作用，一般轴向拉伸刚度最大、弯曲刚度最小，因而可采用轴向拉伸刚度来近似估算临界时间步长 h_{c} 的下限值。轴力拉伸组件的 $k_{\mathrm{t}}=EA/l$，因而有 $h_{\mathrm{c}}=2l\sqrt{\rho/E}$，其中 ρ 是密度。

对于临界阻尼参数 $\alpha_{\mathrm{c}}=2\sqrt{k/m}$，可采用弯曲刚度近似估算其下限值；选取的实际阻尼参数需要满足 $\alpha<\alpha_{\mathrm{c}}$，且应避免 α 过大（过阻尼）而无振荡效应，α 过小而振荡效应显著，导致趋于平衡状态非常缓慢。对于膜单元，本书假定存在膜弯曲刚度 $k_{\mathrm{b}}=D\leqslant E/200$（此时已可视为忽略弯曲作用）来近似估算其下限值，即有 $h_{\mathrm{c}}'=2l\sqrt{\rho/D}$，$\alpha_{\mathrm{c}}=4/h_{\mathrm{c}}'$；对于板单元和壳单元，弯曲刚度 k_{b} 则可采用等效长条方梁 EI_{z} 和板弯曲刚度 D 来进行估算。

2.3.2 数值求解问题

1. 静力和动力求解

向量式有限元是一种基于牛顿运动定律的动力计算方法，其理论本身适合于结构动力分析问题的处理。对于动力求解问题，有阻尼时需取用结构的实际阻尼参数 $\alpha=C/m$，其中 C 为传统结构动力学中的阻尼系数；无阻尼时直接取阻尼参数 $\alpha=0$ 即可。对于静力求解问题，有以下两种方法控制质点动力运动过程中的振荡效应：

（1）缓慢加载

将荷载 $\boldsymbol{F}$ 分成足够多的 k 等份，进行逐级缓慢加载，即斜坡-平台加载方式，可将结构响应时间全过程内的动力响应幅值控制在较小振荡范围内，类似于拟静态加载方式。在斜坡段进一步采用阶梯型方式进行加载，可控制每个时间子步内的质点响应幅值在较小振荡范围内，以更好更快地实现最终趋于静力平衡状态。

（2）虚拟阻尼

在质点运动过程中考虑虚拟阻尼力的作用，即引入阻尼参数 α 来实现最终趋于静力平衡状态。阻尼参数的选取对于最终静力平衡结果没有影响，但会影响收敛速度；实际选取阻尼参数 α 值时可取 $\alpha < \alpha_c$ 的接近值，以较快获得静力收敛结果。

2. 等效质量矩阵和惯量矩阵

向量式有限元是一种以质点为研究对象的近似计算方法。理论上如何计算结构实体上质点 a 的平动质量矩阵 $\boldsymbol{M}_a$ 和转动惯量矩阵 $\boldsymbol{I}_a$ 并没有统一的方式，$\boldsymbol{M}_a$ 和 $\boldsymbol{I}_a$ 的假定只需满足下述基本原则即可：随结构划分单元数量增大时，$\boldsymbol{M}_a$ 和 $\boldsymbol{I}_a$ 对应的离散质量分布情况（质点质量分布和截面质量分布）能趋近于真实的连续体质量分布，则该种假定必是可行的，结构计算结果必能收敛至真实状态。

当考虑质点的平动位移时，需估算质点的平动质量。质点上分配的平动质量包括质点集中质量和相连单元等效节点质量，对于均质材料的结构仅存在相连单元等效节点质量。集成方法是估算质点总平动质量矩阵 $\boldsymbol{M}_a$ 的通用方法，为简化计算，其中相连单元等效节点质量通常平均分配到单元的各个节点上，再集成到对应质点上，即：

$$\boldsymbol{M}_a = \boldsymbol{m}_a + \sum_{j=1}^{k} \boldsymbol{m}_j \tag{2.3-5}$$

式中，$\boldsymbol{M}_a$ 是质点的总平动质量矩阵，$\boldsymbol{m}_a$ 是质点的集中质量，$\boldsymbol{m}_j$ 是与质点相连的单元 j 的对应节点等效质量，k 是与质点相连的单元总数。

当考虑质点的转动位移时，需估算质点的转动惯量。质点上分配的转动惯量包括质点集中惯量和相连单元等效节点惯量，对于均质材料的结构仅存在后者。集成方法也是估算质点总转动惯量矩阵 $\boldsymbol{I}_a$ 的通用方法，为简化计算，其中相连单元等效节点惯量通常平均分配到单元各个节点对应截面上，再集成到对应质点上，即：

$$\boldsymbol{I}_a = \boldsymbol{i}_a + \sum_{j=1}^{k} \boldsymbol{i}_j \tag{2.3-6}$$

式中，$\boldsymbol{I}_a$ 是质点的总转动惯量，$\boldsymbol{i}_a$ 是质点的集中惯量，$\boldsymbol{i}_j$ 是与质点相连的单元 j 的节点对应的截面等效惯量，k 是与质点相连的单元总数。

3. 误差分析和内力矩自平衡机制

向量式有限元所获得的结构行为响应是结构真实解的近似值，计算过程中存在如下三方面的计算误差：

（1）差分公式计算的误差

本章采用中央差分公式进行数值求解，而中央差分有最大时间步长的限制，否则将发生发散，至于差分计算本身的误差则可通过减小时间步长来控制。

（2）点值模式的误差

向量式有限元将结构离散为有限个质点的组合体，不同时间点和空间点的配置以及不同的简化假设，将得到不同的近似解。在时间子步内假设单元变形是小变形，当整个结构有很大的变形时，需减小时间步长才可获得较好的计算精度；当结构具有碰撞、断裂等复杂行为时同样需增多空间点的配置才可获得较为准确的结果。

（3）内力（矩）计算的误差

向量式有限元采用中央差分公式求解，因而时间增量必然很小，计算总步数必然很庞大；由于单元节点刚体转动位移的估算和虚功方程的数值积分求解等均存在误差，因而是否会引起单元节点内力（矩）计算的误差累积以至于程序扩散和不稳定现象是一个需要深入讨论的问题。

向量式有限元存在内力（矩）自平衡机制，无需多余操作即可有效消除内力（矩）计算的误差影响，这可从其运动的物理性质上来理解。内力（矩）描述的是在运动过程中由于空间质点相对位置变化引起的互制关系；假设第 n 时间步内，单元节点内力（矩）由于误差导致在某个方向上其计算值大于真实值，对应质点上的合力将小于真实值；在第 $n+1$ 时间步内，所得到的相对位移也会小于真实值，单元节点内力（矩）也将随之进行减小修正。单元节点内力（矩）计算公式和质点运动控制公式形成了物理上有效的估算和修正机制，使得误差不会出现累积扩散。这也是向量式有限元方法在计算上的一大优势。

2.4 向量式索杆单元理论与应用

空间索杆单元作为本书向量式膜板壳单元的基础内容，可应用于大型空间结构的分析计算，如：网架结构、索网结构等，此类型结构采用空间索杆单元计算快捷、应用普遍，本章节介绍小变形理论下向量式索杆单元的推导及计算方法。

2.4.1 基本理论

1. 索杆单元基本方程

（1）质点模型

向量式有限元将结构离散为质点和结构单元，由质点的运动轨迹来描述结构的几何与位置，结构的质量通过一定的方式全部分配到质点上，质点的运动满足牛顿第二定律：

$$m_a \ddot{\boldsymbol{x}} = \boldsymbol{F}_a \tag{2.4-1}$$

式中，m_a 是质点 a 的质量，$\dot{\boldsymbol{x}}(\ddot{\boldsymbol{x}})$ 是质点 a 的速度（加速度）向量，$\boldsymbol{F}_a = \boldsymbol{f}_a^{\mathrm{ext}} +$

$\boldsymbol{f}_a^{\text{int}}$ 是质点受到的合力向量，其中 $\boldsymbol{f}_a^{\text{ext}}$ 是质点的外力向量，$\boldsymbol{f}_a^{\text{int}}$ 是结构单元传递给质点的内力向量。

向量式有限元的每个杆单元由两个质点和一根杆件组成，空间杆单元如图 2.4-1 所示，杆件离散为质点 A、质点 B 以及连接质点的杆件元 l。

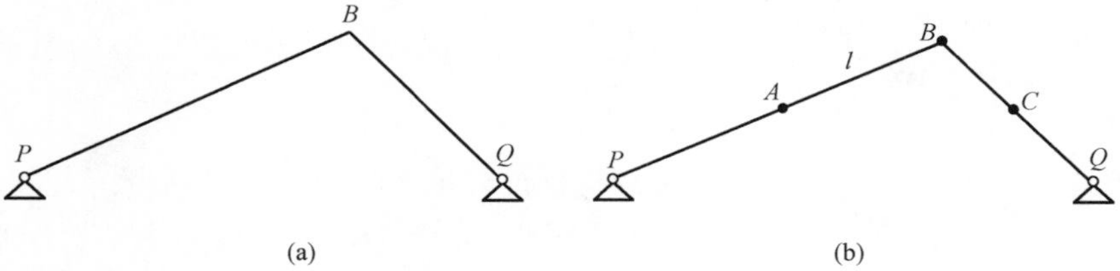

图 2.4-1　空间杆单元

(a) 杆系结构；(b) 质点和杆件

质点的质量包括质点处结构节点的质量和与质点相连的构件的等效质量，由质量守恒定律，杆单元的均布质量平均分布于两个质点上，对于 AB 杆件有：

$$m_a = M_a + \frac{1}{2}\sum_{i=1}^{n} m_i^{\mathrm{l}} \tag{2.4-2}$$

式中，M_a 是质点本身的集中质量，m_i^{l} 是与质点相连的第 i 个杆件元的质量。

(2) 内力计算

通过逆向运动的方法从结构单元的全位移中扣除刚体运动得到纯变形位移，由纯变形位移求得单元内力，刚体运动和变形位移如图 2.4-2 所示。

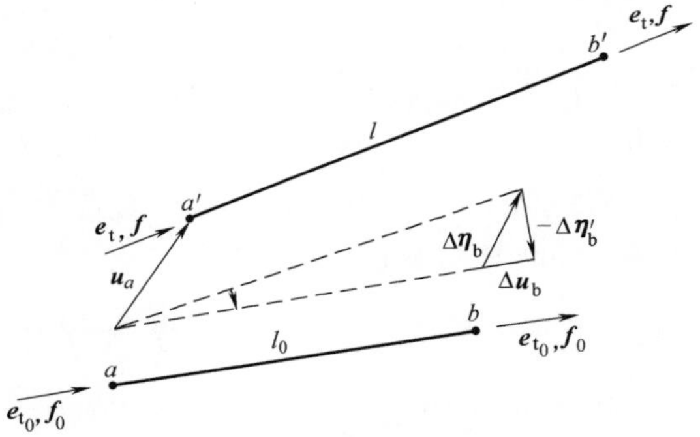

图 2.4-2　刚体运动和变形位移

将结构离散为质点 a 和质点 b，质点之间由杆件元连接，结构在 $t_0 \sim t$ 时段内做运动，定义质点 a 和质点 b 在 t_0 和 t 时刻的坐标分别为（$\boldsymbol{x}_a^{t_0}$，$\boldsymbol{x}_{\mathrm{b}}^{t_0}$）、（$\boldsymbol{x}_a^{t}$，$\boldsymbol{x}_{\mathrm{b}}^{t}$），质点 a、b 在 $t_0 \sim t$ 时段内的位移由式（2.4-3）计算得到。

$$\begin{cases} \boldsymbol{u}_a = \boldsymbol{x}_a^t - \boldsymbol{x}_a^{t_0} \\ \boldsymbol{u}_{\mathrm{b}} = \boldsymbol{x}_{\mathrm{b}}^t - \boldsymbol{x}_{\mathrm{b}}^{t_0} \end{cases} \tag{2.4-3}$$

以 a 点为参考点，a 点的位移即为结构的刚体平移，将结构构件逆向平移（$-\boldsymbol{u}_a$），则 b 点的相对位移为：

$$\Delta\boldsymbol{\eta}_{\mathrm{b}} = \boldsymbol{u}_{\mathrm{b}} - \boldsymbol{u}_a \tag{2.4-4}$$

再以 a 为参考点作逆向转动，转角为（$-\boldsymbol{\varphi}$），假设为结构的刚体转角：

$$\boldsymbol{\varphi}=\cos^{-1}(\boldsymbol{e}_{t_0}\cdot\boldsymbol{e}_{t}) \tag{2.4-5}$$

式中，$\boldsymbol{e}_{t_0}$、$\boldsymbol{e}_{t}$ 分别为杆件在 t_0 和 t 时刻的方向向量。

则刚体转动的位移为：

$$\Delta\boldsymbol{\eta}_{b}^{r}=(\boldsymbol{R}^{T}-\boldsymbol{I})\boldsymbol{r}_{b} \tag{2.4-6}$$

式中，$\boldsymbol{R}=\begin{bmatrix}\cos\varphi & \sin\varphi\\ -\sin\varphi & \cos\varphi\end{bmatrix}$ 为坐标转换矩阵，$\boldsymbol{r}_{b}$ 为 b 点在变形坐标系下的坐标值。

由式（2.4-3）、式（2.4-6）可以得到结构单元的纯变形位移为：

$$\Delta\boldsymbol{u}_{b}=\boldsymbol{u}_{b}-\boldsymbol{u}_{a}-\Delta\boldsymbol{\eta}_{b}^{r}=\boldsymbol{u}_{b}-\boldsymbol{u}_{a}-(\boldsymbol{R}^{T}-\boldsymbol{I})\boldsymbol{r}_{b} \tag{2.4-7}$$

以上公式为采用逆向运动的方式，通过逆向平移和逆向转动从全位移中扣除刚体运动得到的纯变形位移。考虑到对于杆件单元逆向转动后与 t_0 时刻的单元共线。且满足材料力学轴力杆件的假设，可以采用式（2.4-8）计算单元纯变形位移。

$$\Delta\boldsymbol{u}_{b}=(l-l_{0})\boldsymbol{e}_{t_0} \tag{2.4-8}$$

式中，l_0、l 分别为杆件在 t_0、t 时刻的长度。

当时间步长划分足够小时，单元变形为小变形，可采用微应变和工程应力计算单元节点内力，故可以得到杆件在虚拟位置的单元节点内力：

$$\boldsymbol{f}'=\left[\boldsymbol{f}_{0}+\frac{EA}{l_{0}}(l-l_{0})\right]\boldsymbol{e}_{t_0} \tag{2.4-9}$$

式中，E 为结构材料的弹性模量，A 为单元截面积，$\boldsymbol{f}_0$ 为单元在 t_0 时刻的单元节点内力。

再将单元经过正向运动到 t 时刻位置，在转动过程中，单元节点内力是一组平衡力，故其大小不变，但方向改变。得到在 t 时刻的单元节点内力为：

$$\boldsymbol{f}=\left[\boldsymbol{f}_{0}+\frac{EA}{l_{0}}(l-l_{0})\right]\boldsymbol{e}_{t} \tag{2.4-10}$$

将 $\boldsymbol{f}$ 反向作用在质点上即可以得到 $\boldsymbol{f}^{\mathrm{int}}$。

以上推导的是杆单元模型，对于索单元，当不考虑垂直度影响时，可将索单元简化成直线模型，其方程同杆单元。由于索不能受压，在计算过程中，出现索中内力为负的情况则令其内力为零，此时索退出工作，即：

$$\boldsymbol{f}\times\boldsymbol{e}_{t}\leqslant 0\text{ 时,令 }\boldsymbol{f}=\boldsymbol{0} \tag{2.4-11}$$

（3）外力计算

作用在结构上的外力分为两类：一类直接作用于质点上，另一类作用于杆件上。第一类可直接代入运动方程，第二类则需要转换为等效质点外力，此处推导质点等效外力的计算公式。

杆件是轴力单元，垂直于单元轴线的行为是刚体运动，垂直于单元轴线方向的外力直接由等效原理分配成集中力，分布荷载通常给定的是整体坐标系下的力

向量 $\boldsymbol{q}(s)$，需要将其转换到单元局部坐标系下得到 $\hat{\boldsymbol{q}}(s)$，现在考虑单元平行于单元轴方向的力 $\hat{\boldsymbol{q}}(x)$，在任意途径单元内，杆件变形很小，假设节点力的对应关系不因杆件单元的状态变化而变化，分布外力求解如图 2.4-3 所示。

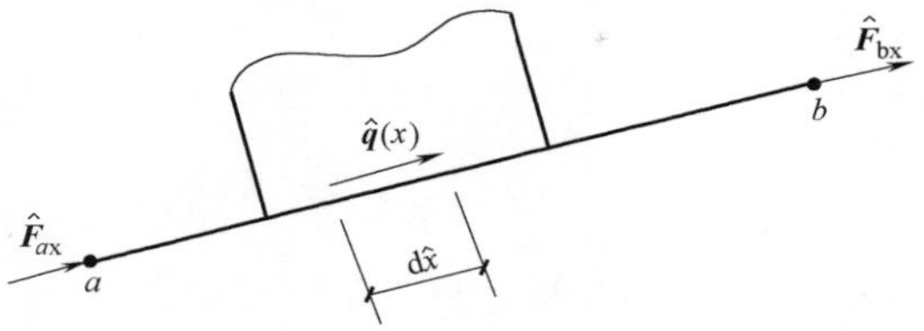

图 2.4-3　分布外力求解

节点等效外力的计算通过虚功原理得到：即外力 $\hat{\boldsymbol{q}}(x)$ 与节点力 $\hat{\boldsymbol{F}}_{ax}$、$\hat{\boldsymbol{F}}_{bx}$ 因变形产生的虚功相等，即：

$$\delta W_1=\delta W_2 \tag{2.4-12}$$

式中，$\delta W_1=\int_0^{l_0}\hat{\boldsymbol{q}}(x)\delta(\Delta l_x)\mathrm{d}\hat{x}$，$\delta W_2=\hat{\boldsymbol{F}}_{bx}\delta(\Delta l)$，其中以质点 a 为参考点，l_0 为杆件原长，Δl 是杆件元的变形量，Δl_x 是杆件上 $\hat{x}$ 处的变形量。

由材料力学的假定，Δl_x 与 $\hat{x}$ 成正比，故：

$$\Delta l_x=\frac{\hat{x}}{l_0}\Delta l \tag{2.4-13}$$

则代入式（2.4-12）得到：

$$\hat{\boldsymbol{F}}_{bx}\Delta l=\int_0^{l_0}\hat{\boldsymbol{q}}(x)\mathrm{d}\hat{x}\ \frac{\hat{x}}{l_0}\Delta l \tag{2.4-14}$$

可以得到：

$$\hat{\boldsymbol{F}}_{bx}=\int_0^{l_0}\hat{\boldsymbol{q}}(x)\ \frac{\hat{x}}{l_0}\mathrm{d}\hat{x} \tag{2.4-15}$$

由平衡关系可以得到：

$$\hat{\boldsymbol{F}}_{ax}=\int_0^{l_0}\hat{\boldsymbol{q}}(x)\left(1-\frac{\hat{x}}{l_0}\right)\mathrm{d}\hat{x} \tag{2.4-16}$$

将杆件正向转动至 t 时刻，杆件长度变成 l，单元方向为 $\boldsymbol{e}_1$：

$$\begin{cases}\hat{\boldsymbol{F}}_{axl}=\left[\int_0^{l}\hat{\boldsymbol{q}}(x)\left(1-\dfrac{\hat{x}}{l}\right)\mathrm{d}\hat{x}\right]\boldsymbol{e}_1\\ \hat{\boldsymbol{F}}_{bxl}=\left[\int_0^{l}\hat{\boldsymbol{q}}(x)\ \dfrac{\hat{x}}{l}\mathrm{d}\hat{x}\right]\boldsymbol{e}_1\end{cases} \tag{2.4-17}$$

将其乘以转换矩阵，调整到整体坐标系下，得到 $\boldsymbol{F}_{a\mathrm{xl}}$、$\boldsymbol{F}_{\mathrm{bxl}}$。

若有 n 个单元交汇于质点 a，且有集中外力 $\boldsymbol{P}_a$ 作用，则其合外力为：

$$\boldsymbol{f}_a^{\mathrm{ext}}=\boldsymbol{P}_a+\sum_{i=1}^{n}\boldsymbol{F}_{a\mathrm{xt}} \tag{2.4-18}$$

同理对于质点 b 有：

$$\boldsymbol{f}_b^{\mathrm{ext}}=\boldsymbol{P}_b+\sum_{i=1}^{n}\boldsymbol{F}_{b\mathrm{xt}} \tag{2.4-19}$$

以上便是杆件单元质点上作用外力的推导。

2. 方程求解

在获得质点上作用的内力和外力之后，即可代入方程式（2.4-1）进行求解，采用显式时间积分求解，采用中央差分法得到的质点的加速度为：

$$\ddot{\boldsymbol{x}}_n=\frac{1}{h^2}(\boldsymbol{x}_{n+1}-2\boldsymbol{x}_n+\boldsymbol{x}_{n-1}) \tag{2.4-20}$$

式中，$\boldsymbol{x}_{n+1}$、$\boldsymbol{x}_n$ 和 $\boldsymbol{x}_{n-1}$ 分别为质点在第 $n+1$ 时间步、第 n 时间步和第 $n-1$ 时间步内的位移向量，h 为时间步的大小。

将式（2.4-20）代入式（2.4-1）可以得到：

$$\boldsymbol{x}_{n+1}=\frac{h^2}{m_a}\boldsymbol{F}_{an}+2\boldsymbol{x}_n-\boldsymbol{x}_{n-1} \tag{2.4-21}$$

当质点位于运动开始的时间点 t_1 时，有：

$$\boldsymbol{x}_2=\frac{h^2}{m_a}\boldsymbol{F}_{a1}+2\boldsymbol{x}_1-\boldsymbol{x}_0 \tag{2.4-22}$$

由于不存在 $\boldsymbol{x}_0$，故上式不适用，考虑到：

$$\dot{\boldsymbol{x}}_1=\frac{1}{2h}(\boldsymbol{x}_2-\boldsymbol{x}_0) \tag{2.4-23}$$

得到：

$$\boldsymbol{x}_0=\boldsymbol{x}_2-2h\dot{\boldsymbol{x}}_1 \tag{2.4-24}$$

代入式（2.4-22）可以得到：

$$\boldsymbol{x}_2=\frac{h^2}{2m_a}\boldsymbol{F}_{a1}+\boldsymbol{x}_1+h\dot{\boldsymbol{x}}_1 \tag{2.4-25}$$

综上可以得到：

$$\begin{cases}\boldsymbol{x}_2=\dfrac{h^2}{2m_a}\boldsymbol{F}_{a1}+\boldsymbol{x}_1+h\dot{\boldsymbol{x}}_1, & n=1\\[2ex] \boldsymbol{x}_{n+1}=\dfrac{h^2}{m_a}\boldsymbol{F}_{an}+2\boldsymbol{x}_n-\boldsymbol{x}_{n-1}, & n\geqslant 2\end{cases} \tag{2.4-26}$$

在一般情况下，考虑材料为线弹性的，在理论上，如果刚性体上作用外力，其运动是没有能量耗散的，结构受力后将有持续不断的振动，而不会如真实结构一样，振幅会逐渐减小达到最终的静止状态。向量式有限元为了获得静平衡解，采用了如下两种方法：

（1）阻尼耗能

在质点运动方程式中加入阻尼项来耗散结构能量，在式（2.4-1）中加入阻尼力 $\boldsymbol{f}_{\mathrm{d}}$ 可以得到：

$$m_{a}\ddot{\boldsymbol{x}}=\boldsymbol{F}_{a}+\boldsymbol{f}_{\mathrm{d}} \tag{2.4-27}$$

式中，可以选定阻尼力为 $\boldsymbol{f}_{\mathrm{d}}=-\alpha m\dot{\boldsymbol{x}}$，$\alpha$ 为阻尼系数，$\dot{\boldsymbol{x}}$ 为质点的速度。由中央差分公式 $\dot{\boldsymbol{x}}=\dfrac{1}{2h}(\boldsymbol{x}_{n+1}-\boldsymbol{x}_{n-1})$，将式（2.4-20）与阻尼力代入式（2.4-27）得到：

$$\frac{m}{h^{2}}(\boldsymbol{x}_{n+1}-2\boldsymbol{x}_{n}+\boldsymbol{x}_{n-1})=\boldsymbol{F}_{an}-\alpha m\frac{1}{2h}(\boldsymbol{x}_{n+1}-\boldsymbol{x}_{n-1}) \tag{2.4-28}$$

整理后得到：

$$\boldsymbol{x}_{n+1}=\frac{\boldsymbol{F}_{an}h^{2}}{m}c_{1}+2\boldsymbol{x}_{n}c_{1}-\boldsymbol{x}_{n-1}c_{1}c_{2} \tag{2.4-29}$$

式中，$c_{1}=\dfrac{1}{1+\alpha h/2}$，$c_{2}=1-\alpha h/2$。

当 $n=1$ 时，同理可以得到：

$$\boldsymbol{x}_{2}=\frac{\boldsymbol{F}_{a1}h^{2}}{2m}+\boldsymbol{x}_{1}+c_{2}h\dot{\boldsymbol{x}}_{1} \tag{2.4-30}$$

综上，可以得到在阻尼力作用下求解静力解的公式：

$$\begin{cases}\boldsymbol{x}_{2}=\dfrac{\boldsymbol{F}_{a1}h^{2}}{2m}+\boldsymbol{x}_{1}+c_{2}h\dot{\boldsymbol{x}}_{1}, & n=1\\ \boldsymbol{x}_{n+1}=\dfrac{\boldsymbol{F}_{an}h^{2}}{m}c_{1}+2\boldsymbol{x}_{n}c_{1}-\boldsymbol{x}_{n-1}c_{1}c_{2}, & n\geqslant 2\end{cases} \tag{2.4-31}$$

上式即为力控制的求解方程。在给定外力及初始条件的情况下，通过该方程可以求出节点位移，从而获得结构的几何变化和空间位置。

根据式（2.4-31）可以得到：

$$\begin{cases}\boldsymbol{f}_{a1}^{\mathrm{ext}}=\dfrac{2m}{h^{2}}(\boldsymbol{x}_{2}-\boldsymbol{x}_{1}-c_{2}h\dot{\boldsymbol{x}}_{1})-\boldsymbol{f}_{a1}^{\mathrm{int}}, & n=1\\ \boldsymbol{f}_{an}^{\mathrm{ext}}=\dfrac{m}{c_{1}h^{2}}(\boldsymbol{x}_{n+1}-2\boldsymbol{x}_{n}c_{1}+\boldsymbol{x}_{n-1}c_{1}c_{2})-\boldsymbol{f}_{an}^{\mathrm{int}}, & n\geqslant 2\end{cases} \tag{2.4-32}$$

上式即为位移控制的求解方程，在给定位移增量的条件下，可对结构进行求解。

（2）缓慢加载

该方法与结构静力试验中的加载模式一致：为了获得结构静力反应，外荷载逐级加载。缓慢地增加外荷载并不能避免结构的动力反应，而是将每个途径单元的结构振动控制在相对较小范围内，使振动不改变结构运动趋势，停止加载后，结构仍处于小振幅的振动状态中。

2.4.2 在张力结构找形分析中的应用

1. 向量式有限元找形分析原理

张力结构的找形问题实质上是对给定的力确定一定的几何形态或者给定几何形态确定力，两者在力学上是一个求解平衡的问题，对于给定的力总有一个确定的平衡状态与之对应。考虑到向量式有限元中质点运动按照牛顿第二定律运动直至平衡状态的特点，可以将其运用到索网膜结构的找形中。

在索网膜结构的找形过程中，空间节点的平衡如图 2.4-4 所示，节点 i 上作用有荷载 $\boldsymbol{F}_{in}$($n=1$、2、3、4)，包含三个组成部分：节点之间的索单元变形产生的内力；为找出一定形态的膜结构而施加在膜上的预应力；作用在节点上的外荷载或自重。为了使结构在找形完成时所达到的预应力分布和理想状态一样，通常会令索杆膜结构的模量为极小值或零，则节点上只剩下初始施加的预应力，在它的作用下，节点产生不平衡力，从而发生运动，直至整个结构有合适的形状分布使得所有的节点都处于平衡状态，节点的运动方程如下：

$$m\ddot{\boldsymbol{x}}=\sum_{n=1}^{k}\boldsymbol{F}_{in} \tag{2.4-33}$$

在运动过程中，力 $\boldsymbol{F}_{in}$ 的大小不改变，方向始终与节点之间的连线相同，随节点的运动不断改变。

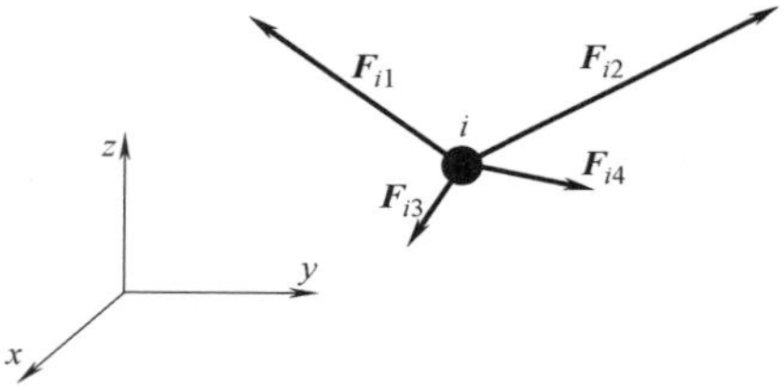

图 2.4-4 空间节点的平衡

为了使向量式有限元在求解过程中达到收敛，时间步长可取为：

$$h=\frac{2l}{v} \tag{2.4-34}$$

式中，l 是索杆单元或者网格划分的平均长度，$v=\sqrt{E/\rho}$ 是材料弹性波波速，E 是材料弹性模量，ρ 是材料密度。

在计算过程中，按照式（2.4-34）得到结构计算所需的最小时长即可达到收敛的结果。

在找形过程中，节点的质量可以采用结构真实的质量，如果需要考虑重力对形状的影响，则可以直接在节点上作用重力荷载，同上述过程即可。对于有复杂边界支承的索杆膜结构采用同样的方法求解，并没有特殊之处。

2. 程序编制

根据上述向量式有限元在索网膜结构的找形方法，本节利用 MATLAB 编制相应的索网膜结构的找形程序，主要流程如下：

（1）将索网膜结构沿经纬方向划分为等代的索网，设定结构的边界条件，对于有固定边界的结构，将边界节点提升至固定边界，有弹性支座的结构，则将真实的材料属性赋予支承索、杆，在找形过程中一起计算；

（2）给定膜结构初始的预应力，根据划分的索网等代为索杆的作用力，沿节点之间的连线作用于节点上，给出结构计算需要的最小时间步长，在节点不平衡力作用下进入计算状态；

（3）结构平衡后得到的初始预应力作用下的结构几何外形，即为该预应力作用下的找形结果。

3. 算例分析

（1）算例1：菱形索网的找形

如图 2.4-5 所示的菱形索网结构，几何尺寸见图中标注，各索截面一致，刚度为 $k=EA=293600\text{kN}$，不计自重作用，各索预拉力均为 800kN。标准曲面函数如式（2.4-35）所示，采用向量式有限元对该结构进行找形分析。

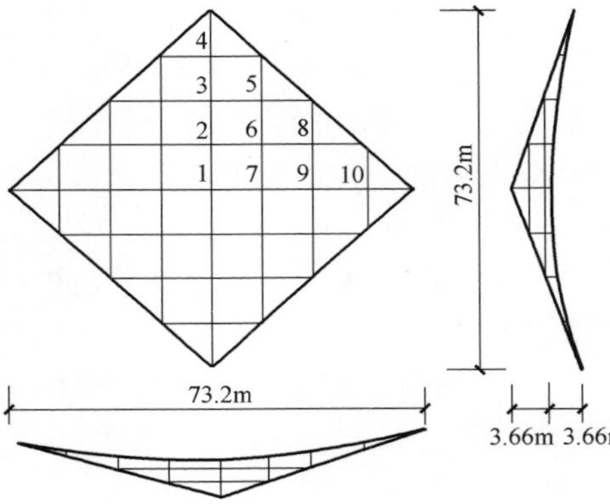

图 2.4-5　菱形索网结构

$$z=3.66\left(\frac{x}{36.6}\right)^2-3.66\left(\frac{y}{36.6}\right)^2 \tag{2.4-35}$$

找形开始时先将边界节点提升至固定支座位置，将预应力沿索方向施加在结构中，为了使找形结束时的预应力分布就是初始施加的预应力，可忽略结构本身刚度，且不考虑重力的影响。

图 2.4-6（a）为找形开始时刻，将边界节点提升至固定支座位置的形态，图 2.4-6（b）为找形完成后结构的形态。表 2.4-1 为向量式有限元计算得到的膜

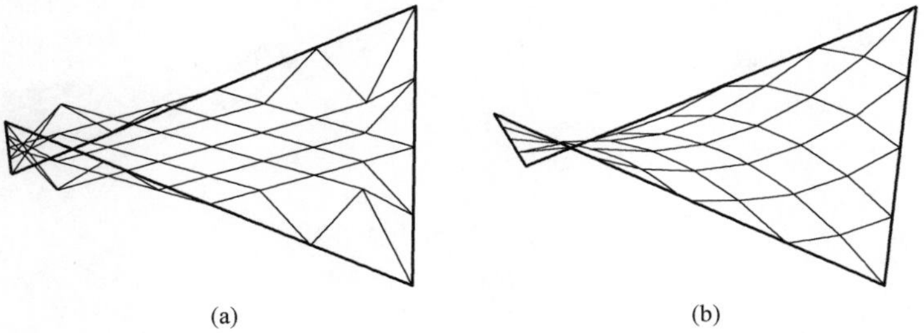

(a)　(b)

图 2.4-6　菱形索网找形过程

（a）找形初始形态；（b）找形完成形态

面局部坐标值与理论值的比较，可知最大节点误差仅为 0.223%，验证了向量式有限元方法的精确性。

向量式有限元计算得到的膜面局部坐标值与理论值的比较　　表 2.4-1

节点号	1	2	3	4	5	6	7	8	9	10
坐标值(m)	0.0000	−0.2244	−0.9067	−2.0532	−0.6825	0.0000	0.2244	0.6825	0.9067	2.0532
理论值(m)	0.0000	−0.2239	−0.9060	−2.0537	−0.6822	0.0000	0.2239	0.6822	0.9060	2.0537
误差(%)	0	0.223	0.077	0.024	0.044	0	0.223	0.044	0.077	0.024

（2）算例 2：悬链面索网的找形

如图 2.4-7 所示的具有最小曲面理论解的悬链面索网结构，选取内环直径 $a=1.0$m，外环直径 $b=9.875$m，理论解方程如式（2.4-36）所示，代入 a、b 可以得到高度 $h=2.981$m，索单元预应力取为 5kN/m，采用向量式有限元对该结构进行找形分析，由于结构对称，取结构的 1/16 进行计算。

$$z=3.66\left(\frac{x}{36.6}\right)^2-3.66\left(\frac{y}{36.6}\right)^2 \tag{2.4-36}$$

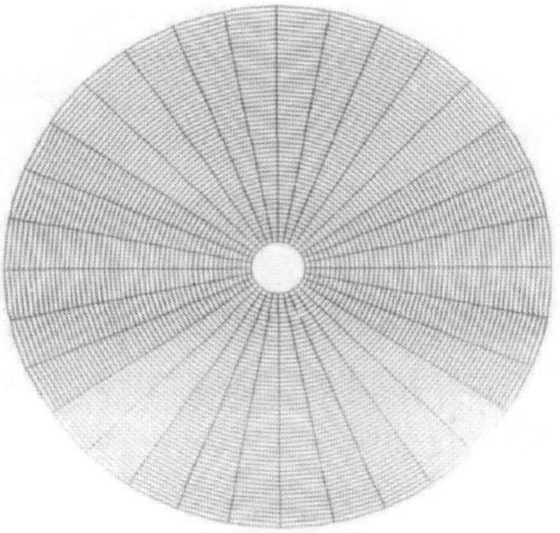

图 2.4-7　具有最小曲面理论解的悬链面索网结构

图 2.4-8 为向量式有限元法得到的找形计算结果。为验证向量式有限元找形结果的精确性，将计算得到的从内环到外环的一根径向索上的竖向坐标与理论解进行了对比，误差比较见图 2.4-9，可以看出计算解与理论解是高度吻合的，最大误差仅为 0.1%左右，具有极高的求解精度。

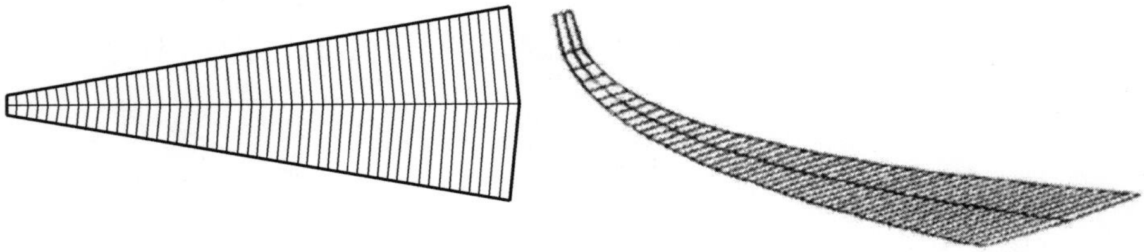

(a)　　(b)

图 2.4-8　找形计算结果

（a）俯视图；（b）侧视图

（3）算例 3：大型椭圆多片索网结构的找形

如图 2.4-10 所示的平面几何形状，类似于德国慕尼黑滑冰馆屋盖的大型索网结构，平面外形为椭圆，长轴 X 方向平面尺寸为 88m，短轴 Y 方向平面尺寸为 66m，网格间距 $L_1=2.2\text{m}$；在该索网结构的 X 方向中轴线处设置一立面为抛物线形的刚性拱，其中心点矢高 10.0m；该索网结构由两片索网组成，索网上缘支承在刚性拱上，下缘锚固在椭圆边线刚性边梁上。索截面面积均为 0.00222m^2，索的初始预应力均为 100kN。找形开始时，先将周边及中轴线上的点提升到固定位置，然后将索力沿节点连线方向施加在结构上开始找形。

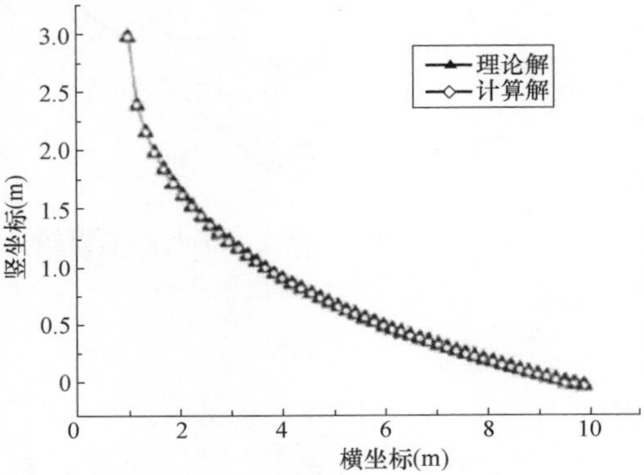

图 2.4-9　误差比较

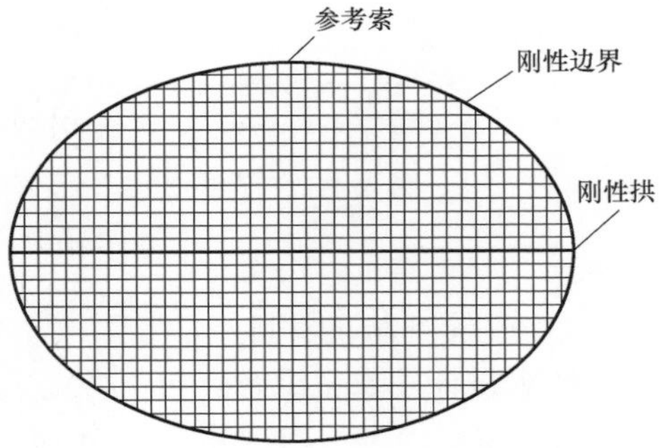

图 2.4-10　平面几何形状

图 2.4-11 为向量式有限元法得到的找形计算结果。可以看出向量式有限元能得到很好的找形结果；并且在令材料弹性模量为极小值或者零时，找形结果中的索力都等于 100kN，力与形能达到统一的效果。为验证向量式有限元找形结果的精确性，选择了跨中径向索的计算结果和非线性有限元的找形结果进行了对比，误差比较见图 2.4-12。可以看出本书计算解是足够精确的，最大误差在 4%以下。

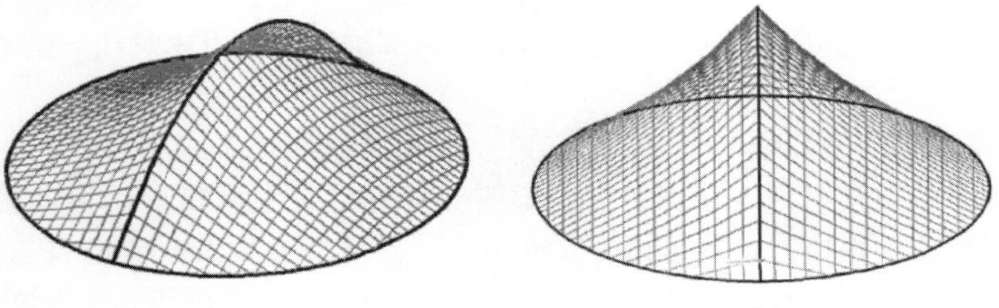

图 2.4-11　找形计算结果

(a) 轴测图；(b) 侧视图

(4) 算例 4：考虑边界支承条件的菱形索网的找形

图 2.4-13 为四点支承的马鞍形索网结构的平面投影（菱形），其中 AB 两个节点比 CD 两个节点高 4m，对角线长均为 20m，钢柱和边索的弹性模量均为

$E=2\times10^{8}\ kN/m^{2}$，内部索网的初始预张力为 10kN。分别考察不同边索内力、支承杆件截面对找形结果的影响。

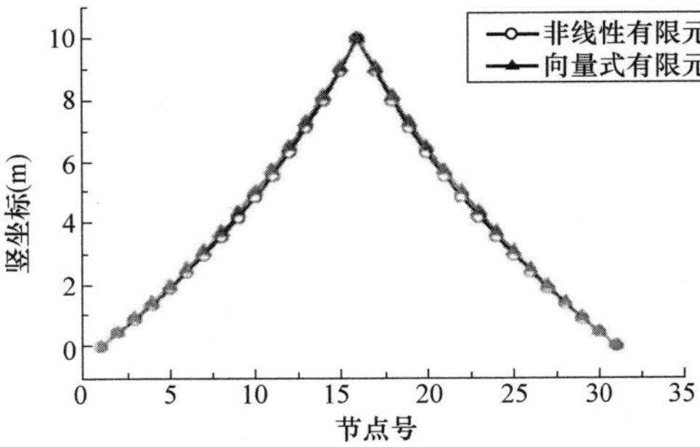

图 2.4-12　误差比较

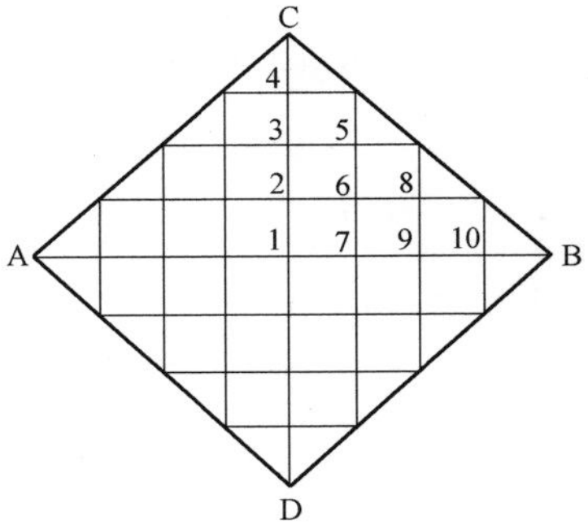

图 2.4-13　四点支承的马鞍形索网结构的平面投影（菱形）

1）边索内力的影响

假定撑杆不发生变形，分别设置边索内力为 1kN、50kN、100kN、400kN、600kN（边索内力与内部索力比分别为 1/10、5、10、40、60），采用向量式有限元对该结构进行找形计算。

图 2.4-14 为不同边索内力的找形计算结果。可以看到在边索内力远小于索网内部索力时，找形结果很不规则，与理想状态差别很大；当边索内力增大到内部索力的 5 倍、10 倍时，仍不能得到最好的找形效果，在支承杆附近边索有很大变形，与理想情况有较大差距；当边索内力增大到内部索力的 40 倍时，可以得到较理想的找形结果；在此情况下，再增加边索内力到内部索力的 60 倍时，对结构的形状则影响不大，而对边界支承杆件的内力则会有较大影响，导致其内力显著增大。综上可知，选择合适的边索与内部结构的内力比对找形结果的影响是巨大的。

2）支承杆件的影响

边界索张力设置为 500kN，为了说明支承杆件对索网找形结果的影响，选用四组截面的杆件作为张力结构的支承系统，支承杆和拉索截面见表 2.4-2。支承杆为圆管，a 为支承杆外直径，t 为支承杆壁厚；拉索为圆钢，b 为拉索直径。在找形过程中，索网的弹性模量取小值或零，支承杆的弹性模量取 $E=2\times10^{8}kN/m^{2}$，采用向量式有限元进行找形分析。

不同支承杆件下的找形计算结果如图 2.4-15 所示。可以看出，在不同的杆件截面条件下，对于相同的索网初始内力，将会得到不同的找形结果。表 2.4-3 为不同支承杆件下的向量式有限元计算节点坐标值，可以看出不同的支承杆件导致四个支承点的坐标有较大差异，同样会导致在相同初始内力下，结构形状的不同。

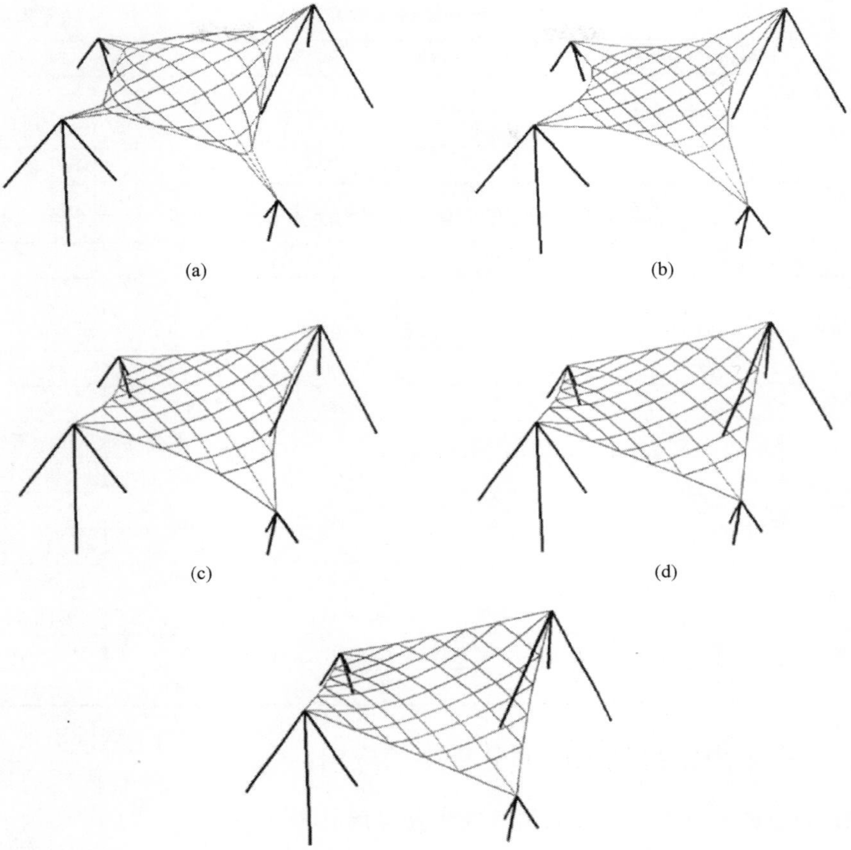

(a)　(b)　(c)　(d)　(e)

图 2.4-14　不同边索内力的找形计算结果

(a) 边索内力为 1kN；(b) 边索内力为 50kN；(c) 边索内力为 100kN；(d) 边索内力为 400kN；(e) 边索内力为 600kN

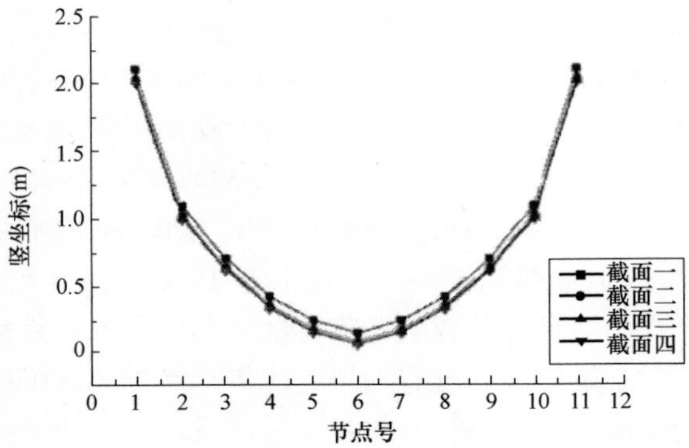

图 2.4-15　不同支承杆件下的找形计算结果

支承杆和拉索截面　　表 2.4-2

尺寸	截面一	截面二	截面三	截面四
a(mm)	100	120	140	160
t(mm)	6	6	8	8
b(mm)	10	15	20	25

不同支承杆件下的向量式有限元计算节点坐标值　　表 2.4-3

节点		A	B	C	D
截面一	x	−9.8033	9.8033	7.90×10^{-16}	1.14×10^{-15}
	y	2.25×10^{-15}	2.25×10^{-15}	−9.8941	9.8941
	z	2.1109	2.1109	−1.9349	−1.9349
截面二	x	9.9068	9.9068	1.20×10^{-15}	1.20×10^{-15}
	y	-2.09×10^{-15}	2.09×10^{-15}	−9.9526	9.9526
	z	2.0445	2.0445	−1.972	−1.972
截面三	x	−9.9451	9.9451	1.11×10^{-15}	1.11×10^{-15}
	y	2.35×10^{-16}	2.39×10^{-15}	−9.9723	9.9723
	z	2.0255	2.0255	−1.984	−1.984
截面四	x	−9.96302	9.963	2.26×10^{-16}	3.76×10^{-16}
	y	4.23×10^{-16}	8.08×10^{-16}	−9.9821	9.9821
	z	2.0147	2.0147	−1.9903	−1.9903

2.4.3　在张力结构施工成形分析中的应用

1. 施工成形分析方法及向量式有限元应用

根据张拉结构施工成形分析顺序的不同，可将其分析方法概括为正分析法和反分析法。正分析法指按照施工顺序分步进行，前一施工段是后一施工段的分析基础；反分析法指按照与施工顺序相反的步骤，以预应力初始平衡状态为初始状态，采用拆除索或杆件的方式，逐步分析结构的内力和几何状态。由于张拉结构的施工成形是刚体位移和弹性变形耦合的力学问题，现有的数值解法在有刚体位移的情况下一般会引起刚度矩阵奇异等病态问题，导致求解困难，因此在已有的施工分析中通常通过引入一定的假定来处理刚体位移。在正分析法中，通常需要假定结构的初始坐标向量且要求该向量接近结构最终平衡状态的节点坐标向量。反分析法中，在拆除索或杆件后，需要引入中间状态的约束且忽略结构与刚体位移同时产生的弹性变形。这些假定都会给计算带来不便，影响计算结果的有效性及实用性。

向量式有限元作为一种新的数值计算方法，不用求解非线性方程组，不会产生刚度矩阵奇异，对求解以上问题有独特的优势。对于正分析的过程，向量式有限元通过逆向运动解决了刚体位移的问题，通过质点的运动及相互之间的约束关系，可以直接求解刚体位移与变形耦合的问题。对于反分析的过程，可以直接拆除预应力索或杆件，而用一组平衡力或施加阻尼力，结构在节点不平衡力的作用下发生运动，直至平衡状态，过程中同时计算了刚体位移和弹性变形而不需引入中间约束状态和刚体位移假定。

2. 程序编制

采用 MATLAB 软件，分别编制了正分析法与反分析法的分析程序，其核心程序流程图如图 2.4-16 所示，在正分析和反分析的每个施工步骤中将分别调用相应的核心程序。对于正分析的过程，采取施加阻尼力的方法，使结构在外荷载的作用下达到平衡状态。对于反分析过程，根据不同的求解目的可采取两种求解方式：

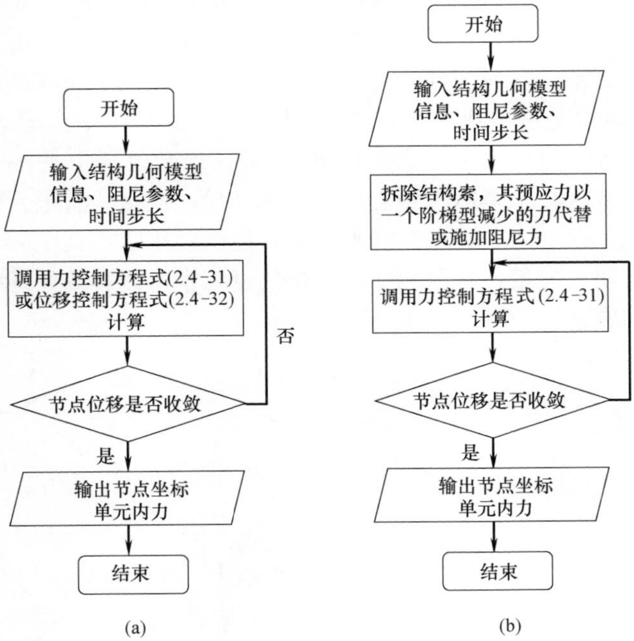

图 2.4-16　核心程序流程图

（a）正分析法；（b）反分析法

（1）以一组平衡力取代被拆除杆件中的预应力，并在计算过程中令其缓慢减少至零，该方法可捕捉结构中可能出现的索松弛现象；

（2）若不考虑构件拆除后结构变化的中间过程，则可直接施加阻尼力，得到拆除构件后的结构最终状态。

3. 算例分析

（1）算例 1：单索提升过程（正分析法）

一根平摊于地面，长 $L=18\text{m}$ 的索，弹性模量 $E=2.06\times10^{8}\text{kN/m}^{2}$，密度为 7850kg/m^{3}，索单元横截面积 $A=4.85\times10^{-7}\text{m}^{2}$。单索的初始状态如图 2.4-17 所

示，在其中点位置施加向上的力 $F=15500\text{kN}$。整根索划分为 18 个单元，分析时，时间步长取 $h=1.0\times10^{-4}\text{s}$，阻尼参数取 $\alpha=100$。

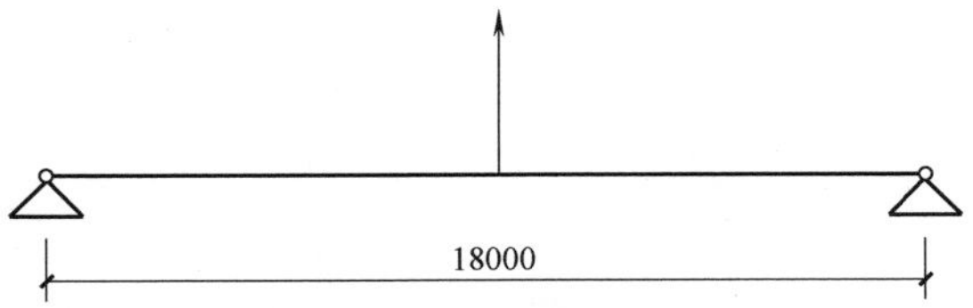

图 2.4-17　单索的初始状态

图 2.4-18（a）为索在拉力作用下中间状态的位形，图 2.4-18（b）为索在拉力作用下的最终平衡状态，图 2.4-18（c）、图 2.4-18（d）分别为索中点的竖向坐标和索中内力随计算时间的变化。可以看出，在达到平衡状态时，中点竖向坐标为 5.2m（即索夹角达到 120°），索中内力等于施加于中点的力（15.5kN），满足静力平衡条件（分析中不考虑索自重）。索在提升过程中是一个大变位的问题，传统有限元方法在求解过程中会产生数值奇异，向量式有限元则能很好地模拟提升的过程，不仅可以获得最终的平衡解，还可以跟踪得到中间状态索的几何形状。该算例表明，向量式有限元在正分析的过程中可以有效处理刚体位移与弹性变形耦合的问题。

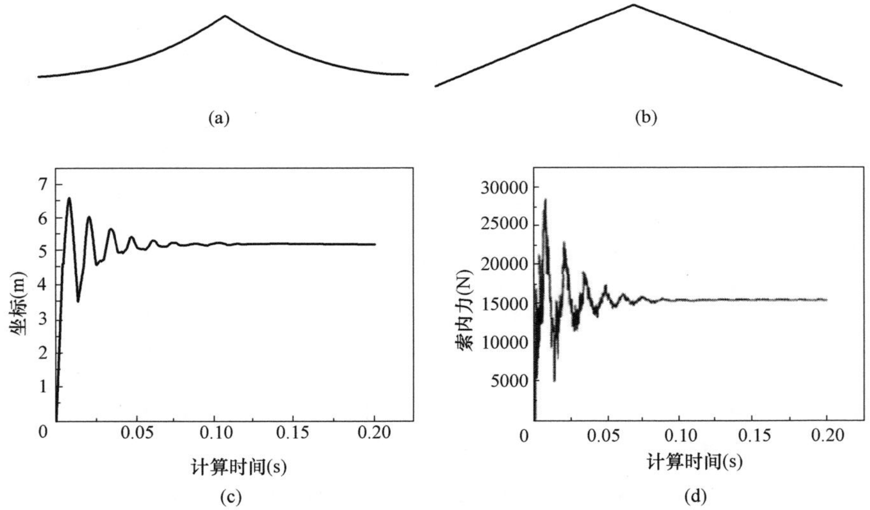

图 2.4-18　单索提升分析结果

（a）索在拉力作用下中间状态的位形；（b）索在拉力作用下的最终平衡状态；

（c）索中点的竖向坐标随计算时间的变化；（d）索中内力随计算时间的变化

（2）算例 2：小型张拉结构拆索过程（反分析法）

图 2.4-19 为小型张拉结构的初始状态，构件①～④为索，构件⑤为杆。索的

预应力为 456.435N，杆的预应力为－408.248N，索、杆材料的弹性模量 $E=2.06\times10^8\text{kN/m}^2$，密度 7850kg/m^3，索单元横截面积 $A_1=5.48\times10^{-4}\text{m}^2$，杆单元横截面积 $A_2=4.52\times10^{-4}\ \text{m}^2$。现通过缓慢卸载的方式拆除索③、索④，考察结构的内力与几何变化。为简便计算，此例中单根索杆均划分为一个单元。

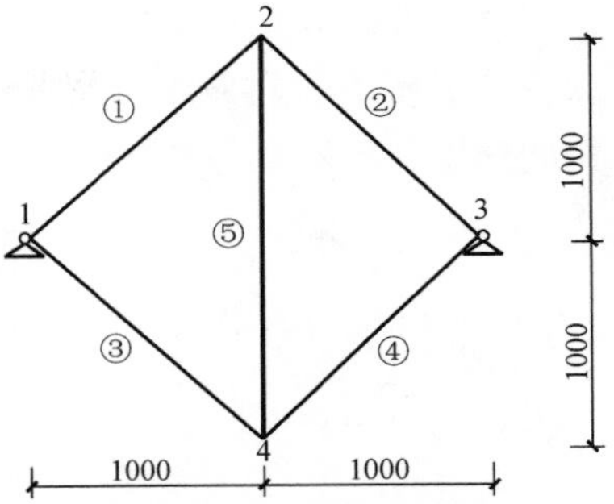

图 2.4-19　小型张拉结构的初始状态

图 2.4-20（a）为在以缓慢卸载的方式拆除索③、索④的过程中结构的中间状态，该过程索①、索②中内力逐步减少至松弛，后又张紧。图 2.4-20（b）为结构最终平衡状态。图 2.4-20（c）、图 2.4-20（d）分别为节点 2 的竖向坐标和索①的内力随计算步数的变化。伴随索拆除的过程，其内力不断减少直至松弛，此时引入式（2.4-11），令索退出工作，直到索重新进入张拉状态。从图 2.4-20（c）、图 2.4-20（d）可以看出，在索①内力为零的过程中，竖杆不再受到索的约束，因而发生较大的刚体位移，直至索①重新进入张拉状态。这个大变位过程的模拟在传统有限元方法中是难以实现的。该算例表明，向

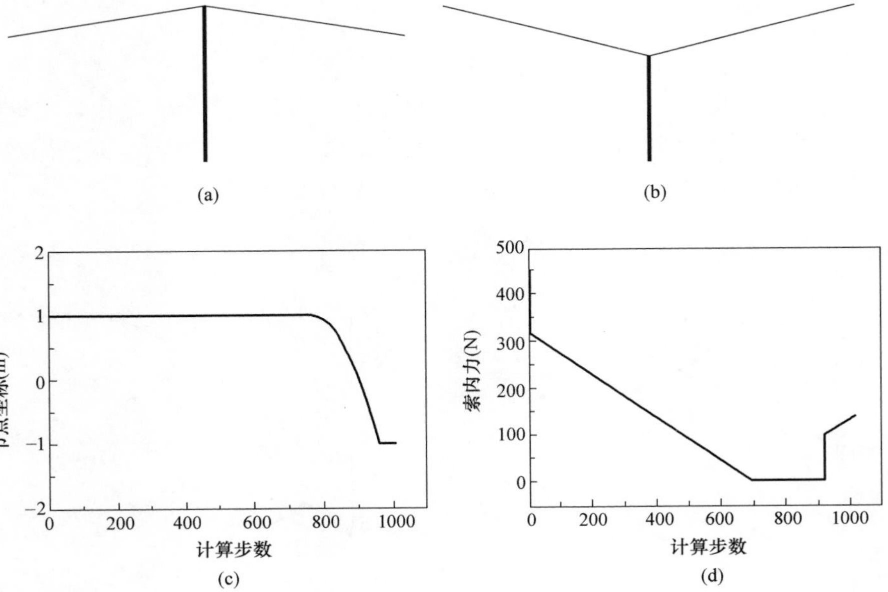

图 2.4-20　结构拆索分析结果

（a）结构的中间状态；（b）结构最终平衡状态；（c）节点 2 的竖向坐标随计算步数变化；（d）索①的内力随计算步数变化

量式有限元在对反分析法的关键步骤——拆除索杆的分析中，通过采用一组缓慢减小的力可以很好地反映结构的内力和形状变化（包括索松弛现象），不必引入中间约束状态和刚体位移假定。

（3）算例 3：菱形索网结构施工张拉成形过程（反分析法）

图 2.4-21 为一个支承在刚性边梁上的菱形索网结构的初始状态，几何尺寸见图中标注，各索截面尺寸一致，材料刚度均为 $K=EA=293600$kN，找形完成后在预应力状态时每根索的内力均为 800kN。

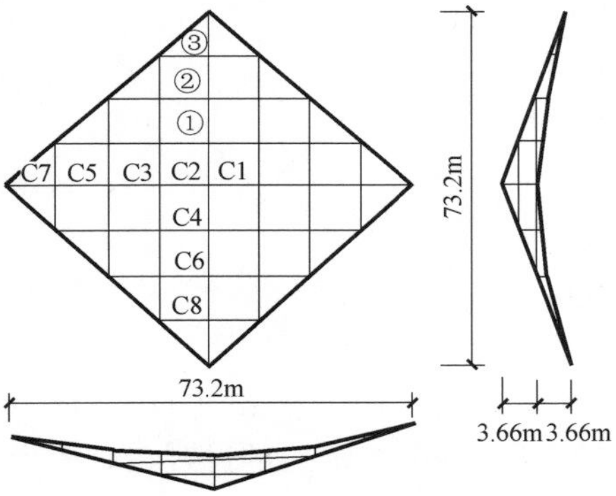

图 2.4-21　一个支承在刚性边梁上的菱形索网结构的初始状态

图中索的编号为：横向索（副索，即稳定索）编号为 C8、C6、C4、C2，对称部分相同；竖向索（主索，即承重索）编号为 C7、C5、C3、C1，对称部分相同。索网结构施工过程中常采用主副索交替张拉的方式，因此本算例对索网结构的施工反分析选择按照 C8～C1 的顺序拆除索，并直接施加阻尼力，得到最终静态解。

图 2.4-22（a）为结构从初始张拉状态到逐步拆除索的过程中 C1 索的竖向坐标变化情况，图 2.4-22（b）为节点①的竖向坐标随施工步的变化，这里的施工步指真实施工过程中的张拉顺序（即 C1～C8），可以看出节点坐标在初始张拉时有较大的改变。图 2.4-23 为结构在拆索过程中几何形状的变化。

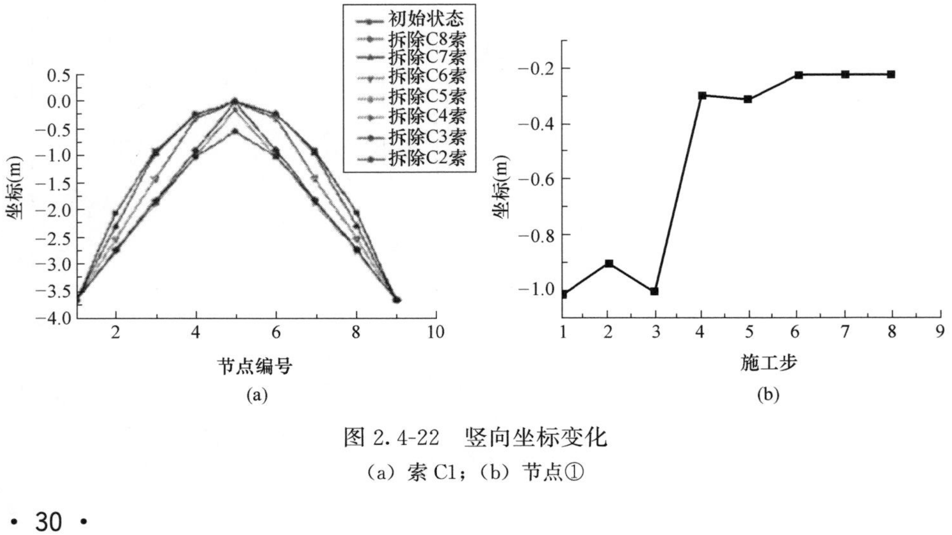

图 2.4-22　竖向坐标变化

（a）索 C1；（b）节点①

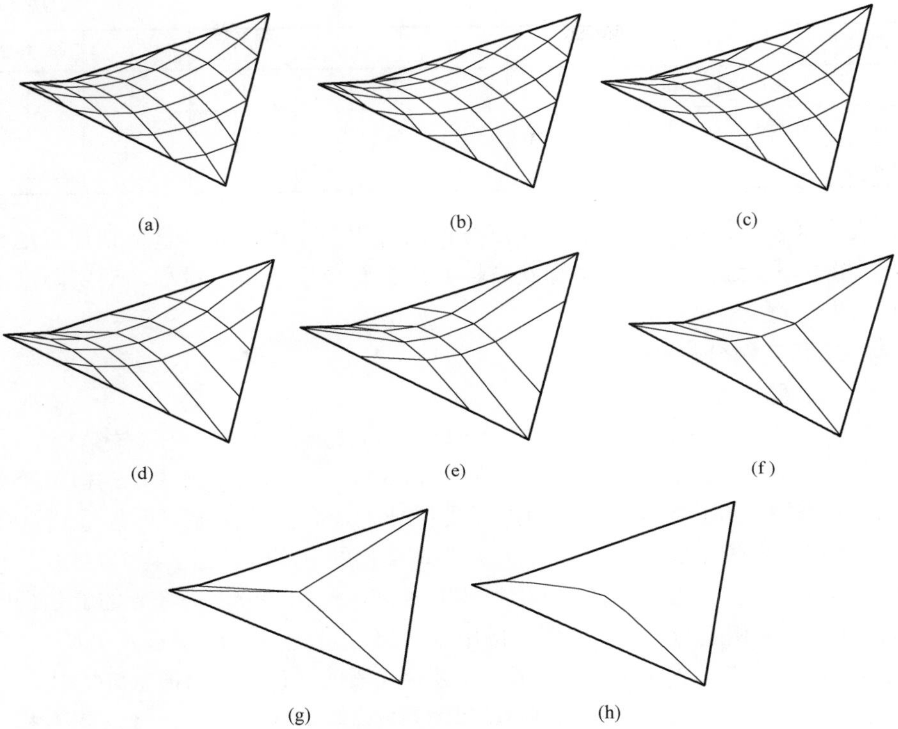

图 2.4-23　结构在拆索过程中几何形状的变化

（a）初始状态；（b）拆除 C8 索；（c）拆除 C7 索；（d）拆除 C6 索；（e）拆除 C5 索；（f）拆除 C4 索；（g）拆除 C3 索；（h）拆除 C2 索

表 2.4-4 为拆除各批索的过程中索内力的变化情况（kN）。每行表示拆索过程中结构中未拆除索的内力，每列表示每批索在各施工步中的内力。第一行数值全为 800kN，表示在张拉成形状态索的实际内力。对角线上数值分别表示 C2～C8 批次索的施工张拉值。根据计算结果，只要采用表中张拉力，并按顺序依次张拉，当最后一批索张拉完成，结构即成形，无需反复调整。本章计算结果与文献［44］一致。

拆除各批索的过程中索内力的变化情况（kN）　　**表 2.4-4**

C1	C2	C3	C4	C5	C6	C7	C8	拆索批次
800	800	800	800	800	800	800	**800**	0
731	797	796	800	800	827	**799**	0	C8
727	726	796	796	827	**828**	0	0	C7
549	738	690	857	**820**	0	0	0	C6
563	565	761	**762**	0	0	0	0	C5

续表

C1	C2	C3	C4	C5	C6	C7	C8	拆索批次
235	724	**487**	0	0	0	0	0	C4
351	**350**	0	0	0	0	0	0	C3
0	0	0	0	0	0	0	0	C2

该算例表明，向量式有限元在反分析的过程中，可以通过直接施加阻尼力的方式获得拆索后结构的最终平衡状态，并模拟整个反分析的过程，对实际施工有很好的指导意义。

4. 工程实例分析

(1) 工程背景

深圳宝安体育场屋盖结构（图 2.4-24）为马鞍形车辐式索杆张拉结构[45]，平面投影为 230m×237m 椭圆形，屋盖结构由 36 榀径向索桁架组成，索桁架跨度为 54m，分别连接在外圈受压环梁和内圈受拉环上，内拉环由上下两层通过高 18m 的飞柱连接的环索组成。图 2.4-24（a）为该结构的三维图，图 2.4-24（b）为结构的平面布置图及构件编号，其中 UR1～UR10 表示结构四分之一部分的上弦径向索（LR1～LR10 为相应的下弦径向索，图中未示出），节点 1～10 则表示 UR1～UR10 与内拉环的连接点。表 2.4-5 给出了上下弦径向索的设计预应力值（kN）。

上下弦径向索的设计预应力值（kN）　　表 2.4-5

径向索	1	2	3	4	5	6	7	8	9	10
上弦	1840	1876	1851	1853	1881	1962	2040	2049	2051	2049
下弦	3695	3687	3703	3659	3702	3826	3943	3942	3924	3918

文献［46］利用通用有限元软件 ANSYS 中的“生死单元法”对该结构进行了施工分析，采用在索杆单元上附着梁单元的方法克服计算过程中单元的“漂移”问题，操作较为复杂。本章利用向量式有限元法对该结构的施工张拉过程进行模拟，采用索原长安装法，首先根据表 2.4-4 给出的各索预应力反算出索单元原长（m）（表 2.4-6），然后在各施工步中逐步组装已知原长的各索。

索单元原长（m）　　表 2.4-6

径向索	1	2	3	4	5	6	7	8	9	10
上弦	54.295	54.313	54.391	54.501	54.655	54.874	55.121	55.336	55.490	55.546
下弦	55.110	55.057	54.910	54.706	54.461	54.252	54.096	53.984	53.925	53.908

(2) 分析方案

将宝安体育场索杆张拉结构从无应力的零状态张拉至设计成形状态，施工张拉步骤如下：

1）在地面拼装上弦径向索和上环索，并采用一定的张拉力张拉上径索；

2）张拉至上环索各节点到达离地面一定高度时，安装飞柱、下环索，并张拉上弦径向索到支承柱顶；

3）安装下径索，并采用逐级张拉的方式，将下弦径向索张拉至支承柱顶；

4）安装上、下径向索之间的悬挂索；悬挂索对结构整体影响很小，仅导致局部标高的微小改变，本章不考虑悬挂索的张拉过程。

对上述张拉过程采用正分析法进行跟踪模拟，正分析流程图见图 2.4-25，张拉过程中采用张拉力控制与位移控制相结合的方法。首先将牵引力作用于索端

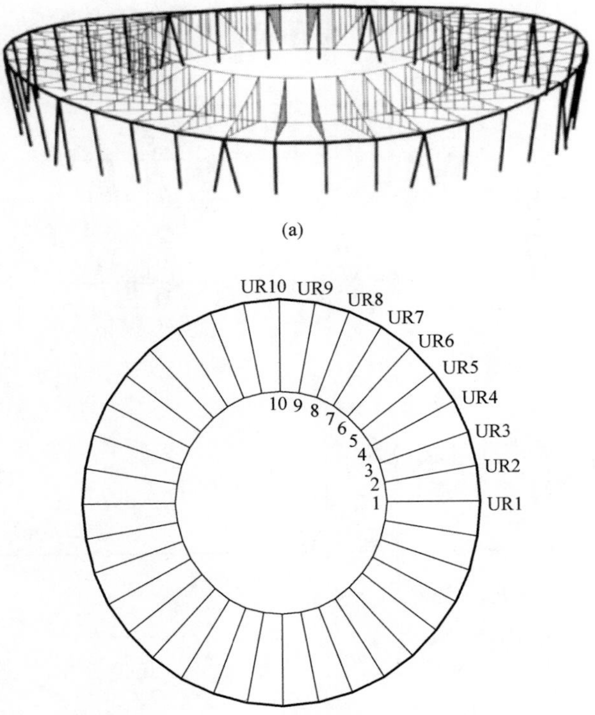

(a)

(b)

图 2.4-24　深圳宝安体育场屋盖结构

（a）三维图；（b）平面布置图及构件编号

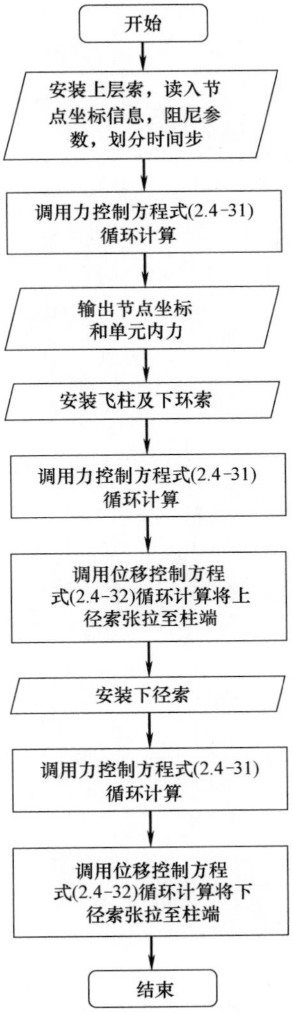

图 2.4-25　正分析流程图

张拉，当索端接近于柱顶时仍采用力控制法不能将索精确张拉至边界位置，此时改用位移控制方法，将索端准确张拉至柱顶。时间步长取 $h=1\times10^{-4}$s，阻尼参数取 $\alpha=100$。

（3）计算结果

张拉过程中各施工步结构位形的变化如图 2.4-26 所示，张拉过程中构件内力和节点坐标的变化如图 2.4-27 所示，图中各施工步意义如下：0～1 采用设计预应力的 10%张拉上径索；1～2 悬挂飞柱和下环索；2～3 采用位移控制将上径索张拉至柱端；3～4 采用设计预应力的 10%张拉下径索；4～5 采用设计预应力的 20%张拉下径索；5～6 采用设计预应力的 50%张拉下径索；6～7 采用设计预应力的 80%张拉下径索；7～8 采用位移控制将下径索张拉至柱端。

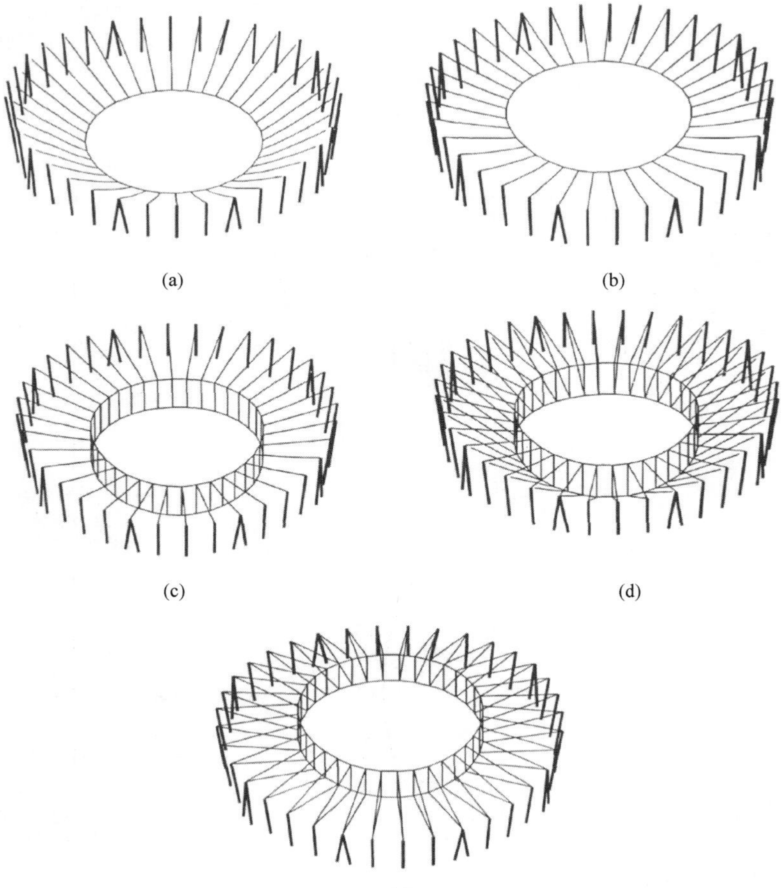

(a) (b) (c) (d) (e)

图 2.4-26　张拉过程中各施工步结构位形的变化

（a）安装上径索；（b）张拉上径索；（c）悬挂飞柱、下环索，张拉上径索到位；（d）安装下径索；（e）下径索张拉到位

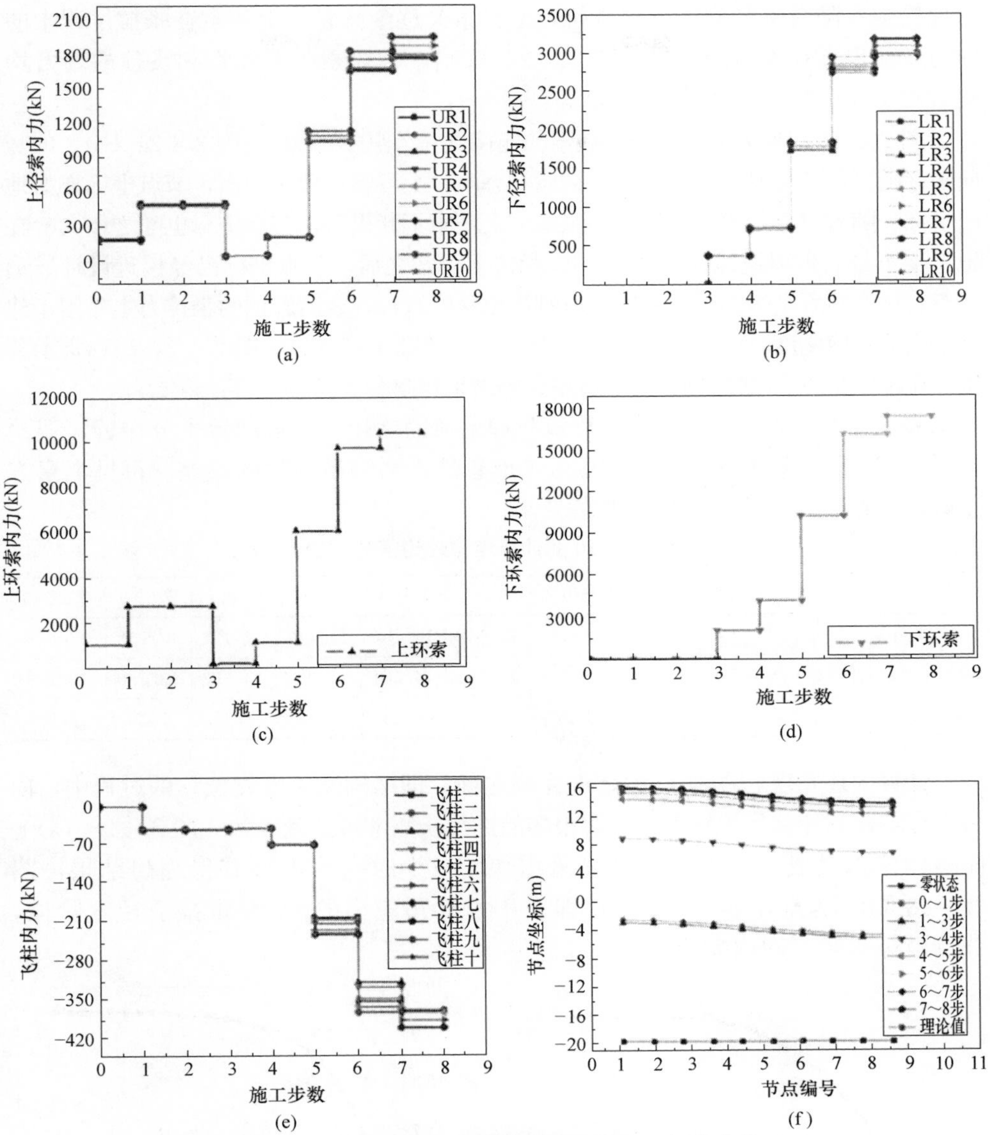

图 2.4-27　张拉过程中构件内力和节点坐标的变化

(a) 上径索内力；(b) 下径索内力；(c) 上环索内力；(d) 下环索内力；(e) 飞柱内力；(f) 节点坐标

由图 2.4-27 可见，在整个张拉过程中结构各构件的内力变化比较均匀，张拉结束时的内力即为最大内力；同类构件的内力比较接近且变化呈相同趋势。由图 2.4-27 (a) 可见，上弦径向索的内力随着张拉过程的进行总体上呈增大趋势，但在施工步 3～4 中，内力出现减少，甚至接近于零的情况。该施工步为下弦径向索开始张拉的阶段，这表明下径索的张拉将导致上径索内力的降低甚至接近或出现松弛；随着下径索的继续张拉，上径索又逐渐张紧。上环索在张拉过程中的内力变化也存在类似的趋势［图 2.4-24（c）］。下径索、下环索和飞柱的内力均随着对下径索的张拉而不断增大。

图 2.4-27（f）为上径索与上环索的连接点［节点 1～10，见图 2.4-24（b）］的竖向坐标随张拉过程发生的变化。在初始状态时，上环索平摊于地面，节点坐标亦为地面坐标。随着对上径索、下径索的张拉，上环索不断提升，节点坐标也随之增大。在施工步 4～5，即以设计预应力的 20%张拉下径索之后，节点坐标已经接近设计成形状态。这意味着结构此时已基本完成刚体位移的过程，之后施加的张拉力主要用于建立结构的几何刚度，使结构产生预应力，这与图 2.4-27（a）～图 2.4-27（e）所示各构件在施工步 4～5 之后内力有显著增长的结果相吻合。

表 2.4-7 为节点 1～10 的计算值与理论值的比较，可见两者十分接近，误差仅略大于 1%，其中还包含了本章未考虑悬挂索影响所导致的误差。可见本章方法的计算精度完全满足实际工程的要求。

节点 1～10 的计算值与理论值的比较　　　　表 2.4-7

项目	节点 1	节点 2	节点 3	节点 4	节点 5	节点 6	节点 7	节点 8	节点 9	节点 10
计算值(m)	16.048	15.982	15.792	15.501	15.142	14.764	14.417	14.137	13.953	13.889
理论值(m)	15.850	14.785	15.597	15.308	14.954	14.581	14.239	13.962	13.780	13.716
误差(%)	1.25	1.25	1.25	1.26	1.26	1.25	1.25	1.25	1.26	1.26

计算中还发现，在施工步 4～5 完成之前，即结构发生刚体位移的过程中，向量式有限元的计算代价较大，需要很多的迭代步数才可达到收敛［图 2.4-28（a）］。而刚体位移完成后，收敛速度显著增快，较少时间步即可获得理想结果，图 2.4-28（b）为施工步 6～7 中，即采用设计预应力的 80% 张拉下径索阶段，节点坐标在短时间内完成收敛。

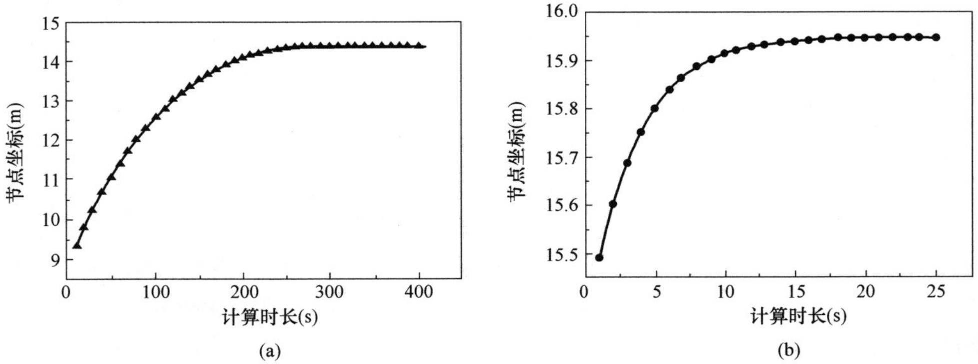

图 2.4-28　节点坐标时程曲线

（a）施工步 4～5；（b）施工步 6～7

通过以上对宝安体育场的施工模拟分析，可以发现本章方法在大型索杆张力结构的施工成形分析中有很好的运用，不需要采用特殊的手段，也不需要引入假定，即可将结构从零应力的初始状态逐步张拉至设计成形状态，对结构在张拉过程中完成的刚体位移，以及刚化为稳定体系都可以很简单地处理，得到的施工状态参数如节点位移及索杆内力均能满足施工分析的需求

2.5　应用领域和分析流程

2.5.1　应用领域

向量式有限元是一种有效的结构行为预测分析方法，适用于大变形大转动和材料非线性、屈曲和褶皱、接触非线性、断裂和穿透等复杂结构行为的分析处理。

1. 结构大变形大转动和材料非线性问题

由于在向量式有限元中引入了单元变形坐标系和逆向运动的概念，在单元节点全位移中扣除了单元的刚体运动（刚体平移和刚体转动），获得节点纯变形线（角）位移，继而求解单元节点内力（矩），较好地解决了结构大变形大转动运动分析模拟，其本身并不存在几何非线性的问题，相对传统有限元具有较大的优势。

膜结构是一种广泛使用的柔性结构，多为大变形大转动运动分析问题。向量式有限元可有效处理如建筑膜结构、空间充气可展结构、安全气囊和布料运动仿真等应用领域的问题。板壳结构也存在较多的大变形大转动运动，如汽车外壳变形分析、板壳屋盖结构、油罐和筒仓等应用领域的问题。在向量式有限元程序中无需特殊的处理即可实现。

对于材料非线性行为，采用统一主分析程序，引入非线性材料本构模型计算模块即可实现，包括膜结构的正交异性本构、板壳结构的弹塑性本构等，相比传统有限元具有显著优势。

2. 结构屈曲和褶皱问题

向量式有限元方法本身并不存在几何非线性的问题，其分析类似于传统有限元的大变形分析，屈曲又可分为静力屈曲和动力屈曲。

膜结构的屈曲和褶皱是一类典型的问题，包括平面膜的屈曲褶皱、充气膜褶皱、马鞍形膜褶皱等屈曲褶皱问题。对于膜结构的褶皱问题，采用统一的主分析程序，引入褶皱分析计算模块即可实现，包括膜结构的褶皱、考虑正交异性的膜结构褶皱等。

壳结构的屈曲和后屈曲分析是另一类典型的问题，包括扁球壳、柱壳等静动力屈曲问题。在向量式有限元中，通常可采用力控制法和位移控制法跟踪屈曲失

稳的全过程，除每个时间步内分别需增加位移和力的输出计算外，无需其他特殊处理；当作用位置点同时存在荷载和位移的下降段时，需要增加更加高级的弧长法控制才可获得准确的荷载-位移变化。

3. 结构碰撞接触问题

向量式有限元是一种基于点值描述的行为预测分析方法，对于涉及碰撞接触这一严重不连续行为的问题，不同于传统有限元，其主分析过程无需进行计算模式和控制方程等的转换，采用统一的分析过程即可实现，这也是向量式有限元的一大优势。

结构的碰撞接触包括刚体和柔体、柔体和柔体的碰撞。膜结构的碰撞接触包括布料覆盖刚性球或桌面和布料运动仿真、折叠气囊展开、服饰设计等领域中存在的自接触行为。板壳结构的碰撞包括钢管碰撞接触和球壳压曲、柱壳动力冲击压扁等问题中存在的自接触行为。在向量式有限元的每个时间子步内，均需增加质点碰撞检测和碰撞响应的处理过程。

4. 结构破裂破碎问题

对于涉及破裂破碎这一严重不连续行为问题，向量式有限元的主分析过程也无需进行计算模式和控制方程转换，即采用统一分析过程即可实现，这也是向量式有限元的一大优势。

结构的断裂包括结构单元的破裂和破碎两种情况。膜结构的破裂破碎包括膜材撕裂、气囊充气破裂等问题。板壳结构的破裂破碎包括平板的断裂、密封容器在内压下的破裂和破碎等问题。在向量式有限元的每个时间子步内，均需增加质点的断裂机制（断裂准则和材料本构）及其对应实现模式的处理过程。

5. 结构穿透问题

结构穿透行为包括结构碰撞和断裂两类行为，在向量式有限元主分析过程中同样无需进行计算模式和控制方程转换，采用统一分析过程即可实现，这是向量式有限元的又一大优势。

膜结构的穿透包括强风引起的刚体撞击穿透马鞍形膜、悬链面膜等。壳结构的穿透包括刚体穿透平板、刚体穿透柱壳等。在向量式有限元的每个时间子步内，均需增加质点的碰撞处理机制和断裂处理机制。

2.5.2 分析流程

1. 分析步骤

向量式有限元进行结构分析的一般分析步骤如下：

（1）设定空间点（质点组合体）和时间点（分析时间步），即进行点值描述的离散；

（2）中央差分数值求解质点运动方程式，获得时间步内的质点全位移；

(3) 引入变形坐标系和逆向运动，扣除质点全位移中的刚体位移，获得单元节点纯变形线（角）位移；

(4) 根据虚功方程，由单元节点纯变形线（角）位移求解单元节点内力（矩），集成后获得质点内力（矩），同时输出应力应变；

(5) 计算单元等效节点外力，集成获得质点外力；

(6) 回到第（2）步计算下一时间步的质点全位移。

2. 分析流程图

图 2.5-1 为向量式有限元进行结构分析的分析流程图，其中包含了材料本构的引入、褶皱的处理、碰撞接触的处理、破裂破碎的处理、穿透的处理和应力应变的输出等。

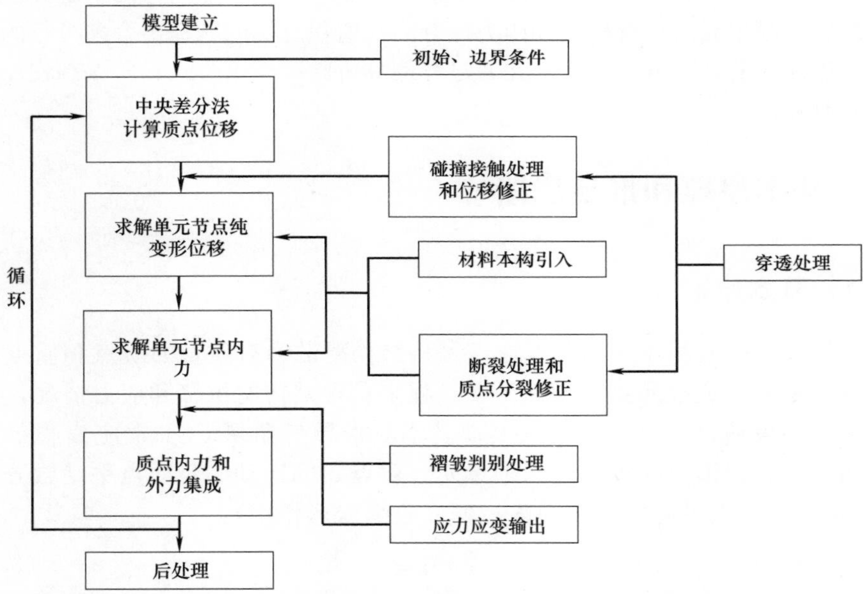

图 2.5-1　向量式有限元进行结构分析的分析流程图

第3章

向量式膜单元理论

本章首先推导三角形 CST 常应变膜单元和四边形等参膜单元的向量式有限元基本公式，描述运动解析的原理及变形坐标系下单元节点内力的求解方法，同时对四边形膜单元的位置模式和内力计算的数值积分等问题提出合理可行的处理方法；进而编制计算分析程序，并通过算例分析验证理论公式和所编制程序的正确性和有效性[47,48]。

3.1 基本原理和推导思路

3.1.1 基本原理

向量式有限元膜单元的基本原理是将结构离散为有质量的质点和质点间无质量的膜单元，通过质点的动力运动过程来获得结构的位移和应力情况，质点间的运动约束通过膜单元连接来实现。本章推导三角形 CST 常应变膜单元和平面四节点四边形等参膜单元两种单元。质点 a 的运动满足质点平动微分方程（通过膜单元节点平移模拟膜面内拉伸或收缩变形作用）：

$$\boldsymbol{M}_a\ddot{\boldsymbol{x}}_a+\alpha\boldsymbol{M}_a\dot{\boldsymbol{x}}_a=\boldsymbol{F}_a \tag{3.1-1}$$

式中，$\boldsymbol{M}_a$ 是质点 a 的平动质量矩阵，$\dot{\boldsymbol{x}}$（$\ddot{\boldsymbol{x}}$）是质点的速度（加速度）向量，α 是阻尼参数，$\boldsymbol{F}_a=\boldsymbol{f}_a^{\text{ext}}+\boldsymbol{f}_a^{\text{int}}$ 是质点受到的合力向量，其中 $\boldsymbol{f}_a^{\text{ext}}$ 是质点的外力向量，$\boldsymbol{f}_a^{\text{int}}$ 是膜单元传递给质点的内力向量。

由于质量矩阵 $\boldsymbol{M}_a$ 是对角阵，式（3.1-1）中质点 a 关于位移三个分量已是解耦的，即有：

$$\ddot{\boldsymbol{x}}_a+\alpha\dot{\boldsymbol{x}}_a=\frac{1}{m_a}\boldsymbol{F}_a \tag{3.1-2}$$

式中，m_a 是质点 a 的质量。

因而可直接对质点运动方程式（3.1-2）进行独立差分计算求解，无初始条件（连续）和有初始条件（不连续）时的中央差分公式如式（3.1-3）所示（省

略下标 a）：

$$\begin{cases} \boldsymbol{x}_{n+1}=c_1\left(\dfrac{\Delta t^2}{m}\right)\boldsymbol{F}_n+2c_1\boldsymbol{x}_n-c_2\boldsymbol{x}_{n-1}, & \text{连续时} \\ \boldsymbol{x}_{n+1}=\dfrac{1}{1+c_2}\left\{c_1\left(\dfrac{\Delta t^2}{m}\right)\boldsymbol{F}_n+2c_1\boldsymbol{x}_n+2c_2\dot{\boldsymbol{x}}_n\Delta t\right\}, & \text{不连续时} \end{cases} \tag{3.1-3}$$

式中，Δt 是时间步长，$c_1=\dfrac{1}{1+\dfrac{\alpha}{2}\Delta t}$，$c_2=c_1\left(1-\dfrac{\alpha}{2}\Delta t\right)$。

此外，对于平面四节点四边形等参膜单元，由于其四个节点运动之后的实际位置组成的是空间四边形，因而利用中央差分公式（3.1-3）进行数值求解时，$\boldsymbol{f}_a^{\text{int}}$ 和 $\boldsymbol{x}_a$ 分别需由位置模式Ⅰ和位置模式Ⅱ获得，详见第 3.3.4 节的讨论。

3.1.2　推导思路

向量式有限元膜单元基本公式的推导思路如下：

（1）单元节点纯变形位移计算。由中央差分公式获得质点总位移后，采用逆向运动方法扣除其中的刚体位移，以获得单元节点的纯变形位移。刚体位移包括刚体平移和刚体转动，前者可以是单元的一个节点为参考点取其总位移向量；后者包括平面外和平面内转动位移，可通过单元平面外（内）刚体转动向量和对应平面外（内）逆向转动矩阵来换算求得。

（2）单元节点内力计算。在获得单元节点的纯变形位移后，通过单元变形满足的虚功方程来求解单元节点内力。首先引入单元变形坐标系，将空间膜元问题转化到平面上；接着采用传统有限元的三角形 CST 常应变单元或平面四节点四边形等参膜单元的形函数分布，获得变形坐标系下单元节点内力向量；然后利用坐标转换矩阵和平面外（内）正向转动矩阵，将变形坐标系下单元节点内力向量转换回到整体坐标系下分量；最后反向作用于质点上并进行集成得到膜单元传给质点的内力向量。

（3）下一步质点总位移计算。将质点内力向量和下一步初质点外力向量代回质点中央差分公式获得下一步的质点总位移，并进入下一步的单元节点、纯变形位移计算。

如上往复循环以实现结构位移和应力的逐步循环计算。

3.2　三角形 CST 膜单元理论

本节根据向量式有限元膜单元基本公式的推导思路，给出三角形 CST 膜单元的详细推导过程。

3.2.1 单元节点纯变形位移

膜单元仅有节点位移，变形坐标系下单元面外的节点位移为0。向量式有限元采用逆向运动的方法从膜单元节点全位移中扣除刚体位移（刚体平移和刚体转动）部分，得到节点纯变形位移。图3.2-1所示是三角形膜单元的空间运动图，在 t_0 时刻单元处于 abc 位置，并于 t 时刻运动到 $a'b'c'$ 位置。

在运动过程中，单元经历的刚体位移包含刚体平移和刚体转动。$\boldsymbol{u}_i$（$i=a$，b，c）是三角形膜单元三个角端节点 a、b、c 的总位移向量。选择质点 a（对应三角形膜单元角端节点 a）为参考点，则 a 点的位移向量 $\boldsymbol{u}_a$ 为单元的刚体平移，让单元按向量 $-\boldsymbol{u}_a$ 作逆向平移运动，得到各质点扣除刚体平移后的相对位移 $\Delta\boldsymbol{\eta}_i$（$i=a,b,c$）为：

$$\begin{cases}\Delta\boldsymbol{\eta}_a=\boldsymbol{0}\\ \Delta\boldsymbol{\eta}_i=\boldsymbol{u}_i-\boldsymbol{u}_a,(i=b,c)\end{cases} \tag{3.2-1}$$

扣除单元刚体平移后，计算单元的刚体转动，总的刚体转动向量 $\boldsymbol{\theta}$ 可分为两个部分：

$$\boldsymbol{\theta}=\boldsymbol{\theta}_1+\boldsymbol{\theta}_2 \tag{3.2-2}$$

式中，$\boldsymbol{\theta}_1$ 表示单元平面外转动向量，$\boldsymbol{\theta}_2$ 表示单元平面内转动向量。

图3.2-2为三角形膜单元的平面外转动，单元扣除刚体平移后，处于 $a''b''c''$ 位置，此时与 t_0 时刻的单元 abc 并不处于同一平面内，平面外转动角度 θ_1（绕转轴单位向量 $\boldsymbol{n}_{\text{op}}^0$ 从 $\boldsymbol{n}$ 转动到 $\boldsymbol{n}''$ 的角度）为：

$$\theta_1=\cos^{-1}\left(\frac{\boldsymbol{n}\cdot\boldsymbol{n}''}{|\boldsymbol{n}||\boldsymbol{n}''|}\right),\quad \theta_1\in[0,\pi] \tag{3.2-3}$$

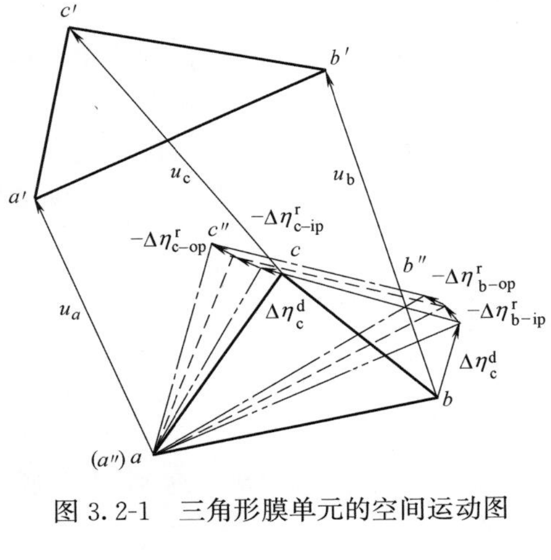

图3.2-1 三角形膜单元的空间运动图

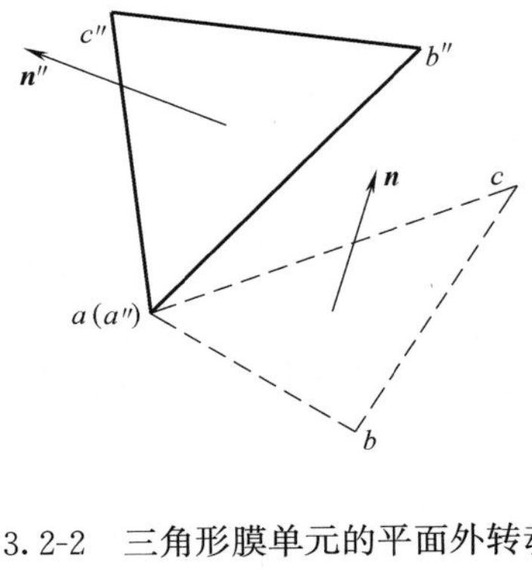

图3.2-2 三角形膜单元的平面外转动

式中，平面外转轴单位向量 $\boldsymbol{n}_{\mathrm{op}}^{0}=\dfrac{\boldsymbol{n}\times\boldsymbol{n}''}{|\boldsymbol{n}\times\boldsymbol{n}''|}=\{l_{\mathrm{op}}\quad m_{\mathrm{op}}\quad n_{\mathrm{op}}\}^{\mathrm{T}}$，$l_{\mathrm{op}}$、$m_{\mathrm{op}}$ 和 n_{op} 分别沿 x、y 和 z 方向的单位方向余弦；从而有单元平面外转动向量 $\boldsymbol{\theta}_1=\theta_1\boldsymbol{n}_{\mathrm{op}}^{0}$。

质点 $i(i=a,b,c)$ 的平面外逆向刚体转动位移 $\Delta\boldsymbol{\eta}_{i-\mathrm{op}}^{\mathrm{r}}$ 可由式（3.2-4）计算得到：

$$\begin{cases}\Delta\boldsymbol{\eta}_{a-\mathrm{op}}^{\mathrm{r}}=\boldsymbol{0}\\ \Delta\boldsymbol{\eta}_{i-\mathrm{op}}^{\mathrm{r}}=[\boldsymbol{R}_{\mathrm{op}}^{\mathrm{T}}(-\theta_1)-\boldsymbol{I}]\boldsymbol{r}_{ai}''=\boldsymbol{R}_{\mathrm{op}}^{*}(-\theta_1)\cdot\boldsymbol{r}_{ai}'',\quad(i=b,c)\end{cases}\tag{3.2-4}$$

式中，平面外逆向转动矩阵 $\boldsymbol{R}_{\mathrm{op}}^{*}(-\theta_1)=[1-\cos(-\theta_1)]\boldsymbol{A}_{\mathrm{op}}^{2}+\sin(-\theta_1)\boldsymbol{A}_{\mathrm{op}}$，单元的边向量 $\boldsymbol{r}_{ai}''=\boldsymbol{x}_i''-\boldsymbol{x}_a''=\boldsymbol{x}_i'-\boldsymbol{x}_a'$，$\boldsymbol{A}_{\mathrm{op}}=\begin{bmatrix}0&-n_{\mathrm{op}}&m_{\mathrm{op}}\\ n_{\mathrm{op}}&0&-l_{\mathrm{op}}\\ -m_{\mathrm{op}}&l_{\mathrm{op}}&0\end{bmatrix}$。

在经历平面外的逆向刚体转动后，单元回到 t_0 时刻所处平面上，得到各节点坐标为：

$$\begin{cases}\boldsymbol{x}_a'''=\boldsymbol{x}_a'-\boldsymbol{u}_a\\ \boldsymbol{x}_i'''=\boldsymbol{x}_i'-\boldsymbol{u}_a+\Delta\boldsymbol{\eta}_{i-\mathrm{op}}^{\mathrm{r}},(i=b,c)\end{cases}\tag{3.2-5}$$

三角形膜单元的平面内转动如图 3.2-3 所示。

单元平面内刚体转动角度 θ_2 为：

$$\theta_2=(\Delta\varphi_a+\Delta\varphi_{\mathrm{b}}+\Delta\varphi_{\mathrm{c}})/3\tag{3.2-6}$$

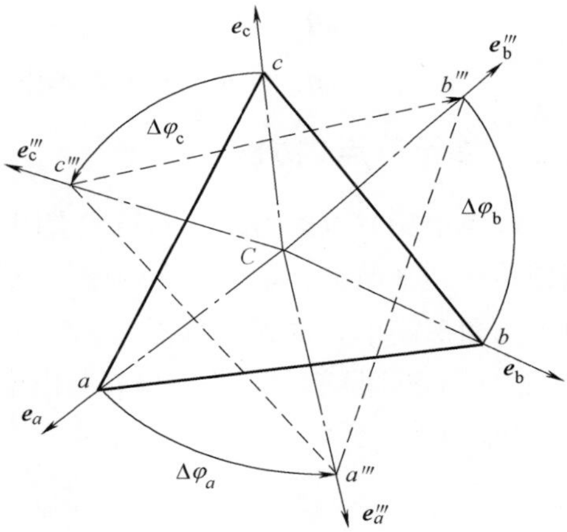

图 3.2-3　三角形膜单元的平面内转动

式中，$\Delta\varphi_i(i=a,b,c)$ 是质点面内转动的角度，根据质点与形心连线向量的转动夹角计算得到：$|\Delta\varphi_i|=\cos^{-1}(\boldsymbol{e}_i\cdot\boldsymbol{e}_i''')$，$(i=a,b,c)$，$|\Delta\varphi_i|\in[0,\ \pi]$。其中，$\boldsymbol{e}_i=\dfrac{\boldsymbol{x}_i-\boldsymbol{x}_{\mathrm{C}}}{|\boldsymbol{x}_i-\boldsymbol{x}_{\mathrm{C}}|}$，$\boldsymbol{e}_i'''=\dfrac{\boldsymbol{x}_i'''-\boldsymbol{x}_{\mathrm{C}}}{|\boldsymbol{x}_i'''-\boldsymbol{x}_{\mathrm{C}}|}$，下标 C 表示形心。

$\Delta\varphi_i$ 的正负性可根据式（3.2-7）判断获得：

$$\begin{cases}\Delta\varphi_i=|\Delta\varphi_i|,\quad\text{若 }\boldsymbol{e}_i\times\boldsymbol{e}_{i'''}\text{ 与 }\boldsymbol{n}^0\text{ 同向}\\ \Delta\varphi_i=-|\Delta\varphi_i|,\text{若 }\boldsymbol{e}_i\times\boldsymbol{e}_{i'''}\text{ 与 }\boldsymbol{n}^0\text{ 反向}\end{cases}\tag{3.2-7}$$

式中，平面内转轴单位向量 $\boldsymbol{n}_{\mathrm{ip}}^{0}=\boldsymbol{n}^{0}=\dfrac{\boldsymbol{n}}{|\boldsymbol{n}|}==\{l_{\mathrm{ip}}\quad m_{\mathrm{ip}}\quad n_{\mathrm{ip}}\}^{\mathrm{T}}$ 即为膜单元在 t_0 时刻的单位法向向量。

从而有质点 $i(i=a,b,c)$ 的面内转动向量为 $\Delta\boldsymbol{\varphi}_i=\Delta\varphi_i\boldsymbol{n}^0$，$\Delta\varphi_i\in[-\pi,\ \pi]$，单元平面内转动向量 $\boldsymbol{\theta}_2=\theta_2\boldsymbol{n}^0$，$\theta_2\in[-\pi,\ \pi]$。

参考式（3.2-4）可以得到质点 $i(i=a,b,c)$ 的平面内逆向刚体转动位移 $\Delta\boldsymbol{\eta}^{\mathrm{r}}_{i\text{-ip}}$ 为：

$$\begin{cases}\Delta\boldsymbol{\eta}^{\mathrm{r}}_{a-\mathrm{ip}}=\boldsymbol{0}\\ \Delta\boldsymbol{\eta}^{\mathrm{r}}_{i-\mathrm{ip}}=[\boldsymbol{R}^{\mathrm{T}}_{\mathrm{ip}}(-\theta_2)-\boldsymbol{I}]\boldsymbol{r}''_{ai}=\boldsymbol{R}^{*}_{\mathrm{ip}}(-\theta_2)\cdot\boldsymbol{r}''_{ai},(i=b,c)\end{cases}\tag{3.2-8}$$

式中，平面内逆向转动矩阵 $\boldsymbol{R}^{*}_{\mathrm{ip}}(-\theta_2)=[1-\cos(-\theta_2)]\boldsymbol{A}^2_{\mathrm{ip}}+\sin(-\theta_2)\boldsymbol{A}_{\mathrm{ip}}$，单元的边向量 $\boldsymbol{r}'''_{ai}=\boldsymbol{x}'''_i-\boldsymbol{x}'''_a=\boldsymbol{x}'_i-\boldsymbol{x}'_a+\Delta\boldsymbol{\eta}^{\mathrm{r}}_{i-\mathrm{op}}$，$\boldsymbol{A}_{\mathrm{ip}}=\begin{bmatrix}0 & -n_{\mathrm{ip}} & m_{\mathrm{ip}}\\ n_{\mathrm{ip}} & 0 & -l_{\mathrm{ip}}\\ -m_{\mathrm{ip}} & l_{\mathrm{ip}} & 0\end{bmatrix}$。

扣除单元刚体平移和面外、面内刚体转动后，得到质点的纯变形位移 $\Delta\boldsymbol{\eta}^{\mathrm{d}}_i$ 为：

$$\begin{cases}\Delta\boldsymbol{\eta}^{\mathrm{d}}_a=\boldsymbol{0}\\ \Delta\boldsymbol{\eta}^{\mathrm{d}}_i=(\boldsymbol{u}_{\mathrm{i}}-\boldsymbol{u}_a)+\Delta\boldsymbol{\eta}^{\mathrm{r}}_{i-\mathrm{op}}+\Delta\boldsymbol{\eta}^{\mathrm{r}}_{i-\mathrm{ip}},(i=b,c)\end{cases}\tag{3.2-9}$$

3.2.2 单元节点内力

求解膜单元节点内力时，向量式有限元通过定义变形坐标系的方法将空间膜元问题转化到平面上。单元在扣除刚体位移（刚体平移和刚体转动）后，将 $\Delta\boldsymbol{\eta}^{\mathrm{d}}_i$ 转换到三角形膜单元变形坐标系（图 3.2-4）上，即有 $\hat{\boldsymbol{u}}_{\mathrm{m}\_i}=\{\hat{u}_i\quad\hat{v}_i\quad\hat{w}_i\}^{\mathrm{T}}$。对于三角形 CST 膜单元，节点位移自由度只需计入分量 $\hat{u}_i$，$\hat{v}_i$（$i=a$，b，c）。

三角形 CST 膜单元的变形满足虚功方程：

$$\sum_i\delta(\hat{\boldsymbol{u}}_{\mathrm{m}\_i})^{\mathrm{T}}\hat{\boldsymbol{f}}_{\mathrm{m}\_i}=\int_V\delta(\Delta\hat{\boldsymbol{\varepsilon}})^{\mathrm{T}}\hat{\boldsymbol{\sigma}}\mathrm{d}V\tag{3.2-10}$$

式中，$\hat{\boldsymbol{f}}_{\mathrm{m}\_i}=\{\hat{f}_{i\mathrm{x}}\quad\hat{f}_{i\mathrm{y}}\}^{\mathrm{T}}$ 是变形坐标系下膜单元节点 i 的单元节点内力向量。

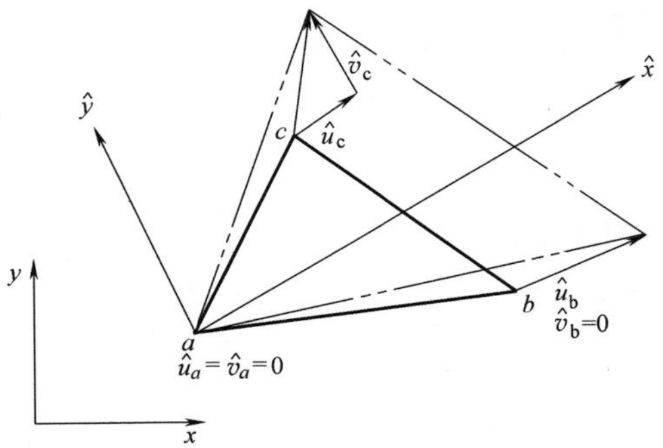

图 3.2-4　三角形膜单元变形坐标系

如图 3.2-4 所示定义，变形坐标系的原点在参考节点 a，这样节点 a 的位移为 0，即可扣除两个未知变量。定义坐标轴 $\hat{x}$ 的方向为节点 b 的纯变形位移方向，则可以扣除节点 b 的竖向位移分量。

变形坐标系与整体坐标系之间的转换关系如下（$\hat{x}$ 是线坐标）：

$$\hat{\boldsymbol{x}}=\hat{\boldsymbol{Q}}(\boldsymbol{x}-\boldsymbol{x}_a)=\{\hat{x}\quad\hat{y}\quad\hat{z}\}^{\mathrm{T}}\tag{3.2-11}$$

式中，$\hat{\boldsymbol{Q}}=\{\hat{\boldsymbol{e}}_1\quad\hat{\boldsymbol{e}}_2\quad\hat{\boldsymbol{e}}_3\}^{\mathrm{T}}$ 是坐标系间转换矩阵，$\hat{\boldsymbol{e}}_1=\Delta\boldsymbol{\eta}_{\mathrm{b}}^{\mathrm{d}}/|\Delta\boldsymbol{\eta}_{\mathrm{b}}^{\mathrm{d}}|$，$\hat{\boldsymbol{e}}_3=\boldsymbol{n}^0$，$\hat{\boldsymbol{e}}_2=\hat{\boldsymbol{e}}_3\times\hat{\boldsymbol{e}}_1$。变形坐标系下必有$\hat{z}=0$，因而可简写成 $\hat{\boldsymbol{x}}=\{\hat{x}\quad\hat{y}\}^{\mathrm{T}}$。

在变形坐标系中单元节点的变形位移向量为：

$$\hat{\boldsymbol{u}}_{\mathrm{m\_}i}=\hat{\boldsymbol{Q}}\Delta\boldsymbol{\eta}_i^{\mathrm{d}}=\{\hat{u}_i\quad\hat{v}_i\quad\hat{w}_i\}^{\mathrm{T}},(i=a,b,c) \tag{3.2-12}$$

由于变形坐标系下的膜单元必有 $\hat{w}_a=\hat{w}_{\mathrm{b}}=\hat{w}_{\mathrm{c}}=0$，因而可简写成 $\hat{\boldsymbol{u}}_{\mathrm{m\_}i}=\{\hat{u}_i\quad\hat{v}_i\}^{\mathrm{T}}$。

膜单元节点位移的组合向量可记为：

$$\hat{\boldsymbol{u}}_{\mathrm{m}}^0=\{\hat{u}_a\quad\hat{v}_a\quad\hat{u}_{\mathrm{b}}\quad\hat{v}_{\mathrm{b}}\quad\hat{u}_{\mathrm{c}}\quad\hat{v}_{\mathrm{c}}\}^{\mathrm{T}} \tag{3.2-13}$$

变形坐标系下必有 $\hat{u}_a=\hat{v}_a=\hat{v}_{\mathrm{b}}=0$，因而可简写成 $\hat{\boldsymbol{u}}_{\mathrm{m}}^*=\{\hat{u}_{\mathrm{b}}\quad\hat{u}_{\mathrm{c}}\quad\hat{v}_{\mathrm{c}}\}^{\mathrm{T}}$。

引入传统有限元中三角形 CST 膜单元的形函数（附录 A），得到单元上任意点的面内变形位移向量 $\hat{\boldsymbol{u}}_{\mathrm{m}}=[\hat{u}\quad\hat{v}]^{\mathrm{T}}$ 为：

$$\hat{\boldsymbol{u}}_{\mathrm{m}}=L_a\hat{\boldsymbol{u}}_a+L_{\mathrm{b}}\hat{\boldsymbol{u}}_{\mathrm{b}}+L_{\mathrm{c}}\hat{\boldsymbol{u}}_{\mathrm{c}} \tag{3.2-14}$$

式中，$\hat{\boldsymbol{u}}_i=[\hat{u}_i\quad\hat{v}_i]^{\mathrm{T}}$ 是节点 $i(i=a,b,c)$ 的变形位移向量，$L_i(\hat{x},\ \hat{y})$ 是单元形函数，形式同传统有限元，详见文献 [14]。

由 CST 膜单元形函数描述的整个膜单元变形分布向量 $\hat{\boldsymbol{u}}_{\mathrm{m}}$，可获得单元面内拉伸应变分布向量 $\Delta\hat{\boldsymbol{\varepsilon}}_{\mathrm{m}}$ 为：

$$\Delta\hat{\boldsymbol{\varepsilon}}_{\mathrm{m}}=\begin{bmatrix}\partial/\partial\hat{x} & 0\\ 0 & \partial/\partial\hat{y}\\ \partial/\partial\hat{y} & \partial/\partial\hat{x}\end{bmatrix}\hat{\boldsymbol{u}}_{\mathrm{m}}=\boldsymbol{B}_{\mathrm{m}}\hat{\boldsymbol{u}}_{\mathrm{m}}^0=\boldsymbol{B}_{\mathrm{m}}^*\hat{\boldsymbol{u}}_{\mathrm{m}}^* \tag{3.2-15}$$

式中，$\Delta\hat{\boldsymbol{\varepsilon}}_{\mathrm{m}}=\{\Delta\hat{\varepsilon}_{\mathrm{x}}\quad\Delta\hat{\varepsilon}_{\mathrm{y}}\quad\Delta\hat{\gamma}_{\mathrm{xy}}\}^{\mathrm{T}}$，$\boldsymbol{B}_{\mathrm{m}}=\dfrac{1}{\alpha_a}\begin{bmatrix}\beta_{\mathrm{b}} & \beta_{\mathrm{c}} & 0\\ 0 & 0 & \gamma_{\mathrm{c}}\\ \gamma_{\mathrm{b}} & \gamma_{\mathrm{c}} & \beta_{\mathrm{c}}\end{bmatrix}$是三角形 CST 膜单元的应变-位移关系矩阵，$\boldsymbol{B}_{\mathrm{m}}^*$ 是由 $\boldsymbol{B}_{\mathrm{m}}$ 去除对应 $\hat{\boldsymbol{u}}_{\mathrm{m}}^0$ 中分量 $\hat{u}_a$，$\hat{v}_a$，$\hat{v}_{\mathrm{b}}$ 的行和列后得到的。

若材料的应力-应变关系矩阵（即：本构矩阵）为 $\boldsymbol{D}$（可为线弹性或非弹线性），在得到单元的拉伸应变向量后，可获得单元的应力向量：

$$\Delta\hat{\boldsymbol{\sigma}}_{\mathrm{m}}=\boldsymbol{D}\Delta\hat{\boldsymbol{\varepsilon}}_{\mathrm{m}}=\boldsymbol{D}\boldsymbol{B}_{\mathrm{m}}^*\hat{\boldsymbol{u}}_{\mathrm{m}}^* \tag{3.2-16}$$

式中，$\Delta\hat{\boldsymbol{\sigma}}_{\mathrm{m}}=\{\Delta\hat{\sigma}_{\mathrm{x}}\quad\Delta\hat{\sigma}_{\mathrm{y}}\quad\Delta\hat{\tau}_{\mathrm{xy}}\}^{\mathrm{T}}$。

得到膜单元的应力应变后，计算单元的变形虚功为：

$$\begin{aligned}\delta U&=\int_V\delta(\Delta\hat{\boldsymbol{\varepsilon}}_{\mathrm{m}})^{\mathrm{T}}(\hat{\boldsymbol{\sigma}}_{\mathrm{m0}}+\Delta\hat{\boldsymbol{\sigma}}_{\mathrm{m}})\mathrm{d}V=(\delta\hat{\boldsymbol{u}}_{\mathrm{m}}^*)^{\mathrm{T}}\\&=(\delta\hat{\boldsymbol{u}}_{\mathrm{m}}^*)^{\mathrm{T}}\left\{\int_V(\boldsymbol{B}_{\mathrm{m}}^*)^{\mathrm{T}}\hat{\boldsymbol{\sigma}}_{\mathrm{m0}}\mathrm{d}V+\left[\int_V(\boldsymbol{B}_{\mathrm{m}}^*)^{\mathrm{T}}\boldsymbol{D}\boldsymbol{B}_{\mathrm{m}}^*\mathrm{d}V\right]\hat{\boldsymbol{u}}_{\mathrm{m}}^*\right\}\end{aligned} \tag{3.2-17}$$

式中，$\hat{\boldsymbol{\sigma}}_{\mathrm{m0}}$ 是单元的初始应力。

对照虚功方程式（3.2-10），可得单元节点内力向量：

$$\hat{\boldsymbol{f}}_{\mathrm{m}}^{*}=\int_{V}(\boldsymbol{B}_{\mathrm{m}}^{*})^{\mathrm{T}}\hat{\boldsymbol{\sigma}}_{\mathrm{m0}}\mathrm{d}V+\left[\int_{V}(\boldsymbol{B}_{\mathrm{m}}^{*})^{\mathrm{T}}\boldsymbol{D}\boldsymbol{B}_{\mathrm{m}}^{*}\mathrm{d}V\right]\hat{\boldsymbol{u}}_{\mathrm{m}}^{*}$$
$$=t_{a}\left\{\int_{\hat{A}_{a}}(\boldsymbol{B}_{\mathrm{m}}^{*})^{\mathrm{T}}\hat{\boldsymbol{\sigma}}_{\mathrm{m0}}\mathrm{d}\hat{\boldsymbol{A}}_{a}+\left[\int_{\hat{A}_{a}}(\boldsymbol{B}_{\mathrm{m}}^{*})^{\mathrm{T}}\boldsymbol{D}\boldsymbol{B}_{\mathrm{m}}^{*}\mathrm{d}\hat{A}_{a}\right]\hat{\boldsymbol{u}}_{\mathrm{m}}^{*}\right\}\quad(3.2\text{-}18)$$

式中，$\hat{\boldsymbol{f}}_{\mathrm{m}}^{*}=\{\hat{f}_{\mathrm{bx}}\quad\hat{f}_{\mathrm{cx}}\quad\hat{f}_{\mathrm{cy}}\}^{\mathrm{T}}$，$t_a$ 是单元厚度。三角形 CST 膜单元是常应变单元，即在单元内部的应力应变是常量分布的，因而当材料为线弹性材料时，式（3.2-18）无需数值积分即可直接求解。

三角形 CST 膜单元的另外三个单元节点内力分量 $\hat{f}_{a\mathrm{x}}$，$\hat{f}_{a\mathrm{y}}$，$\hat{f}_{\mathrm{by}}$ 可由膜单元的静力平衡条件得到：

$$\begin{cases}\sum\hat{M}_{\hat{z}}=0,\hat{f}_{\mathrm{by}}=\dfrac{1}{\hat{x}_{\mathrm{b}}}(\hat{f}_{\mathrm{bx}}\hat{y}_{\mathrm{b}}+\hat{f}_{\mathrm{cx}}\hat{y}_{\mathrm{c}}-\hat{f}_{\mathrm{cy}}\hat{x}_{\mathrm{c}})\\ \sum\hat{F}_{\hat{x}}=0,\hat{f}_{a\mathrm{x}}=-(\hat{f}_{\mathrm{bx}}+\hat{f}_{\mathrm{cx}})\\ \sum\hat{F}_{\hat{y}}=0,\hat{f}_{a\mathrm{y}}=-(\hat{f}_{\mathrm{by}}+\hat{f}_{\mathrm{cy}})\end{cases}\quad(3.2\text{-}19)$$

式（3.2-19）所得为变形坐标系下虚拟状态时的单元节点内力分量，需将其转换为 t 时刻的单元节点内力，才可用于下一步的逐步循环计算。首先将变形坐标系下的单元节点内力向量扩展为三维向量形式 $\hat{\boldsymbol{f}}_{\mathrm{m}\_i}^{*}=\{\hat{f}_{i\mathrm{x}}\quad\hat{f}_{i\mathrm{y}}\quad\hat{f}_{i\mathrm{z}}\}^{\mathrm{T}}$，$(i=a,b,c)$，式中 $\hat{f}_{i\mathrm{z}}=0$，再通过坐标系转换矩阵得到整体坐标系下的单元节点内力，然后经过正向运动转换（包括刚体转动和刚体平移，后者不影响转换）得到 t 时刻真实位置时的单元节点内力：

$$\boldsymbol{f}_{\mathrm{m}\_i}=(\boldsymbol{R}_{\mathrm{ip}}\boldsymbol{R}_{\mathrm{op}})\hat{\boldsymbol{Q}}^{\mathrm{T}}\hat{\boldsymbol{f}}_{\mathrm{m}\_i}^{*},(i=a,b,c)\quad(3.2\text{-}20)$$

式中，$\hat{\boldsymbol{Q}}$ 是坐标系转换矩阵，$\boldsymbol{R}_{\mathrm{op}}$ 和 $\boldsymbol{R}_{\mathrm{ip}}$ 分别是平面外、平面内的正向转动矩阵。

式（3.2-20）所得的 $\boldsymbol{f}_{\mathrm{m}\_i}$ 是三角形 CST 膜单元发生纯变形位移所对应的节点 i 的内力，反向作用于质点 i 上即得到膜单元传给质点的内力 $\boldsymbol{f}_i^{\mathrm{int}}$。

3.2.3 应力应变转换

在结构计算分析过程中通常还需要对结构的应力、应变状态变量进行输出，仅在此时才需要进行应力应变转换计算，否则是可以省略的，以下除特殊说明外，应力、应变及其增量均采用张量形式进行转换计算。

由式（3.2-15）和式（3.2-16）可知，应力、应变增量 $\Delta\hat{\boldsymbol{\sigma}}$、$\Delta\hat{\boldsymbol{\varepsilon}}$ 均是通过虚拟位置时变形坐标系下的纯变形位移 $\hat{\boldsymbol{u}}^{*}$ 计算得到的，而每个时间步均有对应不同的变形坐标系。以在整体坐标系下输出应力和应变状态变量为基准，则在某时间步初始 t_0 时刻，初始应力 $\boldsymbol{\sigma}_0$、初始应变 $\boldsymbol{\varepsilon}_0$ 先要转换到该时间步变形坐标系 I 下，即：

$$\begin{cases}\hat{\boldsymbol{\sigma}}_0=\hat{Q}\boldsymbol{\sigma}_0\hat{Q}^{\mathrm{T}}\\ \hat{\boldsymbol{\varepsilon}}_0=\hat{Q}\boldsymbol{\varepsilon}_0\hat{Q}^{\mathrm{T}}\end{cases} \tag{3.2-21}$$

接着才可与该时间步变形坐标系Ⅰ下计算获得的应力、应变增量 $\Delta\hat{\boldsymbol{\sigma}}$、$\Delta\hat{\boldsymbol{\varepsilon}}$ 在虚拟状态时进行叠加，获得虚拟状态时该时间步末 $t_0+\Delta t$ 时刻的应力 $\hat{\boldsymbol{\sigma}}'=\hat{\boldsymbol{\sigma}}_0+\Delta\hat{\boldsymbol{\sigma}}$、应变 $\hat{\boldsymbol{\varepsilon}}'=\hat{\boldsymbol{\varepsilon}}_0+\Delta\hat{\boldsymbol{\varepsilon}}$。然后将其转换回到整体坐标系下，即：

$$\begin{cases}\boldsymbol{\sigma}'=\hat{Q}^{\mathrm{T}}\hat{\boldsymbol{\sigma}}'\hat{Q}=\hat{Q}^{\mathrm{T}}(\hat{\boldsymbol{\sigma}}_0+\Delta\hat{\boldsymbol{\sigma}})\hat{Q}=\boldsymbol{\sigma}_0+\hat{Q}^{\mathrm{T}}\Delta\hat{\boldsymbol{\sigma}}\hat{Q}\\ \boldsymbol{\varepsilon}'=\hat{Q}^{\mathrm{T}}\hat{\boldsymbol{\varepsilon}}'\hat{Q}=\hat{Q}^{\mathrm{T}}(\hat{\boldsymbol{\varepsilon}}_0+\Delta\hat{\boldsymbol{\varepsilon}})\hat{Q}=\boldsymbol{\varepsilon}_0+\hat{Q}^{\mathrm{T}}\Delta\hat{\boldsymbol{\varepsilon}}\hat{Q}\end{cases} \tag{3.2-22}$$

再经过正向运动转换（包括刚体转动和刚体平移，后者不影响转换）回到 $t_0+\Delta t$ 时刻有：

$$\begin{cases}\boldsymbol{\sigma}=\boldsymbol{R}_{\mathrm{p}}^{\mathrm{T}}\boldsymbol{\sigma}'\boldsymbol{R}_{\mathrm{p}}=\boldsymbol{R}_{\mathrm{p}}^{\mathrm{T}}\boldsymbol{\sigma}_0\boldsymbol{R}_{\mathrm{p}}+(\hat{Q}\boldsymbol{R}_{\mathrm{p}})^{\mathrm{T}}\Delta\hat{\boldsymbol{\sigma}}(\hat{Q}\boldsymbol{R}_{\mathrm{p}})\\ \boldsymbol{\varepsilon}=\boldsymbol{R}_{\mathrm{p}}^{\mathrm{T}}\boldsymbol{\varepsilon}'\boldsymbol{R}_{\mathrm{p}}=\boldsymbol{R}_{\mathrm{p}}^{\mathrm{T}}\boldsymbol{\varepsilon}_0\boldsymbol{R}_{\mathrm{p}}+(\hat{Q}\boldsymbol{R}_{\mathrm{p}})^{\mathrm{T}}\Delta\hat{\boldsymbol{\varepsilon}}(\hat{Q}\boldsymbol{R}_{\mathrm{p}})\end{cases} \tag{3.2-23}$$

式中，$\boldsymbol{R}_{\mathrm{p}}=\boldsymbol{R}_{\mathrm{ip}}\boldsymbol{R}_{\mathrm{op}}$。

然后再回到前面步骤并转换进入下一步变形坐标系Ⅱ下，以实现应力、应变的逐步循环计算。

3.2.4　若干特殊问题处理

对于三角形 CST 常应变膜单元，无需进行数值积分求解单元节点内力，但需要对其数值计算中单元节点应力的插值、临界时间步长和临界阻尼参数的估值这两个特殊问题做相应处理。

1. 单元节点应力的插值

本章可获得三角形 CST 膜单元的应力（常应力单元），实际需要的通常是单元节点处的应力，因而需要对计算得到的应力进行插值处理。本章中采用较为简单的应力处理方法，即取围绕节点各单元形心处 von Mises 应力的平均值作为该节点的 von Mises 应力。这样得到的节点 von Mises 应力值是围绕该节点的有限区域内的 von Mises 应力平均值。

2. 临界时间步长和临界阻尼参数的估值

向量式有限元以质点为研究对象，质点与相邻质点间的互质关系是由多个应力和应变量来描述的，可等效简化成质点 m-弹簧 k 单自由度体系，其自振圆频率为 $\omega=\sqrt{k/m}$，临界阻尼系数为 $C_{\mathrm{cr}}=2m\omega$。采用显式中央差分方法求解质点运动方程式时，则有临界时间步长 h_{c} 和临界阻尼参数 α_{c} 为：

$$\begin{cases}h_{\mathrm{c}}=2\sqrt{m/k}\\ \alpha_{\mathrm{c}}=C_{\mathrm{cr}}/m=2\omega=2\sqrt{k/m}=4/h_{\mathrm{c}}\end{cases} \tag{3.2-24}$$

式中，选取的实际时间步长需要满足 $h<h_{\mathrm{c}}$。

固体内部点与点之间的互质关系宏观上可分为轴向拉伸、剪切和弯曲作用，一般轴向拉伸刚度最大、弯曲刚度最小，因而可采用轴向拉伸刚度来近似估算临界时间步长 h_c 的上限值。轴力拉伸组件的 $k_t=EA/l$，因而有：

$$h_c=2l\sqrt{\rho/E} \tag{3.2-25}$$

式中，ρ 是密度。

对于临界阻尼参数 $\alpha_c=2\sqrt{k/m}$，本章假定存在膜弯曲刚度 $D<E/200$（此时已可视为忽略弯曲作用）来近似估算其下限值。选取的实际阻尼参数需要满足 $\alpha<\alpha_c$，且应避免 α 过大（过阻尼）而无振荡效应，α 过小而振荡效应显著，而导致趋于平衡状态非常缓慢。对于膜单元，有：

$$\begin{cases} h_c=2l\sqrt{\rho/D} \\ \alpha_c=4/h_c(\propto 1/l) \end{cases} \tag{3.2-26}$$

对于静力问题，通过引入阻尼参数 α 来实现最终趋于静力平衡状态，实际选取阻尼参数 α 值时可取小于 α_c 的接近值；对于动力问题，无阻尼时直接取 $\alpha=0$ 即可。

3.3 四边形等参膜单元理论

本节根据向量式有限元膜单元基本公式的推导思路，给出平面四节点四边形等参膜单元的详细推导过程。

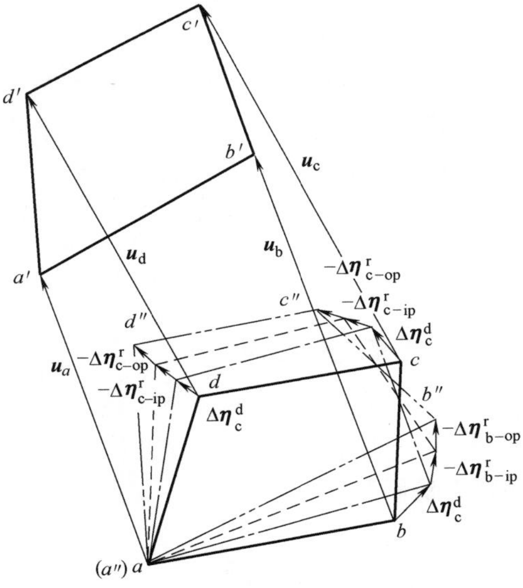

图 3.3-1　四节点膜单元 $abcd$ 在 t_0-t 时段的空间运动

3.3.1 单元节点纯变形位移

采用逆向运动的方法从膜单元节点全位移中扣除刚体位移（包括刚体平动和刚体转动）部分，以得到节点纯变形位移。图 3.3-1 是四节点膜单元 $abcd$ 在 t_0-t 时段的空间运动，在 t_0 时刻单元处于 $abcd$ 位置并于 t 时刻运动到 $a'b'c'd'$ 位置。

由于单元四个节点的实际位置组成的是空间四边形，本章采用投影处理方式将其转换为平面四边形模式（即位置模式Ⅰ），详见第 3.3.4 节的讨论。单元节点 $i(i=a,b,c,d)$ 在任意时刻 t 的实际位置向

量记为 $\boldsymbol{x}_i$，则单元的单位边向量 $\boldsymbol{e}_{ij}=\dfrac{\boldsymbol{x}_j-\boldsymbol{x}_i}{|\boldsymbol{x}_j-\boldsymbol{x}_i|}$，单元平均法线向量 $\boldsymbol{n}$ 为：

$$\boldsymbol{n}=\frac{1}{4}\sum_{i=1}^{4}\boldsymbol{n}_i^0 \tag{3.3-1}$$

式中，$\boldsymbol{n}_i^0(i=1,2,3,4)$ 是空间四边形的两两相邻边所在平面的单位法线向量；对应的单元平均单位法线向量为 $\boldsymbol{n}^0=\dfrac{\boldsymbol{n}}{|\boldsymbol{n}|}$。

考虑单元在垂直于 $\boldsymbol{n}$ 且通过其形心 C 的平面上的投影位置作为位置模式Ⅰ（图 3.3-2 虚线所示位置）。单元的形心位置为 $\boldsymbol{x}_C=\dfrac{1}{4}\sum\limits_{i=1}^{4}\boldsymbol{x}_i$，单元节点对形心的相对位置为 $\mathrm{d}\boldsymbol{x}_i=\boldsymbol{x}_i-\boldsymbol{x}_C$，则单元节点 i 在该投影平面上的位置为：

$$\overline{\boldsymbol{x}}_i=\boldsymbol{x}_C+[\mathrm{d}\boldsymbol{x}_i-(\mathrm{d}\boldsymbol{x}_i\cdot\boldsymbol{n}^0)\boldsymbol{n}^0] \tag{3.3-2}$$

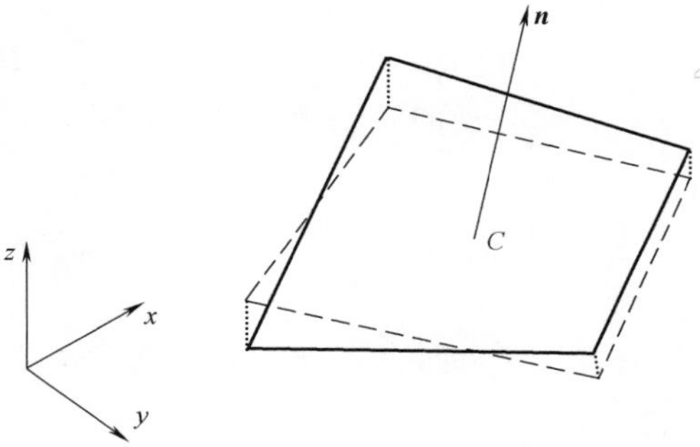

图 3.3-2　四节点膜单元的投影位置

经过投影处理后，单元从空间四边形模式简化为平面四边形模式。本章采用位置模式Ⅰ（$\overline{\boldsymbol{x}}_i$，$\overline{\boldsymbol{x}}_i'$和 $\boldsymbol{n}$，$\boldsymbol{n}'$）求解 t_0 到 t 时刻的单元节点纯变形位移和单元节点内力。

从 t_0 到 t 时刻的运动过程中，单元经历的刚体位移包含刚体平移和刚体转动，单元各节点 $i(i=a,b,c,d)$ 的总位移向量为 $\boldsymbol{u}_i=\overline{\boldsymbol{x}}_i'-\overline{\boldsymbol{x}}_i$。选择质点 a（对应单元节点 a）为参考点，则 a 点的位移向量 $\boldsymbol{u}_a$ 为单元的刚体平移，将单元按向量 $-\boldsymbol{u}_a$ 作逆向平移运动，得到各质点扣除刚体平移后的相对位移 $\Delta\boldsymbol{\eta}_i(i=a,b,c,d)$ 为：

$$\begin{cases}\Delta\boldsymbol{\eta}_a=\boldsymbol{0}\\ \Delta\boldsymbol{\eta}_i=\boldsymbol{u}_i-\boldsymbol{u}_a,(i=b,c,d)\end{cases} \tag{3.3-3}$$

扣除单元刚体平移后，计算单元的刚体转动，总的刚体转动向量 $\boldsymbol{\theta}$ 可分为两个部分：

$$\boldsymbol{\theta}=\boldsymbol{\theta}_1+\boldsymbol{\theta}_2 \tag{3.3-4}$$

式中，$\boldsymbol{\theta}_1$ 表示单元平面外转动向量，$\boldsymbol{\theta}_2$ 表示单元平面内转动向量。

图 3.3-3 为四节点膜单元的平面外转动，单元扣除刚体平移后，处于 $a''b''c''d''$位置，此时与 t_0 时刻的单元 $abcd$ 并不处于同一平面内，平面外转动角度 θ_1（绕转轴单位向量 $\boldsymbol{n}_{\mathrm{op}}^0$ 从 $\boldsymbol{n}$ 转动到 $\boldsymbol{n}''$的角度）为：

$$\theta_1=\cos^{-1}\left(\frac{\boldsymbol{n}\cdot\boldsymbol{n}''}{|\boldsymbol{n}||\boldsymbol{n}''|}\right),\quad \theta_1\in[0,\pi] \tag{3.3-5}$$

式中，平面外转轴单位向量 $\boldsymbol{n}_{\mathrm{op}}^0=\dfrac{\boldsymbol{n}\times\boldsymbol{n}''}{|\boldsymbol{n}\times\boldsymbol{n}''|}=\{l_{\mathrm{op}}\quad m_{\mathrm{op}}\quad n_{\mathrm{op}}\}^{\mathrm{T}}$，从而有单元平面外转动向量 $\boldsymbol{\theta}_1=\theta_1\boldsymbol{n}_{\mathrm{op}}^0$。

质点 $i(i=a,b,c,d)$ 的平面外逆向刚体转动位移 $\Delta\boldsymbol{\eta}_{i-\mathrm{op}}^{\mathrm{r}}$ 可由式（3.3-6）计算得到：

$$\begin{cases}\Delta\boldsymbol{\eta}_{a-\mathrm{op}}^{\mathrm{r}}=\boldsymbol{0}\\ \Delta\boldsymbol{\eta}_{i-\mathrm{op}}^{\mathrm{r}}=[\boldsymbol{R}_{\mathrm{op}}^{\mathrm{T}}(-\theta_1)-\boldsymbol{I}]\boldsymbol{r}_{ai}''=\boldsymbol{R}_{\mathrm{op}}^{*}(-\theta_1)\cdot\boldsymbol{r}_{ai}'',\quad (i=b,c,d)\end{cases} \tag{3.3-6}$$

式中，平面外逆向转动矩阵 $\boldsymbol{R}_{\mathrm{op}}^{*}(-\theta_1)=[1-\cos(-\theta_1)]\boldsymbol{A}_{\mathrm{op}}^2+\sin(-\theta_1)\boldsymbol{A}_{\mathrm{op}}$，单元的边向量 $\boldsymbol{r}_{ai}''=\boldsymbol{x}_i''-\boldsymbol{x}_a''=\overline{\boldsymbol{x}}_i'-\overline{\boldsymbol{x}}_a'$，$\boldsymbol{A}_{\mathrm{op}}=\begin{bmatrix}0 & -n_{\mathrm{op}} & m_{\mathrm{op}}\\ n_{\mathrm{op}} & 0 & -l_{\mathrm{op}}\\ -m_{\mathrm{op}} & l_{\mathrm{op}} & 0\end{bmatrix}$。

在经历平面外的逆向刚体转动后，单元回到 t_0 时刻所处平面上，得到各节点坐标为：

$$\begin{cases}\boldsymbol{x}_a'''=\overline{\boldsymbol{x}}_a'-\boldsymbol{u}_a\\ \boldsymbol{x}_i'''=\overline{\boldsymbol{x}}_i'-\boldsymbol{u}_a+\Delta\boldsymbol{\eta}_{i-\mathrm{op}}^{\mathrm{r}}\quad (i=b,c,d)\end{cases} \tag{3.3-7}$$

四节点膜单元的平面内转动如图 3.3-4 所示。

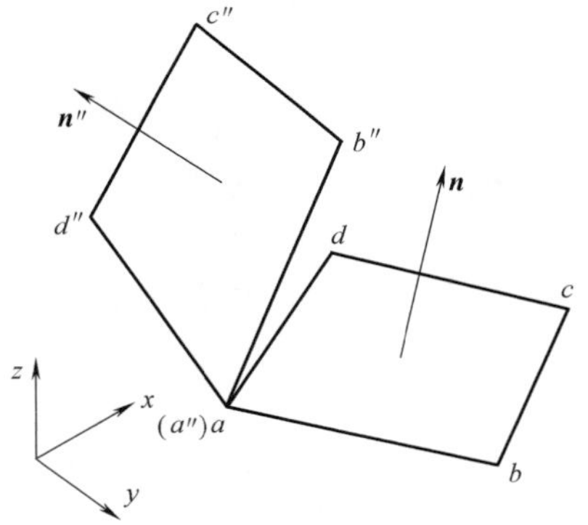

图 3.3-3　四节点膜单元的平面外转动

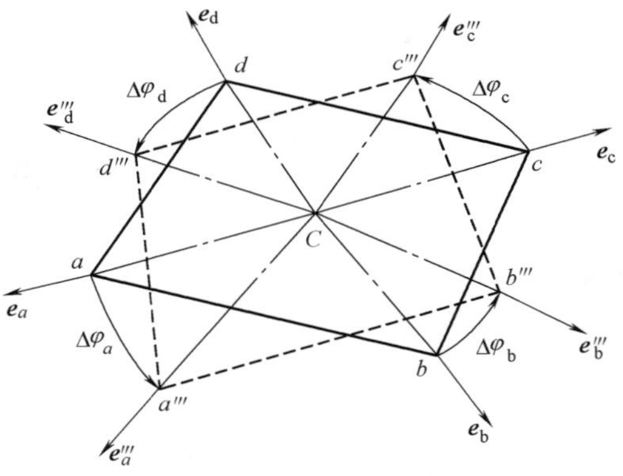

图 3.3-4　四节点膜单元的平面内转动

单元平面内刚体转动角度 θ_2 为：

$$\theta_2=(\Delta\varphi_a+\Delta\varphi_{\mathrm{b}}+\Delta\varphi_{\mathrm{c}}+\Delta\varphi_{\mathrm{d}})/4 \tag{3.3-8}$$

式中，$\Delta\varphi_i(i=a,b,c,d)$ 是质点面内转动的角度，根据质点与形心连线向量的转动夹角计算得到：$|\Delta\varphi_i|=\cos^{-1}(\boldsymbol{e}_i\cdot\boldsymbol{e}_i'''),(i=a,b,c,d)$，$|\Delta\varphi_i|\in[0,\pi]$。其中，$\boldsymbol{e}_i=\dfrac{\overline{\boldsymbol{x}}_i-\overline{\boldsymbol{x}}_{\mathrm{C}}}{|\overline{\boldsymbol{x}}_i-\overline{\boldsymbol{x}}_{\mathrm{C}}|}$，$\boldsymbol{e}_i'''=\dfrac{\boldsymbol{x}_i'''-\overline{\boldsymbol{x}}_{\mathrm{C}}}{|\boldsymbol{x}_i'''-\overline{\boldsymbol{x}}_{\mathrm{C}}|}$，$C$ 表示形心。

$\Delta\varphi_i$ 的正负性可根据式（3.3-9）判断获得：

$$\begin{cases}\Delta\varphi_i=|\Delta\varphi_i|, & 若\ \boldsymbol{e}_i\times\boldsymbol{e}'''_i 与\ \boldsymbol{n}^0\ 同向\\ \Delta\varphi_i=-|\Delta\varphi_i|, & 若\ \boldsymbol{e}_i\times\boldsymbol{e}'''_i 与\ \boldsymbol{n}^0\ 反向\end{cases} \tag{3.3-9}$$

式中，转轴单位向量 $\boldsymbol{n}_{\mathrm{ip}}^0=\boldsymbol{n}^0=\dfrac{\boldsymbol{n}}{|\boldsymbol{n}|}==\{l_{\mathrm{ip}}\quad m_{\mathrm{ip}}\quad n_{\mathrm{ip}}\}^{\mathrm{T}}$ 即为膜单元在 t_0 时刻的单位法向向量。

从而有质点 $i(i=a,b,c,d)$ 的面内转动向量为 $\Delta\boldsymbol{\varphi}_i=\Delta\varphi_i\boldsymbol{n}^0$，$\Delta\varphi_i\in[-\pi,\pi]$，单元平面内转动向量 $\boldsymbol{\theta}_2=\theta_2\boldsymbol{n}^0$，$\theta_2\in[-\pi,\pi]$。

参考式（3.3-6）可以得到单元节点在平面内的逆向转动位移为：

$$\begin{cases}\Delta\boldsymbol{\eta}_{a-\mathrm{ip}}^{\mathrm{r}}=\boldsymbol{0}\\ \Delta\boldsymbol{\eta}_{i-\mathrm{ip}}^{\mathrm{r}}=[\boldsymbol{R}_{\mathrm{ip}}^{\mathrm{T}}(-\theta_2)-\boldsymbol{I}]\boldsymbol{r}''_{ai}=\boldsymbol{R}_{\mathrm{ip}}^{*}(-\theta_2)\cdot\boldsymbol{r}''_{ai},(i=b,c,d)\end{cases} \tag{3.3-10}$$

式中，平面内逆向转动矩阵 $\boldsymbol{R}_{\mathrm{ip}}^{*}(-\theta_2)=[1-\cos(-\theta_2)]\boldsymbol{A}_{\mathrm{ip}}^2+\sin(-\theta_2)\boldsymbol{A}_{\mathrm{ip}}$，单元的边向量 $\boldsymbol{r}'''_{ai}=\boldsymbol{x}'''_i-\boldsymbol{x}'''_a=\overline{\boldsymbol{x}}'_i-\overline{\boldsymbol{x}}'_a+\Delta\boldsymbol{\eta}_{i-\mathrm{op}}^{\mathrm{r}}$，$\boldsymbol{A}_{\mathrm{ip}}=\begin{bmatrix}0 & -n_{\mathrm{ip}} & m_{\mathrm{ip}}\\ n_{\mathrm{ip}} & 0 & -l_{\mathrm{ip}}\\ -m_{\mathrm{ip}} & l_{\mathrm{ip}} & 0\end{bmatrix}$。

扣除单元刚体平移和面外、内刚体转动后，得到质点的纯变形位移 $\Delta\boldsymbol{\eta}_i^{\mathrm{d}}$ 为：

$$\begin{cases}\Delta\boldsymbol{\eta}_a^{\mathrm{d}}=\boldsymbol{0}\\ \Delta\boldsymbol{\eta}_i^{\mathrm{d}}=(\boldsymbol{u}_i-\boldsymbol{u}_a)+\Delta\boldsymbol{\eta}_{i-\mathrm{op}}^{\mathrm{r}}+\Delta\boldsymbol{\eta}_{i-\mathrm{ip}}^{\mathrm{r}}, & (i=b,c,d)\end{cases} \tag{3.3-11}$$

3.3.2 单元节点内力

求解膜单元节点内力时，向量式有限元通过定义变形坐标系的方法将空间膜单元问题转化到平面上。单元在扣除刚体位移（刚体平移和刚体转动）后，将 $\Delta\boldsymbol{\eta}_i^{\mathrm{d}}$ 转换到四节点膜单元变形坐标系（图 3.3-5）上，即有 $\hat{\boldsymbol{u}}_{\mathrm{m}\_i}=\{\hat{u}_i\quad\hat{v}_i\quad\hat{w}_i\}^{\mathrm{T}}$。对于四节点膜单元，节点位移自由度只需计入分量 $\hat{u}_i,\hat{v}_i(i=a,b,c,d)$。

四节点膜单元的变形满足虚功方程：

$$\sum_i\delta(\hat{\boldsymbol{u}}_{\mathrm{m}\_i})^{\mathrm{T}}\hat{\boldsymbol{f}}_{\mathrm{m}\_i}=\int_V\delta(\Delta\hat{\boldsymbol{\varepsilon}})^{\mathrm{T}}\hat{\boldsymbol{\sigma}}\,\mathrm{d}V \tag{3.3-12}$$

其中，$\hat{\boldsymbol{f}}_{\mathrm{m}\_i}=\{\hat{f}_{i\mathrm{x}}\quad\hat{f}_{i\mathrm{y}}\}^{\mathrm{T}}$ 是变形坐标系下膜单元节点 i 的单元节点内力向量。

如图 3.3-5 所示，定义变形坐标系的原点在参考节点 a，这样节点 a 的位移为 0，即可扣除两个未知变量。

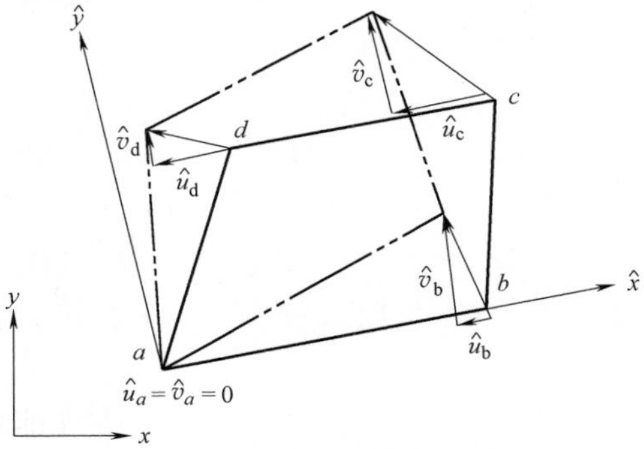

图 3.3-5　四节点膜单元变形坐标系

坐标轴 $\hat{\boldsymbol{x}}$ 的方向则可简单地定义为单元边线 ab 的方向。

变形坐标系与整体坐标系之间的转换关系如式（3.3-13）（$\hat{\boldsymbol{x}}$ 是线坐标）：

$$\hat{\boldsymbol{x}}=\hat{\boldsymbol{Q}}(\boldsymbol{x}-\boldsymbol{x}_a)=\{\hat{x}\quad \hat{y}\quad \hat{z}\}^{\mathrm{T}} \tag{3.3-13}$$

式中，$\hat{\boldsymbol{Q}}=\{\hat{\boldsymbol{e}}_1\quad \hat{\boldsymbol{e}}_2\quad \hat{\boldsymbol{e}}_3\}^{\mathrm{T}}$ 是坐标系间转换矩阵，$\hat{\boldsymbol{e}}_1=\dfrac{\bar{\boldsymbol{x}}_{\mathrm{b}}-\bar{\boldsymbol{x}}_a}{|\bar{\boldsymbol{x}}_{\mathrm{b}}-\bar{\boldsymbol{x}}_a|}$，$\hat{\boldsymbol{e}}_3=\boldsymbol{n}^0$，$\hat{\boldsymbol{e}}_2=\hat{\boldsymbol{e}}_3\times\hat{\boldsymbol{e}}_1$。

变形坐标系下必有 $\hat{z}=0$，因而可简写成 $\hat{\boldsymbol{x}}=\{\hat{x}\quad \hat{y}\}^{\mathrm{T}}$。

在变形坐标系中单元节点的变形位移向量为：

$$\hat{\boldsymbol{u}}_{\mathrm{m}\_i}=\hat{\boldsymbol{Q}}\Delta\boldsymbol{\eta}_i^{\mathrm{d}}=\{\hat{u}_i\quad \hat{v}_i\quad \hat{w}_i\}^{\mathrm{T}},(i=a,b,c,d) \tag{3.3-14}$$

由于变形坐标系下膜单元有 $\hat{w}_i=0(i=a,b,c,d)$，因而可简写成 $\hat{\boldsymbol{u}}_{\mathrm{m}\_i}=\{\hat{u}_i\quad \hat{v}_i\}^{\mathrm{T}}$。

膜单元节点位移的组合向量可记为：

$$\hat{\boldsymbol{u}}_{\mathrm{m}}^0=\{\hat{u}_a\quad \hat{v}_a\quad \hat{u}_{\mathrm{b}}\quad \hat{v}_{\mathrm{b}}\quad \hat{u}_{\mathrm{c}}\quad \hat{v}_{\mathrm{c}}\quad \hat{u}_{\mathrm{d}}\quad \hat{v}_{\mathrm{d}}\}^{\mathrm{T}} \tag{3.3-15}$$

变形坐标系下必有 $\hat{u}_a=\hat{v}_a=0$，因而可简写成 $\hat{\boldsymbol{u}}_{\mathrm{m}}^*=\{\hat{u}_{\mathrm{b}}\quad \hat{v}_{\mathrm{b}}\quad \hat{u}_{\mathrm{c}}\quad \hat{v}_{\mathrm{c}}\quad \hat{u}_{\mathrm{d}}\quad \hat{v}_{\mathrm{d}}\}^{\mathrm{T}}$。

引入传统有限元中四节点膜单元的形函数（附录 B），得到单元上任意点的面内变形位移向量 $\hat{\boldsymbol{u}}_{\mathrm{m}}=[\hat{u}\quad \hat{v}]^{\mathrm{T}}$ 为：

$$\hat{\boldsymbol{u}}_{\mathrm{m}}=\sum_{i=a,b,c,d}N_i\hat{\boldsymbol{\mu}}_i=N_a\hat{\boldsymbol{\mu}}_a+N_{\mathrm{b}}\hat{\boldsymbol{\mu}}_{\mathrm{b}}+N_{\mathrm{c}}\hat{\boldsymbol{\mu}}_{\mathrm{c}}+N_{\mathrm{d}}\hat{\boldsymbol{\mu}}_{\mathrm{d}}+\cdots \tag{3.3-16}$$

式中，$\hat{\boldsymbol{u}}_i=[\hat{u}_i\quad \hat{v}_i]^{\mathrm{T}}$ 是单元节点 $i(i=a,b,c,d)$ 的变形位移向量，$N_i(\hat{x},\hat{y})$ 是变形坐标系下的单元形函数，形式同传统有限元。

对于四节点四边形等参膜单元，引入局部坐标系下的正方形单元坐标（ξ，η）来求解变形系下的相关变量值，单元形函数 $N_i(\hat{x},\hat{y})$ 的表达式为：

$$N_i(\xi,\eta)=\frac{1}{4}(1+\xi_i\xi)(1+\eta_i\eta) \tag{3.3-17}$$

式中，ξ_i 和 η_i 是四个节点的单元坐标，值为±1。单元坐标系和变形坐标系下的转换通过雅可比矩阵 $\boldsymbol{J}$ 来完成，其表达式详见文献 [15]。

由四节点膜单元形函数描述的整个膜单元变形分布向量 $\hat{\boldsymbol{u}}_{\mathrm{m}}$，可获得单元的面内拉伸应变分布向量 $\Delta\boldsymbol{\varepsilon}_{\mathrm{m}}$ 为：

$$\Delta\hat{\boldsymbol{\varepsilon}}_{\mathrm{m}}=\begin{bmatrix}\partial/\partial\hat{x} & 0\\ 0 & \partial/\partial\hat{y}\\ \partial/\partial\hat{y} & \partial/\partial\hat{x}\end{bmatrix}\hat{\boldsymbol{u}}_{\mathrm{m}}=\boldsymbol{B}_{\mathrm{m}}\hat{\boldsymbol{u}}_{\mathrm{m}}^0=\boldsymbol{B}_{\mathrm{m}}^*\hat{\boldsymbol{u}}_{\mathrm{m}}^* \tag{3.3-18}$$

式中，$\Delta\hat{\boldsymbol{\varepsilon}}_{\mathrm{m}}=\{\Delta\hat{\varepsilon}_{\mathrm{x}}\quad \Delta\hat{\varepsilon}_{\mathrm{y}}\quad \Delta\hat{\gamma}_{\mathrm{xy}}\}^{\mathrm{T}}$，$\boldsymbol{B}_{\mathrm{m}}$ 是四节点膜单元的应变-位移关系矩阵，$\boldsymbol{B}_{\mathrm{m}}^*$ 是由 $\boldsymbol{B}_{\mathrm{m}}$ 去除对应 $\hat{\boldsymbol{u}}_{\mathrm{m}}^0$ 中分量 $\hat{u}_a$，$\hat{v}_a$，$\hat{v}_{\mathrm{b}}$ 的行和列后得到的，其表达式见文献 [15]。

若材料的应力-应变关系矩阵（即本构矩阵）为 $\boldsymbol{D}$（可为线弹性或非弹线性），在得到单元的拉伸应变向量后，可获得单元的应力向量：

$$\Delta\hat{\boldsymbol{\sigma}}_{\mathrm{m}}=\boldsymbol{D}\Delta\hat{\boldsymbol{\varepsilon}}_{\mathrm{m}}=\boldsymbol{D}\boldsymbol{B}_{\mathrm{m}}^{*}\hat{\boldsymbol{u}}_{\mathrm{m}}^{*} \tag{3.3-19}$$

式中，$\Delta\hat{\boldsymbol{\sigma}}_{\mathrm{m}}=\{\Delta\hat{\sigma}_{\mathrm{x}}\quad \Delta\hat{\sigma}_{\mathrm{y}}\quad \Delta\hat{\tau}_{\mathrm{xy}}\}^{\mathrm{T}}$。

得到单元的应力应变后，计算单元的变形虚功为：

$$\begin{aligned}\delta U&=\int_{V}\delta(\Delta\hat{\boldsymbol{\varepsilon}}_{\mathrm{m}})^{\mathrm{T}}(\hat{\boldsymbol{\sigma}}_{\mathrm{m0}}+\Delta\hat{\boldsymbol{\sigma}}_{\mathrm{m}})\mathrm{d}V=(\delta\hat{\boldsymbol{u}}_{\mathrm{m}}^{*})^{\mathrm{T}}\\&=(\delta\hat{\boldsymbol{u}}_{\mathrm{m}}^{*})^{\mathrm{T}}\left\{\int_{V}(\boldsymbol{B}_{\mathrm{m}}^{*})^{\mathrm{T}}\hat{\boldsymbol{\sigma}}_{\mathrm{m0}}\mathrm{d}V+\left[\int_{V}(\boldsymbol{B}_{\mathrm{m}}^{*})^{\mathrm{T}}\boldsymbol{D}\boldsymbol{B}_{\mathrm{m}}^{*}\mathrm{d}V\right]\hat{\boldsymbol{u}}_{\mathrm{m}}^{*}\right\}\end{aligned} \tag{3.3-20}$$

式中，$\hat{\boldsymbol{\sigma}}_{\mathrm{m0}}$ 是单元的初始应力。

对照虚功方程式（3.3-12），可得单元节点内力向量：

$$\begin{aligned}\hat{\boldsymbol{f}}_{\mathrm{m}}^{*}&=\int_{V}(\boldsymbol{B}_{\mathrm{m}}^{*})^{\mathrm{T}}\hat{\boldsymbol{\sigma}}_{\mathrm{m0}}\mathrm{d}V+(\int_{V}(\boldsymbol{B}_{\mathrm{m}}^{*})^{\mathrm{T}}\boldsymbol{D}\boldsymbol{B}_{\mathrm{m}}^{*}\mathrm{d}V)\hat{\boldsymbol{u}}_{\mathrm{m}}^{*}\\&=t_{a}\left\{\int_{\hat{A}_{a}}(\boldsymbol{B}_{\mathrm{m}}^{*})^{\mathrm{T}}\hat{\boldsymbol{\sigma}}_{\mathrm{m0}}\mathrm{d}\hat{A}_{a}+\left[\int_{\hat{A}_{a}}(\boldsymbol{B}_{\mathrm{m}}^{*})^{\mathrm{T}}\boldsymbol{D}\boldsymbol{B}_{\mathrm{m}}^{*}\mathrm{d}\hat{A}_{a}\right]\hat{\boldsymbol{u}}_{\mathrm{m}}^{*}\right\}\end{aligned} \tag{3.3-21}$$

式中，$\hat{\boldsymbol{f}}_{\mathrm{m}}^{*}=\{\hat{f}_{\mathrm{bx}}\quad \hat{f}_{\mathrm{by}}\quad \hat{f}_{\mathrm{cx}}\quad \hat{f}_{\mathrm{cy}}\quad \hat{f}_{\mathrm{dx}}\quad \hat{f}_{\mathrm{dy}}\}^{\mathrm{T}}$，$t_a$ 是单元厚度。四节点等参膜单元内部的应力应变是随位置变化的，因而式（3.3-21）需采用合适的数值积分方法求解，详见第 3.3.4 节的讨论。

四节点膜单元的另外两个分量 $\hat{f}_{a\mathrm{x}}$，$\hat{f}_{a\mathrm{y}}$ 可由膜单元的静力平衡条件得到：

$$\begin{cases}\sum\hat{F}_{\hat{x}}=0,\hat{f}_{a\mathrm{x}}=-(\hat{f}_{\mathrm{bx}}+\hat{f}_{\mathrm{cx}}+\hat{f}_{\mathrm{dx}})\\\sum\hat{F}_{\hat{y}}=0,\hat{f}_{a\mathrm{y}}=-(\hat{f}_{\mathrm{by}}+\hat{f}_{\mathrm{cy}}+\hat{f}_{\mathrm{dy}})\end{cases} \tag{3.3-22}$$

式（3.3-22）所得为变形坐标系下虚拟状态时的单元节点内力分量，需将其转换为 t 时刻的单元节点内力，才可用于下一步的逐步循环计算。首先将变形坐标系下的单元节点内力向量扩展为三维向量形式 $\hat{\boldsymbol{f}}_{\mathrm{m}\_i}^{*}=\{\hat{f}_{i\mathrm{x}}\quad \hat{f}_{i\mathrm{y}}\quad \hat{f}_{i\mathrm{z}}\}^{\mathrm{T}}$，$(i=a,b,c,d)$，其中 $\hat{f}_{i\mathrm{z}}=0$，再通过坐标系转换矩阵得到整体坐标系下的单元节点内力，然后经过正向运动转换（包括刚体转动和刚体平移，后者不影响转换）得到 t 时刻真实位置时的单元节点内力：

$$\boldsymbol{f}_{\mathrm{m}\_i}=(\boldsymbol{R}_{\mathrm{ip}}\boldsymbol{R}_{\mathrm{op}})\hat{\boldsymbol{Q}}^{\mathrm{T}}\hat{\boldsymbol{f}}_{\mathrm{m}\_i}^{*},(i=a,b,c,d) \tag{3.3-23}$$

以上所求得的 $\boldsymbol{f}_{\mathrm{m}\_i}$ 是四节点膜单元发生纯变形位移所对应的节点 i 的内力，反向作用于质点 i 上即得到膜单元传给质点的内力 $\boldsymbol{f}_{i}^{\mathrm{int}}$。

3.3.3　应力应变转换

仅当对结构应力、应变状态变量进行输出时才需要进行应力应变转换计算，否则是可忽略的。具体转换过程同三角形 CST 膜单元，详见第 3.2.3 节。

3.3.4　若干特殊问题处理

与三角形 CST 膜单元不同，四节点膜单元运动后四个节点组成的是空间四边形，且不是常应变单元；因而，除了第 3.2.4 节所述节点应力的插值、临界时间步长和临界阻尼参数的估值这两个特殊问题外，数值计算中需要对以下两个特殊问题做相应处理。

1. 位置模式的处理

（1）位置模式Ⅰ：求解纯变形位移和单元节点内力的节点位置模式

求解从 t_0 到 t 时刻单元节点纯变形位移和单元节点内力时，t_0 和 t 时刻单元各节点位置（即位置模式Ⅰ）均需在同一平面上。而四节点膜单元经历运动与变形前后，四个节点均不位于同一平面，即形成空间四边形。一般情况下其变形前后形状与对应平面均可保证不大的差异，此时可以用节点在垂直于单元法线（$\boldsymbol{n}$，$\boldsymbol{n}'$），且通过原单元形心（C，C'）的平面上的投影位置（$\overline{\boldsymbol{x}}_i$，$\overline{\boldsymbol{x}}'_i$）作为位置模式Ⅰ，以实现将空间四边形转换到平面四边形上。

（2）位置模式Ⅱ：中央差分公式中的质点位置模式

利用中央差分公式（3-1-1）求解时，各质点的位置，即位置模式Ⅱ（$\boldsymbol{x}_a$，$\boldsymbol{x}'_a$）需是唯一值。而采用平面投影方式获得的位置模式Ⅰ中质点对应的各单元节点并不重合，本章取位置模式Ⅰ的质点对应的各单元节点的位置平均值作为位置模式Ⅱ（即 $\boldsymbol{x}_a=\dfrac{1}{k}\sum\limits_{i=1}^{k}\overline{x}_i$，$\boldsymbol{x}'_a=\dfrac{1}{k}\sum\limits_{i=1}^{k}\overline{x}'_i$），其中 k 为质点 a 相连各单元的对应节点的总个数。

2. 单元节点内力的积分

由式（3.3-21）求解四节点膜单元的节点内力时，由于膜单元内部的应力应变是随位置变化的，因而求解该式时将涉及数值积分运算。引入传统有限元中的二维高斯积分方案[14] 进行求解，表 3.3-1 给出了单积分点和 4 积分点的积分点坐标及权系数。本章采用 4 积分点方案计算，可获得较好的计算结果。

单积分点和 4 积分点的积分点坐标及权系数　　表 3.3-1

积分点数	坐标 ξ_i	坐标 η_i	权系数 H_{ij}
1	0	0	4.0
4	$\pm1/\sqrt{3}$	$\pm1/\sqrt{3}$	1.0，1.0，1.0，1.0

将式（3.3-21）中的单元节点内力增量 $\Delta\hat{\boldsymbol{f}}^*_{\mathrm{m}}$ 转换到单元局部坐标系下，即有：

$$\Delta\hat{\boldsymbol{f}}^*_{\mathrm{m}}=\left\{t_a\int_{\hat{A}_a}[\boldsymbol{B}^*_{\mathrm{m}}(\hat{x},\hat{y})]^{\mathrm{T}}\boldsymbol{D}\boldsymbol{B}^*_{\mathrm{m}}(\hat{x},\hat{y})\mathrm{d}\hat{A}_a\right\}\hat{\boldsymbol{u}}^*_{\mathrm{m}}$$

$$=\left\{t_a\int_{-1}^{1}\int_{-1}^{1}[\boldsymbol{B}^*_{\mathrm{m}}(\xi,\eta)]^{\mathrm{T}}\boldsymbol{D}\boldsymbol{B}^*_{\mathrm{m}}(\xi,\eta)\,|\boldsymbol{J}(\xi,\eta)|\,\mathrm{d}\xi\mathrm{d}\eta\right\}\hat{\boldsymbol{u}}^*_{\mathrm{m}}\quad(3.3\text{-}24)$$

式中，ξ，η 是单元局部坐标，$|\boldsymbol{J}(\xi,\eta)|$ 是雅可比行列式。

令 $F(\xi,\eta)=[\boldsymbol{B}^*_{\mathrm{m}}(\xi,\eta)]^{\mathrm{T}}\boldsymbol{D}\boldsymbol{B}^*_{\mathrm{m}}(\xi,\eta)\,|\boldsymbol{J}(\xi,\eta)|$，则有：

$$\Delta\hat{\boldsymbol{f}}_{\mathrm{m}}^{*}=\left[t_a\int_{-1}^{1}\int_{-1}^{1}F(\xi,\eta)\mathrm{d}\xi\mathrm{d}\eta\right]\hat{\boldsymbol{u}}_{\mathrm{m}}^{*}\cong\sum_{i,j=1}^{k}t_aH_{ij}F(\xi_i,\eta_j)\hat{\boldsymbol{u}}_{\mathrm{m}}^{*}\quad(3.3\text{-}25)$$

式中，k 是每个单元坐标方向上的积分点数。

3.4　程序实现和算例验证

3.4.1　程序实现

本章采用 MATLAB 编制膜单元的向量式有限元分析程序，分析流程图如图 3.4-1 所示。

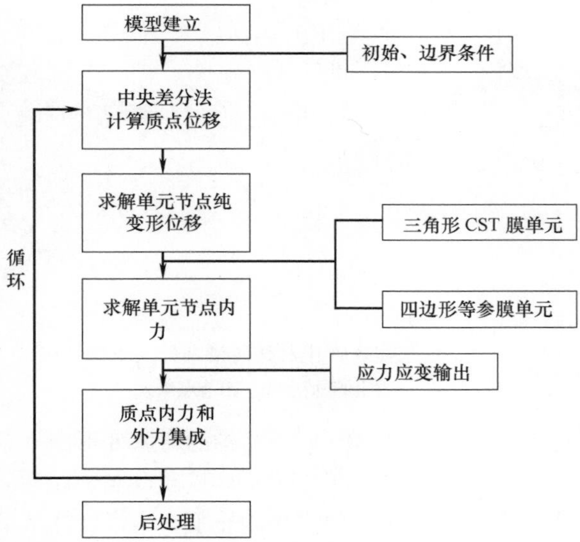

图 3.4-1　分析流程图

3.4.2　算例验证

基于前文推导的三角形、四节点膜单元基本理论公式，本章采用 MATLAB 编制了向量式有限元分析程序。下面通过算例验证理论推导和编制程序的正确性。

（1）算例 1：内压下的双抛物线膜片

本算例以内压作用下的双抛物线膜片为例。双抛物线膜片及其网格划分（单位：m）如图 3.4-2 所示，膜片的投影平面形状为矩形，其初始形状由双抛物线曲面函数所确定，如式（3.4-1）所示：

$$z=\frac{16f}{a^2b^2}\left[\left(\frac{a}{2}\right)^2-\left(x-\frac{a}{2}\right)^2\right]\left[\left(\frac{b}{2}\right)^2-\left(y-\frac{b}{2}\right)^2\right],(0\leqslant x\leqslant a,0\leqslant y\leqslant b)$$

(3.4-1)

取矩形膜片边长 $a=b=1.0\text{m}$，厚度 $t_a=1.0\text{mm}$，中心矢高 $f=0.1\text{m}$，四边简支固定。膜片内表面受均布内压作用而向上发生膨胀变形，为尽快获得静力收敛解，采用斜坡-平台加载方式（图 3.4-3），并施加阻尼进行缓慢加载，以消除动力振荡效应。膜材弹性模量 $E=6.0\text{GPa}$，泊松比 $\upsilon=0.267$，密度 $\rho=1.0\times10^6\text{kg/m}^3$。分别采用三角形 CST 膜单元和四节点四边形等参膜单元进行网格划分，对应有 800 个、400 个单元和 441 个、441 个节点（图 3.4-2），分析时间步长取 $h=2.0\times10^{-4}$ s，阻尼参数取 $\alpha=100$。本例在膜内部分别施加的内压 P_0 为 0.5MPa、1.0MPa 和 1.5MPa。

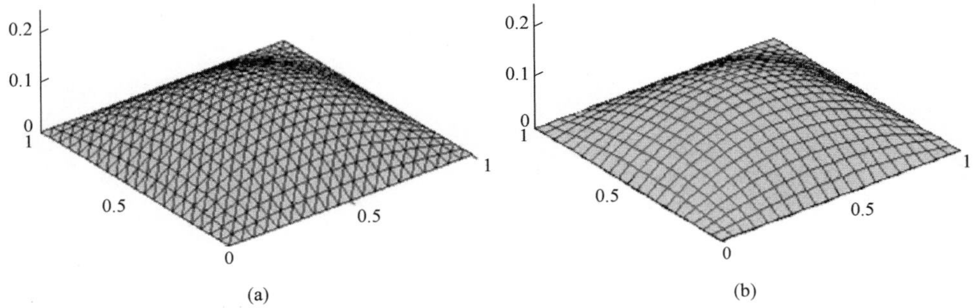

图 3.4-2　双抛物线膜片及其网格划分（单位：m）
（a）三角形单元；（b）四节点单元

图 3.4-4 给出了内压 $P_0=1.5\text{MPa}$ 时膜结构的膨胀变形图（单位：m，细线为变形前形状）。图 3.4-5（a）为 $P_0=1.5\text{MPa}$ 时膜顶点竖向位移计算的收敛过程，表现出很好的收敛性；图 3.4-5（b）为三种内压下，本章计算结果与已有文献的比较，可见结果基本一致。本章三组结果与文献［49］结果的误差分别为 6.0%、1.8%、0.2%（四节点膜单元）和 2.7%、2.1%、2.2%（三角形膜单元），与文献［50］的误差略大。

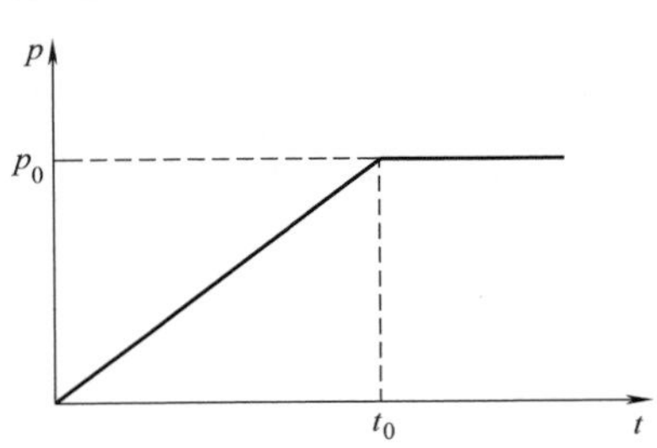

图 3.4-3　斜坡-平台加载方式

文献［49］和［50］的计算分别采用模拟方程法（AEM）和无网格迦辽金法（EFG），由于 EFG 法仅考虑平面弹性应变模型和应力-应变关系而忽略膜的曲率，AEM 法与现有解析解相比更加准确[49]。因此本章方法具有较高的计算精度。计算效率方面，本章方法通过加入阻尼对质点采用动力学过程获得最终静力收敛解，在 CPU Q8200@2.33GHz 和 4GB 内存的计算机上，本算例分别耗时 240s（三角形膜单元）和 350s（四节点膜单元）。值得指出，本章方法基于动力学理论，对于静力问题，其计算速度与普通有限元法相比并无优势，而在动力问题中可体现出更高的计算效率。

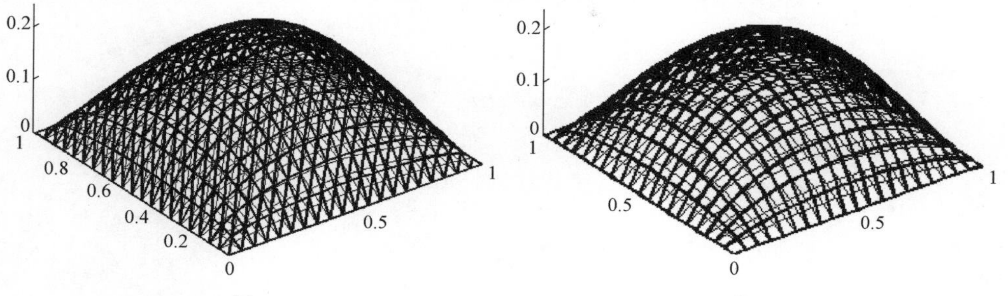

(a)　　　　(b)

图 3.4-4　内压 P_0 = 1.5MPa 时膜结构的膨胀变形图（单位：m，细线为变形前形状）

（a）三角形膜单元；（b）四节点膜单元

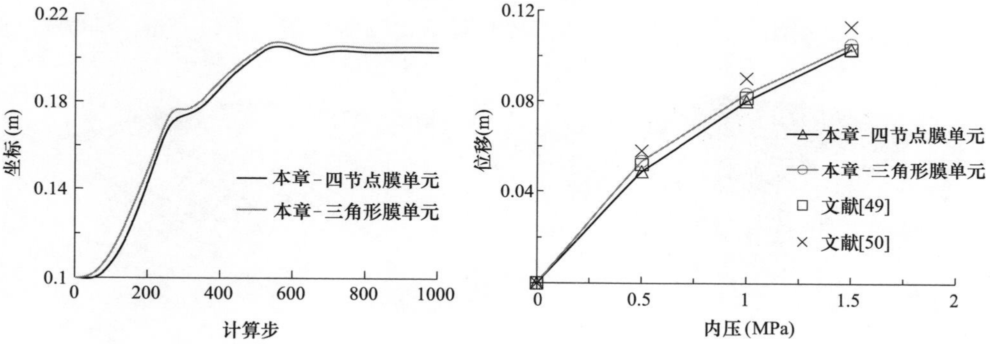

(a)　　　　(b)

图 3.4-5　内压下顶点位移计算结果

（a）内压 1.5MPa 时膜顶点竖向位移计算收敛过程；（b）与文献比较

（2）算例 2：内压下的双曲抛物面膜片

本算例以内压作用下的双曲抛物面膜片为例。图 3.4-6 为双曲线抛物面膜片及网格划分（单位：m），膜片的投影平面形状为矩形，其初始形状由式（3.4-2）所示的双曲抛物面函数所确定：

$$z=\frac{\Delta f}{ab}xy+\frac{C_2}{a}x+\frac{C_4}{b}y,(0\leqslant x\leqslant a,0\leqslant y\leqslant b) \tag{3.4-2}$$

式中，相对矢高 $\Delta f = C_3 - C_2 - C_4$，取矩形膜片边长 $a = b = 1.0\text{m}$，$C_3 = 0$，$C_2 = C_4 = 0.3\text{m}$，厚度 $t_a = 3.0\text{mm}$，则相对矢高 $\Delta f = -0.6\text{m}$，四边简支固定。膜片内表面受均布内压作用而向上发生变形，内压 P_0 同算例 1 施加方式（图 3.4-3）。膜材弹性模量为 $E = 6.0\text{GPa}$，泊松比 $\upsilon = 0.3$，密度 $\rho = 1.0 \times 10^6 \text{kg/m}^3$。分别采用三角形 CST 膜单元和四节点四边形等参膜单元进行网格划

分，对应有 800 个、400 个单元和 441 个、441 个节点（图 3.4-6），分析时间步长取 $h=2.0\times10^{-4}$s，阻尼参数取 $\alpha=100$。本例施加内压 P_0 分别为 1.0MPa、2.0MPa 和 3.0MPa。

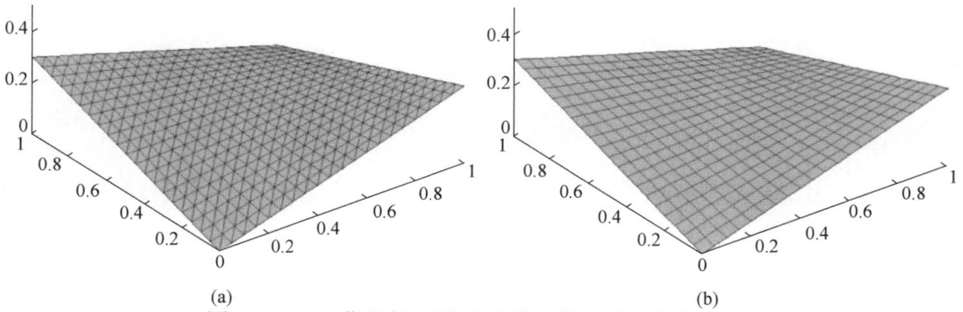

图 3.4-6 双曲抛物面膜片及其网格划分（单位：m）

（a）三角形膜单元；（b）四节点膜单元

图 3.4-7 给出了内压 $P_0=3.0$MPa 时膜结构的变形图（单位：m，细线为变

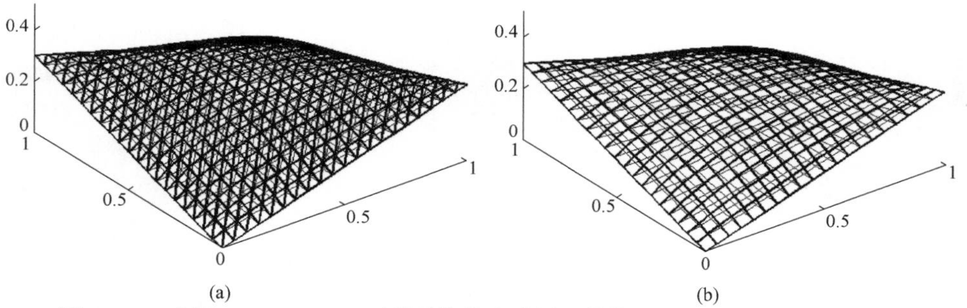

图 3.4-7 内压 $P_0=3.0$MPa 时膜结构的变形图（单位：m，细线为变形前形状）

（a）三角形膜单元；（b）四节点膜单元

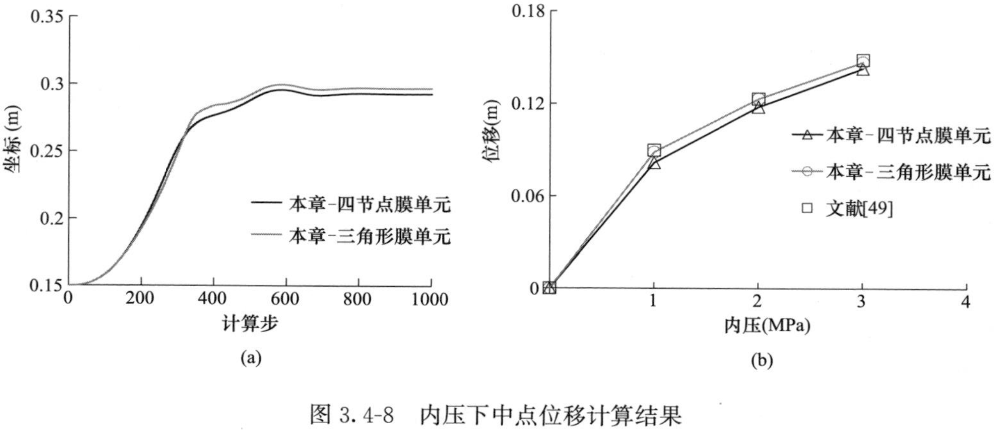

图 3.4-8 内压下中点位移计算结果

（a）内压 $P_0=3.0$MPa 时膜片中点竖向位移计算的收敛过程；（b）三种内压下本章计算结果与文献［49］的比较

形前形状)。图 3.4-8 (a) 为P_0=3.0MPa 时膜片中点竖向位移计算的收敛过程,表现出很好的收敛性;图 3.4-8 (b) 为三种内压下,本章计算结果与文献 [49] 的比较,可见结果基本一致。本章三组结果与文献 [49] 结果的误差分别为 8.9%、4.3%、3.7% (四节点膜单元) 和 1.4%、0.1%、1.0% (三角形膜单元),因此本章方法具有较高的计算精度。

综上,算例 1 和算例 2 验证了向量式有限元三角形、四节点膜单元理论公式及所编制程序在膜结构静力分析中的正确性和有效性。

(3) 算例 3:突加瞬时内压作用下的双抛物线膜片

本算例以突加瞬时内压作用下的双抛物线膜片为例,验证本章膜单元基本理论和所编制程序在膜结构动力计算中的正确性和有效性。仍以本节算例 1 的双曲抛物线膜片为例 (图 3.4-2),几何尺寸、材料参数、边界条件、网格划分和时间步长均同算例 1;膜片内表面受突加瞬时均布内压 P_0=1.5MPa 作用而产生动力振荡响应,分析时阻尼参数取 α=0 (无阻尼)。

图 3.4-9 和图 3.4-10 分别给出了内压 P_0=1.5MPa 时膜顶点竖向位移-时间变化曲线和膜顶点 von Mises 应力-时间变化曲线及与 ABAQUS 的计算结果的比较。可知,节点位移和节点应力的计算结果与 ABAQUS 结果基本一致,求解精度较高;即本章所编制的向量式有限元膜单元程序可获得较为理想的求解结果,验证了其在动力分析中的有效性和正确性。

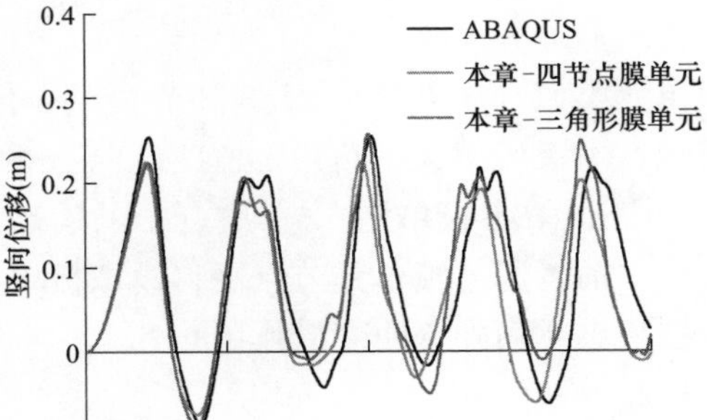

图 3.4-9　内压 P_0=1.5MPa 时膜顶点竖向位移-时间变化曲线及与 ABAQUS 的计算结果的比较

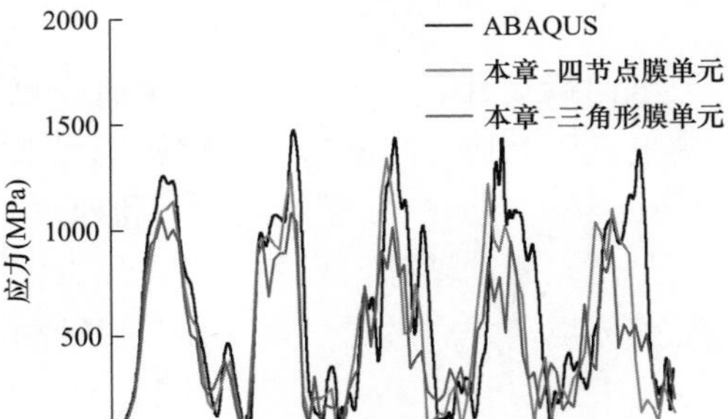

图 3.4-10　内压 P_0=1.5MPa 时膜顶点 von Mises 应力-时间变化曲线及与 ABAQUS 的计算结果的比较

第4章

向量式板单元理论

本章首先推导了三角形 DKT 板单元和四边形 Mindlin 等参板单元的向量式有限元基本公式，描述运动解析的原理及变形坐标系下板单元节点内力（矩）的求解方法；进而对质点的质量矩阵与惯量矩阵、应力计算的数值积分与插值方法、时间步长及阻尼参数的取值以及四边形 Mindlin 等参板单元的位置模式、节点内力（矩）积分等特殊问题提出了合理可行的处理方式。在此基础上编制了板单元的计算分析程序，并通过算例分析验证理论推导和所编制程序的有效性和正确性[51]。

4.1 基本原理和推导思路

4.1.1 基本原理

向量式有限元板单元的基本原理与膜单元类似（详见第 3.2、3.3 节），不同之处在于其质点间的连接采用板单元来实现，本章所用为三角形 DKT（Discrete Kirchhoff Theory）板单元[18] 和四边形 Mindlin 等参板单元[52]。质点 a 的运动满足质点平动微分方程和质点转动微分方程（前者通过板单元节点平移模拟板单元整体运动，后者通过板单元节点转动模拟板单元面外弯曲变形作用）：

$$\begin{cases}\boldsymbol{M}_a\ddot{\boldsymbol{x}}_a+\alpha\boldsymbol{M}_a\dot{\boldsymbol{x}}_a=\boldsymbol{F}_a\\ \boldsymbol{I}_a\ddot{\boldsymbol{\theta}}_a+\alpha\boldsymbol{I}_a\dot{\boldsymbol{\theta}}_a=\boldsymbol{F}_{\theta a}\end{cases}\tag{4.1-1}$$

式中，$\boldsymbol{M}_a$ 和 $\boldsymbol{I}_a$ 是质点 a 的平动质量矩阵和转动惯量矩阵，$\dot{\boldsymbol{x}}$（$\ddot{\boldsymbol{x}}$）和 $\dot{\boldsymbol{\theta}}$（$\ddot{\boldsymbol{\theta}}$）是质点的速度（加速度）和角速度（角加速度）向量，α 是阻尼参数，$\boldsymbol{F}_a=\boldsymbol{f}_a^{\text{ext}}+\boldsymbol{f}_a^{\text{int}}$ 和 $\boldsymbol{F}_{\theta a}=\boldsymbol{f}_{\theta a}^{\text{ext}}+\boldsymbol{f}_{\theta a}^{\text{int}}$ 是质点受到的合力和合力矩向量，其中 $\boldsymbol{f}_a^{\text{ext}}$ 和 $\boldsymbol{f}_{\theta a}^{\text{ext}}$ 是质点的外力和外力矩向量，$\boldsymbol{f}_a^{\text{int}}$ 和 $\boldsymbol{f}_{\theta a}^{\text{int}}$ 是板单元传递给质点的内力和内力矩向量。

由于质量矩阵 $\boldsymbol{M}_a$ 是对角阵，而转动惯量矩阵 $\boldsymbol{I}_a$ 一般是非对角阵，因而利用中央差分公式数值求解运动方程式（4.1-1）时，需先通过求逆矩阵 $\boldsymbol{I}_a^{-1}$ 进行角位移自变量的解耦，即有式（4.1-2）（m_a 是质点 a 的质量）：

$$\begin{cases} \ddot{\boldsymbol{x}}_a + \alpha \dot{\boldsymbol{x}}_a = \dfrac{1}{m_a} \boldsymbol{F}_a \\ \ddot{\boldsymbol{\theta}}_a + \alpha \dot{\boldsymbol{\theta}}_a = \boldsymbol{I}_a^{-1} \boldsymbol{F}_{\theta a} \end{cases} \tag{4.1-2}$$

而后才可进行各质点运动方程式（4.1-2）的独立差分计算求解，无初始条件（连续）和有初始条件（不连续）时的中央差分公式如式（4.1-3）、式（4.1-4）所示（省略下标 a）：

$$\begin{cases} \boldsymbol{x}_{n+1} = c_1 \left(\dfrac{\Delta t^2}{m}\right) \boldsymbol{F}_n + 2c_1 \boldsymbol{x}_n - c_2 \boldsymbol{x}_{n-1} \\ \boldsymbol{\theta}_{n+1} = c_1 \Delta t^2 \boldsymbol{I}^{-1} \boldsymbol{F}_{\theta n} + 2c_1 \boldsymbol{\theta}_n - c_2 \boldsymbol{\theta}_{n-1} \end{cases} \text{，连续时} \tag{4.1-3}$$

$$\begin{cases} \boldsymbol{x}_{n+1} = \dfrac{1}{1+c_2} \left\{ c_1 \left(\dfrac{\Delta t^2}{m}\right) \boldsymbol{F}_n + 2c_1 \boldsymbol{x}_n + 2c_2 \dot{\boldsymbol{x}}_n \Delta t \right\} \\ \boldsymbol{\theta}_{n+1} = \dfrac{1}{1+c_2} \{ c_1 \Delta t^2 \boldsymbol{I}^{-1} \boldsymbol{F}_{\theta n} + 2c_1 \boldsymbol{\theta}_n + 2c_2 \dot{\boldsymbol{\theta}}_n \Delta t \} \end{cases} \text{，不连续时} \tag{4.1-4}$$

式中，Δt 是时间步长，$c_1 = \dfrac{1}{1+\dfrac{\alpha}{2}\Delta t}$，$c_2 = c_1\left(1-\dfrac{\alpha}{2}\Delta t\right)$。

对于四边形 Mindlin 等参板单元，式（4.1-1）中的 $\boldsymbol{f}^{\text{int}}(\boldsymbol{f}_\theta^{\text{int}})$、$\boldsymbol{x}(\boldsymbol{\theta})$ 对应分别由第 4.4.4 节所述的位置模式Ⅰ、位置模式Ⅱ获得。

4.1.2　推导思路

向量式有限元板单元基本求解公式的推导思路与膜单元的推导类似（详见第 3.1.2 节）。

4.2　三角形 DKT 板单元理论

本节根据向量式有限元板单元基本公式的推导思路，给出三角形 DKT 板单元的详细推导过程。该板单元不考虑沿厚度方向的剪切变形，一般适用于薄板结构。

4.2.1　单元节点纯变形线（角）位移

板单元的节点位移包括节点平动位移（线位移）和节点转动位移（角位移），变形坐标系下单元面内的节点线位移为 0。向量式有限元采用逆向运动的方法从板单元节点总线（角）位移中扣除刚体线（角）位移（刚体平移和刚体转动）部分，以得到节点纯变形线（角）位移。图 4.2-1 所示是三角形板单元 abc 在 t_0-t

时段的空间运动，在 t_0 时刻单元处于 abc 位置，并于 t 时刻运动到 $a'b'c'$ 位置，图中未绘出板单元的内部变形形状。

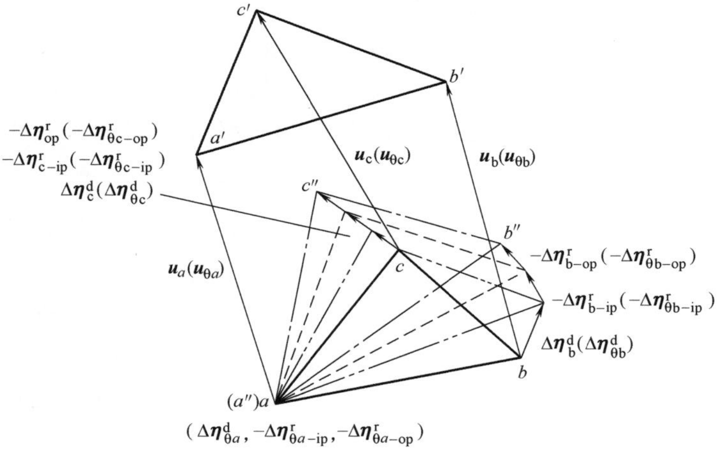

图 4.2-1　三角形板单元 abc 在 t_0-t 时段的空间运动

在运动过程中，单元经历的刚体位移包含刚体平移和刚体转动。$\boldsymbol{u}_i$ 和 $\boldsymbol{u}_{\theta i}$（$i=a$，$b$，$c$）分别是三角形板单元三个角端节点 a、b、c 的总线位移和总角位移向量。本章以下叙述中，下标不含 θ 的变量均对应线位移的相关变量，而含 θ 的变量均是对应角位移的相关变量。选择质点 a（对应三角形板单元角端节点 a）为参考点，则 a 点的线位移向量 $\boldsymbol{u}_a$ 为单元的刚体平移，将单元按向量 $-\boldsymbol{u}_a$ 做逆向平移运动，得到各质点扣除单元刚体平移后的相对线位移 $\Delta\boldsymbol{\eta}_i$（$i=a$，$b$，$c$），各质点的角位移 $\Delta\boldsymbol{\eta}_{\theta i}$（$i=a$，$b$，$c$）保持不变（单元刚体平移不影响角位移的变化）。

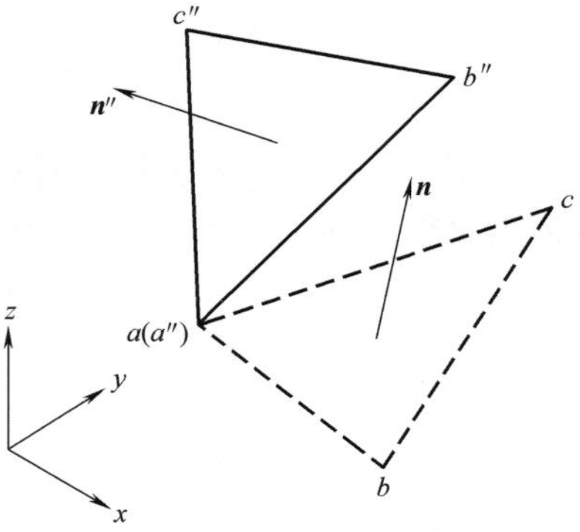

图 4.2-2　板单元的平面外转动

$$\begin{cases}\Delta\boldsymbol{\eta}_a=\mathbf{0},\Delta\boldsymbol{\eta}_i=\boldsymbol{u}_i-\boldsymbol{u}_a,(i=b,c)\\ \Delta\boldsymbol{\eta}_{\theta i}=\boldsymbol{u}_{\theta i},(i=a,b,c)\end{cases} \tag{4.2-1}$$

扣除单元刚体平移后，计算单元的刚体转动，总的刚体转动向量 $\boldsymbol{\theta}$ 可分为两个部分：

$$\boldsymbol{\theta}=\boldsymbol{\theta}_1+\boldsymbol{\theta}_2 \tag{4.2-2}$$

式中，$\boldsymbol{\theta}_1$ 表示单元平面外转动向量，$\boldsymbol{\theta}_2$ 表示单元平面内转动向量。

图 4.2-2 为板单元的平面外转动，单元扣除刚体平移后，处于 $a''b''c''$ 位置，此时与

t_0 时刻的单元 abc 并不处于同一平面内，平面外转动角度 θ_1（绕转轴单位向量 $\boldsymbol{n}_{\mathrm{op}}^0$ 从 $\boldsymbol{n}$ 转动到 $\boldsymbol{n}''$ 的角度）为：

$$\theta_1=\cos^{-1}\left(\frac{\boldsymbol{n}\cdot\boldsymbol{n}''}{|\boldsymbol{n}||\boldsymbol{n}''|}\right),\theta_1\in[0,\pi] \tag{4.2-3}$$

式中，平面外转轴单位向量 $\boldsymbol{n}_{\mathrm{op}}^0=\dfrac{\boldsymbol{n}\times\boldsymbol{n}''}{|\boldsymbol{n}\times\boldsymbol{n}''|}=\{l_{\mathrm{op}}\quad m_{\mathrm{op}}\quad n_{\mathrm{op}}\}^{\mathrm{T}}$，从而有单元平面外转动向量 $\boldsymbol{\theta}_1=\theta_1\boldsymbol{n}_{\mathrm{op}}^0$。

质点 i（$i=a$，b，c）的平面外逆向刚体转动线位移 $\Delta\boldsymbol{\eta}_{i-\mathrm{op}}^{\mathrm{r}}$ 和角位移 $\Delta\boldsymbol{\eta}_{\theta i-\mathrm{op}}^{\mathrm{r}}$ 可由式（4.2-4）计算得到：

$$\begin{cases}\Delta\boldsymbol{\eta}_{a-\mathrm{op}}^{\mathrm{r}}=\boldsymbol{0},\Delta\boldsymbol{\eta}_{i-\mathrm{op}}^{\mathrm{r}}=[\boldsymbol{R}_{\mathrm{op}}^{\mathrm{T}}(-\theta_1)-\boldsymbol{I}]\boldsymbol{r}_{ai}''=\boldsymbol{R}_{\mathrm{op}}^{*}(-\theta_1)\cdot\boldsymbol{r}_{ai}'',(i=b,c)\\ \Delta\boldsymbol{\eta}_{\theta i-\mathrm{op}}^{\mathrm{r}}=-\boldsymbol{\theta}_1,(i=a,b,c)\end{cases} \tag{4.2-4}$$

式中，平面外逆向转动矩阵 $\boldsymbol{R}_{\mathrm{op}}^{*}(-\theta_1)=[1-\cos(-\theta_1)]\mathbf{A}_{\mathrm{op}}^2+\sin(-\theta_1)\mathbf{A}_{\mathrm{op}}$，单元的边向量 $\boldsymbol{r}_{ai}''=\boldsymbol{x}_i''-\boldsymbol{x}_a''=\boldsymbol{x}_i'-x_a'$，$\mathbf{A}_{\mathrm{op}}=\begin{bmatrix}0&-n_{\mathrm{op}}&m_{\mathrm{op}}\\n_{\mathrm{op}}&0&-l_{\mathrm{op}}\\-m_{\mathrm{op}}&l_{\mathrm{op}}&0\end{bmatrix}$。

在经历平面外逆向刚体转动后，单元回到 t_0 时刻所处平面上，得到各节点线（角）坐标为：

$$\begin{cases}\boldsymbol{x}_a'''=\boldsymbol{x}_a'-\boldsymbol{u}_a,\boldsymbol{x}_i'''=\boldsymbol{x}_i'-\boldsymbol{u}_a+\Delta\boldsymbol{\eta}_{i-\mathrm{op}}^{\mathrm{r}},(i=b,c)\\ \boldsymbol{x}_{\theta i}'''=\boldsymbol{x}_{\theta i}'+\Delta\boldsymbol{\eta}_{\theta i-\mathrm{op}}^{\mathrm{r}},(i=a,b,c)\end{cases} \tag{4.2-5}$$

板单元的平面内转动如图 4.2-3 所示。

单元平面内刚体转动角度 θ_2 为：

$$\theta_2=(\Delta\varphi_a+\Delta\varphi_{\mathrm{b}}+\Delta\varphi_{\mathrm{c}})/3 \tag{4.2-6}$$

式中，$\Delta\varphi_i$（$i=a$，b，c）是质点面内转动的角度，根据质点与形心连线向量的转动夹角计算得到：$|\Delta\varphi_i|=\cos^{-1}(\boldsymbol{e}_i\cdot\boldsymbol{e}_i''')$，（$i=a$，$b$，$c$），$|\Delta\varphi_i|\in[0,\pi]$。其中，$\boldsymbol{e}_i=\dfrac{\boldsymbol{x}_i-\boldsymbol{x}_{\mathrm{C}}}{|\boldsymbol{x}_i-\boldsymbol{x}_{\mathrm{C}}|}$，$\boldsymbol{e}_i'''=\dfrac{\boldsymbol{x}_i'''-\boldsymbol{x}_{\mathrm{C}}}{|\boldsymbol{x}_i'''-\boldsymbol{x}_{\mathrm{C}}|}$，C 表示形心。

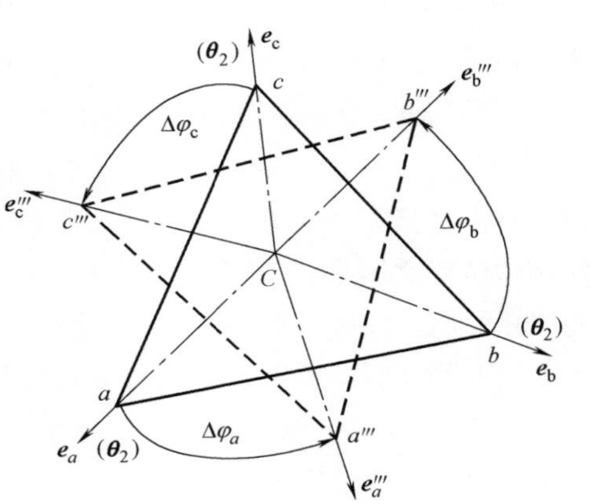

图 4.2-3　板单元的平面内转动

$\Delta\varphi_i$ 的正负性可根据下式判断获

得：$\begin{cases}\Delta\varphi_i=|\Delta\varphi_i|，若 \boldsymbol{e}_i\times\boldsymbol{e}'''_i 与 \boldsymbol{n}^0 同向\\ \Delta\varphi_i=-|\Delta\varphi_i|，若 \boldsymbol{e}_i\times\boldsymbol{e}'''_i 与 \boldsymbol{n}^0 反向\end{cases}$；其中平面内转轴单位向量 $\boldsymbol{n}^0_{\mathrm{ip}}=\boldsymbol{n}^0=\dfrac{\boldsymbol{n}}{|\boldsymbol{n}|}=\{l_{\mathrm{ip}}\quad m_{\mathrm{ip}}\quad n_{\mathrm{ip}}\}^{\mathrm{T}}$ 即为板单元在 t_0 时刻的单位法向向量。

从而有质点 $i(i=a，b，c)$ 的面内转动向量为 $\Delta\boldsymbol{\varphi}_i=\Delta\varphi_i\boldsymbol{n}^0$，$\Delta\varphi_i\in[-\pi，\pi]$，单元平面内转动向量 $\boldsymbol{\theta}_2=\theta_2\boldsymbol{n}^0$，$\theta_2\in[-\pi，\pi]$。

参考式（4.2-4）可以得到质点 $i(i=a，b，c)$ 的平面内逆向刚体转动线位移 $\Delta\boldsymbol{\eta}^{\mathrm{r}}_{i-\mathrm{ip}}$ 和角位移 $\Delta\boldsymbol{\eta}^{\mathrm{r}}_{\theta i-\mathrm{ip}}$ 为：

$$\begin{cases}\Delta\boldsymbol{\eta}^{\mathrm{r}}_{a-\mathrm{ip}}=\boldsymbol{0},\Delta\boldsymbol{\eta}^{\mathrm{r}}_{i-\mathrm{ip}}=[\boldsymbol{R}^{\mathrm{T}}_{\mathrm{ip}}(-\theta_2)-\boldsymbol{I}]\boldsymbol{r}''_{ai}=\boldsymbol{R}^{*}_{\mathrm{ip}}(-\theta_2)\cdot\boldsymbol{r}''_{ai},(i=b,c)\\ \Delta\boldsymbol{\eta}^{\mathrm{r}}_{\theta i-\mathrm{ip}}=-\boldsymbol{\theta}_2,(i=a,b,c)\end{cases}\tag{4.2-7}$$

式中，平面内逆向转动矩阵 $\boldsymbol{R}^{*}_{\mathrm{ip}}(-\theta_2)=[1-\cos(-\theta_2)]\boldsymbol{A}^2_{\mathrm{ip}}+\sin(-\theta_2)\boldsymbol{A}_{\mathrm{ip}}$，单元的边向量 $\boldsymbol{r}'''_{ai}=\boldsymbol{x}'''_i-\boldsymbol{x}'''_a=\boldsymbol{x}'_i-\boldsymbol{x}'_a+\Delta\boldsymbol{\eta}^{\mathrm{r}}_{i-\mathrm{op}}$，$\boldsymbol{A}_{\mathrm{ip}}=\begin{bmatrix}0 & -n_{\mathrm{ip}} & m_{\mathrm{ip}}\\ n_{\mathrm{ip}} & 0 & -l_{\mathrm{ip}}\\ -m_{\mathrm{ip}} & l_{\mathrm{ip}} & 0\end{bmatrix}$。

扣除单元刚体平移和面外、面内刚体转动后，得到质点纯变形线位移 $\Delta\boldsymbol{\eta}^{\mathrm{d}}_i$ 和纯变形角位移 $\Delta\boldsymbol{\eta}^{\mathrm{d}}_{\theta i}$ 为：

$$\begin{cases}\Delta\boldsymbol{\eta}^{\mathrm{d}}_a=\boldsymbol{0},\Delta\boldsymbol{\eta}^{\mathrm{d}}_i=(\boldsymbol{u}_i-\boldsymbol{u}_a)+\Delta\boldsymbol{\eta}^{\mathrm{r}}_{i-\mathrm{op}}+\Delta\boldsymbol{\eta}^{\mathrm{r}}_{i-\mathrm{ip}},(i=b,c)\\ \Delta\boldsymbol{\eta}^{\mathrm{d}}_{\theta i}=\boldsymbol{u}_{\theta i}+\Delta\boldsymbol{\eta}^{\mathrm{r}}_{\theta i-\mathrm{op}}+\Delta\boldsymbol{\eta}^{\mathrm{r}}_{\theta i-\mathrm{ip}},(i=a,b,c)\end{cases}\tag{4.2-8}$$

4.2.2 单元节点内力（矩）

求解板单元节点内力（矩）时，向量式有限元采用定义变形坐标系的方法将空间板单元问题转化到平面上。单元在扣除刚体位移（刚体平移和刚体转动）后，将 $\Delta\boldsymbol{\eta}^{\mathrm{d}}_i$ 和 $\Delta\boldsymbol{\eta}^{\mathrm{d}}_{\theta i}$ 分别转换到单元变形坐标系（图 4.2-4）上，即有 $\hat{\boldsymbol{u}}_{\mathrm{b}\_i}=\{\hat{u}_i\quad\hat{v}_i\quad\hat{w}_i\}^{\mathrm{T}}$ 和 $\hat{\boldsymbol{u}}_{\theta\mathrm{b}\_i}=\{\hat{u}_{\theta i}\quad\hat{v}_{\theta i}\quad\hat{w}_{\theta i}\}^{\mathrm{T}}$。对于三角形 DKT 板单元，节点纯变形线（角）位移自由度只需计入分量 $\hat{w}_i$，$\hat{u}_{\theta i}$，$\hat{v}_{\theta i}$（$i=a，b，c$），且由于节点所在平面在扣除刚体位移之后是处于同一位置的，即必有 $\hat{w}_i=0$，因而求解 DKT 板单元节点内力（矩）时，实际只剩下六个独立旋转角自由度 $\hat{u}_{\theta i}$，$\hat{v}_{\theta i}$（$i=a，b，c$）。

三角形 DKT 板单元的变形满足虚功方程：

$$\sum_i\delta(\hat{\boldsymbol{u}}_{\theta\mathrm{b}\_i})^{\mathrm{T}}\hat{\boldsymbol{f}}_{\theta\mathrm{b}\_i}=\int_V\delta(\Delta\hat{\varepsilon}_{\mathrm{b}})^{\mathrm{T}}\hat{\boldsymbol{\sigma}}_{\mathrm{b}}\mathrm{d}V\tag{4.2-9}$$

其中，$\hat{\boldsymbol{f}}_{\theta\mathrm{b}\_i}=\{\hat{m}_{i\mathrm{x}}\quad\hat{m}_{i\mathrm{y}}\}^{\mathrm{T}}$ 是变形坐标系下板单元节点 i 的单元节点内力（矩）向量。

如图 4.2-4 所示定义变形坐标系的原点在参考节点 a，这样节点 a 的线位移为 0。定义坐标轴 $\hat{\boldsymbol{x}}$ 轴的方向为节点 b 的纯变形线位移方向，则可以扣除节点 b 的竖向位移分量。

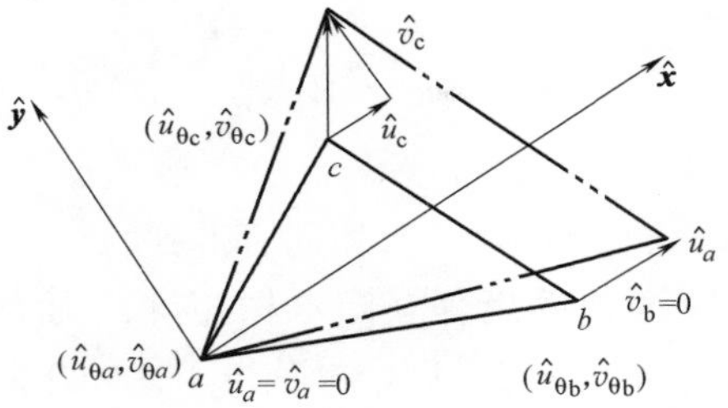

图 4.2-4　单元变形坐标系

变形坐标系与整体坐标系之间的转换关系如下（$\hat{\boldsymbol{x}}$ 和 $\hat{\boldsymbol{x}}_\theta$ 分别是线坐标和角坐标）：

$$\begin{cases}\hat{\boldsymbol{x}}=\hat{\boldsymbol{Q}}(\boldsymbol{x}-\boldsymbol{x}_a)=\{\hat{x}\quad \hat{y}\quad \hat{z}\}^{\mathrm{T}}\\ \hat{\boldsymbol{x}}_\theta=\hat{\boldsymbol{Q}}\boldsymbol{x}_\theta=\{\hat{x}_\theta\quad \hat{y}_\theta\quad \hat{z}_\theta\}^{\mathrm{T}}\end{cases}\tag{4.2-10}$$

式中，$\hat{\boldsymbol{Q}}=\{\hat{\boldsymbol{e}}_1\quad \hat{\boldsymbol{e}}_2\quad \hat{\boldsymbol{e}}_3\}^{\mathrm{T}}$ 是坐标系间转换矩阵，$\hat{\boldsymbol{e}}_1=\Delta\boldsymbol{\eta}_{\mathrm{b}}^{\mathrm{d}}/|\Delta\boldsymbol{\eta}_{\mathrm{b}}^{\mathrm{d}}|$，$\hat{\boldsymbol{e}}_3=\boldsymbol{n}^0$，$\hat{\boldsymbol{e}}_2=\hat{\boldsymbol{e}}_3\times\hat{\boldsymbol{e}}_1$，变形坐标系下必有 $\hat{z}=0$。

在变形坐标系中单元节点的纯变形线（角）位移向量为：

$$\begin{cases}\hat{\boldsymbol{u}}_{\mathrm{b}\_i}=\hat{\boldsymbol{Q}}\Delta\boldsymbol{\eta}_i^{\mathrm{d}}=\{\hat{u}_i\quad \hat{v}_i\quad \hat{w}_i\}^{\mathrm{T}}\\ \hat{\boldsymbol{u}}_{\theta\mathrm{b}\_i}=\hat{\boldsymbol{Q}}\Delta\boldsymbol{\eta}_{\theta i}^{\mathrm{d}}=\{\hat{u}_{\theta i}\quad \hat{v}_{\theta i}\quad \hat{w}_{\theta i}\}^{\mathrm{T}}\end{cases},(i=a,b,c)\tag{4.2-11}$$

由于变形坐标系下求解三角形 DKT 板单元内力（矩）时仅需考虑其中的节点角自由度分量 $\hat{u}_{\theta i}$，$\hat{v}_{\theta i}$，因而简写成 $\hat{\boldsymbol{u}}_{\theta\mathrm{b}\_i}=\{\hat{u}_{\theta i}\quad \hat{v}_{\theta i}\}^{\mathrm{T}}$。

板单元节点位移的组合向量记为：

$$\hat{\boldsymbol{u}}_{\mathrm{b}}^0=\{\hat{w}_a\quad \hat{u}_{\theta a}\quad \hat{v}_{\theta a}\quad \hat{w}_{\mathrm{b}}\quad \hat{u}_{\theta\mathrm{b}}\quad \hat{v}_{\theta\mathrm{b}}\quad \hat{w}_{\mathrm{c}}\quad \hat{u}_{\theta\mathrm{c}}\quad \hat{v}_{\theta\mathrm{c}}\}^{\mathrm{T}}\tag{4.2-12}$$

式中，变形坐标系下去除值为 0 的分量 $\hat{w}_i$ 后，可写成 $\hat{\boldsymbol{u}}_{\mathrm{b}}^*=\{\hat{u}_{\theta a}\quad \hat{v}_{\theta a}\quad \hat{u}_{\theta\mathrm{b}}\quad \hat{v}_{\theta\mathrm{b}}\quad \hat{u}_{\theta\mathrm{c}}\quad \hat{v}_{\theta\mathrm{c}}\}^{\mathrm{T}}$。

引入传统有限元中三角形 DKT 板单元的形函数（附录 C），得到单元上任意点的弯曲曲率向量 $\hat{\boldsymbol{\kappa}}$ 为（变形系下已代入 $\hat{x}_{\mathrm{x}a}=\hat{x}_{\mathrm{y}a}=\hat{x}_{\mathrm{yb}}=0$）：

$$\hat{\boldsymbol{\kappa}}=\boldsymbol{B}_{\mathrm{b}}\hat{\boldsymbol{u}}_{\mathrm{b}}^0=\frac{1}{2\hat{A}_a}\begin{bmatrix}\hat{x}_{\mathrm{yc}}\hat{\boldsymbol{H}}_{\mathrm{x},\xi}^{\mathrm{T}}\\ -\hat{x}_{\mathrm{xc}}\hat{\boldsymbol{H}}_{\mathrm{y},\xi}^{\mathrm{T}}+\hat{x}_{\mathrm{xb}}\hat{\boldsymbol{H}}_{\mathrm{y},\eta}^{\mathrm{T}}\\ -\hat{x}_{\mathrm{xc}}\hat{\boldsymbol{H}}_{\mathrm{x},\xi}^{\mathrm{T}}+\hat{x}_{\mathrm{xb}}\hat{\boldsymbol{H}}_{\mathrm{x},\eta}^{\mathrm{T}}+\hat{x}_{\mathrm{yc}}\hat{\boldsymbol{H}}_{\mathrm{y},\xi}^{\mathrm{T}}\end{bmatrix}\hat{\boldsymbol{u}}_{\mathrm{b}}^0\tag{4.2-13}$$

式中，$\boldsymbol{B}_{\mathrm{b}}$ 是三角形 DKT 板单元的位移-应变关系矩阵，$\hat{A}_a=\dfrac{\hat{x}_{\mathrm{xb}}\hat{x}_{\mathrm{yc}}}{2}$ 是单元的面积，$\hat{\boldsymbol{H}}_{\mathrm{x}}^{\mathrm{T}}(\xi,\eta)$ 和 $\hat{\boldsymbol{H}}_{\mathrm{y}}^{\mathrm{T}}(\xi,\eta)$ 是对应于单元节点位移的 DKT 板单元的形函数，其

表达式详见文献［18］。

由 DKT 板单元形函数描述的是整个板单元弯曲曲率分布向量 $\hat{\boldsymbol{\kappa}}$，可获得单元弯曲应变分布向量 $\Delta\hat{\boldsymbol{\varepsilon}}_{\mathrm{b}}$ 为：

$$\Delta\hat{\boldsymbol{\varepsilon}}_{\mathrm{b}}=\hat{z}\hat{\boldsymbol{\kappa}}=\hat{z}\boldsymbol{B}_{\mathrm{b}}\hat{\boldsymbol{u}}_{\mathrm{b}}^{0}=\hat{z}\boldsymbol{B}_{\mathrm{b}}^{*}\hat{\boldsymbol{u}}_{\mathrm{b}}^{*} \tag{4.2-14}$$

式中，$\Delta\hat{\boldsymbol{\varepsilon}}_{\mathrm{b}}=\{\Delta\hat{\varepsilon}_{\mathrm{x}}\quad\Delta\hat{\varepsilon}_{\mathrm{y}}\quad\Delta\hat{\gamma}_{\mathrm{xy}}\}^{\mathrm{T}}$，$\hat{z}\in[-t_a/2,\ t_a/2]$，$t_a$ 是板单元厚度，$\boldsymbol{B}_{\mathrm{b}}^{*}$ 是由 $\boldsymbol{B}_{\mathrm{b}}$ 去除对应 $\hat{\boldsymbol{u}}_{\mathrm{b}}^{0}$ 中分量 $\hat{w}_i$ 的行和列后得到的。

若材料的应力-应变关系矩阵（即本构矩阵）为 $\boldsymbol{D}$（可为线弹性或非弹线性），在得到单元的弯曲应变向量后，可获得单元的弯曲应力向量：

$$\Delta\hat{\boldsymbol{\sigma}}_{\mathrm{b}}=\boldsymbol{D}\Delta\hat{\boldsymbol{\varepsilon}}_{\mathrm{b}}=\hat{z}\boldsymbol{D}\boldsymbol{B}_{\mathrm{b}}^{*}\hat{\boldsymbol{u}}_{\mathrm{b}}^{*} \tag{4.2-15}$$

式中，$\Delta\hat{\boldsymbol{\sigma}}_{\mathrm{b}}=\{\Delta\hat{\sigma}_{\mathrm{x}}\quad\Delta\hat{\sigma}_{\mathrm{y}}\quad\Delta\hat{\tau}_{\mathrm{xy}}\}^{\mathrm{T}}$。

由于三角形 DKT 板单元为板单元，横向剪应力 $\hat{\tau}_{\mathrm{xz}}$ 和 $\hat{\tau}_{\mathrm{yz}}$ 所做的虚功可以忽略，因而计算其变形虚功时仅需考虑 $\Delta\hat{\boldsymbol{\sigma}}_{\mathrm{b}}$ 所做虚功即可：

$$\begin{aligned}\delta U&=\int_V\delta(\Delta\hat{\boldsymbol{\varepsilon}}_{\mathrm{b}})^{\mathrm{T}}(\hat{\boldsymbol{\sigma}}_{\mathrm{b0}}+\Delta\hat{\boldsymbol{\sigma}}_{\mathrm{b}})\mathrm{d}V\\&=(\delta\hat{\boldsymbol{u}}_{\mathrm{b}}^{*})^{\mathrm{T}}\left\{\int_V\hat{z}(\boldsymbol{B}_{\mathrm{b}}^{*})^{\mathrm{T}}\hat{\boldsymbol{\sigma}}_{\mathrm{b0}}\mathrm{d}V+\left[\iint_{\hat{A}_a}(\boldsymbol{B}_{\mathrm{b}}^{*})^{\mathrm{T}}\boldsymbol{D}_{\mathrm{b}}\boldsymbol{B}_{\mathrm{b}}^{*}\mathrm{d}\hat{A}_a\right]\hat{\boldsymbol{u}}_{\mathrm{b}}^{*}\right\}\end{aligned} \tag{4.2-16}$$

式中，$\hat{\boldsymbol{\sigma}}_{\mathrm{b0}}$ 是单元的初始应力，$\boldsymbol{D}_{\mathrm{b}}=\int_{-t_a/2}^{t_a/2}\hat{z}^2\boldsymbol{D}\mathrm{d}\hat{z}=\dfrac{t_a^3}{12}\boldsymbol{D}$，$t_a$ 是单元厚度。

对照虚功方程（4.2-9），可得单节点内力（矩）向量：

$$\hat{\boldsymbol{f}}_{\theta\mathrm{b}}^{*}=\int_V\hat{z}(\boldsymbol{B}_{\mathrm{b}}^{*})^{\mathrm{T}}\hat{\boldsymbol{\sigma}}_{\mathrm{b0}}\mathrm{d}V+\left[\iint_{\hat{A}_a}(\boldsymbol{B}_{\mathrm{b}}^{*})^{\mathrm{T}}\boldsymbol{D}_{\mathrm{b}}\boldsymbol{B}_{\mathrm{b}}^{*}\mathrm{d}\hat{A}_a\right]\hat{\boldsymbol{u}}_{\mathrm{b}}^{*} \tag{4.2-17}$$

式中，$\hat{\boldsymbol{f}}_{\theta\mathrm{b}}^{*}=\{\hat{m}_{a\mathrm{x}}\quad\hat{m}_{a\mathrm{y}}\quad\hat{m}_{\mathrm{bx}}\quad\hat{m}_{\mathrm{by}}\quad\hat{m}_{\mathrm{cx}}\quad\hat{m}_{\mathrm{cy}}\}^{\mathrm{T}}$。

在三角形 DKT 板单元节点内力（矩）中，还应包含垂直板单元平面的三个节点剪力分量 $\hat{f}_{a\mathrm{z}}$，$\hat{f}_{\mathrm{bz}}$，$\hat{f}_{\mathrm{cz}}$，可由板单元的静力（矩）平衡条件得到：

$$\begin{cases}\sum\hat{F}_{\hat{z}}=0,\hat{f}_{a\mathrm{x}}+\hat{f}_{\mathrm{bz}}+\hat{f}_{\mathrm{cz}}=0\\\sum\hat{M}_{\hat{x}}=0,\hat{m}_{a\mathrm{x}}+\hat{m}_{\mathrm{bx}}+\hat{m}_{\mathrm{cx}}+\hat{f}_{\mathrm{cz}}\hat{y}_{\mathrm{c}}=0\\\sum\hat{M}_{\hat{y}}=0,\hat{m}_{a\mathrm{y}}+\hat{m}_{\mathrm{by}}+\hat{m}_{\mathrm{cx}}-\hat{f}_{\mathrm{bz}}\hat{x}_{\mathrm{b}}-\hat{f}_{\mathrm{cz}}\hat{x}_{\mathrm{c}}=0\end{cases} \tag{4.2-18}$$

式（4.2-18）所得为变形系下虚拟状态时的单元节点内力（矩）分量，需将其转换为 t 时刻的单元节点内力（矩），可用于下一步的逐步循环计算。首先将变形坐标系下的单元节点内力（矩）向量扩展为三维向量形式 $\hat{\boldsymbol{f}}_{\mathrm{b}\_i}^{*}=\{\hat{f}_{i\mathrm{x}}\quad\hat{f}_{i\mathrm{y}}\quad\hat{f}_{i\mathrm{z}}\}^{\mathrm{T}}$ 和 $\hat{\boldsymbol{f}}_{\theta\mathrm{b}\_i}^{*}=\{\hat{m}_{i\mathrm{x}}\quad\hat{m}_{i\mathrm{y}}\quad\hat{m}_{i\mathrm{z}}\}^{\mathrm{T}}(i=a,\ b,\ c)$，其中 $\hat{f}_{i\mathrm{x}}=\hat{f}_{i\mathrm{y}}=\hat{m}_{i\mathrm{z}}=0$，再通过坐标系转换矩阵得到整体坐标系下的单元节点内力（矩），然后经过正向运动转换（包括刚体转动和刚体平移，后者不影响转换）得到 t 时刻真实位置时的

单元节点内力（矩）：

$$\begin{cases} \boldsymbol{f}_{\mathrm{b}\_i}=(\boldsymbol{R}_{\mathrm{ip}}\boldsymbol{R}_{\mathrm{op}})\hat{\boldsymbol{Q}}^{\mathrm{T}}\hat{\boldsymbol{f}}^{*}_{\mathrm{b}\_i} \\ \boldsymbol{f}_{\theta\mathrm{b}\_i}=(\boldsymbol{R}_{\mathrm{ip}}\boldsymbol{R}_{\mathrm{op}})\hat{\boldsymbol{Q}}^{\mathrm{T}}\hat{\boldsymbol{f}}^{*}_{\theta\mathrm{b}\_i} \end{cases},(i=a,b,c) \tag{4.2-19}$$

式中，$\hat{Q}$ 是坐标系转换矩阵，$\boldsymbol{R}_{\mathrm{op}}$ 和 $\boldsymbol{R}_{\mathrm{ip}}$ 分别是平面外、平面内的正向转动矩阵。

式（4.2-19）所求得的 $\boldsymbol{f}_{\mathrm{b}\_i}$ 和 $\boldsymbol{f}_{\theta\mathrm{b}\_i}$ 是三角形 DKT 板单元发生纯变形线（角）位移所对应的节点 i 的内力（矩），反向作用于质点 i 上即得到板单元传递给质点的内力 $\boldsymbol{f}_i^{\mathrm{int}}$ 和内力矩 $\boldsymbol{f}_{\theta i}^{\mathrm{int}}$。

4.2.3 应力应变转换

仅当对结构应力、应变状态变量进行输出时才需要进行应力应变转换计算，否则是可忽略的。具体转换过程同膜单元，详见第 3.2.3 节。

4.2.4 若干特殊问题处理

由于板单元的特殊性，需要对其数值计算中质点的质量矩阵与惯量矩阵、单元节点内力（矩）的数值积分和插值、临界时间步长和临界阻尼参数的估值这些特殊问题做相应处理。

1. 质点的质量矩阵和惯量矩阵

向量式有限元是一种以质点为研究对象的近似计算方法。理论上如何计算结构实体上质点 a 的平动质量矩阵 $\boldsymbol{M}_a$ 和转动惯量矩阵 $\boldsymbol{I}_a$ 并没有统一的方式，$\boldsymbol{M}_a$ 和 $\boldsymbol{I}_a$ 的假定只需满足下述基本原则即可：结构划分单元数量增大时，$\boldsymbol{M}_a$ 和 $\boldsymbol{I}_a$ 对应的离散质量分布情况（质点质量分布和截面质量分布）能趋近于真实的连续体质量分布，则该种假定必是可行的，结构计算结果必能收敛至真实状态。

（1）$\boldsymbol{M}_a$ 的假定

此时质点视为一个有质量而无大小的点。一种是集成方式，即先将各单元质量均分到其节点上，再进行集成获得质点的质量，可用于非均质的任意网格模型；另一种是均分方式，适用于均质均匀网格模型，即先将结构总质量按网格总数进行均分，再根据质点所占网格数均匀分配到各质点上。

（2）$\boldsymbol{I}_a$ 的假定

此时质点应视为一个具有形状的刚体（如质量截面），同时应限制其尺寸远小于网格单元尺寸。类同于 $\boldsymbol{M}_a$ 的假定，也有集成方式和均分方式两种。集成方式是先将板单元质量均分到边横截面上（截面质量），再将截面质量收缩至板单元的角端小范围内（如取 $t_a/2$ 长度范围），最后进行集成获得质点的转动惯量，此方式中质点的截面形状依赖于网格的实际划分；均分方式是先将结构总质量按均匀网格总数进行均分，再根据质点所占网格数均匀分配到各质点上，再将分配的质点质量均布到假设的质点截面形状（如十字正交形）上以计算质点转动惯量，质点的截面形状不依赖于网格的实际划分。图 4.2-5 给出了集成方式和均分方式的质点截面形状。

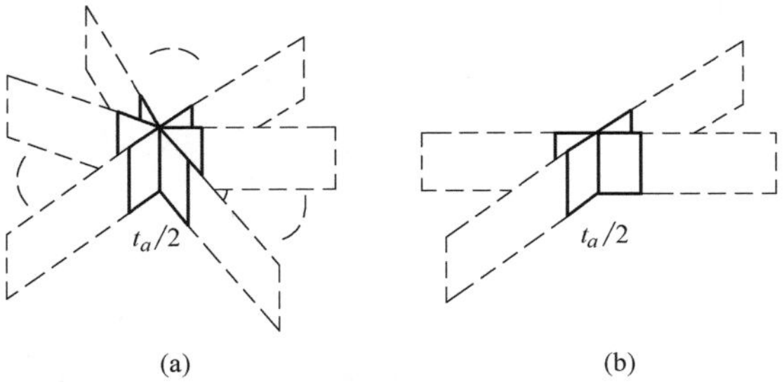

图 4.2-5　集成方式和均分方式的质点截面形状

(a) 集成方式；(b) 均分方式（十字正交形）

质量矩阵 $\boldsymbol{M}_a$ 是对角阵，而转动惯量矩阵 $\boldsymbol{I}_a$ 一般是非对角阵，因而需要先对 $\boldsymbol{I}_a$ 求逆矩阵，从而将式（4.1-1）转换成式（4.2-20）形式，才能进行独立的差分方程计算求解。

$$\begin{cases}\boldsymbol{M}_a\ddot{\boldsymbol{x}}_a+\alpha\boldsymbol{M}_a\dot{\boldsymbol{x}}_a=\boldsymbol{F}_a\\ \ddot{\boldsymbol{\theta}}_a+\alpha\dot{\boldsymbol{\theta}}_a=\boldsymbol{I}_a^{-1}\boldsymbol{F}_{\theta a}\end{cases}\tag{4.2-20}$$

2. 单元节点内力（矩）的数值积分与插值

利用虚功方程求解三角形 DKT 板单元的节点内力（矩）公式（4.2-17），由于板单元内部的应力应变随位置变化，因而求解该式时涉及数值积分运算。引入传统有限元中二维三角形单元的 Hammer 积分方案[14] 进行求解，本章采用含四个积分点的三次精度积分，三角形单元的数值积分如表 4.2-1 所示，可获得较好计算结果。数值积分计算如式（4.2-21）、式（4.2-22）所示。

$$\begin{aligned}\Delta\hat{\boldsymbol{f}}_{\theta\mathrm{b}}^{*}&=\left\{\int_{\hat{\mathrm{A}}_a}[\boldsymbol{B}_{\mathrm{b}}^{*}(\hat{x}_{\mathrm{x}},\hat{x}_{\mathrm{y}})]^{\mathrm{T}}\mathrm{D}_{\mathrm{b}}\mathrm{B}_{\mathrm{b}}^{*}(\hat{x}_{\mathrm{x}},\hat{x}_{\mathrm{y}})\mathrm{d}\hat{\mathrm{A}}_a\right\}\hat{\boldsymbol{u}}_{\mathrm{b}}^{*}\\&=\left\{\int_{\hat{\mathrm{A}}_a}[\boldsymbol{B}_{\mathrm{b}}^{*}(L_1,L_2,L_3)]^{\mathrm{T}}\mathrm{D}_{\mathrm{b}}\mathrm{B}_{\mathrm{b}}^{*}(L_1,L_2,L_3)|\boldsymbol{J}|\mathrm{d}L_2\mathrm{d}L_3\right\}\hat{\boldsymbol{u}}_{\mathrm{b}}^{*}\end{aligned}\tag{4.2-21}$$

式中，L_1，L_2，L_3 是面积坐标，$\boldsymbol{B}_{\mathrm{b}}^{*}(L_1,L_2,L_3)=\boldsymbol{B}_{\mathrm{b}}^{*}(\xi,\eta)$，$L_2=\xi$，$L_3=\eta$。

令 $F(L_2,L_3)=[\boldsymbol{B}_{\mathrm{b}}^{*}(L_1,L_2,L_3)]^{\mathrm{T}}\mathrm{D}_{\mathrm{b}}\mathrm{B}_{\mathrm{b}}^{*}(L_1,L_2,L_3)$，则有：

$$\Delta\hat{\boldsymbol{f}}_{\theta\mathrm{b}}^{*}=\left[\int_{\hat{\mathrm{A}}_a}F(L_2,L_3)|\boldsymbol{J}|\mathrm{d}L_2\mathrm{d}L_3\right]\hat{\boldsymbol{u}}_{\mathrm{b}}^{*}\cong\left[\frac{|\boldsymbol{J}|}{2}\sum_j W_jF(L_{2j},L_{3j})\right]\hat{\boldsymbol{u}}_{\mathrm{b}}^{*}\tag{4.2-22}$$

数值积分只能获得三角形 DKT 板单元各积分点处的应力，实际需要的通常是单元节点处的应力，因而需要对计算得到的应力进行插值处理。参照第 3.2.4 节做法，本章采用较为简单的一种应力处理方法[53]：取围绕节点各单元形心处 von Mises 应力的平均值作为该节点的 von Mises 应力。这样得到的节点 von Mises 应力值是围绕该节点的有限区域内的 von Mises 应力平均值。

三角形单元的数值积分　　　　表 4.2-1

精度阶次	图形	误差	积分点	面积坐标	权系数
三次	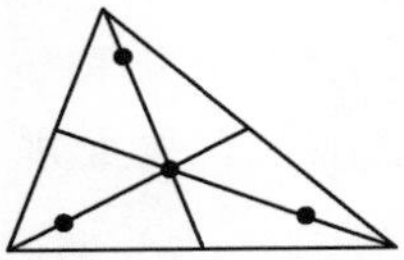	$R=O(h^4)$	a	1/3,1/3,1/3	−27/48
			b	0.6,0.2,0.2	25/48
			c	0.2,0.6,0.2	
			d	0.2,0.2,0.6	

3. 临界时间步长和临界阻尼参数的估值

参照第 3.2.4 节，临界时间步长 h_c 和临界阻尼参数 α_c 通过式（3.2-24）估算，临界时间步长 h_c 的上限值通过式（3.2-25）估算。

对于临界阻尼参数 $\alpha_c=2\sqrt{k/m}$，可采用弯曲刚度近似估算其下限值。对于板单元，弯曲刚度可通过下述两种方式进行范围估算：

第一种是将弯曲组件等效成长条方梁，有 $k_{b1}=EI_z=\dfrac{EA}{(12/a^2)}$，取方形截面边长 $a=t_a=\varphi l$，$I_z=a^4/12$，则：

$$\begin{cases}h_{c1}=2\sqrt{\dfrac{\rho}{E}}\left(\dfrac{2}{\varphi}\sqrt{\dfrac{3}{l}}\right)\\ \alpha_{c1}=4/h_{c1}(\propto\sqrt{l})\end{cases}\tag{4.2-23}$$

式中，$\varphi=t_a/l$。

第二种是采用板弯曲刚度 D 进行估算，有 $k_{b2}=D=\dfrac{Et_a^3}{12(1-\upsilon^2)}$，$\upsilon=0.3$，则：

$$\begin{cases}h_{c2}=2l\sqrt{\rho/D}\\ \alpha_{c2}=4/h_{c2}(\propto 1/l)\end{cases}\tag{4.2-24}$$

对于静力问题，通过引入阻尼参数 α 来实现最终趋于静力平衡状态，实际选取阻尼参数 α 值时可取 α_{c1} 和 α_{c2} 之间值；对于动力问题，无阻尼时直接取 $\alpha=0$ 即可。

4.3 四边形 Mindlin 等参板单元理论

本节根据向量式有限元板单元基本公式的推导思路，给出四边形 Mindlin 等参板单元的详细推导过程。该板单元考虑沿厚度方向的剪切变形，一般适用于中厚板结构、厚板结构。

4.3.1 单元节点纯变形线（角）位移

引入逆向运动从质点总位移中扣除刚体位移以获得单元节点纯变形线（角）位移。采用投影方式将实际空间四边形转换为平面四边形（即位置模式Ⅰ）；单元 4 个节点 i 的实际位置向量为 $\boldsymbol{x}_i$，则投影平面上的投影位置如式（4.3-1）：

$$\overline{\boldsymbol{x}}_i=\boldsymbol{x}_{\mathrm{C}}+[\mathrm{d}\boldsymbol{x}_i-(\mathrm{d}\boldsymbol{x}_i\cdot\boldsymbol{n}^0)\boldsymbol{n}^0] \tag{4.3-1}$$

式中，$\boldsymbol{n}^0$ 是单位平均法向量，$\mathrm{d}\boldsymbol{x}_i=\boldsymbol{x}_i-\boldsymbol{x}_{\mathrm{C}}$，$\boldsymbol{x}_{\mathrm{C}}$ 是形心。

因而单元节点投影点对形心的相对坐标为 $\mathrm{d}\overline{\boldsymbol{x}}_i=\overline{\boldsymbol{x}}_i-\boldsymbol{x}_{\mathrm{C}}$。单元节点 i 的实际角坐标向量记为 $\boldsymbol{\theta}_i$，则投影引起的单元节点转动角度 $\mathrm{d}\theta_i$（绕转轴单位向量 $\boldsymbol{n}_{\mathrm{p}i}^0$ 从 $\mathrm{d}\boldsymbol{x}_i$ 转动到 $\mathrm{d}\overline{\boldsymbol{x}}_i$ 的角度）为：

$$\mathrm{d}\theta_i=\cos^{-1}\left(\frac{\mathrm{d}\boldsymbol{x}_i\cdot\mathrm{d}\overline{\boldsymbol{x}}_i}{|\mathrm{d}\boldsymbol{x}_i||\mathrm{d}\overline{\boldsymbol{x}}_i|}\right),\quad \mathrm{d}\theta_i\in[0,\pi] \tag{4.3-2}$$

式中，$\boldsymbol{n}_{\mathrm{p}i}^0=\dfrac{\mathrm{d}\boldsymbol{x}_i\times\mathrm{d}\overline{\boldsymbol{x}}_i}{|\mathrm{d}\boldsymbol{x}_i\times\mathrm{d}\overline{\boldsymbol{x}}_i|}$，从而有单元节点的转动角位移向量 $\mathrm{d}\boldsymbol{\theta}_i=\mathrm{d}\theta_i\boldsymbol{n}_{\mathrm{p}i}^0$。

因而，单元节点 i 的投影角坐标为：

$$\overline{\boldsymbol{\theta}}_i=\boldsymbol{\theta}_i+\mathrm{d}\boldsymbol{\theta}_i \tag{4.3-3}$$

经过投影处理后，单元从空间四边形简化为平面四边形，即有位置模式Ⅰ（$\overline{\boldsymbol{x}}_i$，$\overline{\boldsymbol{x}}_i'$，$\overline{\boldsymbol{\theta}}_i$，$\overline{\boldsymbol{\theta}}_i'$和 $\boldsymbol{n}$，$\boldsymbol{n}'$）。单元各节点 i 的总线位移和总角位移向量分别为 $\boldsymbol{u}_i=\overline{\boldsymbol{x}}_i'-\overline{\boldsymbol{x}}_i$ 和 $\boldsymbol{u}_{\theta i}=\overline{\boldsymbol{\theta}}_i'-\overline{\boldsymbol{\theta}}_i$。

投影所得平面四边形的空间运动有刚体平移、刚体转动（面外和面内）和纯变形线（角）位移，具体推导与第 3.3 节的四边形等参膜单元理论类似，以下仅给出结论。

刚体平移取为参考节点 a 的总线位移向量 $\boldsymbol{u}_a$，则各质点扣除平移后相对线（角）位移为：

$$\begin{cases}\Delta\boldsymbol{\eta}_a=\boldsymbol{0},\Delta\boldsymbol{\eta}_i=\boldsymbol{u}_i-\boldsymbol{u}_a & (i=b,c,d)\\ \Delta\boldsymbol{\eta}_{\theta i}=\boldsymbol{u}_{\theta i} & (i=a,b,c,d)\end{cases} \tag{4.3-4}$$

刚体转动基于投影平面估算，包括面外和面内转动位移。节点 i 的面外逆向刚体转动线（角）位移为：

$$\begin{cases}\Delta\boldsymbol{\eta}_{a-\mathrm{op}}^{\mathrm{r}}=0,\Delta\boldsymbol{\eta}_{i-\mathrm{op}}^{\mathrm{r}}=[\boldsymbol{R}_{\mathrm{op}}^{\mathrm{T}}(-\theta_1)-\boldsymbol{I}]\boldsymbol{r}_{ai}''=\boldsymbol{R}_{\mathrm{op}}^{*}(-\theta_1)\cdot\boldsymbol{r}_{ai}''(i=b,c,d)\\\Delta\boldsymbol{\eta}_{\theta i-\mathrm{op}}^{\mathrm{r}}=-\boldsymbol{\theta}_1(i=a,b,c,d)\end{cases}\tag{4.3-5}$$

式中，θ_1 是面外转角，$\boldsymbol{R}_{\mathrm{op}}^{*}(-\theta_1)$ 是面外逆向转动矩阵，边向量 $\boldsymbol{r}_{ai}''=\boldsymbol{x}_i''-\boldsymbol{x}_a''=\overline{\boldsymbol{x}}_i''-\overline{\boldsymbol{x}}_a'$。

节点 i 的面内逆向刚体转动线（角）位移为：

$$\begin{cases}\Delta\boldsymbol{\eta}_{a-\mathrm{ip}}^{\mathrm{r}}=\boldsymbol{0},\Delta\boldsymbol{\eta}_{i-\mathrm{ip}}^{\mathrm{r}}=[\boldsymbol{R}_{\mathrm{ip}}^{\mathrm{T}}(-\theta_2)-\boldsymbol{I}]\boldsymbol{r}_{ai}''=\boldsymbol{R}_{\mathrm{ip}}^{*}(-\theta_2)\cdot\boldsymbol{r}_{ai}''(i=b,c,d)\\\Delta\boldsymbol{\eta}_{\theta i-\mathrm{ip}}^{\mathrm{r}}=-\boldsymbol{\theta}_2(i=a,b,c,d)\end{cases}\tag{4.3-6}$$

式中，θ_2 是面内转角，$\boldsymbol{R}_{\mathrm{ip}}^{*}(-\theta_2)$ 是面内逆向转动矩阵，单元的边向量 $\boldsymbol{r}_{ai}'''=\boldsymbol{x}_i'''-\boldsymbol{x}_a'''=\overline{\boldsymbol{x}}_i'-\overline{\boldsymbol{x}}_a'+\Delta\boldsymbol{\eta}_{i-\mathrm{op}}^{\mathrm{r}}$。

扣除单元的刚体平移和刚体转动（面外、面内），可得节点的纯变形线（角）位移为：

$$\begin{cases}\Delta\boldsymbol{\eta}_{a}^{\mathrm{d}}=\boldsymbol{0},\Delta\boldsymbol{\eta}_{i}^{\mathrm{d}}=(\boldsymbol{u}_i-\boldsymbol{u}_a)+\Delta\boldsymbol{\eta}_{i-\mathrm{op}}^{\mathrm{r}}+\Delta\boldsymbol{\eta}_{i-\mathrm{ip}}^{\mathrm{r}}(i=b,c,d)\\\Delta\boldsymbol{\eta}_{\theta i}^{\mathrm{d}}=\boldsymbol{u}_{\theta i}+\Delta\boldsymbol{\eta}_{\theta i-\mathrm{op}}^{\mathrm{r}}+\Delta\boldsymbol{\eta}_{\theta i-\mathrm{ip}}^{\mathrm{r}}(i=a,b,c,d)\end{cases}\tag{4.3-7}$$

4.3.2　单元节点内力（矩）

采用变形坐标系转化到投影平面上，定义原点为参考节点 a，$\hat{\boldsymbol{x}}$ 方向沿单元边 ab 方向，则有 $\hat{u}_a=\hat{v}_a=0$ 和 $\hat{w}_i=0$（$i=a$，b，c，d）。变形坐标系下单元节点 i 的纯变形线（角）位移向量为：

$$\begin{cases}\hat{\boldsymbol{u}}_i=\hat{\boldsymbol{Q}}\Delta\boldsymbol{\eta}_i^{\mathrm{d}}\\\hat{\boldsymbol{u}}_{\theta i}=\hat{\boldsymbol{Q}}\Delta\boldsymbol{\eta}_{\theta i}^{\mathrm{d}}\end{cases}\tag{4.3-8}$$

式中，$\hat{\boldsymbol{Q}}$ 是坐标系间转换矩阵。由于 $\hat{w}_i=0$ 且 $\hat{w}_{\theta i}$ 可忽略，简写为 $\hat{\boldsymbol{u}}_{\mathrm{b}\_i}=\{\hat{u}_i\quad\hat{v}_i\}^{\mathrm{T}}$ 和 $\hat{\boldsymbol{u}}_{\theta\mathrm{b}\_i}=\{\hat{u}_{\theta i}\quad\hat{v}_{\theta i}\}^{\mathrm{T}}$。对于四边形 Mindlin 等参板单元，只需计入角位移分量 $\hat{u}_{\theta i}$，$\hat{v}_{\theta i}$($i=a$，b，c，d)。

四边形 Mindlin 等参板单元的变形虚功方程为：

$$\sum_i\delta(\hat{\boldsymbol{u}}_{\theta\mathrm{b}\_i})^{\mathrm{T}}\hat{\boldsymbol{f}}_{\theta\mathrm{b}\_i}=\int_V\delta(\Delta\hat{\boldsymbol{\varepsilon}}_{\mathrm{b}})^{\mathrm{T}}\hat{\boldsymbol{\sigma}}_{\mathrm{b}}\mathrm{d}V\tag{4.3-9}$$

式中，$\hat{\boldsymbol{f}}_{\theta\mathrm{b}\_i}=\{\hat{m}_{ix}\quad\hat{m}_{iy}\}^{\mathrm{T}}$ 是变形坐标系下板单元节点 i 的单元节点内力（矩）向量。

引入传统有限元中四边形等参膜单元的广义形函数（附录 D），得到单元任意点纯变形线（角）位移向量为：

$$\begin{cases}\hat{\boldsymbol{u}}=\sum\limits_{i=a,b,c,d}N_i\hat{\boldsymbol{u}}_i\\\hat{\boldsymbol{u}}_{\theta}=\sum\limits_{i=a,b,c,d}N_i\hat{\boldsymbol{u}}_{\theta i}\end{cases}\tag{4.3-10}$$

式中，$N_i(\hat{x},\hat{y},\hat{z})$ 是单元形函数，形式同传统有限元，具体参考第 3.3.2 节的四边形等参膜单元。

由于变形坐标系下求解四边形 Mindlin 等参板单元内力（矩）时，仅需考虑其中的节点角自由度分量 $\hat{u}_{\theta i}$，$\hat{v}_{\theta i}$，因而简写成 $\hat{\boldsymbol{u}}_{\theta b\_i}=\{\hat{u}_{\theta i}\quad \hat{v}_{\theta i}\}^{\mathrm{T}}$。

板单元节点角位移的组合向量可记为：

$$\hat{\boldsymbol{u}}_{\mathrm{b}}'^{*}=\{\hat{\boldsymbol{u}}_{\theta a}'^{\mathrm{T}}\quad \hat{\boldsymbol{u}}_{\theta \mathrm{b}}'^{\mathrm{T}}\quad \hat{\boldsymbol{u}}_{\theta \mathrm{c}}'^{\mathrm{T}}\quad \hat{\boldsymbol{u}}_{\theta \mathrm{d}}'^{\mathrm{T}}\}^{\mathrm{T}} \tag{4.3-11}$$

式中，$\hat{\boldsymbol{u}}_{\theta i}'=\{\hat{w}_i\quad \hat{u}_{\theta i}\quad \hat{v}_{\theta i}\}^{\mathrm{T}}=\{0\quad \hat{u}_{\theta i}\quad \hat{v}_{\theta i}\}^{\mathrm{T}}$。

板单元弯曲（含剪切）应变向量 $\Delta\hat{\boldsymbol{\varepsilon}}_{\mathrm{b}}$ 为：

$$\Delta\hat{\boldsymbol{\varepsilon}}_{\mathrm{b}}=\boldsymbol{B}_{\mathrm{b}}'^{*}\hat{\boldsymbol{u}}_{\mathrm{b}}'^{*}=\begin{bmatrix}\hat{z}\boldsymbol{B}_{\mathrm{b}}^{*}\\ \boldsymbol{B}_{\mathrm{s}}^{*}\end{bmatrix}\hat{\boldsymbol{u}}_{\mathrm{b}}'^{*} \tag{4.3-12}$$

式中，$\Delta\hat{\boldsymbol{\varepsilon}}_{\mathrm{b}}=\{\Delta\hat{\varepsilon}_{\mathrm{bx}}\quad \Delta\hat{\varepsilon}_{\mathrm{by}}\quad \Delta\hat{\gamma}_{\mathrm{bxy}}\quad \Delta\hat{\gamma}_{\mathrm{byz}}\quad \Delta\hat{\gamma}_{\mathrm{bzx}}\}^{\mathrm{T}}$，$\boldsymbol{B}_{\mathrm{b}}'^{*}$ 是板单元的弯曲（含剪切）应变-位移关系矩阵，其表达式详见文献 [54]。

板单元的材料本构矩阵分别记为 $\boldsymbol{D}$ 和 $\boldsymbol{D}'$，对应应力向量为：

$$\Delta\hat{\boldsymbol{\sigma}}_{\mathrm{b}}=\boldsymbol{D}'\Delta\hat{\boldsymbol{\varepsilon}}_{\mathrm{b}}=\begin{bmatrix}\boldsymbol{D}_{\mathrm{b}} & \\ & \boldsymbol{D}_{\mathrm{s}}\end{bmatrix}\begin{bmatrix}\hat{z}\boldsymbol{B}_{\mathrm{b}}^{*}\\ \boldsymbol{B}_{\mathrm{s}}^{*}\end{bmatrix}\hat{\boldsymbol{u}}_{\mathrm{b}}'^{*} \tag{4.3-13}$$

式中，$\Delta\hat{\boldsymbol{\sigma}}_{\mathrm{b}}=\{\Delta\hat{\sigma}_{\mathrm{bx}}\quad \Delta\hat{\sigma}_{\mathrm{by}}\quad \Delta\hat{\tau}_{\mathrm{bxy}}\quad \Delta\hat{\tau}_{\mathrm{byz}}\quad \Delta\hat{\tau}_{\mathrm{bzx}}\}^{\mathrm{T}}$；$\boldsymbol{D}_{\mathrm{b}}$ 和 $\boldsymbol{D}_{\mathrm{s}}$ 分别是平面弯曲应变和剪切应变部分的本构矩阵。

弹性材料情况时，有：

$$\boldsymbol{D}_{\mathrm{b}}=\frac{E}{1-\upsilon^2}\begin{bmatrix}1 & \upsilon & 0\\ \upsilon & 1 & 0\\ 0 & 0 & (1-\upsilon)/2\end{bmatrix} \tag{4.3-14}$$

$$\boldsymbol{D}_{\mathrm{s}}=kG\begin{bmatrix}1 & 0\\ 0 & 1\end{bmatrix} \tag{4.3-15}$$

式中，$G=E/[2(1+\upsilon)]$，k 为剪切修正系数，一般取 5/6，以考虑板厚方向的剪切不均匀变化。

考虑板单元中横向剪应力 $\hat{\tau}_{\mathrm{byz}}$ 和 $\hat{\tau}_{\mathrm{bzx}}$ 的影响，则其单元变形虚功为：

$$\begin{aligned}\delta U&=\int_V \delta(\Delta\hat{\boldsymbol{\varepsilon}}_{\mathrm{b}})^{\mathrm{T}}(\hat{\boldsymbol{\sigma}}_{\mathrm{b0}}+\Delta\hat{\boldsymbol{\sigma}}_{\mathrm{b}})\mathrm{d}V\\ &=(\delta\hat{\boldsymbol{u}}_{\mathrm{b}}'^{*})^{\mathrm{T}}\left\{\int_V\begin{bmatrix}\hat{z}\boldsymbol{B}_{\mathrm{b}}^{*}\\ \boldsymbol{B}_{\mathrm{s}}^{*}\end{bmatrix}^{\mathrm{T}}\hat{\boldsymbol{\sigma}}_{\mathrm{b0}}\mathrm{d}V+\left(\int_V\begin{bmatrix}\hat{z}\boldsymbol{B}_{\mathrm{b}}^{*}\\ \boldsymbol{B}_{\mathrm{s}}^{*}\end{bmatrix}^{\mathrm{T}}\begin{bmatrix}\boldsymbol{D}_{\mathrm{b}} & \\ & \boldsymbol{D}_{\mathrm{s}}\end{bmatrix}\begin{bmatrix}\hat{z}\boldsymbol{B}_{\mathrm{b}}^{*}\\ \boldsymbol{B}_{\mathrm{s}}^{*}\end{bmatrix}\mathrm{d}V\right)\hat{\boldsymbol{u}}_{\mathrm{b}}'^{*}\right\}\end{aligned} \tag{4.3-16}$$

式中，$\hat{\boldsymbol{\sigma}}_{\mathrm{b0}}$ 是板单元的初始应力。

对照虚功方程（4.3-9），即可得板单元的节点内力（矩）向量：

$$\hat{\boldsymbol{f}}'^{*}_{\theta\text{b}}=\{\hat{\boldsymbol{f}}'^{\text{T}}_{\theta\text{b\_b}}\quad \hat{\boldsymbol{f}}'^{\text{T}}_{\theta\text{b\_c}}\hat{\boldsymbol{f}}'^{\text{T}}_{\theta\text{b\_d}}\}^{\text{T}}$$

$$=\int_V \begin{bmatrix}\hat{z}\boldsymbol{B}^{*}_{\text{b}}\\ \boldsymbol{B}^{*}_{\text{s}}\end{bmatrix}^{\text{T}}\hat{\boldsymbol{\sigma}}_{\text{b0}}\text{d}V+\left\{\iint_{\hat{A}_a}\int_{-t_a/2}^{t_a/2}\hat{z}^2\boldsymbol{B}^{*\text{T}}_{\text{b}}\boldsymbol{D}_{\text{b}}\boldsymbol{B}^{*}_{\text{b}}\,\text{d}\hat{z}\text{d}\hat{A}_a+\iint_{\hat{A}_a}\int_{-t_a/2}^{t_a/2}\boldsymbol{B}^{*\text{T}}_{\text{s}}\boldsymbol{D}_{\text{s}}\boldsymbol{B}^{*}_{\text{s}}\,\text{d}\hat{z}\text{d}\hat{A}_a\right\}\hat{\boldsymbol{u}}'^{*}_{\text{b}}$$

(4.3-17)

式中，$\hat{\boldsymbol{f}}'_{\theta\text{b}\_i}=\{\hat{f}_{iz}\quad \hat{f}_{\theta i\text{x}}\quad \hat{f}_{\theta i\text{y}}\}^{\text{T}}$ 是变形坐标系下节点 i 板单元的节点内力(矩)，t_a 是板厚。

扩展板单元内力(矩)向量为 $\hat{\boldsymbol{f}}_i=\{\hat{f}_{i\text{x}}\quad \hat{f}_{i\text{y}}\quad \hat{f}_{iz}\}^{\text{T}}$ 和 $\hat{\boldsymbol{f}}_{\theta i}=\{\hat{f}_{\theta i\text{x}}\quad \hat{f}_{\theta i\text{y}}\quad \hat{f}_{\theta iz}\}^{\text{T}}$，其中 $\hat{f}_{i\text{x}}=\hat{f}_{i\text{y}}=\hat{f}_{\theta iz}=0$，再通过坐标系转换得到整体坐标系下的单元节点内力（矩），并经过正向运动转换得到 t 时刻位置时单元节点内力（矩）：

$$\begin{cases}\boldsymbol{f}_i=(\boldsymbol{R}_{\text{ip}}\boldsymbol{R}_{\text{op}})\hat{\boldsymbol{Q}}^{\text{T}}\hat{\boldsymbol{f}}_i\\ \boldsymbol{f}_{\theta i}=(\boldsymbol{R}_{\text{ip}}\boldsymbol{R}_{\text{op}})\hat{\boldsymbol{Q}}^{\text{T}}\hat{\boldsymbol{f}}_{\theta i}\end{cases}\tag{4.3-18}$$

式中，$\boldsymbol{R}_{\text{op}}$ 和 $\boldsymbol{R}_{\text{ip}}$ 是平面外、平面内正向转动矩阵。以上所得 $\boldsymbol{f}_i$ 和 $\boldsymbol{f}_{\theta i}$ 反向作用于质点 i 上即得到壳单元传给质点的内力 $\boldsymbol{f}^{\text{int}}_i$ 和内力矩 $\boldsymbol{f}^{\text{int}}_{\theta i}$。

4.3.3　应力应变转换

仅当对结构应力、应变状态变量进行输出时才需要进行应力应变转换计算，否则是可忽略的。具体转换过程同膜单元，详见第 3.2.3 节。

4.3.4　若干特殊问题处理

对于四边形 Mindlin 等参板单元，除了第 4.2.4 节所述质点的质量矩阵与惯量矩阵、临界时间步长和临界阻尼参数的估值这两个特殊问题外，还需对其位置模式、单元节点内力（矩）的数值积分问题做相应处理。

1. 位置模式

位置模式Ⅰ指的是求解 t_0 到 t 时刻壳单元节点纯变形线（角）位移和内力（矩）时单元节点的坐标，因而需在同一平面上。四边形 Mindlin 等参板单元经历运动与变形后形成空间四边形，可用节点在垂直于单元平均法线（$\boldsymbol{n}$，$\boldsymbol{n}'$）且通过原单元形心（C，C'）的平面上的投影坐标（$\bar{\boldsymbol{x}}_i$，$\bar{\boldsymbol{x}}'_i$和$\bar{\boldsymbol{\theta}}_i$，$\bar{\boldsymbol{\theta}}'_i$）作为坐标模式Ⅰ，以实现将空间四边形转换到平面四边形上。

坐标模式Ⅱ指的是利用中央差分公式求解式（4.1-1）时各质点的坐标，因而需是唯一值。有以下两种方式可用：

（1）单元运动变形后对应空间四边形质点的实际坐标；

（2）采用平面投影方式获得的坐标模式Ⅰ中质点对应的各单元节点并不重合，可取坐标模式Ⅰ的质点对应的各单元节点的坐标平均值（即 $\boldsymbol{x}=\dfrac{1}{k}\sum_{i=1}^{k}\bar{\boldsymbol{x}}_i$，

$\boldsymbol{x}'=\frac{1}{k}\sum_{i=1}^{k}\overline{\boldsymbol{x}}'_i$和$\boldsymbol{\theta}=\frac{1}{k}\sum_{i=1}^{k}\overline{\boldsymbol{\theta}}_i$，$\boldsymbol{\theta}'=\frac{1}{k}\sum_{i=1}^{k}\overline{\boldsymbol{\theta}}'_i$）作为坐标模式Ⅱ，其中$k$为质点相连各单元对应节点的总个数。

2. 单元节点内力（矩）积分

由式（4.3-17）求解四边形Mindlin等参板单元的节点内力（矩）时，由于单元内部应力应变均随位置变化，求解时将涉及数值积分运算。考虑一般的弹塑性情况，沿厚度、单元平面的积分分别采用传统有限元中的Newton-Cotes积分方案、二维高斯积分方案[14] 进行求解。

对于弹塑性本构，至少需沿厚度5个积分点才可计算准确。表4.3-1给出了沿厚度的Newton-Cotes积分；本章采用5个积分点（$m=4$阶）计算塑性，可获得较好的计算结果。表4.3-2给出了沿平面的二维高斯积分；本章采用5积分点方案计算，可获得较好的计算结果。

将式（4.3-17）中的单元节点内力（矩）增量$\Delta\hat{\boldsymbol{f}}'^{*}_{\theta\mathrm{b}}$转换到单元局部坐标系下，即有：

$$\begin{aligned}
\Delta\hat{\boldsymbol{f}}'^{*}_{\theta\mathrm{b}}=&\left\{\int_{-1}^{1}\int_{-1}^{1}\left[\int_{-t_a/2}^{t_a/2}\hat{z}^2(\boldsymbol{B}_\mathrm{b}^*(\xi,\eta))^\mathrm{T}\boldsymbol{D}_\mathrm{b}(\xi,\eta,\hat{z})\boldsymbol{B}_\mathrm{b}^*(\xi,\eta)\mathrm{d}\hat{z}\right]|\boldsymbol{J}(\xi,\eta)|\mathrm{d}\xi\mathrm{d}\eta\right.\\
&\left.+\int_{-1}^{1}\int_{-1}^{1}\left[\int_{-t_a/2}^{t_a/2}(\boldsymbol{B}_\mathrm{s}^*(\xi,\eta))^\mathrm{T}\boldsymbol{D}_\mathrm{s}(\xi,\eta,\hat{z})\boldsymbol{B}_\mathrm{s}^*(\xi,\eta)\mathrm{d}\hat{z}\right]|\boldsymbol{J}(\xi,\eta)|\mathrm{d}\xi\mathrm{d}\eta\right\}\hat{\boldsymbol{u}}'^{*}_\mathrm{b}\\
=&\left\{\int_{-1}^{1}\int_{-1}^{1}\left[\sum_{k}^{n_1}H_k\hat{z}_k^2\boldsymbol{F}_\mathrm{b1}(\xi,\eta,\hat{z}_k)\right]|\boldsymbol{J}(\xi,\eta)|\mathrm{d}\xi\mathrm{d}\eta\right.\\
&\left.+\int_{-1}^{1}\int_{-1}^{1}\left[\sum_{k}^{n_1}\boldsymbol{H}_k\boldsymbol{F}_\mathrm{s1}(\xi,\eta,\hat{z}_k)\right]|\boldsymbol{J}(\xi,\eta)|\mathrm{d}\xi\mathrm{d}\eta\right\}\hat{\boldsymbol{u}}'^{*}_\mathrm{b}\\
\cong&\left\{\sum_{i,j=1}^{n_2}H_{ij}\boldsymbol{F}_\mathrm{b2}(\xi_i,\eta_j)+\sum_{i,j=1}^{n_2}H_{ij}\boldsymbol{F}_\mathrm{s2}(\xi_i,\eta_j)\right\}\hat{\boldsymbol{u}}'^{*}_\mathrm{b}
\end{aligned}\tag{4.3-19}$$

式中，$\boldsymbol{F}_\mathrm{b1}(\xi,\eta,\hat{z})=[\boldsymbol{B}_\mathrm{b}^*(\xi,\eta)]^\mathrm{T}\boldsymbol{D}_\mathrm{b}(\xi,\eta,\hat{z})\boldsymbol{B}_\mathrm{b}^*(\xi,\eta)$，$\boldsymbol{F}_\mathrm{b2}(\xi,\eta)=\left[\sum_{k=1}^{n_1}\boldsymbol{H}_k\hat{z}_k^2\boldsymbol{F}_\mathrm{b1}(\xi,\eta,\hat{z}_k)\right]|\boldsymbol{J}(\xi,\eta)|$，$\boldsymbol{F}_\mathrm{s1}(\xi,\eta,\hat{z})=[\boldsymbol{B}_\mathrm{s}^*(\xi,\eta)]^\mathrm{T}\boldsymbol{D}_\mathrm{s}(\xi,\eta,\hat{z})\boldsymbol{B}_\mathrm{s}^*(\xi,\eta)$，$\boldsymbol{F}_\mathrm{s2}(\xi,\eta)=\left[\sum_{k=1}^{n_1}\boldsymbol{H}_k\boldsymbol{F}_\mathrm{s1}(\xi,\eta,\hat{z}_k)\right]|\boldsymbol{J}(\xi,\eta)|$，$|\boldsymbol{J}(\xi,\eta)|$是雅可比行列式，$n_1$是单元厚度方向上的积分点数，$n_2$是单元平面内每个自然坐标方向上的积分点数。

沿厚度的Newton-Cotes积分 **表4.3-1**

积分阶数m	C_1^m	C_2^m	C_3^m	C_4^m	C_5^m	R_m的上限
2	1/6	4/6	1/6			$10^{-3}(b-a)^5F^{\mathrm{IV}}(\xi)$
4	7/90	32/90	12/90	32/90	7/90	$10^{-6}(b-a)^7F^{\mathrm{VI}}(\xi)$

沿平面的二维高斯积分 表 4.3-2

积分点数	坐标 ξ_i	坐标 η_i	权系数 H_{ij}
1	0	0	4.0
4	$\pm 1/\sqrt{3}$	$\pm 1/\sqrt{3}$	1.0,1.0,1.0,1.0

4.4 程序实现和算例验证

4.4.1 程序实现

本章采用 MATLAB 编制板单元的向量式有限元分析程序，程序实现流程图如图 4.4-1 所示。

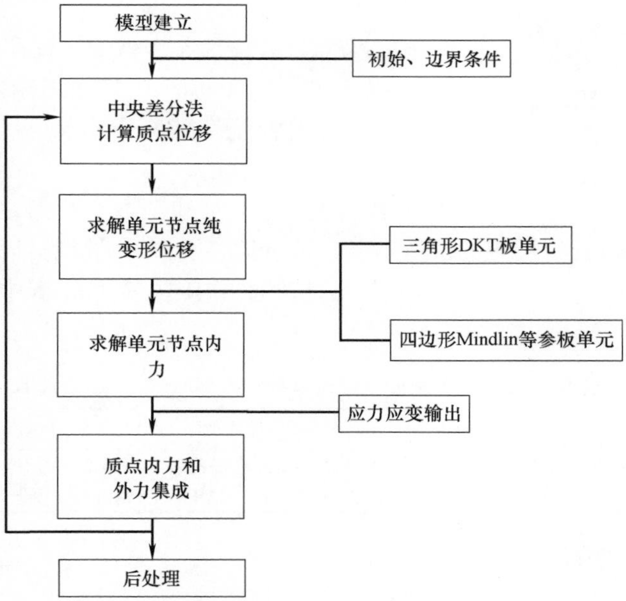

图 4.4-1 程序实现流程图

4.4.2 算例验证

基于前文推导的三角形、四边形板单元基本理论公式，本章采用 MATLAB 编制了向量式有限元分析程序。下面通过算例验证理论推导和编制程序的正确性。

(1) 算例 1：方形薄板静力分析

方形薄板边长 $L=2\text{m}$，厚 $t_a=0.015\text{m}$，初始水平放置且处于静止状态；材料弹性模量 $E=201\text{GPa}$，泊松比 $\upsilon=0.3$，密度 $\rho=7850\text{kg/m}^3$。采用三角形薄板单元进行网格划分，共有 800 个单元和 441 个节点，网格划分如图 4.4-2 所示；此时网格间距 $l=0.1\text{m}$，根据 4.2.4 节所述，临界时间步长 $h_c=2l\sqrt{\rho/E}=4.0\times10^{-5}\text{s}$，因而可取时间步长 $h=1.0\times10^{-5}\text{s}$ 进行计算；至于临界阻尼参数 α_c，本例中 $D=62.12\text{kN}\cdot\text{m}$，$\varphi=t_a/l=0.15$，则 $\alpha_{c1}=138.58$，$\alpha_{c2}=56.26$，因而阻尼参数取值范围为 $\alpha_{c2}<\alpha<\alpha_{c1}$，本例将考察不同阻尼参数取值（$\alpha=60$，80，100，120）对计算结果的影响。

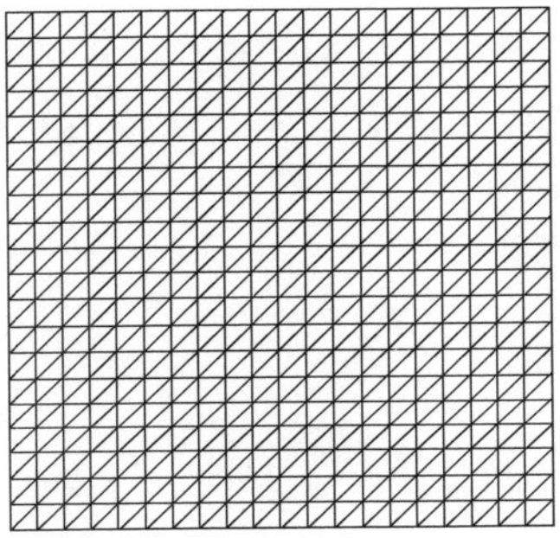

图 4.4-2 网格划分

本章分析了两种边界条件（四边简支、四边固支）及两种荷载条件（薄板中心点集中荷载 30kN、均布荷载 20kN/m^2）下的 4 种静力工况。表 4.4-1 列出了 4 种工况下薄板中心节点挠度和 von Mises 应力结果比较。由于工况 1 和工况 2 下中心节点存在应力集中效应，von Mises 应力只取工况 3 和工况 4 进行比较。理论解由文献［16］给出的薄板小挠度理论公式求得，ABAQUS 求解时采用 S3 壳单元。

由表 4.4-1 可知，本章所编制向量式有限元薄板单元程序可获得理想的求解结果，节点位移及应力的计算结果相对理论解的误差与 ABAQUS 计算结果相比更小，验证了其在静力分析中的有效性和正确性。

4 种工况下薄板中心节点挠度和 von Mises 应力结果比较　　表 4.4-1

工况描述	挠度					von Mises 应力				
	理论解 (mm)	VFIFE (mm)	VFIFE 误差	ABAQUS (mm)	ABAQUS 误差	理论解 (MPa)	VFIFE (MPa)	VFIFE 误差	ABAQUS (MPa)	ABAQUS 误差
工况 1:四边简支、集中荷载	22.4074	22.5043	0.44%	22.0692	1.51%	—				
工况 2:四边固支、集中荷载	10.8406	10.9188	0.72%	10.4134	3.94%					
工况 3:四边简支、均布荷载	20.9260	20.9020	0.11%	20.7507	0.84%	102.19	101.515	0.66%	101.243	0.93%
工况 4:四边固支、均布荷载	6.5177	6.5525	0.53%	6.3421	2.69%	49.28	48.418	1.75%	47.824	2.95%

以工况 1 为例，考察不同阻尼参数取值对计算收敛速度及结果的影响，图 4.4-3 为不同阻尼参数时中心节点挠度随时间的变化曲线。

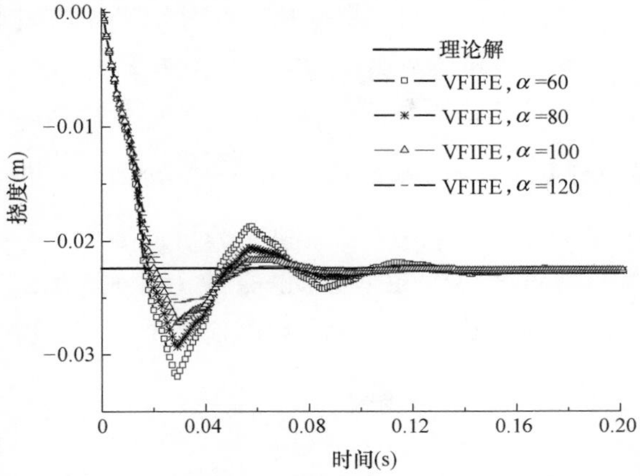

图 4.4-3　不同阻尼参数时中心节点挠度随时间的变化曲线

由图 4.4-3 可知，不同阻尼参数时结构有不同的运动变化路径，但最终均收敛于同一变形位置，应力变化情况也是如此。在本章提出的临界阻尼参数范围内，计算均可较快收敛于静力平衡解，阻尼参数越大则节点的振动幅度越小，趋于静力收敛解的速度也越快。

以工况 1 为例考察不同网格划分时的静力挠度收敛性。根据板边单元数的不同分别取 4×4、8×8、10×10、16×16 和 20×20 网格模型（图 4.4-2）进行分析比较。图 4.4-4 为不同网格数时中心节点的竖向挠度计算结果。可见本章方法（VFIFE）随着单元数的增大而逐渐收敛于理论解，具有良好的收敛性；通过与理论解、ABAQUS 及文献［55］结果的比较，体现了本章方法具有较高的计算

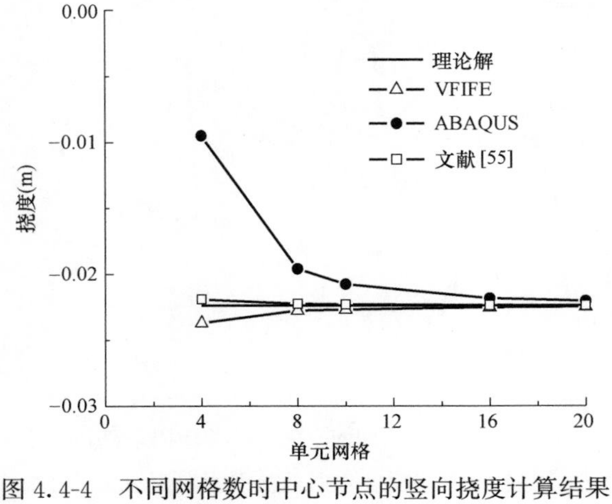

图 4.4-4　不同网格数时中心节点的竖向挠度计算结果

精度。

（2）算例 2：方形薄板动力分析

方形薄板尺寸、材料参数、网格划分及所取时间步长均同本节算例 1。边界条件为四边简支，初始位移和初始速度均为 0，不考虑阻尼效应（即 $\alpha=0$）。考虑 2 种动力工况作用，动力工况 1：瞬时突加均布荷载 $q=q_0=20\text{kN/m}^2$；动力工况 2：均布简谐荷载 $q=q_0\sin(\omega t)=20\sin\left(\frac{2\pi}{0.2}t\right)\text{kN/m}^2$（即周期 0.2s）。

两种工况分别取 $t=0.15\text{s}$ 和 $t=0.5\text{s}$ 进行分析。图 4.4-5 和图 4.4-6 分别给出了两种工况下中心节点的挠度和 von Mises 应力随时间的变化曲线（图中以 VFIFE 表示）及与理论解的比较，其中理论解由以下公式求得[56]。

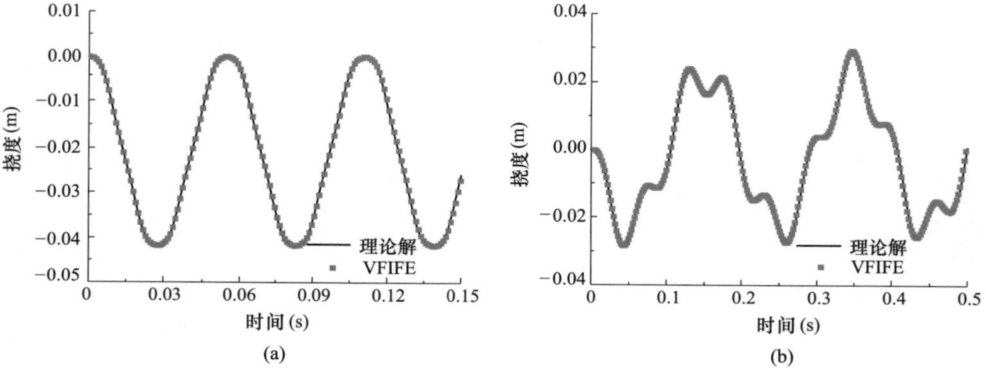

图 4.4-5　中心节点的挠度随时间的变化曲线（图中以 VFIFE 表示）及与理论解的比较

（a）动力工况 1；（b）动力工况 2

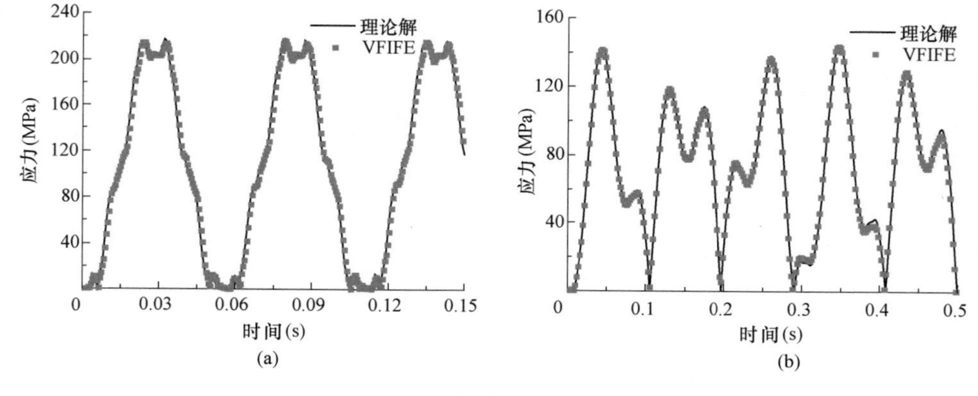

图 4.4-6　中心节点的 von Mises 应力随时间的变化曲线（图中以 VFIFE 表示）及与理论解的比较

（a）动力工况 1；（b）动力工况 2

动力工况 1：

$$w(t)=\sum_{m=1,3,5}^{\infty}\sum_{n=1,3,5}^{\infty}\frac{16q_0}{\rho t_a mn\pi^2\omega_{mn}^2}\sin\left(\frac{m\pi}{2}\right)\sin\left(\frac{n\pi}{2}\right)\{1-\cos(\omega_{mn}t)\},$$

$$\left(\omega_{mn}=\frac{\lambda_{mn}^2}{L^2}\sqrt{\frac{D}{\rho t_a}},\lambda_{mn}=\sqrt{\pi^2(m^2+n^2)}\right)\tag{4.4-1}$$

$$\sigma(t)=|\sigma_1|=\left|\frac{6M_x(t)}{t_a^2}\right|=\frac{6}{t_a^2}D\left(\frac{\pi}{L}\right)^2(m^2+\upsilon n^2)|w(t)|\tag{4.4-2}$$

动力工况 2：

$$w(t)=\sum_{m=1,3,5}^{\infty}\sum_{n=1,3,5}^{\infty}\frac{16q_0}{\rho t_a mn\pi^2(\omega_{mn}^2-\omega^2)}\sin\left(\frac{m\pi}{2}\right)\sin\left(\frac{n\pi}{2}\right)$$

$$\left\{\sin(\omega t)-\frac{\omega}{\omega_{mn}}\sin(\omega_{mn}t)\right\}\tag{4.4-3}$$

$$\sigma(t)=|\sigma_1|=\left|\frac{6M_x(t)}{t_a^2}\right|=\frac{6}{t_a^2}D\left(\frac{\pi}{L}\right)^2(m^2+\upsilon n^2)|w(t)|\tag{4.4-4}$$

利用 MATLAB 编制程序取级数的前 m，$n=1$，3，5，…，1001 项，叠加获得中心节点挠度 $w(t)$ 和 von Mises 应力 $\sigma(t)$ 的理论解。

由图 4.5-5 和图 4.4-6 可见，本章所编制的向量式有限元薄板单元程序可获得较为理想的求解结果，验证了其在动力分析中的有效性和正确性。节点位移和节点应力的计算结果与理论解几乎完全一致，具有很高的求解精度。

（3）算例 3：圆环厚板静力弯曲（厚板剪切）

以承受圆形线荷载的圆环厚板为例[57]，考察板壳单元剪切效应在厚板结构弯曲小变形中的影响。图 4.4-7 为圆环厚板模型，圆环板的内半径 $R_1=1.4$in，

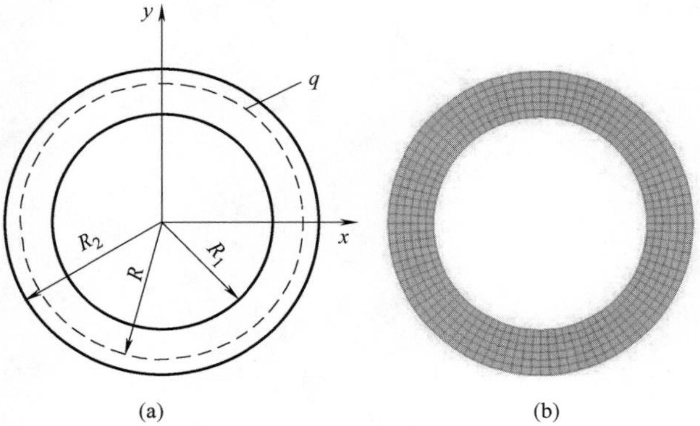

图 4.4-7　圆环厚板模型

（a）几何模型；（b）网格模型

外半径R_2=2.0in，厚度t_a=0.5in（厚板），水平放置且初始静止，边界条件为内环边简支、外环边自由；圆环板半径 R=1.8in 处的圆形线上受线荷载 q=800lb/in 作用而向下变形，通过施加阻尼消除动力振荡效应而获得静力结果。材料弹性模量 $E=1.8\times10^7$lb/in^2，泊松比υ=0.3，密度ρ=0.1lbs/in^3。采用四边形 Mindlin 等参板单元进行模拟，结构模型见图 4.4-7，时间步长 $h=6.0\times10^{-6}$s，阻尼参数 $a=2\times10^4$。

图 4.4-8 为圆环厚板外边缘节点竖向位移的收敛过程，表现出很好的收敛性。图 4.4-9（a）和图 4.4-9（b）分别为沿圆环板径向各节点竖向位移和 von Mises 应力的计算结果及与 ANSYS 结果的比较。其中 ANSYS-剪切和 ANSYS-无剪切分别是由 Mindlin-Ressner 一阶剪切效应的 shell43 单元和不含剪切效应的 shell63 单元计算获得。

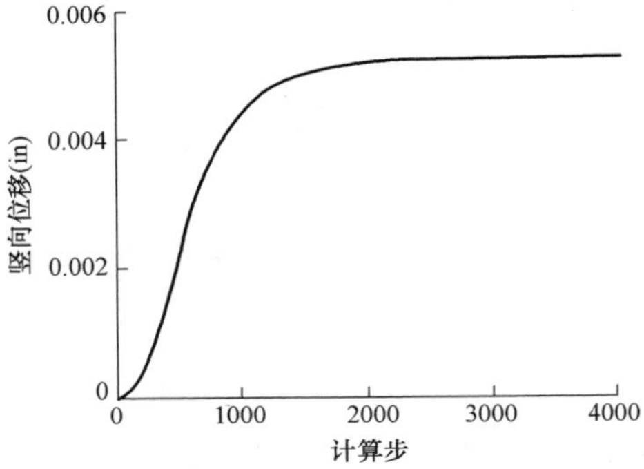

图 4.4-8 圆环厚板外边缘节点竖向位移收敛过程

本章方法、ANSYS-剪切和 ANSYS-无剪切计算所得圆环板外边缘节点竖向位移分别为 0.00533in、0.00534in 和 0.00521in，本章结果误差为 0.18%，剪切变形影响为 2.51%，这与文献［57］的结果是一致的。von Mises 应力的情况类似，本章方法结果最大误差为 0.37%，剪切最大应力影响为 2.57%。可见，本章方法和 ANSYS-剪切的结果基本一致，验证了本章方法的正确性和有效性。而对于厚板结构，剪切效应则存在一定的影响，本章方法在含剪

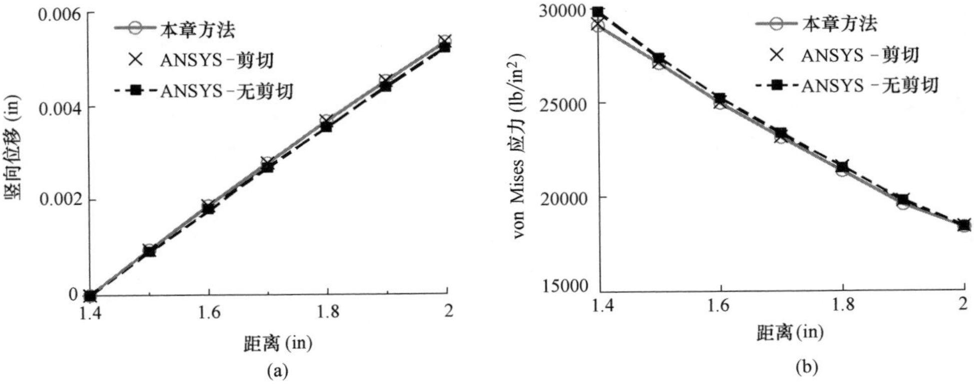

图 4.4-9 沿圆环板径向各点计算结果及与 ANSYS 结果比较

(a) 竖向位移；(b) von Mises 应力（SNEG 面）

切的厚板结构分析中具有良好精度。随着板厚的增大，剪切效应逐渐不可忽略。

值得指出的是，由于板仅存在弯曲变形，本章的板单元理论及算例并未体现出向量式有限元在模拟结构大位移大转动方面的优势。在本章工作基础上，通过叠加有面内拉伸变形的膜单元，可进一步建立向量式壳单元理论，从而实现从小位移小转动分析到大位移大转动分析的扩展。

第5章

向量式壳单元理论

本章基于三角形 CST 膜单元和三角形 DKT 板单元的线性叠加组合，推导了不含剪切变形的三角形壳单元的向量式基本公式，适用于薄壳结构；基于四边形等参膜单元和四边形 Mindlin 等参板单元的线性叠加组合，推导了含剪切变形的四边形等参壳单元的向量式基本公式，适用于中厚壳和厚壳结构；描述运动解析的原理及变形坐标系下壳单元节点内力（矩）的求解方法；同时对质点位移和内力（矩）的合并和分离、单元应变和应力的合并和分离以及单元节点内力（矩）积分方案等关键问题提出了合理可行的处理方式；并针对四边形等参壳单元，提出了质点位移和单元节点内力（矩）求解的两种不同坐标模式。在此基础上编制了壳单元的计算分析程序，并通过算例分析验证理论推导和所编制程序的有效性和正确性[58]。

5.1 基本原理和推导思路

5.1.1 基本原理

向量式有限元壳单元的基本原理与膜单元和板单元一致，质点间的连接则采用壳单元来实现，本章三角形壳单元、四边形等参壳单元分别由三角形常应变 CST 膜单元和三角形 DKT 板单元的线性叠加组合、四边形等参膜单元和四边形等参板单元的线性叠加组合而成。质点 a 的运动满足质点平动微分方程和质点转动微分方程（前者通过壳单元节点平移模拟壳面内拉伸或收缩变形作用，后者通过壳单元节点转动模拟壳单元面外弯曲变形作用）。质点运动微分方程、中央差分求解公式均与式（4.1-1）～式（4.1-3）相同。

对于四边形等参壳单元，式（4.1-1）中的 $\boldsymbol{f}^{\text{int}}(\boldsymbol{f}_{\theta}^{\text{int}})$、$\boldsymbol{x}(\boldsymbol{\theta})$ 对应分别由第 5.2.4 节所述的位置模式Ⅰ、位置模式Ⅱ获得。

叠加后壳单元的具体公式如下：

$$\begin{cases}\boldsymbol{M}_a\ddot{\boldsymbol{x}}_a+\alpha\boldsymbol{M}_a\dot{\boldsymbol{x}}_a=\boldsymbol{F}_a\\\boldsymbol{I}_a\ddot{\boldsymbol{\theta}}_a+\alpha\boldsymbol{I}_a\dot{\boldsymbol{\theta}}_a=\boldsymbol{F}_{\theta a}\end{cases}\tag{5.1-1}$$

$$\begin{cases}\ddot{\boldsymbol{x}}_a+\alpha\dot{\boldsymbol{x}}_a=\dfrac{1}{m_a}\boldsymbol{F}_a\\\ddot{\boldsymbol{\theta}}_a+\alpha\dot{\boldsymbol{\theta}}_a=\boldsymbol{I}_a^{-1}\boldsymbol{F}_{\theta a}\end{cases}\tag{5.1-2}$$

$$\begin{cases}\boldsymbol{x}_{n+1}=c_1\left(\dfrac{\Delta t^2}{m}\right)\boldsymbol{F}_n+2c_1\boldsymbol{x}_n-c_2\boldsymbol{x}_{n-1}\\\boldsymbol{\theta}_{n+1}=c_1\Delta t^2\boldsymbol{I}^{-1}\boldsymbol{F}_{\theta n}+2c_1\boldsymbol{\theta}_n-c_2\boldsymbol{\theta}_{n-1}\end{cases}\text{，连续时}\tag{5.1-3}$$

$$\begin{cases}\boldsymbol{x}_{n+1}=\dfrac{1}{1+c_2}\left\{c_1\left(\dfrac{\Delta t^2}{m}\right)\boldsymbol{F}_n+2c_1\boldsymbol{x}_n+2c_2\dot{\boldsymbol{x}}_n\Delta t\right\}\\\boldsymbol{\theta}_{n+1}=\dfrac{1}{1+c_2}\{c_1\Delta t^2\boldsymbol{I}^{-1}\boldsymbol{F}_{\theta n}+2c_1\boldsymbol{\theta}_n+2c_2\dot{\boldsymbol{\theta}}_n\Delta t\}\end{cases}\text{，不连续时}\tag{5.1-4}$$

5.1.2　推导思路

向量式有限元壳单元基本求解公式的推导思路与膜单元一致（详见第 3.1.2 节）。

5.2　三角形壳单元理论

5.2.1　单元节点纯变形线（角）位移

由中央差分公式数值求解质点运动方程式（5.1-1）获得质点总线（角）位移后，采用逆向运动方法扣除其中的刚体位移，以获得单元节点的纯变形线（角）位移向量。刚体位移包括刚体平移和刚体转动，前者可以以单元的 1 个节点为参考点，取其总位移向量；后者包括平面外和平面内转动位移，可通过单元平面外（内）刚体转动向量和对应平面外（内）逆向转动矩阵来换算获得。

对于三角形壳单元，其单元节点位移包括节点平动位移（线位移）和节点转动位移（角位移）。变形坐标系下单元面内的节点线位移分量作为膜单元部分的位移分量（第 3.2.1 节），面外节点线位移和角位移作为板单元部分的位移分量（第 4.2.1 节）。具体公式均同第 4.2.1 节所述，即式（4.2-1）～式（4.2-8）。

5.2.2　单元节点内力（矩）

在获得单元节点的纯变形线（角）位移后，通过单元变形满足的虚功方程来求解单元节点内力（矩）。首先引入单元变形坐标系，将空间单元问题转化到平面上；接着采用传统有限元的单元形函数描述，获得变形坐标系下单元节点内力

(矩)向量；然后利用坐标转换矩阵和平面外(内)正向转动矩阵，将变形坐标系下单元节点内力(矩)向量转换回到整体坐标系；最后反向作用于质点上并进行集成得到单元传给质点的内力(矩)向量。

对于三角形壳单元，将质点纯变形线(角)位移 $\Delta\boldsymbol{\eta}_i^{\mathrm{d}}$ 和 $\Delta\boldsymbol{\eta}_{\theta i}^{\mathrm{d}}(i=a,\ b,\ c)$ 转换到单元变形坐标系后为 $\hat{\boldsymbol{u}}_{\mathrm{b}\_i}=\{\hat{u}_i \quad \hat{v}_i \quad \hat{w}_i\}^{\mathrm{T}}$ 和 $\hat{\boldsymbol{u}}_{\theta\mathrm{b}\_i}=\{\hat{u}_{\theta i} \quad \hat{v}_{\theta i} \quad \hat{w}_{\theta i}\}^{\mathrm{T}}$，变形坐标系下必有 $\hat{w}_i=0$，且 $\hat{w}_{\theta i}$ 可忽略不计。因而，节点位移自由度 $\hat{u}_i$，$\hat{v}_i$ $(i=a,\ b,\ c)$ 用于三角形 CST 膜单元的节点内力(矩)计算，节点转动自由度 $\hat{u}_{\theta i}$，$\hat{v}_{\theta i}(i=a,\ b,\ c)$ 用于三角形 DKT 板单元的节点内力(矩)计算。膜单元部分和板单元部分的公式分别参照第 3.2 节的式(3.2-10)～式(3.2-20)和第 4.2 节的式(4.2-9)～式(4.2-19)。当为弹塑性材料时，本构矩阵 $\boldsymbol{D}$ 用弹塑性矩阵 $\boldsymbol{D}_{\mathrm{ep}}$ 替换。

叠加后，壳单元的具体公式如下：

采用变形坐标系转化到平面上，定义原点为参考节点 a，$\hat{\boldsymbol{x}}$ 方向沿单元边 ab 方向，则有 $\hat{u}_a=\hat{v}_a=0$ 和 $\hat{w}_i=0$ $(i=a,\ b,\ c)$。变形坐标系下单元节点 i 的纯变形线(角)位移向量为：

$$\begin{cases}\hat{\boldsymbol{u}}_i=\hat{\boldsymbol{Q}}\Delta\boldsymbol{\eta}_i^{\mathrm{d}}\\ \hat{\boldsymbol{u}}_{\theta i}=\hat{\boldsymbol{Q}}\Delta\boldsymbol{\eta}_{\theta i}^{\mathrm{d}}\end{cases}\tag{5.2-1}$$

式中，$\hat{\boldsymbol{Q}}$ 是坐标系间转换矩阵。由于 $\hat{w}_i=0$ 且 $\hat{w}_{\theta i}$ 可忽略，简写为 $\hat{\boldsymbol{u}}_i=\{\hat{u}_i \quad \hat{v}_i\}^{\mathrm{T}}$ 和 $\hat{\boldsymbol{u}}_{\theta i}=\{\hat{u}_{\theta i} \quad \hat{v}_{\theta i}\}^{\mathrm{T}}$。

节点线位移 $\hat{u}_i$，$\hat{v}_i$ 和角位移 $\hat{u}_{\theta i}$，$\hat{v}_{\theta i}$ 分别用于膜单元部分的节点内力和板单元部分的节点内力(矩)计算，则三角形壳单元的变形虚功方程为：

$$\sum_i\{\delta(\hat{\boldsymbol{u}}_{\mathrm{m}\_i})^{\mathrm{T}}\hat{\boldsymbol{f}}_{\mathrm{m}\_i}+\delta(\hat{\boldsymbol{u}}'_{\theta\mathrm{b}\_i})^{\mathrm{T}}\hat{\boldsymbol{f}}'_{\theta\mathrm{b}\_i}\}=\int_V\{\delta(\Delta\hat{\boldsymbol{\varepsilon}}_{\mathrm{m}})^{\mathrm{T}}\hat{\boldsymbol{\sigma}}_{\mathrm{m}}\mathrm{d}V+\delta(\Delta\hat{\boldsymbol{\varepsilon}}_{\mathrm{b}})^{\mathrm{T}}\hat{\boldsymbol{\sigma}}_{\mathrm{b}}\mathrm{d}V\}\tag{5.2-2}$$

式中，$\hat{\boldsymbol{u}}_{\mathrm{m}\_i}=\{\hat{u}_i \quad \hat{v}_i\}^{\mathrm{T}}$ 和 $\hat{\boldsymbol{u}}'_{\theta\mathrm{b}\_i}=\{\hat{w}_i \quad \hat{u}_{\theta i} \quad \hat{v}_{\theta i}\}^{\mathrm{T}}$ 分别是变形坐标系下节点 i 膜单元部分的线位移和板单元部分的线(角)位移。

引入传统有限元中三角形 CST 膜单元的形函数，得到单元上任意点的面内变形位移向量 $\hat{\boldsymbol{u}}_{\mathrm{m}}=[\hat{u} \quad \hat{v}]^{\mathrm{T}}$ 为：

$$\hat{\boldsymbol{u}}_{\mathrm{m}}=L_a\hat{\boldsymbol{u}}_a+L_{\mathrm{b}}\hat{\boldsymbol{u}}_{\mathrm{b}}+L_{\mathrm{c}}\hat{\boldsymbol{u}}_{\mathrm{c}}\tag{5.2-3}$$

式中，$\hat{\boldsymbol{u}}_i=[\hat{u}_i \quad \hat{v}_i]^{\mathrm{T}}$ 是节点 $i(i=a,\ b,\ c)$ 的变形位移向量，$L_i(\hat{x},\ \hat{y})$ 是单元形函数，形式同传统有限元，详见文献[14]。

引入传统有限元中三角形 DKT 板单元的形函数，得到单元上任意点的弯曲曲率向量 $\hat{\boldsymbol{\kappa}}$ 为(变形系下已代入 $\hat{x}_{xa}=\hat{x}_{ya}=\hat{x}_{yb}=0$)：

$$\hat{\boldsymbol{\kappa}}=\boldsymbol{B}_{\mathrm{b}}\hat{\boldsymbol{u}}_{\mathrm{b}}^{0}=\frac{1}{2\hat{A}_{a}}\begin{bmatrix}\hat{x}_{\mathrm{yc}}\hat{\boldsymbol{H}}_{\mathrm{x},\xi}^{\mathrm{T}}\\-\hat{x}_{\mathrm{xc}}\hat{\boldsymbol{H}}_{\mathrm{y},\xi}^{\mathrm{T}}+\hat{x}_{\mathrm{xb}}\hat{\boldsymbol{H}}_{\mathrm{y},\eta}^{\mathrm{T}}\\-\hat{x}_{\mathrm{xc}}\hat{\boldsymbol{H}}_{\mathrm{x},\xi}^{\mathrm{T}}+\hat{x}_{\mathrm{xb}}\hat{\boldsymbol{H}}_{\mathrm{x},\eta}^{\mathrm{T}}+\hat{x}_{\mathrm{yc}}\hat{\boldsymbol{H}}_{\mathrm{y},\xi}^{\mathrm{T}}\end{bmatrix}\hat{\boldsymbol{u}}_{\mathrm{b}}^{0} \tag{5.2-4}$$

式中，$\boldsymbol{B}_{\mathrm{b}}$ 是三角形 DKT 板单元的位移-应变关系矩阵，$\hat{A}_{a}=\frac{\hat{x}_{\mathrm{xb}}\hat{x}_{\mathrm{yc}}}{2}$ 是单元的面积，$\hat{\boldsymbol{H}}_{\mathrm{x}}^{\mathrm{T}}(\xi,\ \eta)$ 和 $\hat{\boldsymbol{H}}_{\mathrm{y}}^{\mathrm{T}}(\xi,\ \eta)$ 是对应于单元节点位移的 DKT 板单元的形函数，其表达式详见文献［18］。

膜单元部分和板单元部分的节点线位移和线（角）位移组合向量可记为：

$$\begin{cases}\hat{\boldsymbol{u}}_{\mathrm{m}}^{*}=\{\hat{\boldsymbol{u}}_{\mathrm{b}}^{\mathrm{T}}\quad \hat{\boldsymbol{u}}_{\mathrm{c}}^{\mathrm{T}}\}^{\mathrm{T}}\\ \hat{\boldsymbol{u}}_{\mathrm{b}}^{\prime *}=\{\hat{\boldsymbol{u}}_{\theta a}^{\prime \mathrm{T}}\quad \hat{\boldsymbol{u}}_{\theta \mathrm{b}}^{\prime \mathrm{T}}\quad \hat{\boldsymbol{u}}_{\theta \mathrm{c}}^{\prime \mathrm{T}}\}^{\mathrm{T}}\end{cases} \tag{5.2-5}$$

式中，$\hat{\boldsymbol{u}}_{\theta i}^{\prime}=\{\hat{w}_{i}\quad \hat{u}_{\theta i}\quad \hat{v}_{\theta i}\}^{\mathrm{T}}=\{0\quad \hat{u}_{\theta i}\quad \hat{v}_{\theta i}\}^{\mathrm{T}}$。

膜单元部分拉伸应变向量 $\Delta\hat{\boldsymbol{\varepsilon}}_{\mathrm{m}}$ 和板单元部分弯曲（不含剪切）应变向量 $\Delta\hat{\boldsymbol{\varepsilon}}_{\mathrm{b}}$ 为：

$$\begin{cases}\Delta\hat{\boldsymbol{\varepsilon}}_{\mathrm{m}}=\boldsymbol{B}_{\mathrm{m}}^{*}\hat{\boldsymbol{u}}_{\mathrm{m}}^{*}\\ \Delta\hat{\boldsymbol{\varepsilon}}_{\mathrm{b}}=\hat{z}\hat{\boldsymbol{\kappa}}=\hat{z}\boldsymbol{B}_{\mathrm{b}}^{*}\hat{\boldsymbol{u}}_{\mathrm{b}}^{\prime *}\end{cases} \tag{5.2-6}$$

式中，$\Delta\hat{\boldsymbol{\varepsilon}}_{\mathrm{m}}=\{\Delta\hat{\varepsilon}_{\mathrm{mx}}\quad \Delta\hat{\varepsilon}_{\mathrm{my}}\quad \Delta\hat{\gamma}_{\mathrm{mxy}}\}^{\mathrm{T}}$，$\Delta\hat{\boldsymbol{\varepsilon}}_{\mathrm{b}}=\{\Delta\hat{\varepsilon}_{\mathrm{bx}}\quad \Delta\hat{\varepsilon}_{\mathrm{by}}\quad \Delta\hat{\gamma}_{\mathrm{bxy}}\quad \Delta\hat{\gamma}_{\mathrm{byz}}\quad \Delta\hat{\gamma}_{\mathrm{bzx}}\}^{\mathrm{T}}$，$\boldsymbol{B}_{\mathrm{m}}^{*}$ 和 $\boldsymbol{B}_{\mathrm{b}}^{*}$ 分别是膜单元部分的拉伸和板单元部分的弯曲（不含剪切）应变-位移关系矩阵。

若材料本构矩阵分别记为 $\boldsymbol{D}$，则对应应力向量为：

$$\begin{cases}\Delta\hat{\boldsymbol{\sigma}}_{\mathrm{m}}=\boldsymbol{D}\Delta\hat{\boldsymbol{\varepsilon}}_{\mathrm{m}}=\boldsymbol{D}\boldsymbol{B}_{\mathrm{m}}^{*}\hat{\boldsymbol{u}}_{\mathrm{m}}^{*}\\ \Delta\hat{\boldsymbol{\sigma}}_{\mathrm{b}}=\boldsymbol{D}\Delta\hat{\boldsymbol{\varepsilon}}_{\mathrm{b}}=\boldsymbol{D}\hat{z}\boldsymbol{B}_{\mathrm{b}}^{*}\hat{\boldsymbol{u}}_{\mathrm{b}}^{\prime *}\end{cases} \tag{5.2-7}$$

式中，$\Delta\hat{\boldsymbol{\sigma}}_{\mathrm{m}}=\{\Delta\hat{\sigma}_{\mathrm{mx}}\quad \Delta\hat{\sigma}_{\mathrm{my}}\quad \Delta\hat{\tau}_{\mathrm{mxy}}\}^{\mathrm{T}}$，$\Delta\hat{\boldsymbol{\sigma}}_{\mathrm{b}}=\{\Delta\hat{\sigma}_{\mathrm{bx}}\quad \Delta\hat{\sigma}_{\mathrm{by}}\quad \Delta\hat{\tau}_{\mathrm{bxy}}\quad \Delta\hat{\tau}_{\mathrm{byz}}\quad \Delta\hat{\tau}_{\mathrm{bzx}}\}^{\mathrm{T}}$。

弹性材料情况时，有：

$$\boldsymbol{D}=\frac{E}{1-\upsilon^{2}}\begin{bmatrix}1 & \upsilon & 0\\ \upsilon & 1 & 0\\ 0 & 0 & (1-\upsilon)/2\end{bmatrix} \tag{5.2-8}$$

式中，$G=E/[2(1+\upsilon)]$。

由于三角形 DKT 板单元为薄板单元，横向剪应力 $\hat{\tau}_{\mathrm{xz}}$ 和 $\hat{\tau}_{\mathrm{yz}}$ 所做的虚功可以忽略。则三角形壳单元的单元变形虚功为：

$$\begin{aligned}\delta U&=\int_{V}\delta(\Delta\hat{\boldsymbol{\varepsilon}}_{\mathrm{m}})^{\mathrm{T}}(\hat{\boldsymbol{\sigma}}_{\mathrm{m0}}+\Delta\hat{\boldsymbol{\sigma}}_{\mathrm{m}})\mathrm{d}V+\int_{V}\delta(\Delta\hat{\boldsymbol{\varepsilon}}_{\mathrm{b}})^{\mathrm{T}}(\hat{\boldsymbol{\sigma}}_{\mathrm{b0}}+\Delta\hat{\boldsymbol{\sigma}}_{\mathrm{b}})\mathrm{d}V\\&=(\delta\hat{\boldsymbol{u}}_{\mathrm{m}}^{*})^{\mathrm{T}}\left\{\int_{V}(\boldsymbol{B}_{\mathrm{m}}^{*})^{\mathrm{T}}\hat{\boldsymbol{\sigma}}_{\mathrm{m0}}\mathrm{d}V+\left(\int_{V}(\boldsymbol{B}_{\mathrm{m}}^{*})^{\mathrm{T}}\boldsymbol{D}\boldsymbol{B}_{\mathrm{m}}^{*}\mathrm{d}V\right)\hat{\boldsymbol{u}}_{\mathrm{m}}^{*}\right\}\end{aligned}$$

$$+(\delta\hat{\boldsymbol{u}}'^{*}_{\mathrm{b}})^{\mathrm{T}}\left\{\int_V \hat{z}(\boldsymbol{B}^{*}_{\mathrm{b}})^{\mathrm{T}}\hat{\boldsymbol{\sigma}}_{\mathrm{b0}}\mathrm{d}V+\left(\int_V \hat{z}^2(\boldsymbol{B}^{*}_{\mathrm{b}})^{\mathrm{T}}D\boldsymbol{B}^{*}_{\mathrm{b}}\mathrm{d}V\right)\hat{\boldsymbol{u}}'^{*}_{\mathrm{b}}\right\} \tag{5.2-9}$$

式中，$\hat{\boldsymbol{\sigma}}_{\mathrm{m0}}$ 和 $\hat{\boldsymbol{\sigma}}_{\mathrm{b0}}$ 是膜单元和板单元部分的初始应力。

对照虚功方程式（5.2-2），即可得膜单元部分节点内力和板单元部分的节点内力（矩）向量：

$$\hat{\boldsymbol{f}}^{*}_{\mathrm{m}}=\{\hat{\boldsymbol{f}}^{\mathrm{T}}_{\mathrm{m\_b}}\quad\hat{\boldsymbol{f}}^{\mathrm{T}}_{\mathrm{m\_c}}\quad\hat{\boldsymbol{f}}^{\mathrm{T}}_{\mathrm{m\_d}}\}^{\mathrm{T}}=\int_V(\boldsymbol{B}^{*}_{\mathrm{m}})^{\mathrm{T}}\hat{\boldsymbol{\sigma}}_{\mathrm{m0}}\mathrm{d}V$$
$$+\left\{\iint_{\hat{A}_a}\left[\int_{-t_a/2}^{t_a/2}(\boldsymbol{B}^{*}_{\mathrm{m}})^{\mathrm{T}}\boldsymbol{D}_{\mathrm{b}}\boldsymbol{B}^{*}_{\mathrm{m}}\mathrm{d}\hat{z}\right]\mathrm{d}\hat{A}_a\right\}\hat{\boldsymbol{u}}^{*}_{\mathrm{m}} \tag{5.2-10}$$

$$\hat{\boldsymbol{f}}'^{*}_{\theta\mathrm{b}}=\{\hat{\boldsymbol{f}}'^{\mathrm{T}}_{\theta\mathrm{b\_b}}\quad\hat{\boldsymbol{f}}'^{\mathrm{T}}_{\theta\mathrm{b\_c}}\quad\hat{\boldsymbol{f}}'^{\mathrm{T}}_{\theta\mathrm{b\_d}}\}^{\mathrm{T}}=\int_V\hat{z}(\boldsymbol{B}^{*}_{\mathrm{b}})^{\mathrm{T}}\hat{\boldsymbol{\sigma}}_{\mathrm{b0}}\mathrm{d}V+$$
$$\iint_{\hat{A}_a}\int_{-t_a/2}^{t_a/2}\hat{z}^2(\boldsymbol{B}^{*}_{\mathrm{b}})^{\mathrm{T}}\boldsymbol{D}_{\mathrm{b}}\boldsymbol{B}^{*}_{\mathrm{b}}\mathrm{d}\hat{z}\mathrm{d}\hat{A}_a\hat{\boldsymbol{u}}'^{*}_{\mathrm{b}} \tag{5.2-11}$$

式中，$\hat{\boldsymbol{f}}_{\mathrm{m}\_i}=\{\hat{f}_{ix}\quad\hat{f}_{iy}\}^{\mathrm{T}}$ 和 $\hat{\boldsymbol{f}}'_{\theta\mathrm{b}\_i}=\{\hat{f}_{iz}\quad\hat{f}_{\theta ix}\quad\hat{f}_{\theta iy}\}^{\mathrm{T}}$ 分别是变形坐标系下节点 i 膜单元部分的节点内力和板单元部分的节点内力（矩），t_a 是厚度。单元节点内力 $\hat{\boldsymbol{f}}_{\mathrm{m}\_a}=\{\hat{f}_{ax}\quad\hat{f}_{ay}\}^{\mathrm{T}}$ 可由面内静力平衡条件得到。

叠加节点内力（矩）为壳单元内力，并扩展为 $\hat{\boldsymbol{f}}_i=\{\hat{f}_{ix}\quad\hat{f}_{iy}\quad\hat{f}_{iz}\}^{\mathrm{T}}$ 和 $\hat{\boldsymbol{f}}_{\theta i}=\{\hat{f}_{\theta ix}\quad\hat{f}_{\theta iy}\quad\hat{f}_{\theta iz}\}^{\mathrm{T}}$，其中 $\hat{f}_{\theta iz}=0$，再通过坐标系转换得到整体坐标系下的单元节点内力（矩），并经过正向运动转换得到 t 时刻位置时单元节点内力（矩）：

$$\begin{cases}\boldsymbol{f}_i=(\boldsymbol{R}_{\mathrm{ip}}\boldsymbol{R}_{\mathrm{op}})\hat{\boldsymbol{Q}}^{\mathrm{T}}\hat{\boldsymbol{f}}_i\\ \boldsymbol{f}_{\theta i}=(\boldsymbol{R}_{\mathrm{ip}}\boldsymbol{R}_{\mathrm{op}})\hat{\boldsymbol{Q}}^{\mathrm{T}}\hat{\boldsymbol{f}}_{\theta i}\end{cases} \tag{5.2-12}$$

式中，$\boldsymbol{R}_{\mathrm{op}}$ 和 $\boldsymbol{R}_{\mathrm{ip}}$ 是平面外、平面内正向转动矩阵。以上所得 $\boldsymbol{f}_i$ 和 $\boldsymbol{f}_{\theta i}$ 反向作用于质点 i 上，即得到壳单元传给质点的内力 $\boldsymbol{f}^{\mathrm{int}}_i$ 和内力矩 $\boldsymbol{f}^{\mathrm{int}}_{\theta i}$。

5.2.3 应力应变转换

仅当对结构应力、应变状态变量进行输出时才需要进行应力应变转换计算，否则是可忽略的。具体转换过程同膜单元，详见第 3.2.3 节。

5.2.4 关键变量的叠加和分离

通过三角形常应变 CST 膜单元和三角形 DKT 板单元的线性叠加组合获得向量式有限元的三角形壳单元，在叠加过程中需解决以下关键问题。

1. 质点位移和内力

由中央差分公式求解质点运动方程式（5.1-1）获得质点总位移（即位移的叠加），进而扣除质点刚体位移并转换到该步的变形坐标系Ⅰ（对应该时间步初时刻的单元位置）下，即可获得时间步内的质点纯变形线（角）位移为 $\hat{\boldsymbol{u}}_i=\{\hat{u}_i\quad\hat{v}_i\quad\hat{w}_i\}^{\mathrm{T}}$

和 $\hat{\boldsymbol{u}}_{\theta i}=\{\hat{u}_{\theta i} \quad \hat{v}_{\theta i} \quad \hat{w}_{\theta i}\}^{\mathrm{T}}$。

根据变形坐标系Ⅰ下膜单元部分和板单元部分的节点纯变形特性对质点纯变形线（角）位移进行分离（即位移的分离）：

（1）膜单元部分仅有面内拉伸变形，因而节点位移自由度 u_i，$v_i(i=a, b, c)$ 用于三角形常应变 CST 膜单元的节点内力（矩）计算，即获得 $\boldsymbol{f}_{\mathrm{m},i}=\{f_{\mathrm{m},i\mathrm{x}} \quad f_{\mathrm{m},i\mathrm{y}} \quad f_{\mathrm{m},i\mathrm{z}}\}^{\mathrm{T}}(i=a, b, c)$；

（2）板单元部分仅有面外弯曲变形，因而节点转动自由度 $u_{\theta i}$，$v_{\theta i}(i=a, b, c)$ 用于三角形 DKT 板单元的节点内力（矩）计算，即获得 $\boldsymbol{f}_{\mathrm{p},i}=\{f_{\mathrm{p},i\mathrm{x}} \quad f_{\mathrm{p},i\mathrm{y}} \quad f_{\mathrm{p},i\mathrm{z}}\}^{\mathrm{T}}$ 和 $\boldsymbol{f}_{\theta\mathrm{p},i}=\{m_{\mathrm{p},i\mathrm{x}} \quad m_{\mathrm{p},i\mathrm{y}} \quad m_{\mathrm{p},i\mathrm{z}}\}^{\mathrm{T}}(i=a, b, c)$。

获得该时间步末时刻膜单元部分和板单元部分的节点内力（矩）后，进行叠加获得壳单元的节点内力（矩），即内力（矩）的叠加，则有：$\boldsymbol{f}_i=\boldsymbol{f}_{\mathrm{m},i}+\boldsymbol{f}_{\mathrm{p},i}$ 和 $\boldsymbol{f}_{\theta i}=\boldsymbol{f}_{\theta\mathrm{p},i}$。进而集成求得质点的总内力并代入中央差分公式进入下一时间步的质点总位移计算，即回到前述的位移叠加过程。

获得该时间步末时刻壳单元节点内力（矩）$\boldsymbol{f}_i$ 和 $\boldsymbol{f}_{\theta i}$ 后，在下一时间步初时刻需进行分离（即内力的分离）求得膜单元部分和板单元部分下一时间步初时刻的单元节点内力（矩），以进入下一步的逐步循环计算。首先将 $\boldsymbol{f}_i$ 和 $\boldsymbol{f}_{\theta i}$ 转换到下一步的变形坐标系Ⅱ（对应下一时间步初时刻的单元位置）下为 $\hat{\boldsymbol{f}}_i=\{\hat{f}_{i\mathrm{x}} \quad \hat{f}_{i\mathrm{y}} \quad \hat{f}_{i\mathrm{z}}\}^{\mathrm{T}}$ 和 $\hat{\boldsymbol{f}}_{\theta i}=\{\hat{m}_{i\mathrm{x}} \quad \hat{m}_{i\mathrm{y}} \quad \hat{m}_{i\mathrm{z}}\}^{\mathrm{T}}(i=a, b, c)$，再根据变形坐标系Ⅱ下膜单元部分和板单元部分的节点内力（矩）性质对质点总内力进行分离（即内力的分离）：

（1）膜单元部分仅有面内拉伸内力，因而三角形常应变 CST 膜单元的节点内力为 $\hat{\boldsymbol{f}}_{\mathrm{m},i}=\{\hat{f}_{i\mathrm{x}} \quad \hat{f}_{i\mathrm{y}}\}^{\mathrm{T}}(i=a, b, c)$；

（2）板单元部分仅有面外弯曲内力（矩），因而三角形 DKT 板单元的节点内力（矩）为 $\hat{\boldsymbol{f}}_{\mathrm{p},i}=\{\hat{f}_{i\mathrm{z}}\}^{\mathrm{T}}$ 和 $\hat{\boldsymbol{f}}_{\theta\mathrm{p},i}=\{\hat{m}_{i\mathrm{x}} \quad \hat{m}_{i\mathrm{y}}\}^{\mathrm{T}}$。

进而求得下一步末时刻膜单元部分和板单元部分节点内力（矩）后，进行叠加回到前述的单元节点内力（矩）叠加过程。

2. 单元应变和应力

时间步初时刻的壳单元总应力、应变转换到变形坐标系下为 $\hat{\boldsymbol{\sigma}}$ 和 $\hat{\boldsymbol{\varepsilon}}$，需先根据膜单元部分和板单元部分的应力、应变性质进行分离（即应力和应变的分离）：

（1）壳单元的总应变 $\hat{\boldsymbol{\varepsilon}}$ 沿厚度线性变化，其中膜单元部分应变沿厚度应是均布的，而板单元部分应变在中轴处应为 0；因而中轴位置的应变即为膜单元部分应变 $\hat{\boldsymbol{\varepsilon}}_{\mathrm{m}}=\hat{\boldsymbol{\varepsilon}}_{中}$（弹性增量步和塑性增量步时的中轴位置分别应取沿厚度 $z=0$ 和中轴处积分点的位置），板单元部分应变则为 $\hat{\boldsymbol{\varepsilon}}_{\mathrm{p}}=\hat{\boldsymbol{\varepsilon}}-\hat{\boldsymbol{\varepsilon}}_{中}$。

（2）壳单元的总应力 $\hat{\boldsymbol{\sigma}}$ 沿厚度曲线变化，其中膜单元部分应变和材料性质沿厚度均布，又已知膜单元部分应变为中轴位置应变，因而膜单元部分应力应取中轴位置的壳应力，即 $\hat{\boldsymbol{\sigma}}_{\mathrm{m}}=\boldsymbol{D}\hat{\boldsymbol{\varepsilon}}_{\text{中}}$，板元部分应力则为 $\hat{\boldsymbol{\sigma}}_{\mathrm{p}}=\hat{\boldsymbol{\sigma}}-\boldsymbol{D}\hat{\boldsymbol{\varepsilon}}_{\text{中}}$，$\boldsymbol{D}$ 为材料本构矩阵。

由上述获得分离后的膜单元部分应力 $\hat{\boldsymbol{\sigma}}_{\mathrm{m}}$、应变 $\hat{\boldsymbol{\varepsilon}}_{\mathrm{m}}$ 和板单元部分应力 $\hat{\boldsymbol{\sigma}}_{\mathrm{p}}$、应变 $\hat{\boldsymbol{\varepsilon}}_{\mathrm{p}}$ 后，叠加通过节点线位移 u_i，v_i 和节点角位移 $u_{\theta i}$，$v_{\theta i}$（$i=a$，b，c）分别计算得到的膜单元部分应力、应变增量 $\Delta\hat{\boldsymbol{\sigma}}_{\mathrm{m}}$、$\Delta\hat{\boldsymbol{\varepsilon}}_{\mathrm{m}}$ 和板单元部分应力、应变增量 $\Delta\hat{\boldsymbol{\sigma}}_{\mathrm{p}}$、$\Delta\hat{\boldsymbol{\varepsilon}}_{\mathrm{p}}$，可得到该时间步末时刻的膜单元部分应力 $\hat{\boldsymbol{\sigma}}'_{\mathrm{m}}$、应变 $\hat{\boldsymbol{\varepsilon}}'_{\mathrm{m}}$和板单元部分应力 $\hat{\boldsymbol{\sigma}}'_{\mathrm{p}}$、应变 $\hat{\boldsymbol{\varepsilon}}'_{\mathrm{p}}$。

再将两者进行叠加获得该时间步末时刻的壳单元应力、应变（即应力、应变的叠加）：$\hat{\boldsymbol{\sigma}}'=\hat{\boldsymbol{\sigma}}'_{\mathrm{m}}+\hat{\boldsymbol{\sigma}}'_{\mathrm{p}}$、$\hat{\boldsymbol{\varepsilon}}'=\hat{\boldsymbol{\varepsilon}}'_{\mathrm{m}}+\hat{\boldsymbol{\varepsilon}}'_{\mathrm{p}}$。而后坐标转换到整体坐标系下并进入下一步计算，即回到前述的应力、应变分离过程。

3. 单元节点内力（矩）积分

壳单元节点内力（矩）计算时，将其分离为膜单元部分和板单元部分，而后需求解分离后的膜单元部分单元节点内力（矩）积分式和板单元部分单元节点内力（矩）积分式。考虑一般的弹塑性材料情况，由于本构矩阵 $\boldsymbol{D}$ 沿厚度和平面的积分点不是常量矩阵，且板单元部分内部的应力、应变随位置变化，因而这 2 个积分式的求解需采用合理的积分方案。若仅考虑弹性材料，$\boldsymbol{D}$ 沿厚度为常量矩阵，可无需积分直接求得。

先进行沿厚度的积分，引入传统有限元分析中一维等间距的 Newton-Cotes 积分方案[14] 进行求解，沿厚度的 Newton-Cotes 积分见表 5.2-1；对于线弹性情况，3 个积分点即可获得较好的计算结果；对于弹塑性情况，至少 5 个积分点是必要的选择。再进行单元平面内的积分，引入传统有限元分析中二维三角形单元的 Hammer 积分方案[14] 进行求解，本章采用含 4 个积分点的三次精度积分，沿平面的 Hammer 积分如表 5.2-2 所示，可获得较好的计算结果。

沿厚度的 Newton-Cotes 积分 **表 5.2-1**

积分阶数 m	C_1^m	C_2^m	C_3^m	C_4^m	C_5^m	R_{m} 的上限
2	1/6	4/6	1/6			$10^{-3}(b-a)^5F^{\mathrm{IV}}(\xi)$
4	7/90	32/90	12/90	32/90	7/90	$10^{-6}(b-a)^7F^{\mathrm{VI}}(\xi)$

沿平面内的 Hammer 积分 **表 5.2-2**

精度阶次	图形	误差	积分点	面积坐标	权系数
三次	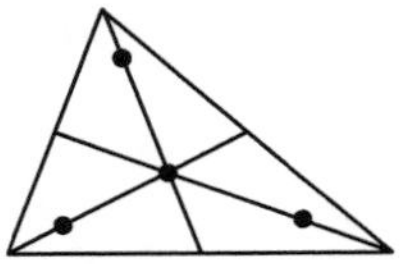	$R=O(h^4)$	a	1/3,1/3,1/3	−27/48
			b	0.6,0.2,0.2	25/48
			c	0.2,0.6,0.2	
			d	0.2,0.2,0.6	

（1）膜单元部分单元节点

膜单元部分单元节点内力（矩）增量 $\Delta\hat{\boldsymbol{f}}_{\mathrm{m}}^{*}$ 为：

$$\begin{aligned}\Delta\hat{\boldsymbol{f}}_{\mathrm{m}}^{*}&=\left[\int_{V}(\boldsymbol{B}_{\mathrm{m}}^{*}(x,y))^{\mathrm{T}}\boldsymbol{D}(x,y,z)\boldsymbol{B}_{\mathrm{m}}^{*}(x,y)\mathrm{d}V\right]\hat{\boldsymbol{u}}_{\mathrm{m}}^{*}\\&=\left\{\int_{A_a}\left[\int_{-t_a/2}^{t_a/2}(\boldsymbol{B}_{\mathrm{m}}^{*}(x,y))^{\mathrm{T}}\boldsymbol{D}(x,y,z)\boldsymbol{B}_{\mathrm{m}}^{*}(x,y)\mathrm{d}z\right]\mathrm{d}\hat{A}_a\right\}\hat{\boldsymbol{u}}_{\mathrm{m}}^{*}\end{aligned}\tag{5.2-13}$$

式中，$\boldsymbol{B}_{\mathrm{m}}^{*}(x,y)$ 为膜单元部分位移-应变关系矩阵；$\hat{\boldsymbol{u}}_{\mathrm{m}}^{*}(x,y)$ 为膜单元部分节点位移组合向量；$\boldsymbol{D}(x,y,z)$ 为材料本构矩阵；t_a 为单元厚度；A_a 为单元面积。

首先沿厚度进行积分，令 $\boldsymbol{F}_{\mathrm{m1}}(x,y,z)=[\boldsymbol{B}_{\mathrm{m}}^{*}(x,y)]^{\mathrm{T}}\boldsymbol{D}(x,y,z)\boldsymbol{B}_{\mathrm{m}}^{*}(x,y)$，则有：

$$\begin{aligned}\Delta\hat{\boldsymbol{f}}_{\mathrm{m}}^{*}&=\left\{\int_{A_a}\left[\int_{-t_a/2}^{t_a/2}\boldsymbol{F}_{\mathrm{m1}}(x,y,z)\mathrm{d}z\right]\mathrm{d}\hat{A}_a\right\}\hat{\boldsymbol{u}}_{\mathrm{m}}^{*}\\&=\left[\int_{A_a}\sum_{i=1}^{k_1}H_i\boldsymbol{F}_{\mathrm{m1}}(x,y,z_i)\mathrm{d}\hat{A}_a\right]\hat{\boldsymbol{u}}_{\mathrm{m}}^{*}\end{aligned}\tag{5.2-14}$$

式中，k_1 为沿厚度的总积分点数；$H_i=t_aC_i$ 为积分权系数。

然后沿单元面内进行积分，令 $\boldsymbol{F}_{\mathrm{m2}}(x,y)=\sum\limits_{i=1}^{k_1}H_i\boldsymbol{F}_{\mathrm{m1}}(x,y,z_i)$，则有：

$$\begin{aligned}\Delta\hat{\boldsymbol{f}}_{\mathrm{m}}^{*}&=\left[\int_{A_a}\boldsymbol{F}_{\mathrm{m2}}(x,y)\mathrm{d}\hat{A}_a\right]\hat{\boldsymbol{u}}_{\mathrm{m}}^{*}=\left[\int_{A_a}\boldsymbol{F}_{\mathrm{m2}}(L_2,L_3)|\boldsymbol{J}(\xi,\eta)|\mathrm{d}L_2\mathrm{d}L_3\right]\hat{\boldsymbol{u}}_{\mathrm{m}}^{*}\\&\cong\left[\frac{|\boldsymbol{J}(\xi,\eta)|}{2}\sum_{j=1}^{k_2}W_j\boldsymbol{F}_{\mathrm{m2}}(L_{2j},L_{3j})\right]\hat{\boldsymbol{u}}_{\mathrm{m}}^{*}\end{aligned}\tag{5.2-15}$$

式中，L_2、L_3 为单元面积坐标；$|\boldsymbol{J}(\xi,\eta)|$ 为雅可比行列式；$L_2=\xi$，$L_3=\eta$，$\boldsymbol{F}_{\mathrm{m2}}(L_2,L_3)=\boldsymbol{F}_{\mathrm{m2}}(\xi,\eta)$；$k_2$ 为沿单元面内的总积分点数；W_j 为积分权系数。

（2）板单元部分单元节点

板单元部分单元节点内力（矩）增量 $\Delta\hat{\boldsymbol{f}}_{\theta\mathrm{p}}^{*}$ 为：

$$\begin{aligned}\Delta\hat{\boldsymbol{f}}_{\theta\mathrm{p}}^{*}&=\left[\int_{V}z^2(\boldsymbol{B}_{\mathrm{p}}^{*}(x,y))^{\mathrm{T}}\boldsymbol{D}(x,y,z)\boldsymbol{B}_{\mathrm{p}}^{*}(x,y)\mathrm{d}V\right]\hat{\boldsymbol{u}}_{\mathrm{p}}^{*}\\&=\left\{\int_{A_a}\left[\int_{-t_a/2}^{t_a/2}z^2(\boldsymbol{B}_{\mathrm{p}}^{*}(x,y))^{\mathrm{T}}\boldsymbol{D}(x,y,z)\boldsymbol{B}_{\mathrm{p}}^{*}(x,y)\mathrm{d}z\right]\mathrm{d}\hat{A}_a\right\}\hat{\boldsymbol{u}}_{\mathrm{p}}^{*}\end{aligned}\tag{5.2-16}$$

式中，$\boldsymbol{B}_{\mathrm{p}}^{*}(x,y)$ 为板单元部分位移-应变关系矩阵；$\hat{\boldsymbol{u}}_{\mathrm{p}}^{*}(x,y)$ 为板单元部分节点位移组合向量；z 为变形坐标系下厚度方向坐标。

首先沿厚度进行积分，令 $\boldsymbol{F}_{\mathrm{p1}}(x,y,z)=z^2[\boldsymbol{B}_{\mathrm{p}}^{*}(x,y)]^{\mathrm{T}}\boldsymbol{D}(x,y,z)\boldsymbol{B}_{\mathrm{p}}^{*}(x,y)$，则有：

$$\Delta\hat{\boldsymbol{f}}_{\theta\mathrm{p}}^{*}=\left\{\iint_{A_a}\left[\int_{-t_a/2}^{t_a/2}\boldsymbol{F}_{\mathrm{p1}}(x,y,z)\mathrm{d}z\right]\mathrm{d}\hat{A}_a\right\}\hat{\boldsymbol{u}}_{\mathrm{p}}^{*}=\left[\iint_{A_a}\sum_{i=1}^{k_1}H_i\boldsymbol{F}_{\mathrm{p1}}(x,y,z_i)\mathrm{d}\hat{A}_a\right]\hat{\boldsymbol{u}}_{\mathrm{p}}^{*}\tag{5.2-17}$$

然后沿单元面内进行积分，令 $\boldsymbol{F}_{\mathrm{p2}}(x,y)=\sum_{i=1}^{k_1}H_i\boldsymbol{F}_{\mathrm{p1}}(x,y,z_i)$，则有：

$$\begin{aligned}\Delta\hat{\boldsymbol{f}}_{\theta\mathrm{p}}^{*}&=\left[\iint_{A_a}\boldsymbol{F}_{\mathrm{p2}}(x,y)\mathrm{d}\hat{A}_a\right]\hat{\boldsymbol{u}}_{\mathrm{p}}^{*}=\left[\iint_{A_a}\boldsymbol{F}_{\mathrm{p2}}(L_2,L_3)\,|\boldsymbol{J}(\xi,\eta)|\,\mathrm{d}L_2\mathrm{d}L_3\right]\hat{\boldsymbol{u}}_{\mathrm{p}}^{*}\\&\cong\left[\frac{|\boldsymbol{J}(\xi,\eta)|}{2}\sum_{j=1}^{k_2}W_j\boldsymbol{F}_{\mathrm{p2}}(L_{2j},L_{3j})\right]\hat{\boldsymbol{u}}_{\mathrm{p}}^{*}\end{aligned}\tag{5.2-18}$$

式中，$\boldsymbol{F}_{\mathrm{p2}}(L_2,L_3)=\boldsymbol{F}_{\mathrm{p2}}(\xi,\eta)$。

5.3 四边形等参壳单元理论

5.3.1 单元节点纯变形线（角）位移

由中央差分公式数值求解质点运动方程式（5.1-1）获得质点总线（角）位移后，采用逆向运动方法扣除其中的刚体位移，以获得单元节点的纯变形线（角）位移向量。刚体位移包括刚体平移和刚体转动，前者可以单元的 1 个节点为参考点取其总位移向量；后者包括平面外和平面内转动位移，可通过单元平面外（内）刚体转动向量和对应平面外（内）逆向转动矩阵来换算获得。

对于四边形等参壳单元，其单元节点位移包括节点平动位移（线位移）和节点转动位移（角位移）。变形坐标系下单元面内的节点线位移分量作为膜单元部分的位移分量（第 3.3.1 节），面外节点线位移和角位移作为板单元部分的位移分量（第 4.3.1 节）。具体公式均同式（4.3-1）～式（4.3-7）。

5.3.2 单元节点内力（矩）

在获得单元节点的纯变形线（角）位移后，通过单元变形满足的虚功方程来求解单元节点内力（矩）。首先引入单元变形坐标系，将空间单元问题转化到平面上；接着采用传统有限元的单元形函数描述，获得变形坐标系下单元节点内力（矩）向量；然后利用坐标转换矩阵和平面外（内）正向转动矩阵，将变形坐标系下单元节点内力（矩）向量转换回到整体坐标系；最后反向作用于质点上并进行集成得到单元传给质点的内力（矩）向量。

对于四边形等参壳单元，将质点纯变形线（角）位移 $\Delta\boldsymbol{\eta}_i$ 和 $\Delta\boldsymbol{\eta}_{\theta i}$（$i=a,b,c,d$）转换到单元变形坐标系后为 $\hat{\boldsymbol{u}}_i=\{\hat{u}_i\quad\hat{v}_i\quad\hat{w}_i\}^{\mathrm{T}}$ 和 $\hat{\boldsymbol{u}}_{\theta i}=\{\hat{u}_{\theta i}\quad\hat{v}_{\theta i}\quad\hat{w}_{\theta i}\}^{\mathrm{T}}$，变形坐标系下必有 $w_i=0$，且 $w_{\theta i}$ 可忽略不计。因而，节点线位移自由

度 $u_i, v_i (i=a, b, c, d)$ 用于四边形等参膜单元的节点内力（矩）计算，节点角位移自由度 $u_{\theta i}, v_{\theta i} (i=a, b, c, d)$ 用于四边形 Mindlin 等参板单元的节点内力（矩）计算。膜单元部分和板单元部分的公式分别参照第 3.3 节的式（3.3-12）～式（3.3-23）和第 4.3 节的式（4.3-8）～式（4.3-17）。当为弹塑性材料时，本构矩阵 $\boldsymbol{D}$ 用弹塑性矩阵 $\boldsymbol{D}_{\mathrm{ep}}$ 替换。

叠加后，壳单元的具体公式如下：

采用变形坐标系转化到投影平面上，定义原点为参考节点 a，$\hat{\boldsymbol{x}}$ 方向沿单元边 ab 方向，则有 $\hat{u}_a=\hat{v}_a=0$ 和 $\hat{w}_i=0(i=a, b, c, d)$。变形坐标系下单元节点 i 的纯变形线（角）位移向量为：

$$\begin{cases}\hat{\boldsymbol{u}}_i=\hat{\boldsymbol{Q}}\Delta\boldsymbol{\eta}_i^{\mathrm{d}}\\ \hat{\boldsymbol{u}}_{\theta i}=\hat{\boldsymbol{Q}}\Delta\boldsymbol{\eta}_{\theta i}^{\mathrm{d}}\end{cases}\tag{5.3-1}$$

式中，$\hat{\boldsymbol{Q}}$ 是坐标系间转换矩阵。由于 $\hat{w}_i=0$ 且 $\hat{w}_{\theta i}$ 可忽略，简写为 $\hat{\boldsymbol{u}}_i=\{\hat{u}_i \quad \hat{v}_i\}^{\mathrm{T}}$ 和 $\hat{\boldsymbol{u}}_{\theta i}=\{\hat{u}_{\theta i} \quad \hat{v}_{\theta i}\}^{\mathrm{T}}$。

节点线位移 $\hat{u}_i$，$\hat{v}_i$ 和角位移 $\hat{u}_{\theta i}$，$\hat{v}_{\theta i}$ 分别用于膜单元部分的节点内力和板单元部分的节点内力（矩）计算，则四边形等参壳单元的变形虚功方程为：

$$\sum_i\{\delta(\hat{\boldsymbol{u}}_{\mathrm{m}\_i})^{\mathrm{T}}\hat{\boldsymbol{f}}_{\mathrm{m}\_i}+\delta(\hat{\boldsymbol{u}}'_{\theta\mathrm{b}\_i})^{\mathrm{T}}\hat{\boldsymbol{f}}'_{\theta\mathrm{b}\_i}\}=\int_V\{\delta(\Delta\hat{\boldsymbol{\varepsilon}}_{\mathrm{m}})^{\mathrm{T}}\hat{\boldsymbol{\sigma}}_{\mathrm{m}}\mathrm{d}V+\delta(\Delta\hat{\boldsymbol{\varepsilon}}_{\mathrm{b}})^{\mathrm{T}}\hat{\boldsymbol{\sigma}}_{\mathrm{b}}\mathrm{d}V\}\tag{5.3-2}$$

式中，$\hat{\boldsymbol{u}}_{\mathrm{m}\_i}=\{\hat{u}_i \quad \hat{v}_i\}^{\mathrm{T}}$ 和 $\hat{\boldsymbol{u}}'_{\theta\mathrm{b}\_i}=\{\hat{w}_i \quad \hat{u}_{\theta i} \quad \hat{v}_{\theta i}\}^{\mathrm{T}}$ 分别是变形坐标系下节点 i 膜单元部分的线位移和板单元部分的线（角）位移。

引入传统有限元中四边形等参单元的广义形函数，得单元任意点变形线（角）位移向量为：

$$\begin{cases}\hat{\boldsymbol{u}}=\sum\limits_{i=a,\mathrm{b},\mathrm{c},\mathrm{d}}N_i\hat{\boldsymbol{u}}_i\\ \hat{\boldsymbol{u}}_\theta=\sum\limits_{i=a,\mathrm{b},\mathrm{c},\mathrm{d}}N_i\hat{\boldsymbol{u}}_{\theta i}\end{cases}\tag{5.3-3}$$

式中，$N_i(\hat{x}, \hat{y}, \hat{z})$ 是单元形函数，形式同传统有限元。

膜单元部分的节点位移组合向量 $\hat{\boldsymbol{u}}_{\mathrm{m}}^*$ 和板单元部分的节点纯变形线（角）位移$\hat{\boldsymbol{u}}'^*_{\mathrm{b}}$，组合向量可记为：

$$\begin{cases}\hat{\boldsymbol{u}}_{\mathrm{m}}^*=\{\hat{\boldsymbol{u}}_{\mathrm{b}}^{\mathrm{T}} \quad \hat{\boldsymbol{u}}_{\mathrm{c}}^{\mathrm{T}} \quad \hat{\boldsymbol{u}}_{\mathrm{d}}^{\mathrm{T}}\}^{\mathrm{T}}\\ \hat{\boldsymbol{u}}'^*_{\mathrm{b}}=\{\hat{\boldsymbol{u}}'^{\mathrm{T}}_{\theta a} \quad \hat{\boldsymbol{u}}'^{\mathrm{T}}_{\theta\mathrm{b}} \quad \hat{\boldsymbol{u}}'^{\mathrm{T}}_{\theta\mathrm{c}} \quad \hat{\boldsymbol{u}}'^{\mathrm{T}}_{\theta\mathrm{d}}\}^{\mathrm{T}}\end{cases}\tag{5.3-4}$$

式中，$\hat{\boldsymbol{u}}'_{\theta i}=\{\hat{w}_i \quad \hat{u}_{\theta i} \quad \hat{v}_{\theta i}\}^{\mathrm{T}}=\{0 \quad \hat{u}_{\theta i} \quad \hat{v}_{\theta i}\}^{\mathrm{T}}$。

膜单元部分拉伸应变向量 $\Delta\hat{\boldsymbol{\varepsilon}}_{\mathrm{m}}$ 和板单元部分弯曲（含剪切）应变向量 $\Delta\hat{\boldsymbol{\varepsilon}}_{\mathrm{b}}$ 为：

$$\begin{cases}\Delta\hat{\boldsymbol{\varepsilon}}_{\mathrm{m}}=\boldsymbol{B}_{\mathrm{m}}^{*}\hat{\boldsymbol{u}}_{\mathrm{m}}^{*}\\ \Delta\hat{\boldsymbol{\varepsilon}}_{\mathrm{b}}=\boldsymbol{B}_{\mathrm{b}}^{\prime *}\hat{\boldsymbol{u}}_{\mathrm{b}}^{\prime *}=\begin{bmatrix}\hat{z}\boldsymbol{B}_{\mathrm{b}}^{*}\\ \boldsymbol{B}_{\mathrm{s}}^{*}\end{bmatrix}\hat{\boldsymbol{u}}_{\mathrm{b}}^{\prime *}\end{cases} \tag{5.3-5}$$

式中，$\Delta\hat{\boldsymbol{\varepsilon}}_{\mathrm{m}}=\{\Delta\hat{\varepsilon}_{\mathrm{mx}}\quad\Delta\hat{\varepsilon}_{\mathrm{my}}\quad\Delta\hat{\gamma}_{\mathrm{mxy}}\}^{\mathrm{T}}$，$\Delta\hat{\boldsymbol{\varepsilon}}_{\mathrm{b}}=\{\Delta\hat{\varepsilon}_{\mathrm{bx}}\quad\Delta\hat{\varepsilon}_{\mathrm{by}}\quad\Delta\hat{\gamma}_{\mathrm{bxy}}\quad\Delta\hat{\gamma}_{\mathrm{byz}}\quad\Delta\hat{\gamma}_{\mathrm{bzx}}\}^{\mathrm{T}}$，$\boldsymbol{B}_{\mathrm{m}}^{*}$ 和 $\boldsymbol{B}_{\mathrm{b}}^{\prime *}$分别是膜单元部分的拉伸和板单元部分的弯曲（含剪切）应变-位移关系矩阵。

若膜单元部分和板单元部分的材料本构矩阵分别记为 $\boldsymbol{D}$ 和 $\boldsymbol{D}'$，则对应应力向量为：

$$\begin{cases}\Delta\hat{\boldsymbol{\sigma}}_{\mathrm{m}}=\boldsymbol{D}\Delta\hat{\boldsymbol{\varepsilon}}_{\mathrm{m}}=\boldsymbol{D}_{\mathrm{b}}\boldsymbol{B}_{\mathrm{m}}^{*}\hat{\boldsymbol{u}}_{\mathrm{m}}^{*}\\ \Delta\hat{\boldsymbol{\sigma}}_{\mathrm{b}}=\boldsymbol{D}'\Delta\hat{\boldsymbol{\varepsilon}}_{\mathrm{b}}=\begin{bmatrix}\boldsymbol{D}_{\mathrm{b}} & \\ & \boldsymbol{D}_{\mathrm{s}}\end{bmatrix}\begin{bmatrix}\hat{z}\boldsymbol{B}_{\mathrm{b}}^{*}\\ \boldsymbol{B}_{\mathrm{s}}^{*}\end{bmatrix}\hat{\boldsymbol{u}}_{\mathrm{b}}^{\prime *}\end{cases} \tag{5.3-6}$$

式中，$\Delta\hat{\boldsymbol{\sigma}}_{\mathrm{m}}=\{\Delta\hat{\sigma}_{\mathrm{mx}}\quad\Delta\hat{\sigma}_{\mathrm{my}}\quad\Delta\hat{\tau}_{\mathrm{mxy}}\}^{\mathrm{T}}$，$\Delta\hat{\boldsymbol{\sigma}}_{\mathrm{b}}=\{\Delta\hat{\sigma}_{\mathrm{bx}}\quad\Delta\hat{\sigma}_{\mathrm{by}}\quad\Delta\hat{\tau}_{\mathrm{bxy}}\quad\Delta\hat{\tau}_{\mathrm{byz}}\quad\Delta\hat{\tau}_{\mathrm{bzx}}\}^{\mathrm{T}}$；$\boldsymbol{D}_{\mathrm{b}}$ 和 $\boldsymbol{D}_{\mathrm{s}}$ 分别是平面应变（拉伸、弯曲）和剪切应变部分的本构矩阵。

弹性材料情况时，有：

$$\begin{cases}\boldsymbol{D}_{\mathrm{b}}=\dfrac{E}{1-\upsilon^{2}}\begin{bmatrix}1 & \upsilon & 0\\ \upsilon & 1 & 0\\ 0 & 0 & (1-\upsilon)/2\end{bmatrix}\\ \boldsymbol{D}_{\mathrm{s}}=kG\begin{bmatrix}1 & 0\\ 0 & 1\end{bmatrix}\end{cases} \tag{5.3-7}$$

式中，$G=E/[2(1+\upsilon)]$，k 为剪切修正系数，一般取 5/6，以考虑壳厚方向的剪切不均匀变化。

考虑壳单元中横向剪应力 $\hat{\tau}_{\mathrm{byz}}$ 和 $\hat{\tau}_{\mathrm{bzx}}$ 的影响，则其单元变形虚功为：

$$\begin{aligned}\delta U&=\int_{V}\delta(\Delta\hat{\boldsymbol{\varepsilon}}_{\mathrm{m}})^{\mathrm{T}}(\hat{\boldsymbol{\sigma}}_{\mathrm{m0}}+\Delta\hat{\boldsymbol{\sigma}}_{\mathrm{m}})\mathrm{d}V+\int_{V}\delta(\Delta\hat{\boldsymbol{\varepsilon}}_{\mathrm{b}})^{\mathrm{T}}(\hat{\boldsymbol{\sigma}}_{\mathrm{b0}}+\Delta\hat{\boldsymbol{\sigma}}_{\mathrm{b}})\mathrm{d}V\\ &=(\delta\hat{\boldsymbol{u}}_{\mathrm{m}}^{*})^{\mathrm{T}}\left\{\int_{V}(\boldsymbol{B}_{\mathrm{m}}^{*})^{\mathrm{T}}\hat{\boldsymbol{\sigma}}_{\mathrm{m0}}\mathrm{d}V+\left[\int_{V}(\boldsymbol{B}_{\mathrm{m}}^{*})^{\mathrm{T}}\boldsymbol{D}_{\mathrm{b}}\boldsymbol{B}_{\mathrm{m}}^{*}\mathrm{d}V\right]\hat{\boldsymbol{u}}_{\mathrm{m}}^{*}\right\}\end{aligned}$$

$$+(\delta\hat{\boldsymbol{u}}'^{*}_{\mathrm{b}})^{\mathrm{T}}\left\{\int_V \begin{bmatrix}\hat{z}\boldsymbol{B}^{*}_{\mathrm{b}}\\ \boldsymbol{B}^{*}_{\mathrm{s}}\end{bmatrix}^{\mathrm{T}}\hat{\boldsymbol{\sigma}}_{\mathrm{b0}}\mathrm{d}V+\left(\int_V \begin{bmatrix}\hat{z}\boldsymbol{B}^{*}_{\mathrm{b}}\\ \boldsymbol{B}^{*}_{\mathrm{s}}\end{bmatrix}^{\mathrm{T}}\begin{bmatrix}\boldsymbol{D}_{\mathrm{b}} & \\ & \boldsymbol{D}_{\mathrm{s}}\end{bmatrix}\begin{bmatrix}\hat{z}\boldsymbol{B}^{*}_{\mathrm{b}}\\ \boldsymbol{B}^{*}_{\mathrm{s}}\end{bmatrix}\mathrm{d}V\right)\hat{\boldsymbol{u}}'^{*}_{\mathrm{b}}\right\} \tag{5.3-8}$$

式中，$\hat{\boldsymbol{\sigma}}_{\mathrm{m0}}$ 和 $\hat{\boldsymbol{\sigma}}_{\mathrm{b0}}$ 是膜单元部分和板单元部分的初始应力。

对照虚功方程式（5.3-2），即可得膜单元部分的节点内力和板单元部分的节点内力（矩）向量为：

$$\hat{\boldsymbol{f}}^{*}_{\mathrm{m}}=\{\hat{\boldsymbol{f}}^{\mathrm{T}}_{\mathrm{m\_b}}\quad \hat{\boldsymbol{f}}^{\mathrm{T}}_{\mathrm{m\_c}}\quad \hat{\boldsymbol{f}}^{\mathrm{T}}_{\mathrm{m\_d}}\}^{\mathrm{T}}=\int_V(\boldsymbol{B}^{*}_{\mathrm{m}})^{\mathrm{T}}\hat{\boldsymbol{\sigma}}_{\mathrm{m0}}\mathrm{d}\boldsymbol{V}$$
$$+\left\{\iint_{\hat{A}_a}\left[\int_{-t_a/2}^{t_a/2}(\boldsymbol{B}^{*}_{\mathrm{m}})^{\mathrm{T}}\boldsymbol{D}_{\mathrm{b}}\boldsymbol{B}^{*}_{\mathrm{m}}\mathrm{d}\hat{z}\right]\mathrm{d}\hat{A}_a\right\}\hat{\boldsymbol{u}}^{*}_{\mathrm{m}} \tag{5.3-9}$$

$$\hat{\boldsymbol{f}}'^{*}_{\theta\mathrm{b}}=\{\hat{\boldsymbol{f}}'^{\mathrm{T}}_{\theta\mathrm{b\_b}}\quad \hat{\boldsymbol{f}}'^{\mathrm{T}}_{\theta\mathrm{b\_c}}\quad \hat{\boldsymbol{f}}'^{\mathrm{T}}_{\theta\mathrm{b\_d}}\}^{\mathrm{T}}=\int_V \begin{bmatrix}\hat{z}\boldsymbol{B}^{*}_{\mathrm{b}}\\ \boldsymbol{B}^{*}_{\mathrm{s}}\end{bmatrix}^{\mathrm{T}}\hat{\boldsymbol{\sigma}}_{\mathrm{b0}}\mathrm{d}V$$
$$+\left\{\iint_{\hat{A}_a}\int_{-t_a/2}^{t_a/2}\hat{z}^2\boldsymbol{B}^{*\mathrm{T}}_{\mathrm{b}}\boldsymbol{D}_{\mathrm{b}}\boldsymbol{B}^{*}_{\mathrm{b}}\mathrm{d}\hat{z}\mathrm{d}\hat{A}_a+\iint_{\hat{A}_a}\int_{-t_a/2}^{t_a/2}\boldsymbol{B}^{*\mathrm{T}}_{\mathrm{s}}\boldsymbol{D}_{\mathrm{s}}\boldsymbol{B}^{*}_{\mathrm{s}}\mathrm{d}\hat{z}\mathrm{d}\hat{A}_a\right\}\hat{\boldsymbol{u}}'^{*}_{\mathrm{b}} \tag{5.3-10}$$

式中，$\hat{\boldsymbol{f}}_{\mathrm{m}\_i}=\{\hat{f}_{i\mathrm{x}}\quad \hat{f}_{i\mathrm{y}}\}^{\mathrm{T}}$ 和 $\hat{\boldsymbol{f}}'_{\theta\mathrm{b}\_i}=\{\hat{f}_{i\mathrm{z}}\quad \hat{f}_{\theta i\mathrm{x}}\quad \hat{f}_{\theta i\mathrm{y}}\}^{\mathrm{T}}$ 分别是变形坐标系下节点 i 膜单元部分节点内力和板单元部分的节点内力（矩），$\boldsymbol{t}_a$ 是厚度。单元节点内力 $\hat{\boldsymbol{f}}_{\mathrm{m}\_a}=\{\hat{f}_{a\mathrm{x}}\quad \hat{f}_{a\mathrm{y}}\}^{\mathrm{T}}$ 可由面内静力平衡条件得到。

叠加节点内力（矩）为壳单元内力，并扩展为 $\hat{\boldsymbol{f}}_i=\{\hat{f}_{i\mathrm{x}}\quad \hat{f}_{i\mathrm{y}}\quad \hat{f}_{i\mathrm{z}}\}^{\mathrm{T}}$ 和 $\hat{\boldsymbol{f}}_{\theta i}=\{\hat{f}_{\theta i\mathrm{x}}\quad \hat{f}_{\theta i\mathrm{y}}\quad \hat{f}_{\theta i\mathrm{z}}\}^{\mathrm{T}}$，其中 $\hat{f}_{\theta i\mathrm{z}}=0$，再通过坐标系转换得到整体坐标系下单元节点内力（矩），并经过正向运动转换得到 t 时刻位置时单元节点内力（矩）：

$$\begin{cases}\boldsymbol{f}_i=(\boldsymbol{R}_{\mathrm{ip}}\boldsymbol{R}_{\mathrm{op}})\hat{\boldsymbol{Q}}^{\mathrm{T}}\hat{\boldsymbol{f}}_i\\ \boldsymbol{f}_{\theta i}=(\boldsymbol{R}_{\mathrm{ip}}\boldsymbol{R}_{\mathrm{op}})\hat{\boldsymbol{Q}}^{\mathrm{T}}\hat{\boldsymbol{f}}_{\theta i}\end{cases} \tag{5.3-11}$$

式中，$\boldsymbol{R}_{\mathrm{op}}$ 和 $\boldsymbol{R}_{\mathrm{ip}}$ 是平面外、平面内正向转动矩阵。以上所得 $\boldsymbol{f}_i$ 和 $\boldsymbol{f}_{\theta i}$ 反向作用于质点 i 上，即得到壳单元传给质点的内力 $\boldsymbol{f}^{\mathrm{int}}_i$ 和内力矩 $\boldsymbol{f}^{\mathrm{int}}_{\theta i}$。

5.3.3　应力应变转换

仅当对结构应力、应变状态变量进行输出时才需要进行应力应变转换计算，否则是可忽略的。具体转换过程同膜单元，详见第 3.2.3 节。

5.3.4 若干特殊问题处理

对于四边形等参壳单元，除了第 5.2.4 节所述质点位移和内力、单元应变和内力这两组变量的叠加和分离外，还需对其位置模式、节点内力（矩）的数值积分问题做相应处理。

1. 位置模式的处理

（1）位置模式Ⅰ：求解纯变形线（角）位移和单元内力（矩）的节点位置模式

坐标模式Ⅰ指的是求解 t_0 到 t 时刻壳单元节点纯变形线（角）位移和内力（矩）时单元节点的坐标，因而需在同一平面上。四节点壳单元经历运动与变形后形成空间四边形，可用节点在垂直于单元平均法线（$\boldsymbol{n}$，$\boldsymbol{n}'$），且将通过原单元形心（C，C'）的平面上的投影坐标（$\overline{\boldsymbol{x}}_i$，$\overline{\boldsymbol{x}}'_i$ 和 $\overline{\boldsymbol{\theta}}_i$，$\overline{\boldsymbol{\theta}}'_i$）作为坐标模式Ⅰ，以实现将空间四边形转换到平面四边形上。

（2）位置模式Ⅱ：中央差分公式中的质点位置模式

坐标模式Ⅱ指的是利用中央差分公式求解式（5.1-1）时各质点的坐标，因而需是唯一值。有以下两种方式可用：1）单元运动变形后对应空间四边形的质点的实际坐标；2）采用平面投影方式获得的坐标模式Ⅰ中质点对应的各单元节点并不重合，可取坐标模式Ⅰ的质点对应的各单元节点的坐标平均值 $\left(\text{即 } \boldsymbol{x}=\frac{1}{k}\sum_{i=1}^{k}\overline{\boldsymbol{x}}_i,\ \boldsymbol{x}'=\frac{1}{k}\sum_{i=1}^{k}\overline{\boldsymbol{x}}'_i \text{ 和 } \boldsymbol{\theta}=\frac{1}{k}\sum_{i=1}^{k}\overline{\boldsymbol{\theta}}_i,\ \boldsymbol{\theta}'=\frac{1}{k}\sum_{i=1}^{k}\overline{\boldsymbol{\theta}}'_i\right)$ 作为坐标模式Ⅱ，其中 k 为质点相连各单元对应节点的总个数。

2. 单元节点内力（矩）积分

由式（5.3-9）、式（5.3-10）求解四边形等参壳单元的膜单元部分和板单元部分节点内力（矩）时，由于单元内部应力应变均随位置变化，求解时将涉及数值积分运算。考虑一般的弹塑性情况，沿厚度、单元平面的积分分别采用传统有限元中的沿厚度的 Newton-Cotes 积分（表 5.3-1）、沿单元平面的二维高斯积分（表 5.3-2）进行求解[14]。

将式（5.3-9）、式（5.3-10）中的单元节点内力（矩）增量 $\Delta\hat{\boldsymbol{f}}_{\mathrm{m}}^{*}$、$\Delta\hat{\boldsymbol{f}}'^{*}_{\theta\mathrm{b}}$ 转换到单元局部坐标系下，即有：

$$
\begin{aligned}
\Delta\hat{\boldsymbol{f}}_{\mathrm{m}}^{*} &= \left\{\int_{-1}^{1}\int_{-1}^{1}\left[\int_{-t_a/2}^{t_a/2}(\boldsymbol{B}_{\mathrm{m}}^{*}(\xi,\eta))^{\mathrm{T}}\boldsymbol{D}_{\mathrm{b}}(\xi,\eta,\hat{z})\boldsymbol{B}_{\mathrm{m}}^{*}(\xi,\eta)\mathrm{d}\hat{z}\right]\left|\boldsymbol{J}(\xi,\eta)\right|\mathrm{d}\xi\mathrm{d}\eta\right\}\hat{\boldsymbol{u}}_{\mathrm{m}}^{*} \\
&= \left\{\int_{-1}^{1}\int_{-1}^{1}\left[\sum_{k=1}^{n_1}\boldsymbol{H}_{\mathrm{k}}\boldsymbol{F}_{\mathrm{m1}}(\xi,\eta,\hat{z}_{\mathrm{k}})\right]\left|\boldsymbol{J}(\xi,\eta)\right|\mathrm{d}\xi\mathrm{d}\eta\right\}\hat{\boldsymbol{u}}_{\mathrm{m}}^{*} \\
&\cong \left\{\sum_{i,j=1}^{n_2}H_{ij}\boldsymbol{F}_{\mathrm{m2}}(\xi_i,\eta_j)\right\}\hat{\boldsymbol{u}}_{\mathrm{m}}^{*}
\end{aligned}
\tag{5.3-12}
$$

$$
\Delta\hat{\boldsymbol{f}}'^{*}_{\theta\mathrm{b}} = \left\{\int_{-1}^{1}\int_{-1}^{1}\left[\int_{-t_a/2}^{t_a/2}\hat{z}^2(\boldsymbol{B}_{\mathrm{b}}^{*}(\xi,\eta))^{\mathrm{T}}\boldsymbol{D}_{\mathrm{b}}(\xi,\eta,\hat{z})\boldsymbol{B}_{\mathrm{b}}^{*}(\xi,\eta)\mathrm{d}\hat{z}\right]\left|\boldsymbol{J}(\xi,\eta)\right|\mathrm{d}\xi\mathrm{d}\eta
$$

$$
\begin{aligned}
&+\int_{-1}^{1}\int_{-1}^{1}\left[\int_{-t_a/2}^{t_a/2}(\boldsymbol{B}_{\mathrm{s}}^{*}(\xi,\eta))^{\mathrm{T}}\boldsymbol{D}_{\mathrm{s}}(\xi,\eta,\hat{z})\boldsymbol{B}_{\mathrm{s}}^{*}(\xi,\eta)\mathrm{d}\hat{z}\right]|\boldsymbol{J}(\xi,\eta)|\mathrm{d}\xi\mathrm{d}\eta\Big\}\hat{\boldsymbol{u}}_{\mathrm{b}}^{\prime *}\\
&=\Big\{\int_{-1}^{1}\int_{-1}^{1}\left[\sum_{k}^{n_1}H_{\mathrm{k}}\hat{z}_{\mathrm{k}}^{2}\boldsymbol{F}_{\mathrm{b1}}(\xi,\eta,\hat{z}_{\mathrm{k}})\right]|\boldsymbol{J}(\xi,\eta)|\mathrm{d}\xi\mathrm{d}\eta\\
&\qquad+\int_{-1}^{1}\int_{-1}^{1}\left[\sum_{k}^{n_1}\boldsymbol{H}_{\mathrm{k}}\boldsymbol{F}_{\mathrm{s1}}(\xi,\eta,\hat{z}_{\mathrm{k}})\right]|\boldsymbol{J}(\xi,\eta)|\mathrm{d}\xi\mathrm{d}\eta\Big\}\hat{\boldsymbol{u}}_{\mathrm{b}}^{\prime *}\\
&\cong\Big\{\sum_{i,j=1}^{n_2}H_{ij}\boldsymbol{F}_{\mathrm{b2}}(\xi_i,\eta_j)+\sum_{i,j=1}^{n_2}H_{ij}\boldsymbol{F}_{\mathrm{s2}}(\xi_i,\eta_j)\Big\}\hat{\boldsymbol{u}}_{\mathrm{b}}^{\prime *}
\end{aligned}
\tag{5.3-13}
$$

式中，$\boldsymbol{F}_{\mathrm{m1}}(\xi,\eta,\hat{z})=[\boldsymbol{B}_{\mathrm{m}}^{*}(\xi,\eta)]^{\mathrm{T}}\ \boldsymbol{D}_{\mathrm{b}}(\xi,\eta,\hat{z})\boldsymbol{B}_{\mathrm{m}}^{*}(\xi,\eta)$，$\boldsymbol{F}_{\mathrm{m2}}(\xi,\eta)=\left[\sum_{k=1}^{n_1}\boldsymbol{H}_{\mathrm{k}}\boldsymbol{F}_{\mathrm{m1}}(\xi,\eta,\hat{z}_{\mathrm{k}})\right]|\boldsymbol{J}(\xi,\eta)|$；$\boldsymbol{F}_{\mathrm{b1}}(\xi,\eta,\hat{z})=[\boldsymbol{B}_{\mathrm{b}}^{*}(\xi,\eta)]^{\mathrm{T}}\ \boldsymbol{D}_{\mathrm{b}}(\xi,\eta,\hat{z})\boldsymbol{B}_{\mathrm{b}}^{*}(\xi,\eta)$，$\boldsymbol{F}_{\mathrm{b2}}(\xi,\eta)=\left[\sum_{k=1}^{n_1}\boldsymbol{H}_{\mathrm{k}}\hat{z}_{\mathrm{k}}^{2}\boldsymbol{F}_{\mathrm{b1}}(\xi,\eta,\hat{z}_{\mathrm{k}})\right]|\boldsymbol{J}(\xi,\eta)|$，$\boldsymbol{F}_{\mathrm{s1}}(\xi,\eta,\hat{z})=[\boldsymbol{B}_{\mathrm{s}}^{*}(\xi,\eta)]^{\mathrm{T}}\ \boldsymbol{D}_{\mathrm{s}}(\xi,\eta,\hat{z})\boldsymbol{B}_{\mathrm{s}}^{*}(\xi,\eta)$，$\boldsymbol{F}_{\mathrm{s2}}(\xi,\eta)=\left[\sum_{k=1}^{n_1}\boldsymbol{H}_{\mathrm{k}}\boldsymbol{F}_{\mathrm{s1}}(\xi,\eta,\hat{z}_{\mathrm{k}})\right]|\boldsymbol{J}(\xi,\eta)|$，$|\boldsymbol{J}(\xi,\eta)|$是雅可比行列式，$n_1$ 是单元厚度方向上的积分点数，n_2 是单元平面内每个自然坐标方向上的积分点数。

沿厚度的 Newton-Cotes 积分　　表 5.3-1

积分阶数 m	C_1^m	C_2^m	C_3^m	C_4^m	C_5^m	R_{m} 的上限
2	1/6	4/6	1/6			$10^{-3}(b-a)^5F^{\mathrm{IV}}(\xi)$
4	7/90	32/90	12/90	32/90	7/90	$10^{-6}(b-a)^7F^{\mathrm{VI}}(\xi)$

沿单元平面的二维高斯积分　　表 5.3-2

积分点数	坐标 ξ_i	坐标 η_i	权系数 H_{ij}
1	0	0	4.0
4	$\pm 1/\sqrt{3}$	$\pm 1/\sqrt{3}$	1.0,1.0,1.0,1.0

5.4　程序实现和算例验证

5.4.1　程序实现

本章采用 MATLAB 编制壳单元的向量式有限元分析程序，分析流程图如图 5.4-1 所示。

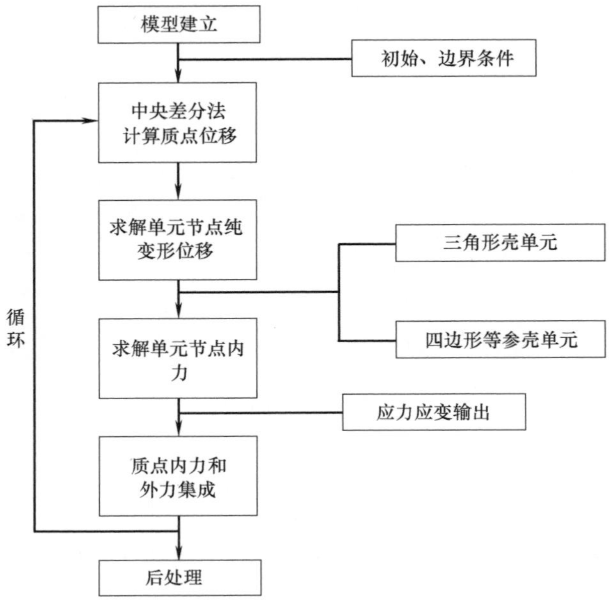

图 5.4-1　分析流程图

5.4.2　算例验证

基于前文推导的三角形、四边形壳单元基本理论公式，本章采用 Matlab 编制了向量式有限元分析程序。下面通过算例验证理论推导和编制程序的正确性。

(1) 算例 1：双曲扁壳静力分析

以承受中心集中荷载的双曲扁壳[50] 为例进行分析。图 5.4-2 为双曲扁壳模型及其网格划分。如图 5.4-2 (a) 所示，双曲扁壳投影平面为方形，其初始形状由式 (5.4-1) 所示的二次多项式曲面函数所确定。

$$z=-\frac{C}{(L/2)^2}(x^2+y^2)\quad(-L/2\leqslant x\leqslant L/2,-L/2\leqslant y\leqslant L/2)\quad(5.4\text{-}1)$$

式中，C 为中线矢高。取四边投影边长 $L=6.0$m，中线矢高 $C=L/10$，厚度 $t_a=0.2$m，水平放置且四边固支，初始位移和速度均为 0；扁壳中心受集中荷载 $P=4$N 作用而向下变形，P 采用斜坡-平台方式并施加阻尼进行缓慢加载，以消除动力振荡效应。壳体材料为线弹性，弹性模量 $E=30$kPa，泊松比 $\upsilon=0.3$，密度 $\rho=1\text{kg/m}^3$。采用三角形壳单元进行网格划分，共有 800 个单元和 441 个节点，双曲扁壳模型及其网格划分见图 5.4-2。分析时间步长取 $h=1.0\text{ms}$，阻尼参数取 $\alpha=32$。

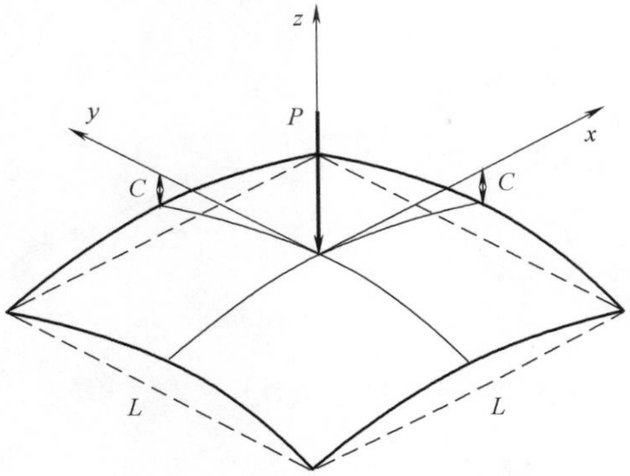

(a)

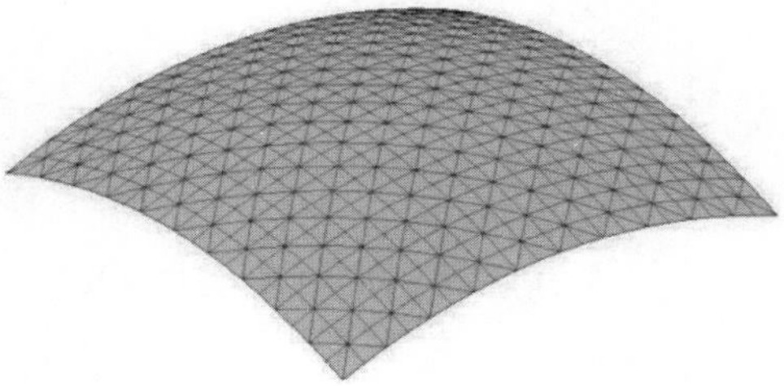

(b)

图 5.4-2 双曲扁壳模型及其网格划分

(a) 几何模型；(b) 网格划分

图 5.4-3 为双曲扁壳中点竖向位移的收敛过程，表现出很好的收敛性。图 5.4-4（a）和图 5.4-4（b）分别为沿壳中线各节点竖向位移和 von von Mises 应力的计算结果及与已有文献［50］和 ABAQUS 计算结果的比较；其中横坐标表示沿壳中线各节点到中点的距离。各节点竖向位移计算结果基本一致，本章所得中心节点竖向位移为 9.4mm，与文献［50］计算结果（10.0mm）和 ABAQUS 计算结果（9.5mm）的误差分别为 6.0%和 1.05%。对于 von Mises 应力，除中心附近局部区域由于应力集中效应计算误差稍大外，其他区域结果基本一致，本章计算结果和 ABAQUS 计算结果的最大误差为 2.43%。可见本章方法在壳结构的静力分析中具有良好的精度。

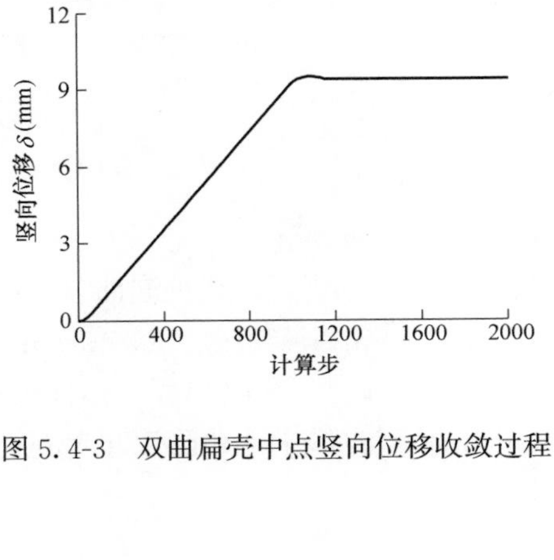

图 5.4-3 双曲扁壳中点竖向位移收敛过程

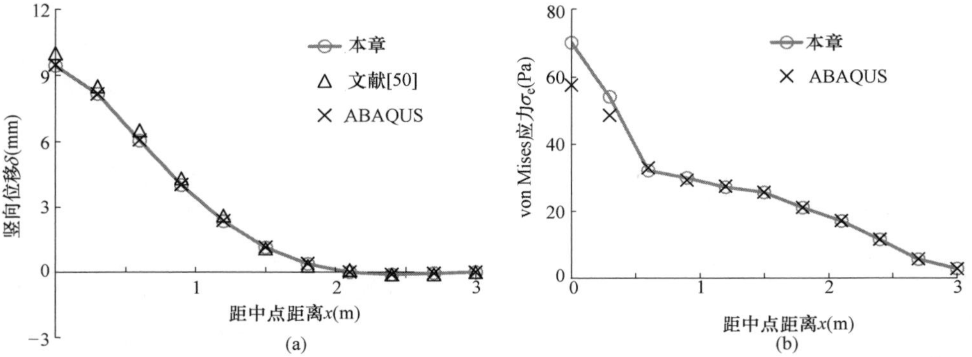

图 5.4-4　沿壳中线各节点计算结果及与已有文献［50］和 ABAQUS 计算结果的比较

（a）竖向位移；（b）von Mises 应力（SNEG 面）

（2）算例 2：双曲扁壳动力分析

双曲扁壳的几何尺寸、材料参数、初始条件、边界条件、网格划分及时间步长均同本节算例 1，壳体材料为线弹性，采用三角形壳单元。不考虑阻尼效应（即 $\alpha=0$），动力荷载采用瞬时突加的竖向均布荷载 $q=q_0=1\text{N/m}^2$。

取 $t=0.6\text{s}$ 进行分析。图 5.4-5、图 5.4-6 分别给出中心节点竖向位移和 von Mises 应力随时间的变化曲线及与 ABAQUS 计算结果的比较。可见，本章方法在壳结构动力分析中也可获得理想的求解结果。

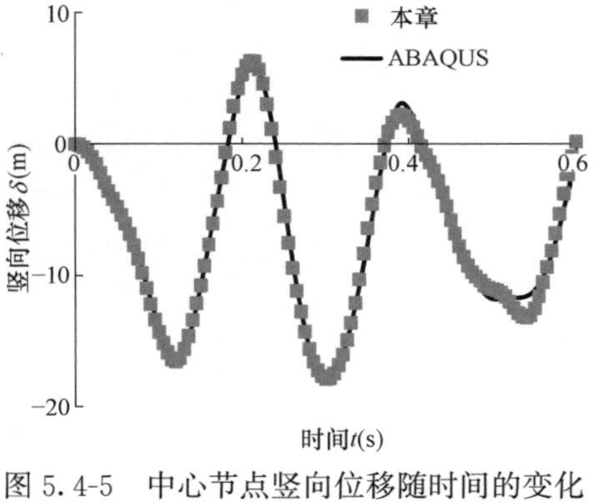

图 5.4-5　中心节点竖向位移随时间的变化曲线及与 ABAQUS 计算结果比较

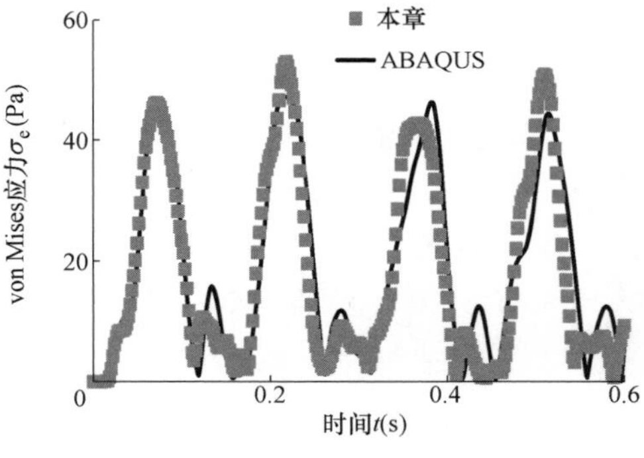

图 5.4-6　中心节点 von Mises 应力随时间的变化曲线（SNEG 面）及与 ABAQUS 计算结果比较

（3）算例 3：扁球壳非线性屈曲分析

以扁球壳跃越失稳问题[59] 为例进行非线性屈曲分析。扁球壳球面半径 $R=2.54\text{m}$，四边投影边长 $L=1.5698\text{m}$，厚度 $t_a=99.45\text{mm}$，四边简支且顶部中心节点受竖向集中荷载 P 作用。壳体材料为线弹性，弹性模量 $E=68.95\text{MPa}$，泊松比 $\upsilon=0.3$，密度 $\rho=2500\text{kg/m}^3$。采用三角形壳单元进行网格划分，共有 200

个单元和 121 个节点，扁球壳模型及其网格划分如图 5.4-7 所示。分析时间步长取 $h=0.2\text{ms}$，阻尼参数取 $\alpha=24$。

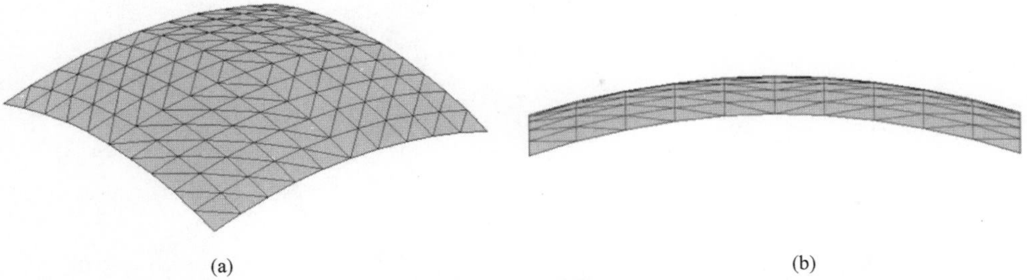

图 5.4-7　扁球壳模型及其网格划分

(a) 三维图；(b) 侧视图

分别采用位移控制法和力控制法跟踪该结构的屈曲全过程。图 5.4-8 给出了顶部中心节点竖向位移随外荷载的变化曲线及与文献［59］结果的比较。可知，位移控制法结果与文献［59］结果吻合良好，获得扁球壳考虑大变形大转动的屈曲全过程曲线，包括第一次屈曲前的大变形上升段、屈曲后的下降段及继续承载的后屈曲上升段。本章方法获得的上、下临界荷载分别为 51.55kN 和 39.47kN，文献［59］的结果为 50kN 和 39kN，误差仅为 3.1%和 1.21%。力控制法由于荷载是逐步递增施加的，除第一次屈曲后的下降段是快速递增跳过外（因而难以获得精确的临界荷载），第一次屈曲和后屈曲的上升段均与文献结果吻合较好；而跳过下降段后由于该段位移变化过快，在后屈曲上升初始出现小幅度的振荡效应。

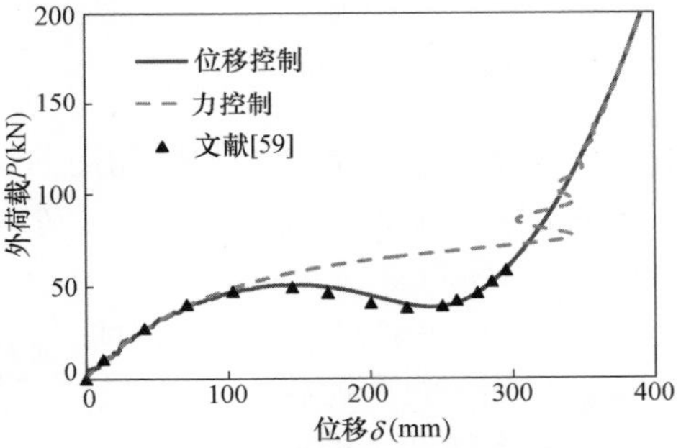

图 5.4-8　顶部中心节点的竖向位移随外荷载的变化曲线及与文献［59］结果的比较

图 5.4-9 给出了典型时刻扁球壳大变形大转动及屈曲变形图。可见，随着控制位移的递增施加，扁球壳中心的变形也逐渐增大，位移为 148mm 时达到极值点而出现屈曲；随后开始发生快速翻转（对应荷载-位移曲线的下降段），位移为 242mm 到达下降段的极小值点；之后，扁球壳变形再次缓慢增大（对应后屈曲的荷载-位移曲线上升段）。

本章方法在分析过程中通过逆向运动有效解决了大位移中的刚体运动问题；通过各质点独立逐点逐步循环求解，避免了迭代不收敛和刚度矩阵奇异的问题。

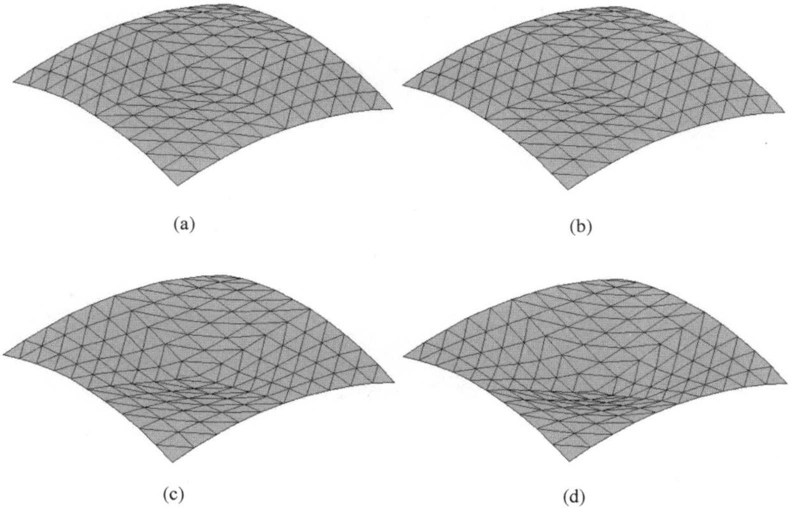

图 5.4-9　典型时刻扁球壳大变形大转动及屈曲变形图

(a) 上临界点（位移 148mm）；(b) 下临界点（位移 242mm）；(c) 位移 300mm；(d) 位移 400mm

因此对于考虑大变形大转动的结构屈曲全过程分析，在程序上无需任何特殊处理，通过位移控制即可跟踪获得包含荷载-位移曲线下降段在内的屈曲和后屈曲全过程。

(4) 算例 4：长悬挑板动力弯曲（大位移大转动）

以承受端部集中荷载的长悬挑板为例，考察四边形等参壳单元剪切效应在壳结构大位移大转动中的影响。长悬挑板模型如图 5.4-10 所示。板长 $L=1.0$m、宽 $B=0.2$m、厚 $t_a=0.015$m，初始水平静止放置，一端固支、一端自由悬臂。悬挑端中点受集中荷载 $P=100$kN 作用而弯曲变形，P 采用斜坡-平台动力加载方式，通过阻尼来区域收敛。材料为线弹性，弹性模量 $E=201$GPa，泊松比 $\upsilon=0.3$，密度 $\rho=7850\text{kg/m}^3$。采用四边形等参壳单元进行模拟，结构模型见图 5-10，时间步长 $h=2.0\times10^{-6}$s，阻尼参数 $\alpha=200$。

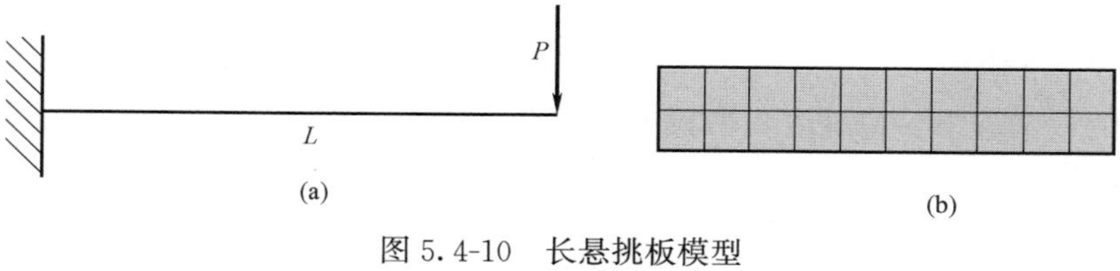

图 5.4-10　长悬挑板模型

(a) 几何模型；(b) 网格模型

考虑本章方法中剪切系数 $k=5/6$、$2/3$、$1/3$、0 时的四边形等参壳单元（四边形膜+Mindlin 板，含剪切）、三角形壳单元（CST 膜+DKT 板，无剪切，即文献［58］）这五种情况进行分析比较。图 5.4-11 为自由端中部节点的竖向位移-时间变化曲线，拟静力计算下均表现出较好的收敛性。

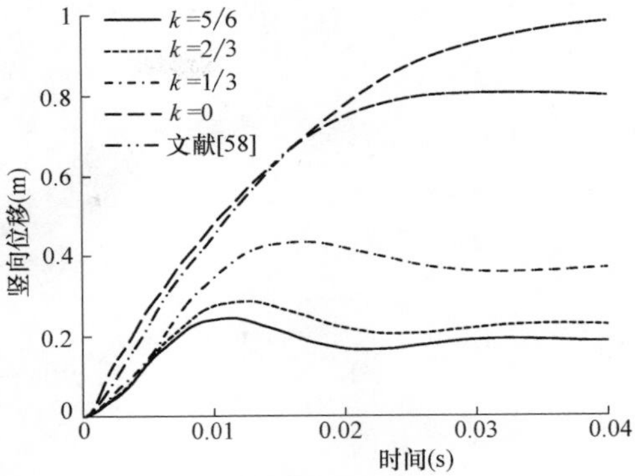

图 5.4-11　自由端中部节点的竖向位移-时间曲线

本章方法中剪切系数 $k=5/6$、2/3、1/3、0 时的位移收敛值分别为 0.186m、0.227m、0.369m、0.983m，文献［58］的位移收敛值为 0.800m。$k=5/6$（一般剪切）的自由端部中节点竖向位移仅为 $k=0$（无剪切）、文献［58］的 19%、23%。可见，对于长悬挑板壳结构，壳单元的剪切效应影响极为显著而无法忽略，此时文献［58］所述的三角形壳单元方法已不适用，应采用本章所述的含剪切四边形等参壳单元。

此外，本章 $k=0$ 时的四边形壳单元与文献［58］所述无剪切三角形壳单元的位移-时间变化曲线在 0.02s 之前基本一致，一定程度上也验证了本章方法的有效性。

图 5.4-12 给出了各剪切系数的长悬挑板在 0.04s 时的位移变形图。可知，含剪切效应时，长悬挑板呈现为弯剪型弯曲形式，为大位移大转动过程。以 $k=5/6$ 为例，图 5.4-13 给出了 0.04s 时长悬臂板的 Von Mise 应力分布云图（单位：

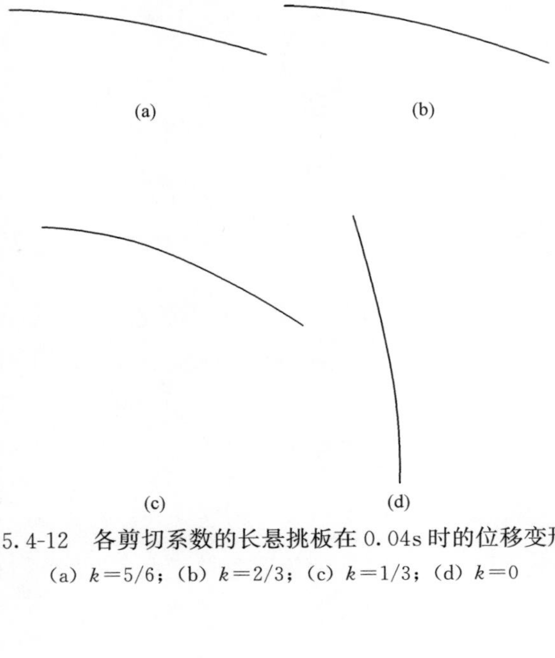

图 5.4-12　各剪切系数的长悬挑板在 0.04s 时的位移变形图

(a) $k=5/6$；(b) $k=2/3$；(c) $k=1/3$；(d) $k=0$

Pa)，最大应力出现在悬挑板根部区域。

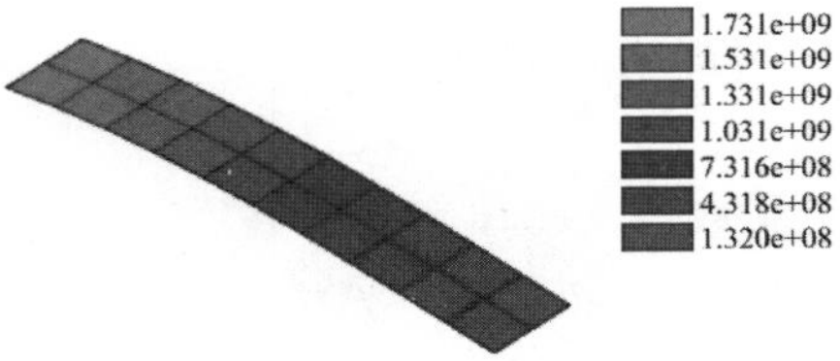

图 5.4-13　0.04s 时长悬挑板的 von Mises 应力分布云图（单位：Pa）

第6章

膜板壳结构的大变形大转动和材料非线性行为

本章首先探讨了膜板壳结构的大变形大转动行为（如：膜结构找形），并基于向量式有限元进行算例分析和应用研究；进而针对膜板壳结构的材料非线性行为（如：膜结构的正交异性、壳结构的弹塑性本构模型等）及其应用进行了深入的研究，并通过算例验证理论和程序的有效性和准确性[60-61]。对于向量式有限元来说，由于采用逆向运动的方法，本身并不存在几何非线性这一概念。

6.1 膜结构的大变形大转动

6.1.1 概述

向量式有限元法通过引入逆向运动的方法扣除刚体运动以获得单元节点纯变形，因而无需增加额外的特殊处理，即可模拟结构的大变形大转动行为，克服了传统有限元方法中容易出现的矩阵奇异和计算不收敛问题，在结构大变形大转动应用领域具有较好的优势。

6.1.2 算例分析

本节针对几类在传统有限元方法中难以模拟的膜结构大变形大转动问题，采用本章所述向量式有限元三角形 CST 膜单元和四边形等参膜单元进行数值计算并获得其大变形大转动运动的全过程。

（1）算例 1：平面膜片刚体转动

为验证所编制三角形 CST 膜单元程序在大角度刚体转动情况下的计算稳定性，以图 6.1-1 所示的方形膜片刚体转动模型为例进行分析。膜材密度 $\rho=1.0\text{kg/m}^3$，弹性模量 $E=1.0\times10^4\text{Pa}$，泊松比 $\upsilon=0$，膜厚度 $t_a=0.01\text{m}$，几何尺寸为 1.0m×1.0m。采用 5 个质点 4 个三角形 CST 膜单元来模拟其面内及面外刚体转动，分别通过对 5 个质点施加一定初速度来激励转动。

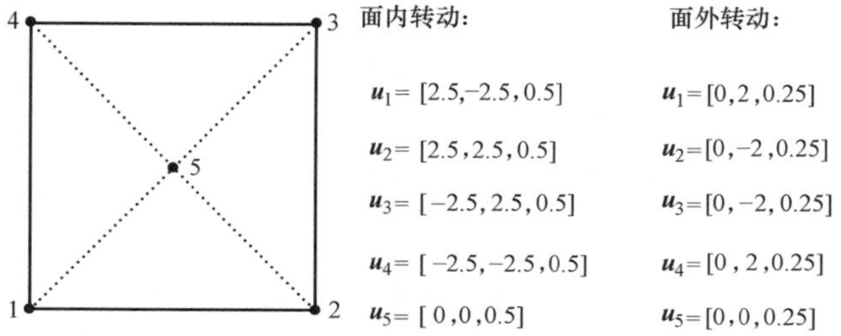

图 6.1-1　方形膜片刚体转动模型

图 6.1-2（a）、图 6.1-2（b）分别为平面膜片面内旋转、面外旋转的图形变化。图 6.1-3（a）、图 6.1-3（b）分别为对应的质点 1 在面内旋转、面外旋转过

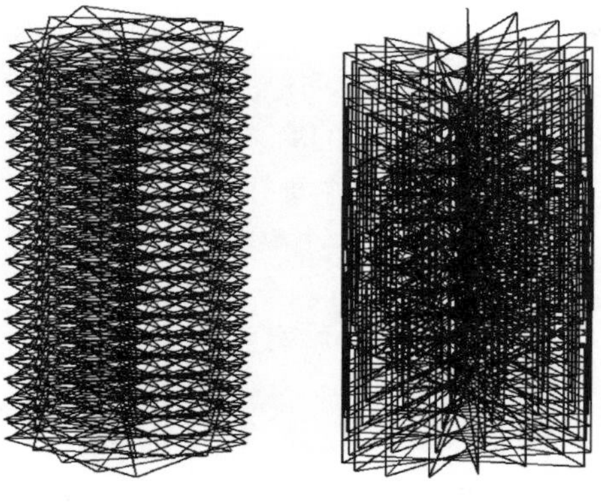

(a)　　(b)

图 6.1-2　平面膜片面内旋转、面外旋转的图形变化

（a）面内旋转；（b）面外旋转

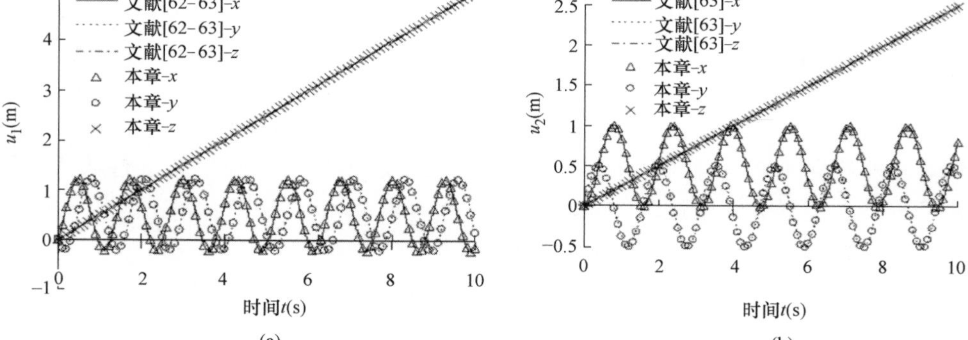

(a)　　(b)

图 6.1-3　质点 1 坐标随时间的变化

（a）面内旋转；（b）面外旋转

程中坐标随时间的变化情况。计算结果符合膜片的实际运动情况，且与文献［62-63］结果一致，验证了本章所编写的计算程序是正确的，可以处理膜单元的刚体位移问题。

（2）算例 2：平面梁的弯曲问题

图 6.1-4 为平面悬臂梁模型及网格划分，平面悬臂梁长 $L=5.0\text{m}$，高 $H=0.5\text{m}$，厚 $t_a=0.1\ \text{m}$，初始状态为平放且左端固定，右侧自由端受一弯矩 M 作用而发生面内弯曲变形。弯矩 M 采用斜坡-平台方式缓慢施加，斜坡-平台加载方式如图 6.1-5 所示，在 $t_0=2.5\text{s}$ 时达到最大值，$M_0=1.0\text{N}\cdot\text{m}$。材料弹性模量 $E=1000\text{Pa}$，泊松比 $\upsilon=0.25$，密度 $\rho=1.0\text{kg/m}^3$。采用四边形等参膜单元进行较为精细的 80×8 网格划分，共 640 个单元和 729 个质点，见图 6.1-4（b）。分析时间步长取 $h=5.0\times10^{-4}\text{s}$，阻尼参数取 $\alpha=5.0$。

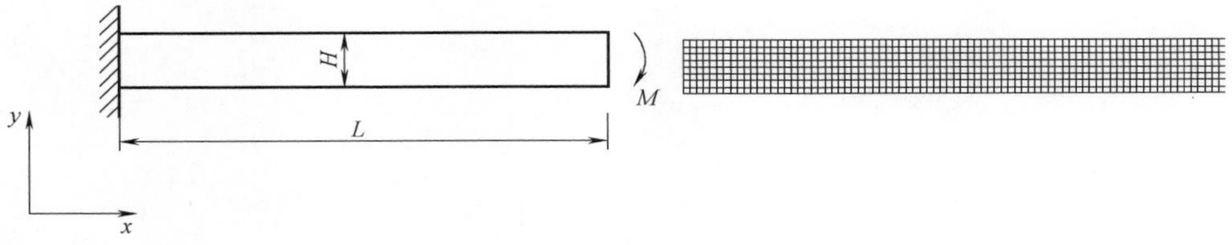

(a)　(b)

图 6.1-4　平面悬臂梁模型及网格划分

（a）平面悬臂梁；（b）网格划分

图 6.1-6 给出了悬臂梁典型时刻的变形图。可知，随着弯矩 M 的增大并达到最大值，悬臂梁在 $t=0.5\text{s}$ 时仅自由端发生微弯曲，在 $t=1\text{s}$ 时弯曲变形已扩展到整个梁身并开始呈现大变形，$t=3\text{s}$、6s 时悬臂梁大变形大转动继续增大，最终在 $t=9\text{s}$ 时甚至弯成了环形的一圈。计算结果符合悬臂梁的实际变形情况。本算例体现了四边形等参膜单元程序在平面问题中的大变形大转动分析可靠性及计算稳定性。

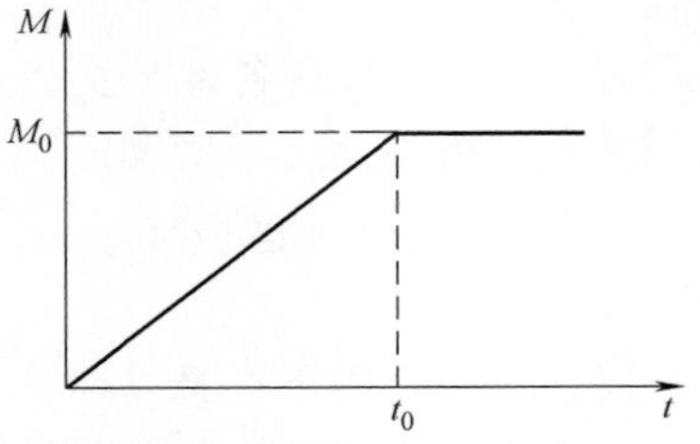

图 6.1-5　斜坡-平台加载方式

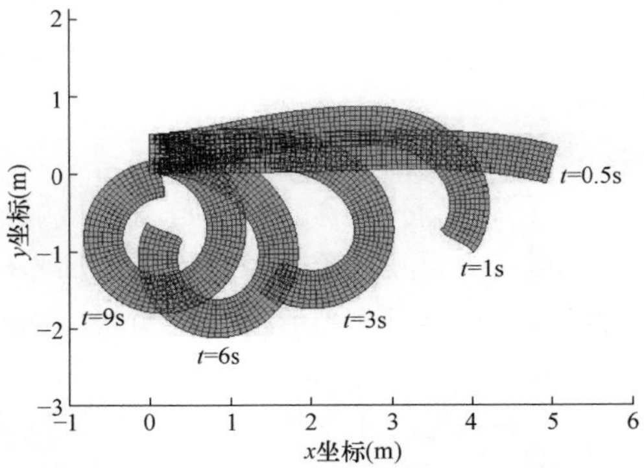

图 6.1-6　悬臂梁典型时刻的变形图

（3）算例 3：布料悬垂运动（大变形大转动）

以方形布料悬垂运动为例[62]，分别考察三角形 CST 膜单元、四边形等参膜单元在布料大变形大转动问题中的应用。布料边长 $L=0.5$m，厚度 $t_a=0.001$m；材料弹性模量 $E=7400$Pa，泊松比 $\upsilon=0.3$，密度 $\rho=27$kg/m^3。分析时间步长取 $h=2.0\times10^{-4}$s，阻尼参数取 $\alpha=5$。分析中不考虑布料自身的碰撞接触行为。方形布料模型及网格划分如图 6.1-7 所示。

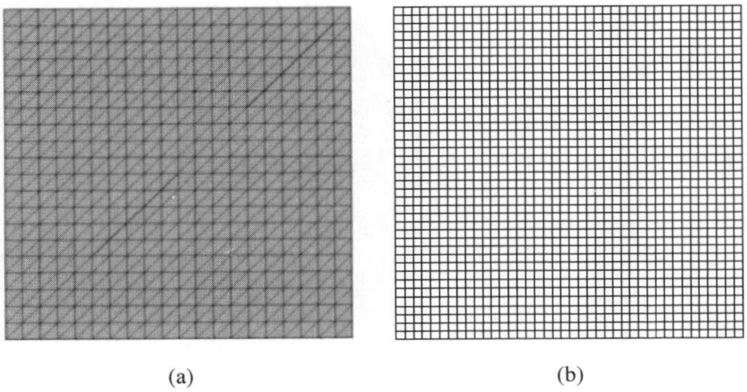

图 6.1-7　方形布料模型及网格划分

（a）三角形 CST 膜单元；（b）四边形等参膜单元

1）三角形 CST 膜单元

初始状态为水平放置且一角固定约束，布料仅在重力作用下作悬垂运动；采用三角形单元对网格进行划分，共 800 个单元和 441 个质点，结构模型如图 6.1-7（a）所示。

图 6.1-8 给出了布料悬垂运动典型时刻的变形图。可知，随着布料在重力作用下的下落运动，首先出现大幅快速下摆（$t=0.2$s，$t=0.4$s），在 $t=0.6$s 时沿对角线开始出现较为明显的折痕；之后继续下摆而呈现大变形并出现较多的小折痕（$t=0.8$s 时），在 $t=1.0$s 时下摆变形已扩展至整个布料区域，并出现了大量的细小折痕效应；在 $t=1.2$s 时布料自由角端已下落至最低位置，之后由于动力振荡效应膜片继续发生细微的摆动，并最终达到平衡状态。

由于本例并未考虑布料自身的接触行为，在 $t=0.8$s 后布料各部分交界已出现非真实的相互穿透现象，需通过加入碰撞机制才能进行消除。尽管如此，本例仍体现了本章方法可有效模拟布料运动而进行结构大变形仿真运动分析。

2）四边形等参膜单元

初始状态为水平放置且中点固定约束，布料仅在重力作用下作悬垂运动；采用四边形单元进行 40×40 精细网格划分，共 1600 个单元和 1681 个质点，结构

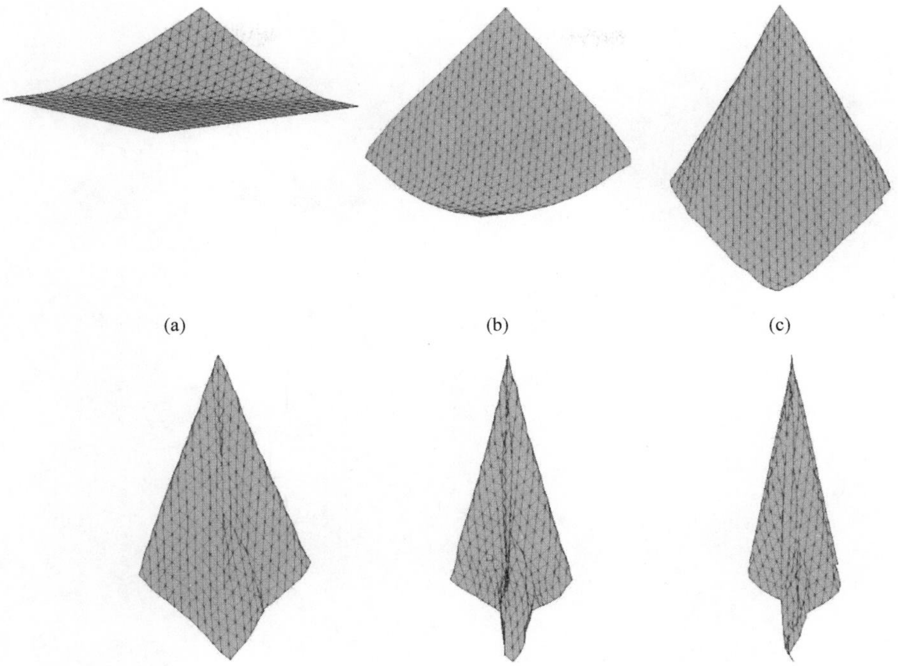

(a) (b) (c) (d) (e) (f)

图 6.1-8　布料悬垂运动典型时刻的变形图

(a) $t=0.2$s；(b) $t=0.4$s；(c) $t=0.6$s (d) $t=0.8$s；(e) $t=1.0$s；(f) $t=1.6$s

模型如图 6.1-7（b）所示。

图 6.1-9 给出了布料悬垂运动典型时刻的变形图（单位：m）。可知，布料在重力作用下四角首先开始出现对称性悬垂下摆，并出现四条明显的折痕线；接着布料四角下摆变形逐渐增大，各部分交界处相互靠近趋于明显；最后布料下摆变形继续增大，直至角端处于最低点位置的变形状态为止。由于本例并未考虑布料自身的接触行为，在 $t=0.3$s 后布料各部分交界已出现非真实的相互穿透现象，需通过加入碰撞机制才能进行消除。

（4）算例 4：气枕充气膨胀（找形）

以六边形气枕充气膨胀为例，分别考察三角形 CST 膜单元、四边形等参膜单元在膜结构大变形大转动问题中的应用。图 6.1-10 为等边六边形气枕模型及网格划分，由上、下两片六边形膜封闭而成，边长 $L=0.25$m，厚度 $t_a=0.001$m，初始水平放置且边界无约束，仅在一连续均匀填充气压 q 作用下作充气膨胀变形，气压 q 采用斜坡-平台方式缓慢施加。气枕结构一般采用 EFTE 各向同性材料。

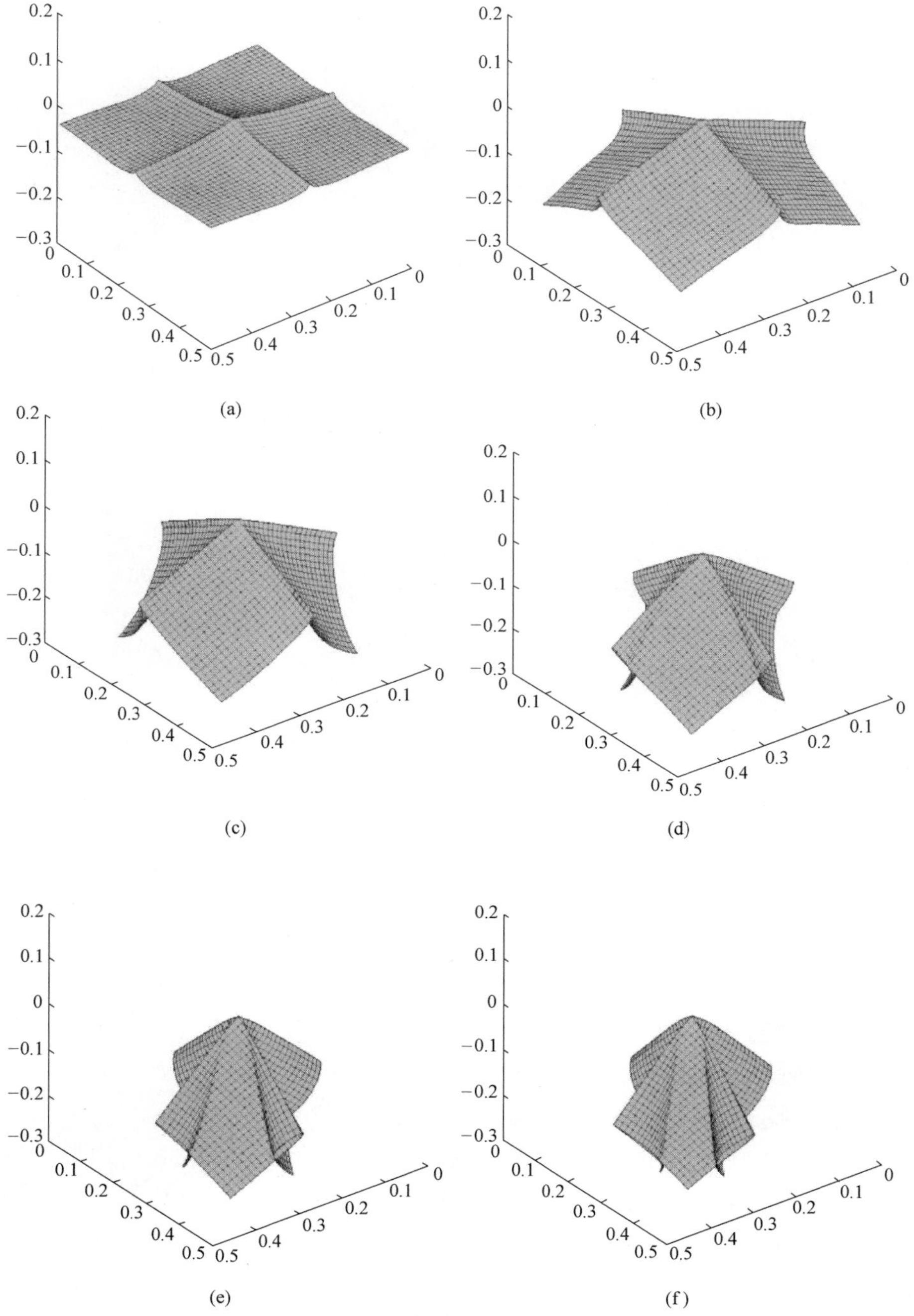

图 6.1-9　布料悬垂运动典型时刻的变形图（单位：m）

(a) t=0.1s；(b) t=0.2s；(c) t=0.25s；(d) t=0.3s；(e) t=0.35s；(f) t=0.4s

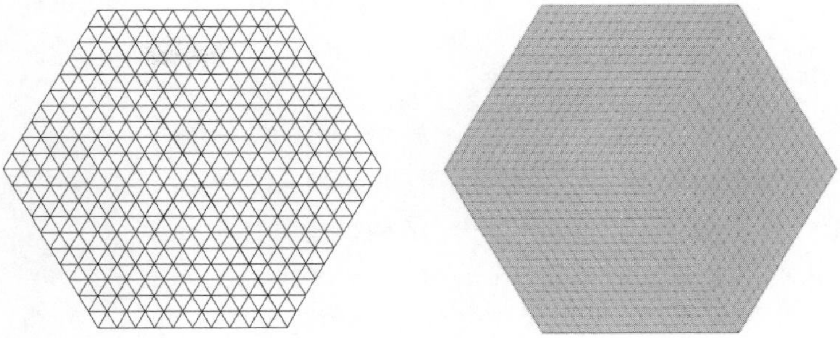

(a)　　　　　　　　(b)

图 6.1-10　等边六边形气枕模型及网格划分

(a) 三角形单元；(b) 四边形单元

1）三角形 CST 膜单元

材料弹性模量 $E=7.0\times10^{6}$ Pa，泊松比 $\upsilon=0.3$，密度 $\rho=4000\text{kg/m}^{3}$。采用三角形单元进行网格划分，共 1200 个单元和 601 个质点，分析时间步长取 $h=2.0\times10^{-4}$ s，阻尼参数取 $\alpha=250$，结构模型如图 6.1-10（a）所示。气压 q 在 $t_0=2.0$s 时达到最大值 $q_0=100$Pa。

图 6.1-11 给出了等边六边形气枕充气膨胀典型时刻的变形图。可知，当充气 $t=0.2$s 时荷载主要垂直于膜面，将膜片撑开，中部大部分膜片还未张紧。当充气 $t=0.5$s 时膜片中部依然平整，并未张紧，但边上已经开始逐渐发生单向褶皱。充气 $t=1.0$s 后，结构膜片中部逐渐受到气体支承，膜结构边上逐渐可以看

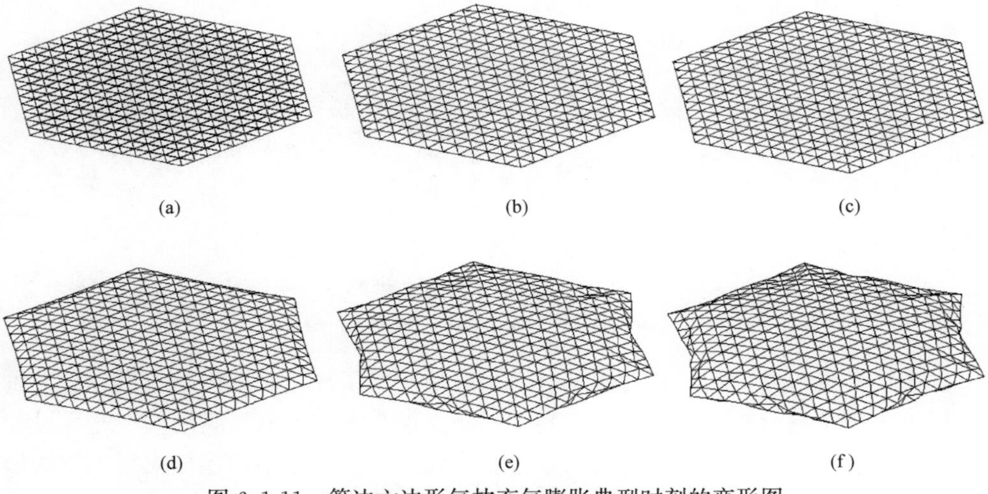

(a)　　　　(b)　　　　(c)

(d)　　　　(e)　　　　(f)

图 6.1-11　等边六边形气枕充气膨胀典型时刻的变形图

(a) $t=0.2$s；(b) $t=0.5$s；(c) $t=0.6$s；(d) $t=1.0$s；(e) $t=2.0$s；(f) $t=4.0$s

到出现褶皱效应。当充气 $t=2.0\text{s}$ 后，气枕形状基本定型，只是随着气压的增大而缓慢增大。

2）四边形等参膜单元

材料弹性模量 $E=7.0\times10^4\text{Pa}$，泊松比 $\upsilon=0.3$，密度 $\rho=27\text{kg/m}^3$。采用四边形单元进行精细网格划分，共 2400 个单元和 2401 个质点，分析时间步长取 $h=5.0\times10^{-5}\text{s}$，阻尼参数取 $\alpha=5.0$，结构模型如图 6.1-10（b）所示。气压 q 在 $t_0=0.05\text{s}$ 时达到最大值，$q_0=15.0\text{Pa}$。

图 6.1-12 给出了六边形气枕充气膨胀典型时刻的变形图。可知，随着气压 q 的增大并达到最大值，气枕在 $t=0.03\text{s}$ 前处于膨胀变形逐渐增大状态，在 $t=0.03\text{s}$ 时膨胀变形已开始扩展到整个气枕并呈现大变形，在 $t=0.04\text{s}$ 时达到最大膨胀变形，之后由于振荡效应的存在又开始来回往复变形（如 $t=0.07\text{s}$ 时）；在 $t=0.07\text{s}$ 时气枕周围边界开始产生局部皱痕；由于气枕内压力达到饱和状态，在 $t=0.12\text{s}$ 时气枕周围边界上皱痕趋于明显，即产生了明显的褶皱效应。计算结果符合气枕充气的实际变形情况。本算例体现了本章四边形等参膜单元程序在膜结构大变形大转动分析中的有效性。

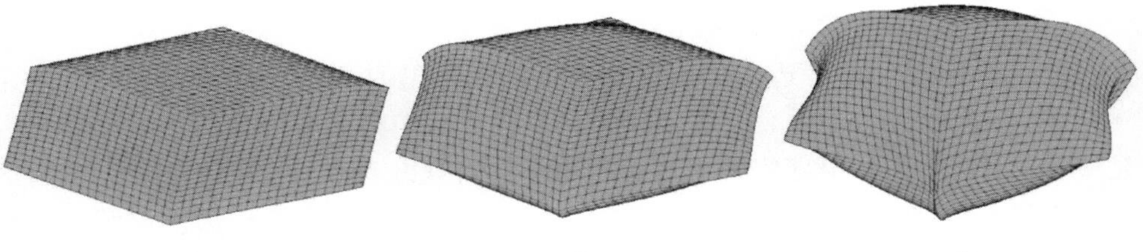

(a) (b) (c)

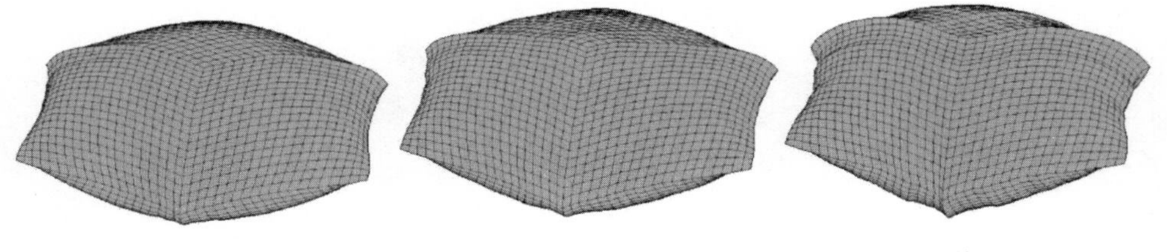

(d) (e) (f)

图 6.1-12 六边形气枕充气膨胀典型时刻的变形图

（a）$t=0.02\text{s}$；（b）$t=0.03\text{s}$；（c）$t=0.04\text{s}$；（d）$t=0.07\text{s}$；（e）$t=0.09\text{s}$；（f）$t=0.12\text{s}$

由该算例可知，向量式有限元可以很好地应用于充气膜结构的找形分析，可较好处理膜结构分析中的大变形大转动问题。但是六边形充气膜结构在充气过程中会出现大量褶皱区域，而现有向量式有限元膜单元程序不能模拟褶皱出现的形态，且并未考虑褶皱区域刚度的变化，可能对计算带来误差。但目前国内几乎没有文献在气枕充气分析中考虑膜材的褶皱效应，褶皱效应对充气膜结构计算结果的影响是否可以忽略，本章将在第 7 章进一步深入研究。

（5）算例 5：马鞍形膜结构找形

如图 6.1-13 为马鞍形膜结构初始形状及网格划分，边长 $L=7.070$m，对角线长 10m，节点 1、节点 10 为高点，节点 11、节点 19 为低点，高差 2.0m，四边固定。设置膜面预拉应力 $\sigma_x=\sigma_y=2.0$MPa，采用支座移动法将边界节点提升至支承位置固定，对其进行找形分析。为了得到准确的找形结果，可假设膜结构的弹性模量为小值。以马鞍形膜结构中心点为坐标原点，高点连线方向为 x 轴，低点连线方向为 y 轴，竖直方向为 z 轴建立坐标系，马鞍形极小曲面理论公式为：

$$z=\frac{x^2-y^2}{25} \tag{6.1-1}$$

马鞍形膜结构找形计算结果与理论值对比如表 6.1-1 和马鞍形膜结构找形结果如图 6.1-14 所示，最后得到光滑的马鞍形曲面膜结构。与理论值相比误差很小，绝大多数点的误差不超过 2%，最大误差不超过 3.0mm，验证了所编制程序用于膜结构找形的正确性。

支座移动法是一种常用膜结构找形方法，由于支座移动体现出很强的几何非线性，为了防止迭代不收敛，往往分为多步进行。在计算过程中要多次求解非线性方程，计算效率低，收敛缓慢，还容易产生误差累积和迭代不收敛[64]。向量式有限元无须求解非线性方程，采用中央差分方程迭代，可以将支座移动分为上万步进行，依然保持极高的计算效率。向量式有限元处理大变形问题不会产生误差累计，可以保证较高的精度。

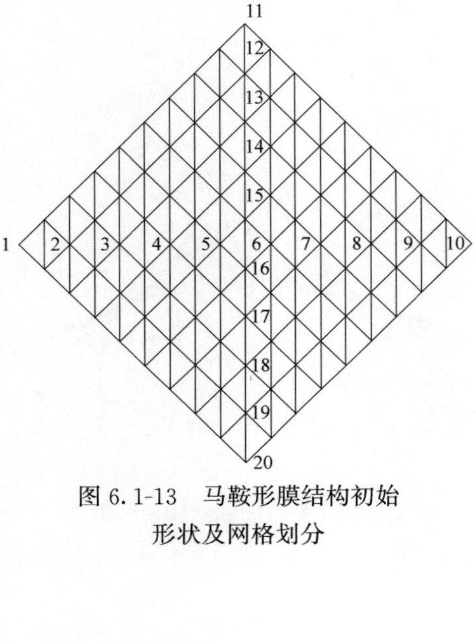

图 6.1-13　马鞍形膜结构初始形状及网格划分

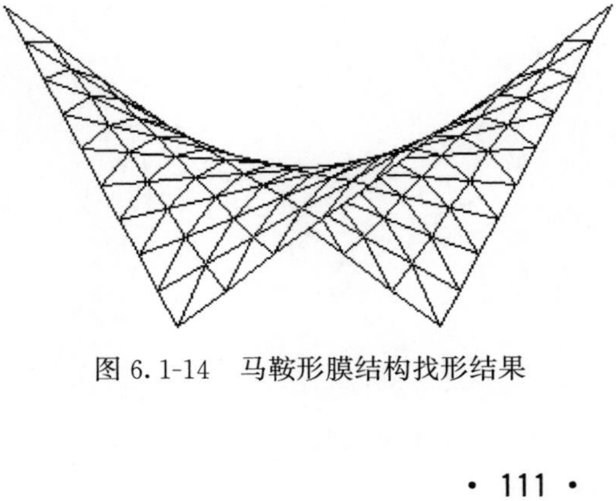

图 6.1-14　马鞍形膜结构找形结果

马鞍形膜结构找形计算结果与理论值对比 **表 6.1-1**

节点号	计算值(m)	理论值(m)	误差(%)	节点号	计算值(m)	理论值(m)	误差(%)
1	1.000	1.000	0.00	11	−1.000	−1.000	0.00
2	0.609	0.612	0.40	12	−0.614	−0.616	0.42
3	0.314	0.317	0.97	13	−0.316	−0.320	1.11
4	0.114	0.116	1.26	14	−0.115	−0.117	1.98
5	0.013	0.013	1.68	15	−0.012	−0.013	6.41
6	0.013	0.013	1.68	16	−0.012	−0.013	6.21
7	0.114	0.116	1.26	17	−0.115	−0.117	1.92
8	0.314	0.317	0.97	18	−0.317	−0.320	1.10
9	0.609	0.612	0.40	19	−0.615	−0.617	0.43
10	1.000	1.000	0.00	20	−1.000	−1.000	0.00

注：表中计算值和理论值仅保留了 3 位小数（四舍五入），误差由精确值求得。

（6）算例 6：悬链面膜结构找形

设置膜面预拉应力 $\sigma_x=\sigma_y=5.0\text{MPa}$，悬链面顶圆半径、底圆半径分别 $a=1.0\text{m}$、$b=5.0\text{m}$，上部圆环边界的固定高度 $h_1=2.2924\text{m}$，悬链面膜结构初始形状及网格划分如图 6.1-15 所示。同算例 5，为了得到准确的找形结果，可假设膜结构的弹性模量为小值。找形开始时将边界节点提升至支承位置固定，通过产生的不平衡力进入循环计算，得到找形结果。

悬链面膜结构找形结果如图 6.1-16 所示，可知，找形得到的最终结果是光滑曲面，验证了向量式有限元在膜结构找形中的较好应用。

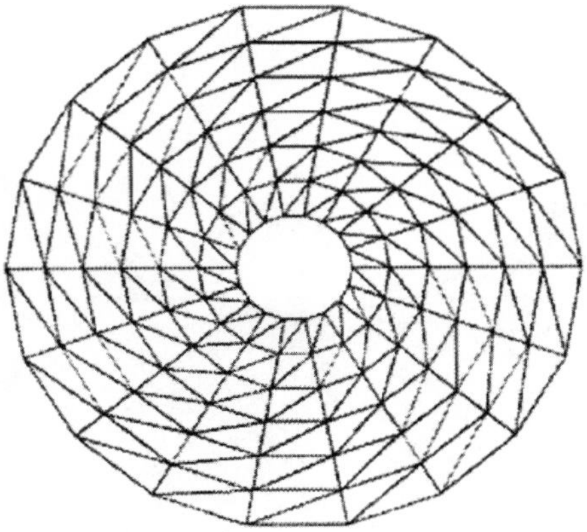

图 6.1-15 悬链面膜结构初始形状及网格划分

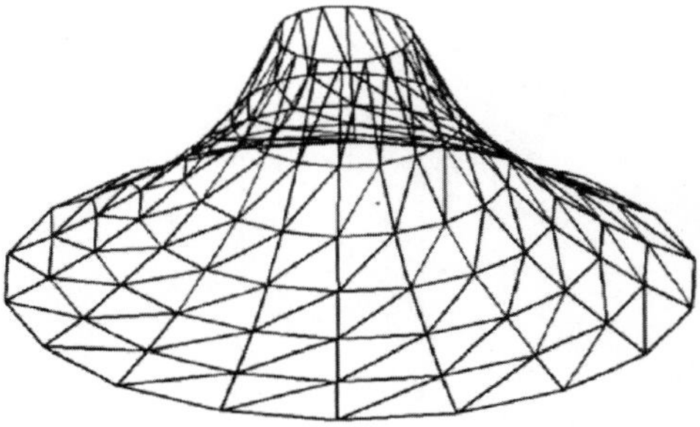

图 6.1-16 悬链面膜结构找形结果

6.2　板壳结构的大变形大转动

6.2.1　概述

板壳结构的大变形大转动通常伴随着结构弹塑性、屈曲、碰撞接触、断裂和穿透等复杂行为而出现，本节仅给出若干典型算例，以验证向量式有限元板壳单元及其程序在板壳结构大变形大转动行为方面应用的有效性。

6.2.2　算例分析

具体算例参见第 5.4.2 节的算例 3 和算例 4。

6.3　膜结构的材料非线性

6.3.1　概述

目前传统有限元分析软件考虑膜材正交异性都须在局部坐标系下，设置膜材弹性主轴方向，过程较为繁琐；而向量式有限元中尚未有文献考虑膜材的正交异性。本节基于向量式有限元膜单元分析方法，推导了考虑膜材正交异性的本构矩阵，修正后的本构矩阵无须转换坐标系可直接用于方程迭代，使计算简便快捷。根据上述理论编制了膜结构计算程序，并通过算例分析证明了上述理论推导与程序编制的正确性。

6.3.2　膜材正交异性本构理论

1. 建筑膜材的正交异性

常用的建筑膜材由于其纺织方法使膜材随着受力角度的不同而呈现不同的力学性能，包括抗拉强度、断裂延伸率、抗拉刚度、破坏形态等。

通过膜材单轴拉伸试验表明[65]：

（1）在膜材经纬向抗拉强度和抗拉刚度最大，断裂延伸率最小；

（2）建筑膜材在不同受力方向的抗拉强度与断裂延伸率如图 6.3-1 所示，膜材抗拉刚度和断裂延伸率在偏轴 45°方向最小，抗拉强度大约在偏轴 15°和偏轴 75°最小；

（3）膜材的受力性能在不同方向上具有良好的对称性，以膜材经纬向为对称轴；

（4）膜材在不同受力方向具有不同的破坏形态。膜材受力偏轴为 0°时断裂线与受力方向垂直，偏轴为 45°时断裂线与受力方向呈 45°。偏轴为 0°与 45°时试

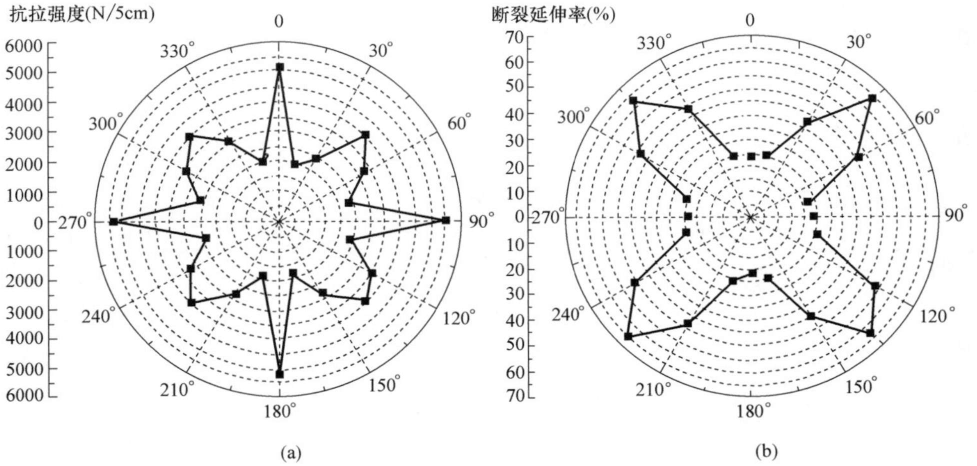

图 6.3-1　建筑膜材在不同受力方向的抗拉强度与断裂延伸率

(a) 抗拉强度；(b) 断裂延伸率

件中心线平直，而 15°与 75°时试件出现明显扭曲变形。

产生建筑膜材正交异性的主要原因是膜材基层的纺织方法。当受力方向沿膜材经纬向时，膜材纤维直接受拉；而受力方向与膜材经纬向呈一定角度时，膜材首先拉伸变形的是经纬向纤维编织形成的矩形网格机构，待机构变形纤维拉直后才承受拉力，最后基层纤维在拉应力与剪应力共同作用下破坏。因此形成了上述膜材正交异性受力性能。建筑膜材并非严格意义上的正交异性材料，但为了便于计算，仍假定膜材为理想正交异性材料，其弹性主轴即膜材经、纬向。

2. 正交异性膜材的本构关系

理想正交异性膜材在弹性主轴方向上的本构关系为[65]：

$$\begin{Bmatrix}\sigma_x\\ \sigma_y\\ \tau_{xy}\end{Bmatrix}=\begin{bmatrix}d_{11} & d_{12} & 0\\ d_{21} & d_{22} & 0\\ 0 & 0 & d_{33}\end{bmatrix}\begin{Bmatrix}\varepsilon_x\\ \varepsilon_y\\ \gamma_{xy}\end{Bmatrix} \tag{6.3-1}$$

或

$$\begin{Bmatrix}\varepsilon_x\\ \varepsilon_y\\ \gamma_{xy}\end{Bmatrix}=\begin{bmatrix}s_{11} & s_{12} & 0\\ s_{21} & s_{22} & 0\\ 0 & 0 & s_{33}\end{bmatrix}\begin{Bmatrix}\sigma_x\\ \sigma_y\\ \tau_{xy}\end{Bmatrix} \tag{6.3-2}$$

通常由材料单轴拉伸试验和纯剪试验确定弹性体常量。其中 $\{\varepsilon_x \quad \varepsilon_y \quad \gamma_{xy}\}^T$ 为弹性主轴方向的应变，$\{\sigma_x \quad \sigma_y \quad \tau_{xy}\}^T$ 为弹性主轴方向的应力。

根据单轴拉伸试验，在 x 轴方向有：

$$\begin{cases} \varepsilon_x = \dfrac{1}{E_x}\sigma_x \\ \varepsilon_y = \dfrac{\upsilon_x}{E_x}\sigma_x \end{cases} \tag{6.3-3}$$

同理，在 y 轴方向有：

$$\begin{cases} \varepsilon_y = \dfrac{1}{E_y}\sigma_y \\ \varepsilon_x = \dfrac{\upsilon_y}{E_y}\sigma_y \end{cases} \tag{6.3-4}$$

以及根据纯剪试验，得：

$$\gamma_{xy} = \frac{1}{G_{xy}}\tau_{xy} \tag{6.3-5}$$

将式（6.3-3）～式（6.3-5）代入式（6.3-2），可得膜材柔度本构关系矩阵为：

$$S = \begin{bmatrix} \dfrac{1}{E_x} & -\dfrac{\upsilon_y}{E_x} & 0 \\ -\dfrac{\upsilon_x}{E_y} & \dfrac{1}{E_y} & 0 \\ 0 & 0 & \dfrac{1}{G_{xy}} \end{bmatrix} \tag{6.3-6}$$

由式（6.3-6），可得刚度本构关系矩阵为：

$$D = \begin{bmatrix} \dfrac{E_x}{1-\upsilon_x\upsilon_y} & \dfrac{\upsilon_y E_x}{1-\upsilon_x\upsilon_y} & 0 \\ \dfrac{\upsilon_x E_y}{1-\upsilon_x\upsilon_y} & \dfrac{E_y}{1-\upsilon_x\upsilon_y} & 0 \\ 0 & 0 & G_{xy} \end{bmatrix} \tag{6.3-7}$$

式中，E_x、E_y 分别为膜材经向、纬向的弹性模量，υ_x、υ_y 分别为膜材经向、纬向的泊松比，G_{xy} 为剪切模量。根据本构关系矩阵的对称性，有：

$$\frac{\upsilon_x}{E_x} = \frac{\upsilon_y}{E_y} \tag{6.3-8}$$

对剪切模量 G_{xy} 的测定较为困难，IASS 推荐采用计算公式为[66]：

$$\frac{1}{G_{xy}\cdot t} = \frac{4}{E_{45^\circ}\cdot t} - \frac{1}{E_x\cdot t} - \frac{1}{E_y\cdot t} + \frac{2\upsilon_x}{E_x\cdot t} \tag{6.3-9}$$

式中，t 为膜材厚度，E_{45° 为与膜材经纬向呈 45°夹角方向单轴拉伸试验测得的弹性模量。

3. 向量式有限元中的正交异性膜材本构矩阵

在向量式有限元中，膜单元的纯变形位移通常为局部坐标系下的应变 $\{\varepsilon_x, \varepsilon_y, \gamma_{xy}\}$，但由于通常以单元一边为 x 轴建立局部坐标系，与弹性主轴方向不一致，因此需要对本构关系进行坐标转换求出直接用于局部坐标系的本构矩阵。

常用的建筑膜材为正交异性膜材，以膜材经向为 x' 轴、纬向为 y' 轴，建立弹性坐标系 $ox'y'$，正交异性膜材的应力应变关系为：

$$\boldsymbol{\sigma}'=\begin{Bmatrix}\sigma_{x'}\\\sigma_{y'}\\\tau_{x'y'}\end{Bmatrix}=\begin{bmatrix}\dfrac{E_{x'}}{1-\upsilon_{x'}\upsilon_{y'}} & \dfrac{\upsilon_{y'}E_{x'}}{1-\upsilon_{x'}\upsilon_{y'}} & 0\\ \dfrac{\upsilon_{x'}E_{y'}}{1-\upsilon_{x'}\upsilon_{y'}} & \dfrac{E_{y'}}{1-\upsilon_{x'}\upsilon_{y'}} & 0\\ 0 & 0 & G_{x'y'}\end{bmatrix}\begin{Bmatrix}\varepsilon_{x'}\\\varepsilon_{y'}\\\gamma_{x'y'}\end{Bmatrix}=\boldsymbol{D\varepsilon}' \tag{6.3-10}$$

式中，$E_{x'}$、$E_{y'}$ 分别为膜材经向、纬向的弹性模量，$\upsilon_{x'}$、$\upsilon_{y'}$ 分别为膜材经向、纬向的泊松比，$G_{x'y'}$ 为膜材的剪切模量。

图 6.3-2 为局部坐标系与弹性坐标系，每一时间步长内局部坐标系 oxy 与弹性坐标系 $ox'y'$的夹角为 θ（逆时针为正），则弹性坐标系与局部坐标系的应力关系为：

$$\boldsymbol{\sigma}'=\begin{Bmatrix}\sigma_{x'}\\\sigma_{y'}\\\tau_{x'y'}\end{Bmatrix}=\begin{bmatrix}c^2 & s^2 & 2sc\\ s^2 & c^2 & -2sc\\ -sc & sc & c^2-s^2\end{bmatrix}\begin{Bmatrix}\sigma_x\\\sigma_y\\\tau_{xy}\end{Bmatrix}=\boldsymbol{A\sigma} \tag{6.3-11}$$

式中，$c=\cos\theta$，$s=\sin\theta$；A 为正交矩阵形式的变换矩阵。

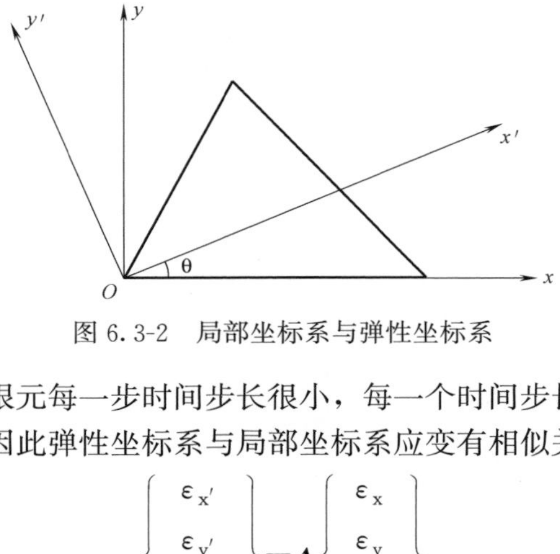

图 6.3-2　局部坐标系与弹性坐标系

由于向量式有限元每一步时间步长很小，每一个时间步长内单元变形符合大变形小应变假定。因此弹性坐标系与局部坐标系应变有相似关系：

$$\begin{Bmatrix}\varepsilon_{x'}\\\varepsilon_{y'}\\\dfrac{1}{2}\gamma_{x'y'}\end{Bmatrix}=\boldsymbol{A}\begin{Bmatrix}\varepsilon_x\\\varepsilon_y\\\dfrac{1}{2}\gamma_{xy}\end{Bmatrix} \tag{6.3-12}$$

引入鲁塔矩阵：

$$\boldsymbol{R}=\begin{bmatrix}1 & 0 & 0\\0 & 1 & 0\\0 & 0 & 2\end{bmatrix} \tag{6.3-13}$$

或

$$\boldsymbol{R}^{-1}=\begin{bmatrix}1 & 0 & 0\\0 & 1 & 0\\0 & 0 & 2\end{bmatrix} \tag{6.3-14}$$

式（6.3-12）可化为：

$$\boldsymbol{\varepsilon}'=\boldsymbol{RAR}^{-1}\boldsymbol{\varepsilon} \tag{6.3-15}$$

将式（6.3-11）、式（6.3-12）代入式（6.3-10），得：

$$\boldsymbol{\sigma}=\boldsymbol{A}^{\mathrm{T}}\boldsymbol{DRAR}^{-1}\boldsymbol{\varepsilon} \tag{6.3-16}$$

因此局部坐标系下，正交异性膜材的本构关系为：

$$\boldsymbol{D}'=\boldsymbol{A}^{\mathrm{T}}\boldsymbol{DRAR}^{-1} \tag{6.3-17}$$

式中，$\boldsymbol{D}'$为修正后的正交异性膜材本构关系矩阵。

用求得的$\boldsymbol{D}'$替换式（3.2-16）中的本构关系$\boldsymbol{D}$，即考虑膜材的正交异性，对膜结构进行计算分析。

6.3.3　程序实现和算例分析

根据上述理论，可将正交异性膜材作为独立子模块引入向量式有限元主分析流程中，正交异性膜材分析流程图如图 6.3-3 所示。

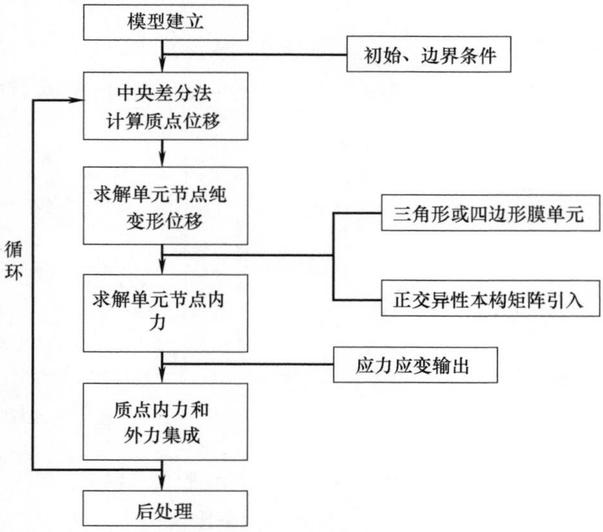

图 6.3-3　正交异性膜材分析流程图

基于前文推导的三角形 CST 膜单元基本理论公式，采用 MATLAB 编制了考虑膜材正交异性的向量式膜结构分析程序。下面通过算例验证理论推导和编制程序的正确性。

（1）算例 1：内压膜充气（正交异性）

双抛物线曲面膜片，初始形状由函数式（6.3-18）所确定：

$$z=\frac{16f}{a^2b^2}\left[\left(\frac{a}{2}\right)^2-\left(x-\frac{a}{2}\right)^2\right]\left[\left(\frac{b}{2}\right)^2-\left(y-\frac{b}{2}\right)^2\right],\quad 0\leqslant x\leqslant a,0\leqslant y\leqslant b \tag{6.3-18}$$

图 6.3-4 为双抛物线膜片初始状态及网格划分（单位：m），本算例取矩形膜片边长 $a=b=1$m，矢高 $f=0.1$m，四边固定。膜材厚度 $t=0.001$m，密度 $\rho=1.0\times10^7\text{kg/m}^3$。考虑正交异性膜材，经向、纬向的弹性模量分别为 $E_x=8000$MPa、$E_y=4000$MPa，对应泊松比分别为 $\upsilon_{xy}=0.6$、$\upsilon_{yx}=0.3$，剪切模量 $G_{xy}=200$MPa。将膜片划分为 200 个三角形 CST 膜单元。对膜片施加 1.5MPa 竖直向上内压。

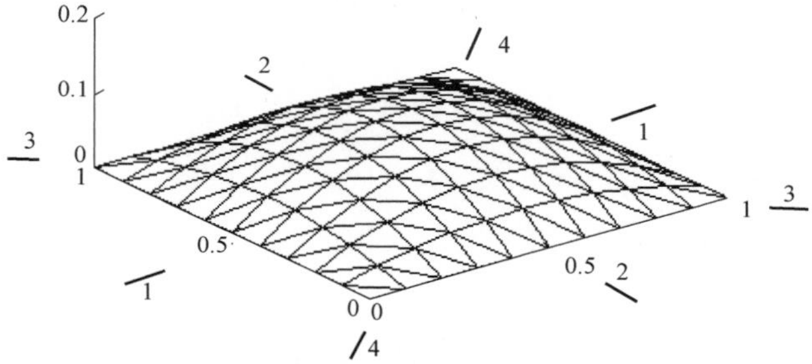

图 6.3-4　双抛物线膜片初始状态及网格划分（单位：m）

图 6.3-5 内压膜充气下正交异性膜材与各向同性膜材（取 $E_x=E_y=6000$MPa）的节点位移计算结果比较。其中图 6.3-5（a）中膜材的经向、纬向分

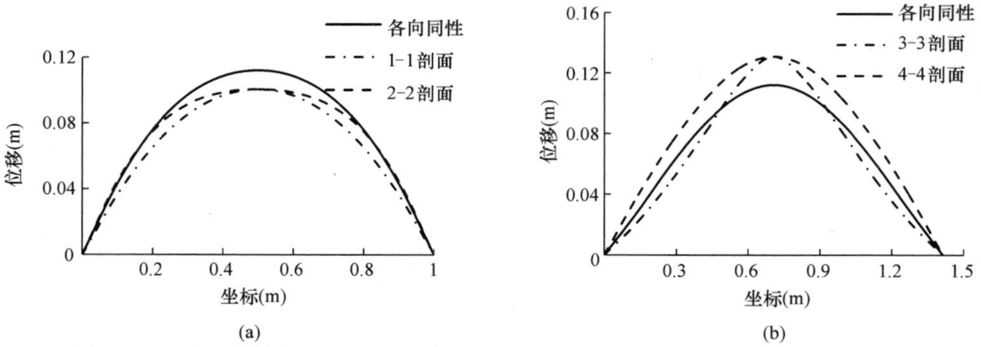

图 6.3-5　内压膜充气下正交异性膜材与各向同性膜材（取 $E_x=E_y=6000$MPa）的节点位移计算结果比较

（a）膜材经纬向沿边界平行方向布置；（b）膜材经纬向沿对角线方向布置

别沿膜片边界的平行方向布置，图中给出了与边界平行的两条中线，即 1-1、2-2 剖面（剖面位置示于图 6.3-4）上的节点竖向位移；图 6.3-5（b）中膜材的经纬向沿膜片对角线方向布置，图中给出了两对角线，即 3-3、4-4 剖面上的节点竖向位移。显然，各向同性膜材在 1-1 剖面、2-2 剖面以及 3-3、4-4 剖面上的位移是完全一致的，而考虑正交异性后位移出现明显差异，刚度较大的膜材在经向 1-1、3-3 剖面上的位移小于刚度较小的纬向 2-2、4-4 剖面上的位移，最大差异约 50%。可见膜材正交异性对膜材的受力性能产生较大影响，分析中应予考虑。

（2）算例 2：内压膜充气后施加集中力（正交异性）

在算例 1 的内压膜算例中，施加竖直向上内压后，再在内压膜中点施加竖直向下的集中荷载 150kN，计算集中荷载下膜片的结构响应。图 6.3-6 内压膜充气后施加集中力下正交异性膜材与各向同性膜材的位移计算结果比较。可以看出不同方向上刚度差异非常明显。在图 6.3-6（a）中 1-1 剖面上膜材的竖直位移整体小于 2-2 剖面的位移和各向同性膜材位移，这与 1-1 剖面为膜材径向，2-2 剖面为膜材纬向的分布有关。而在图 6.3-6（b）中，3-3 剖面膜材径向刚度较大，4-

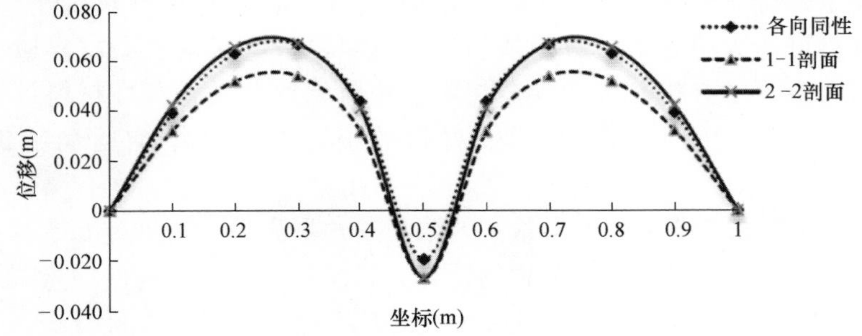

(a)

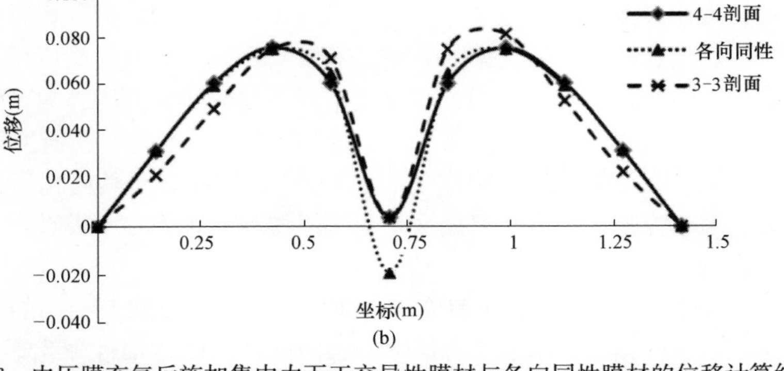

(b)

图 6.3-6　内压膜充气后施加集中力下正交异性膜材与各向同性膜材的位移计算结果比较
（a）膜材经纬向沿边界平行方向布置；（b）膜材经纬向沿对角线方向布置

4 剖面膜材纬向刚度较小，导致 3-3 剖面的位移在边界附近位移较小，而膜材中部集中荷载附近位移变化较快。本算例可以看出，比起均匀荷载，集中荷载下膜材的正交异性对结构不同方向的位移差异会产生更大影响。

在常用的通用有限元软件如 ANSYS、ABAQUS 中，膜单元默认为各向同性，考虑正交异性膜材需要建立局部坐标系对膜材进行特殊定义，过程较为繁琐。本章方法在膜结构分析中考虑膜材的正交异性，操作简便，计算准确。

6.4 板壳结构的材料非线性

6.4.1 概述

为解决金属薄壳结构的冲击、碰撞和断裂等高速动力非线性问题，需在材料本构模型中考虑应变硬化和应变率效应，其中 Cowper-Symonds 黏塑性本构模型（以下简称 C-S 模型）是目前比较成熟且应用广泛的材料模型。向量式有限元基于点值描述和向量力学理论，可有效处理大位移中的刚体运动且无迭代不收敛和刚度矩阵奇异问题，其理论特点非常适用于结构的材料非线性行为分析；弹塑性材料可作为单独的计算模块引入，其目的仅为求解复杂材料属性结构单元的节点内力，主分析流程中仅需将本构矩阵修改为由弹塑性材料计算模块导出的弹塑性矩阵，因而复杂非线性材料的引入并不会增加运动解析的计算难度。

本节基于第 5.2 节建立的向量式有限元三角形壳单元，推导 C-S 模型的弹塑性增量分析步骤，并将其作为单独的计算分析模块引入壳结构的向量式有限元分析程序，以实现金属壳结构考虑应变硬化和应变率效应的非线性分析。

6.4.2 板壳弹塑性本构理论

金属壳结构在碰撞接触、破裂破碎和穿透等复杂行为的动力分析时往往涉及材料的非线性效应且需考虑应变率的影响，其中 C-S 模型具有广泛应用。

材料非线性问题包括时间不相关的弹塑性问题和时间相关的黏弹（塑）性问题，后者又包括应变率相关（率相关）、蠕变和松弛等。本节主要研究率相关的 C-S 模型及其在向量式有限元程序中的实现方式。本节模型及其简化形式可用于线弹性模型、理想弹塑性模型、双线性弹塑性模型和率相关 C-S 模型。

1. C-S 模型

C-S 模型同时考虑了应变硬化和应变率效应，适用于金属壳结构的碰撞、冲击等非线性动力分析领域。本节考虑简化的各向同性双线性塑性硬化形式的 C-S 模型，各向同性双线性 C-S 模型如图 6.4-1 所示。该模型分别通过与等效塑性应变和等效应变率相关的塑性因子和应变率因子，对静态屈服应力 σ_0 进行缩放以获得动态屈服应力 σ_d，其本构方程为：

$$\sigma_d = (\sigma_0 + E_p \bar{\varepsilon}_p)\left[1 + \left(\frac{\dot{\bar{\varepsilon}}}{C}\right)^{1/p}\right] \tag{6.4-1}$$

式中，σ_0 是静态屈服应力；E_p 为塑性硬化模量，$E_p = \dfrac{E_t E}{E - E_t}$，$E$ 为弹性模量，E_t 为切线模量；$\bar{\varepsilon}_p$ 为等效塑性应变，$\bar{\varepsilon}_p = \sqrt{\dfrac{2}{3}\varepsilon_{p,ij}^2}$；$\dot{\bar{\varepsilon}}$ 为等效应变率，$\dot{\bar{\varepsilon}} = \sqrt{\dot{\varepsilon}_{ij}^2}$，$\varepsilon_{ij}$ 和 $\dot{\varepsilon}_{ij}$ 分别为应变和应变率分量；C 和 P 为应变率参数常量。

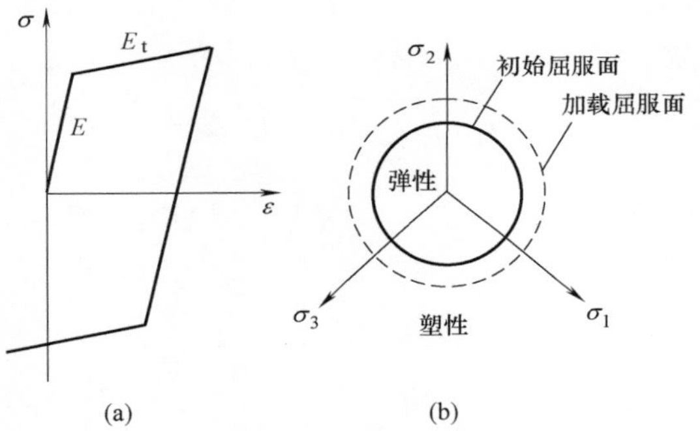

图 6.4-1 各向同性双线性 C-S 模型

（a）单轴拉伸时的应力-应变关系；（b）平面上的屈服轨迹

2. 材料模型应用范围

式（6.4-1）所述 C-S 模型方程及其简化形式可作为通用材料模型应用于以下四种情况：

（1）弹性模型：设置 $\dot{\bar{\varepsilon}}=0$ 和 $\sigma_0 \gg \sigma$。

（2）理想弹塑性模型：设置 $\dot{\bar{\varepsilon}}=0$ 和 $E_t=0$；

（3）线性弹塑性模型：设置 $\dot{\bar{\varepsilon}}=0$；

（4）率相关 C-S 模型：无需设置。

3. 动态 von Mises 屈服准则

对于本节所研究的金属材料，动态屈服准则采用常用的 von Mises 屈服准则[14]［平面上的屈服轨迹如图 6.4-1（b）所示］，即塑性变形时应力状态满足式（6.4-2）的条件：

$$\phi = \bar{\sigma} - \sigma_d = 0 \tag{6.4-2}$$

式中，$\bar{\sigma}$ 为等效 von Mises 应力，$\bar{\sigma}=\sqrt{\frac{3}{2}s_{ij}^{2}}=\sqrt{\frac{3}{2}(\sigma_{ij}-\delta_{ij}\sigma_{\mathrm{m}})^{2}}$，$s_{ij}$ 为偏应力分量，$s_{ij}=\sigma_{ij}-\delta_{ij}\sigma_{\mathrm{m}}$，$\sigma_{\mathrm{m}}=\frac{1}{3}(\sigma_{11}+\sigma_{22}+\sigma_{33})$，$\sigma_{\mathrm{d}}$ 为动态屈服应力。

4. 弹塑性增量分析步骤

弹塑性增量分析的总过程是已知每个时间步初时刻的应力应变状态变量和该时间增量步的位移应变增量［由式（5.1-3）、式（5.1-4）计算获得］，在满足材料本构和屈服准则的条件下，求解获得该时间步末时刻新的应力应变状态变量。

（1）弹性预测

已知 t 时刻的状态变量（应力分量 $\sigma_{ij,\mathrm{t}}$、等效塑性应变 $\bar{\varepsilon}_{\mathrm{p,t}}$）和从 t 到 $t+\Delta t$ 时刻的增量状态变量（增量应变分量 $\Delta\varepsilon_{ij}$）。假设该时间步为完全弹性步，则 $t+\Delta t$ 时刻的弹性预测应力（其中下标 tr 表示为预测值）：

$$\boldsymbol{\sigma}_{\mathrm{tr,t+\Delta t}}=\boldsymbol{\sigma}_{\mathrm{t}}+\boldsymbol{D}_{\mathrm{e}}\Delta\boldsymbol{\varepsilon} \tag{6.4-3}$$

式中，$\boldsymbol{\sigma}_{\mathrm{t}}=[\sigma_{11,\mathrm{t}}\quad\sigma_{22,\mathrm{t}}\quad\sigma_{33,\mathrm{t}}\quad\tau_{12,\mathrm{t}}\quad\tau_{23,\mathrm{t}}\quad\tau_{31,\mathrm{t}}]^{\mathrm{T}}$，$\Delta\boldsymbol{\varepsilon}=[\Delta\varepsilon_{11}\quad\Delta\varepsilon_{22}\quad\Delta\varepsilon_{33}\quad\Delta\gamma_{12}\quad\Delta\gamma_{23}\quad\Delta\gamma_{31}]^{\mathrm{T}}$，$\boldsymbol{D}_{\mathrm{e}}=\frac{E}{1+\upsilon}\begin{bmatrix}\frac{1-\upsilon}{1-2\upsilon} & \frac{\upsilon}{1-2\upsilon} & \frac{\upsilon}{1-2\upsilon} & 0 & 0 & 0\\ \frac{\upsilon}{1-2\upsilon} & \frac{1-\upsilon}{1-2\upsilon} & \frac{\upsilon}{1-2\upsilon} & 0 & 0 & 0\\ \frac{\upsilon}{1-2\upsilon} & \frac{\upsilon}{1-2\upsilon} & \frac{1-\upsilon}{1-2\upsilon} & 0 & 0 & 0\\ 0 & 0 & 0 & \frac{1}{2} & 0 & 0\\ 0 & 0 & 0 & 0 & \frac{1}{2} & 0\\ 0 & 0 & 0 & 0 & 0 & \frac{1}{2}\end{bmatrix}$ 为弹性本构矩阵。

由于预测弹性增量步内的塑性应变增量 $\Delta\bar{\varepsilon}_{\mathrm{p}}=0$，则有 $\bar{\varepsilon}_{\mathrm{p,t+\Delta t}}=\bar{\varepsilon}_{\mathrm{p,t}}+\Delta\bar{\varepsilon}_{\mathrm{p}}=\bar{\varepsilon}_{\mathrm{p,t}}$，因此 $t+\Delta t$ 时刻的预测塑性硬化参量为：

$$\boldsymbol{\kappa}_{\mathrm{tr,t+\Delta t}}=\boldsymbol{\kappa}_{\mathrm{t}}=E_{\mathrm{p}}\bar{\varepsilon}_{\mathrm{p,t}} \tag{6.4-4}$$

式中，$\boldsymbol{\kappa}_{\mathrm{t}}$ 为 t 时刻的塑性硬化参量。

（2）屈服判断

将 $t+\Delta t$ 时刻的 $\boldsymbol{\sigma}_{\mathrm{tr,t+\Delta t}}$ 和 $\boldsymbol{\kappa}_{\mathrm{tr,t+\Delta t}}$ 代入屈服条件式（6.4-2），以判断实际是弹性还是塑性增量步，则有 $t+\Delta t$ 时刻的预测屈服函数为：

$$\phi_{\mathrm{tr,t+\Delta t}}=\bar{\sigma}_{\mathrm{tr,t+\Delta t}}-\sigma_{\mathrm{d,tr,t+\Delta t}} \tag{6.4-5}$$

式中，$\bar{\sigma}_{tr,t+\Delta t}=\sqrt{\frac{3}{2}s_{ij,tr,t+\Delta t}^{2}}$，$\sigma_{d,tr,t+\Delta t}=(\sigma_0+\kappa_{tr,t+\Delta t})\left[1+\left(\frac{\dot{\bar{\varepsilon}}}{C}\right)^{1/p}\right]$。

C-S模型的动态屈服应力 $\sigma_d=\sigma_d(\bar{\varepsilon}_p,\dot{\bar{\varepsilon}})$ 为 $\bar{\varepsilon}_p$ 和 $\dot{\bar{\varepsilon}}$ 的非线性关系式；为简化计算，每个时间增量步内可近似认为其为线性，即假定每个时间增量步内应变率 $\dot{\bar{\varepsilon}}$ 均为定值，由向前差分式得：

$$\dot{\bar{\varepsilon}}=\frac{\Delta\bar{\varepsilon}}{\Delta t}=\frac{\sqrt{(\Delta\varepsilon_{ij})^2}}{\Delta t} \tag{6.4-6}$$

因而式（6.4-5）中的 $\sigma_{d,tr,t+\Delta t}$ 可由式（6.4-7）获得。

$$\sigma_{d,tr,t+\Delta t}=(\sigma_0+E_p\bar{\varepsilon}_{p,t})\left[1+\left(\frac{\Delta\bar{\varepsilon}}{C\Delta t}\right)^{1/p}\right]=\sigma_{d,t} \tag{6.4-7}$$

特殊地，率无关时，即应力不随应变率变化而变化，令式（6.4-7）和式（6.4-8）中 $\dot{\bar{\varepsilon}}=0$ 即可，此时 $\sigma_d=\sigma_d(\bar{\varepsilon}_p)$ 与 $\bar{\varepsilon}_p$ 之间为线性关系，即 $\sigma_{d,tr,t+\Delta t}=(\sigma_0+E_p\bar{\varepsilon}_{p,t})$。

求得 $\phi_{tr,t+\Delta t}$ 后，通过式（6.4-8）来判断该增量步的弹性或塑性性质。

$$\begin{cases}\text{若 } \phi_{tr,t+\Delta t}\leqslant 0\text{，弹性增量步}\\ \text{若 } \phi_{tr,t+\Delta t}>0\text{，塑性增量步}\end{cases} \tag{6.4-8}$$

（3）塑性修正

若为弹性增量步，可直接跳过此步；若为塑性增量步，则进行以下塑性修正。

假定从 t 到 $t+\Delta t$ 时间步内的塑性应变增量分量为 $\Delta\varepsilon_{p,ij}$，则 $t+\Delta t$ 时刻的实际应力为：

$$\boldsymbol{\sigma}_{t+\Delta t}=\boldsymbol{\sigma}_t+\boldsymbol{D}_e(\Delta\boldsymbol{\varepsilon}-\Delta\boldsymbol{\varepsilon}_p) \tag{6.4-9}$$

式中，$\Delta\boldsymbol{\varepsilon}_p=[\Delta\varepsilon_{p,11}\quad \Delta\varepsilon_{p,22}\quad \Delta\varepsilon_{p,33}\quad \Delta\gamma_{p,12}\quad \Delta\gamma_{p,23}\quad \Delta\gamma_{p,31}]^T$。

按照法向流动法则，应有：

$$d\varepsilon_{p,ij}=d\lambda\frac{\partial\phi}{\partial\sigma_{ij}} \tag{6.4-10}$$

式中，λ 为塑性流动因子，塑性增量步时 $d\lambda>0$，弹性增量步时应取 $d\lambda=0$。

由于 $\frac{\partial\phi}{\partial\sigma_{ij}}=\frac{\partial\bar{\sigma}}{\partial\sigma_{ij}}=\frac{3(\sigma_{ij}-\delta_{ij}\sigma_m)}{2\bar{\sigma}}=\frac{3s_{ij}}{2\bar{\sigma}}$，在显式时间增量步内，可采用全隐的向后 Euler 算法积分求解式（6.4-10），即有：

$$\Delta\varepsilon_{p,ij}=\Delta\lambda\frac{3s_{ij,t+\Delta t}}{2\bar{\sigma}_{t+\Delta t}} \tag{6.4-11}$$

由 $s_m=\frac{1}{3}(s_{11}+s_{22}+s_{33})=0$，有 $\boldsymbol{D}_e\boldsymbol{s}^*=2G\boldsymbol{s}$。式中，$\boldsymbol{s}^*=[s_{11}\quad s_{22}\quad s_{33}$

$2s_{12} \quad 2s_{23} \quad 2s_{31}]^{\mathrm{T}}$；$G$ 为剪切模量。

将 $\boldsymbol{D}_{\mathrm{e}}\boldsymbol{s}^{*}=2G\boldsymbol{s}$、式（6.4-3）和式（6.4-11）代入式（6.4-9），则有 $t+\Delta t$ 时刻的应力为：

$$\sigma_{ij,\mathrm{t+\Delta t}}=\sigma_{ij,\mathrm{tr,t+\Delta t}}-3G\Delta\lambda\frac{s_{ij,\mathrm{t+\Delta t}}}{\bar{\sigma}_{\mathrm{t+\Delta t}}} \tag{6.4-12}$$

$t+\Delta t$ 时刻的塑性硬化参量为：

$$\kappa_{\mathrm{t+\Delta t}}=E_{\mathrm{p}}(\bar{\varepsilon}_{\mathrm{p,t}}+\Delta\bar{\varepsilon}_{\mathrm{p}}) \tag{6.4-13}$$

式中，$\Delta\bar{\varepsilon}_{\mathrm{p}}$ 为等效塑性应变增量，可由式（6.4-11）代入 $\bar{\varepsilon}_{\mathrm{p}}=\sqrt{\frac{2}{3}\varepsilon_{ij}^{\mathrm{p}}\varepsilon_{ij}^{\mathrm{p}}}$ 获得，即 $\Delta\bar{\varepsilon}_{\mathrm{p}}=\sqrt{\frac{2}{3}\Delta\varepsilon_{\mathrm{p},ij}^{2}}=\sqrt{\left(\frac{\Delta\lambda}{\bar{\sigma}}\right)^{2}\frac{3}{2}s_{ij}^{2}}=\Delta\lambda>0$。

因而 $t+\Delta t$ 时刻的动态屈服应力为：

$$\sigma_{\mathrm{d,t+\Delta t}}=[\sigma_0+E_{\mathrm{p}}(\bar{\varepsilon}_{\mathrm{p,t}}+\Delta\lambda)]\left[1+\left(\frac{\Delta\bar{\varepsilon}}{C\Delta t}\right)^{1/p}\right] \tag{6.4-14}$$

由 $s_{\mathrm{m}}=\frac{1}{3}(s_{11}+s_{22}+s_{33})=0$，由式（6.4-12）可得：

$$\sigma_{\mathrm{m,t+\Delta t}}=\sigma_{\mathrm{m,tr,t+\Delta t}}-3G\Delta\lambda\frac{s_{\mathrm{m,t+\Delta t}}}{\bar{\sigma}_{\mathrm{t+\Delta t}}}=\sigma_{\mathrm{m,tr,t+\Delta t}} \tag{6.4-15}$$

再将式（6.4-13）两边减去 $\sigma_{\mathrm{m,tr,t+\Delta t}}\delta_{ij}$，并将式（6.4-15）代入，得：

$$\left(1+\frac{3G\Delta\lambda}{\bar{\sigma}_{\mathrm{t+\Delta t}}}\right)s_{ij,\mathrm{t+\Delta t}}=s_{ij,\mathrm{tr,t+\Delta t}} \tag{6.4-16}$$

将式（6.4-16）代入 $\bar{\sigma}=\sqrt{\frac{3}{2}s_{ij}s_{ij}}$，可得：

$$\bar{\sigma}_{\mathrm{t+\Delta t}}=\sqrt{\frac{3}{2}s_{ij,\mathrm{t+\Delta t}}^{2}}=\frac{1}{1+\frac{3G\Delta\lambda}{\bar{\sigma}_{\mathrm{t+\Delta t}}}}\bar{\sigma}_{\mathrm{tr,t+\Delta t}} \tag{6.4-17}$$

简化后，即得：

$$\bar{\sigma}_{\mathrm{t+\Delta t}}=\bar{\sigma}_{\mathrm{tr,t+\Delta t}}-3G\Delta\lambda \tag{6.4-18}$$

最后将式（6.4-14）、式（6.4-18）代入屈服条件式（6.4-2），可得 $t+\Delta t$ 时刻屈服关系为：

$$\phi_{\mathrm{t+\Delta t}}=\bar{\sigma}_{\mathrm{t+\Delta t}}-\sigma_{\mathrm{d,t+\Delta t}}=(\bar{\sigma}_{\mathrm{tr,t+\Delta t}}-3G\Delta\lambda)-[\sigma_0+E_{\mathrm{p}}(\bar{\varepsilon}_{\mathrm{p,t}}+\Delta\lambda)]k=0 \tag{6.4-19}$$

式中，每个时间步内的应变率因子为 $k=\left[1+\left(\frac{\Delta\bar{\varepsilon}}{C\Delta t}\right)^{1/p}\right]$。

由式（6.4-19），可得塑性增量步内的塑性流动因子增量 $\Delta\lambda$ 为：

$$\Delta\lambda=\frac{\bar{\sigma}_{\mathrm{tr,t+\Delta t}}-\sigma_{\mathrm{d,t}}}{3G+kE_{\mathrm{p}}} \tag{6.4-20}$$

式中，$\sigma_{\mathrm{d,t}}=(\sigma_0+E_{\mathrm{p}}\bar{\varepsilon}_{\mathrm{p,t}})k$。

（4）应力应变更新

若为弹性增量步，可直接取 $\boldsymbol{\sigma}_{\mathrm{t+\Delta t}}=\boldsymbol{\sigma}_{\mathrm{tr,t+\Delta t}}$ 进行应力更新；若为塑性增量步，则进行以下应力应变更新。

1）由 $\Delta\bar{\varepsilon}_{\mathrm{p}}=\Delta\lambda$，可得 $t+\Delta t$ 时刻的等效塑性应变 $\bar{\varepsilon}_{\mathrm{p,t+\Delta t}}=\bar{\varepsilon}_{\mathrm{p,t}}+\Delta\lambda$；

2）将 $\Delta\lambda$ 代回式（6.4-14），可得 $t+\Delta t$ 时刻的动态屈服应力 $\sigma_{\mathrm{d,t+\Delta t}}$；

3）将 $\Delta\lambda$ 代回式（6.4-16），可得 $t+\Delta t$ 时刻的偏应力分量 $s_{ij,\mathrm{t+\Delta t}}$；

4）将 $\Delta\lambda$ 代回式（6.4-17），可得 $t+\Delta t$ 时刻的 von Mises 应力 $\bar{\sigma}_{\mathrm{t+\Delta t}}$；

5）将 $\Delta\lambda$ 和 $\bar{\sigma}_{\mathrm{t+\Delta t}}$ 代回式（6.4-12），可得应力 $\sigma_{\mathrm{t+\Delta t}}$。

（5）弹塑性矩阵求解

若为弹性增量步，则不存在塑性矩阵 $\boldsymbol{D}_{\mathrm{p}}$；若为塑性增量步，则进行以下弹塑性矩阵的求解。通过第（4）步可直接求得 $t+\Delta t$ 时刻的更新应力应变，但无法直接获得应力应变增量关系 $\mathrm{d}\boldsymbol{\sigma}=\boldsymbol{D}_{\mathrm{ep}}\mathrm{d}\boldsymbol{\varepsilon}$ 中的弹塑性矩阵 $\boldsymbol{D}_{\mathrm{ep}}$，而实际计算中通常还会用到 $\boldsymbol{D}_{\mathrm{ep}}$ 以求解单元刚度矩阵（传统有限元法）或单元节点内力（本章方法），以下推导 C-S 模型中 $\boldsymbol{D}_{\mathrm{ep}}$ 的一般形式。

由屈服条件式（6.4-2）两边取微分，可得一致性条件：

$$\frac{\partial\bar{\sigma}}{\partial\sigma_{ij}}\mathrm{d}\sigma_{ij}-\frac{\mathrm{d}\sigma_{\mathrm{d}}}{\mathrm{d}\bar{\varepsilon}_{\mathrm{p}}}\mathrm{d}\bar{\varepsilon}_{\mathrm{p}}=0 \tag{6.4-21}$$

式中，$\dfrac{\partial\bar{\sigma}}{\partial\sigma_{ij}}=\dfrac{3s_{ij}}{2\bar{\sigma}}$；$\dfrac{\mathrm{d}\sigma_{\mathrm{d}}}{\mathrm{d}\bar{\varepsilon}_{\mathrm{p}}}=kE_{\mathrm{p}}$。

将式（6.4-21）代入式（6.4-9），可得：

$$\mathrm{d}\boldsymbol{\sigma}=\boldsymbol{D}_{\mathrm{e}}(\mathrm{d}\boldsymbol{\varepsilon}-\mathrm{d}\boldsymbol{\varepsilon}_{\mathrm{p}})=\boldsymbol{D}_{\mathrm{e}}\mathrm{d}\boldsymbol{\varepsilon}-\boldsymbol{D}_{\mathrm{e}}\mathrm{d}\lambda\left(\frac{\partial\bar{\sigma}}{\partial\boldsymbol{\sigma}}\right)_{\mathrm{t+\Delta t}} \tag{6.4-22}$$

式中，$\dfrac{\partial\bar{\sigma}}{\partial\boldsymbol{\sigma}}=\dfrac{3}{2\bar{\sigma}}\boldsymbol{s}^{*}$，详见式（6.4-11）。

再将 $\mathrm{d}\bar{\varepsilon}_{\mathrm{p}}=\mathrm{d}\lambda$ 和式（6.4-22）代入式（6.4-21），可得：

$$\mathrm{d}\lambda=\frac{\left(\dfrac{\partial\bar{\sigma}}{\partial\boldsymbol{\sigma}}\right)^{\mathrm{T}}_{\mathrm{t+\Delta t}}\boldsymbol{D}_{\mathrm{e}}\mathrm{d}\boldsymbol{\varepsilon}}{\left(\dfrac{\partial\bar{\sigma}}{\partial\boldsymbol{\sigma}}\right)^{\mathrm{T}}_{\mathrm{t+\Delta t}}\boldsymbol{D}_{\mathrm{e}}\left(\dfrac{\partial\bar{\sigma}}{\partial\boldsymbol{\sigma}}\right)_{\mathrm{t+\Delta t}}+kE_{\mathrm{p}}} \tag{6.4-23}$$

将式（6.4-23）代回式（6.4-22），可得：

$$\mathrm{d}\boldsymbol{\sigma}=(\boldsymbol{D}_{\mathrm{e}}-\boldsymbol{D}_{\mathrm{p}})\mathrm{d}\boldsymbol{\varepsilon}=\boldsymbol{D}_{\mathrm{ep}}\mathrm{d}\boldsymbol{\varepsilon} \tag{6.4-24}$$

式中，$\boldsymbol{D}_{\mathrm{ep}}$ 为增量时间步的弹塑性矩阵；$\boldsymbol{D}_{\mathrm{p}}$ 为塑性矩阵，即有：

$$\boldsymbol{D}_{\mathrm{p}}=\frac{\boldsymbol{D}_{\mathrm{e}}\left(\frac{\partial\bar{\sigma}}{\partial\boldsymbol{\sigma}}\right)_{\mathrm{t+\Delta t}}\left(\frac{\partial\bar{\sigma}}{\partial\boldsymbol{\sigma}}\right)^{\mathrm{T}}_{\mathrm{t+\Delta t}}\boldsymbol{D}_{\mathrm{e}}}{\left(\frac{\partial\bar{\sigma}}{\partial\boldsymbol{\sigma}}\right)^{\mathrm{T}}_{\mathrm{t+\Delta t}}\boldsymbol{D}_{\mathrm{e}}\left(\frac{\partial\bar{\sigma}}{\partial\boldsymbol{\sigma}}\right)_{\mathrm{t+\Delta t}}+kE_{\mathrm{p}}} \tag{6.4-25}$$

将 $\boldsymbol{D}_{\mathrm{e}}\mathrm{d}\boldsymbol{\varepsilon}=2G\mathrm{d}\boldsymbol{\varepsilon}$ 和 $\frac{\partial\bar{\sigma}}{\partial\boldsymbol{\sigma}}=\frac{3\boldsymbol{s}}{2\bar{\sigma}}$ 分别代入式（6.4-23）和式（6.4-24），可得：

$$\mathrm{d}\lambda=\frac{3G\boldsymbol{s}^{\mathrm{T}}_{\mathrm{t+\Delta t}}\mathrm{d}\boldsymbol{\varepsilon}}{\bar{\sigma}_{\mathrm{t+\Delta t}}(3G+kE_{\mathrm{p}})} \tag{6.4-26}$$

$$\boldsymbol{D}_{\mathrm{p}}=\frac{9G^{2}\boldsymbol{s}_{\mathrm{t+\Delta t}}\boldsymbol{s}^{\mathrm{T}}_{\mathrm{t+\Delta t}}}{\bar{\sigma}^{2}_{\mathrm{t+\Delta t}}(3G+kE_{\mathrm{p}})} \tag{6.4-27}$$

实际上，式（6.4-20）和式（6.4-26）是等价的，因而也可由第（4）步获得的 $s_{ij,\mathrm{t+\Delta t}}$ 和 $\bar{\sigma}_{\mathrm{t+\Delta t}}$ 代入式（6.4-26）求得 $\Delta\lambda$ 的值；而代入式（6.4-27）可求得塑性矩阵 $\boldsymbol{D}_{\mathrm{p}}$，弹塑性矩阵 $\boldsymbol{D}_{\mathrm{ep}}$ 由 $\boldsymbol{D}_{\mathrm{ep}}=\boldsymbol{D}_{\mathrm{e}}-\boldsymbol{D}_{\mathrm{p}}$ 求得，更新应力 $\boldsymbol{\sigma}_{\mathrm{t+\Delta t}}$ 也可由 $\boldsymbol{\sigma}_{\mathrm{t+\Delta t}}=\boldsymbol{\sigma}_{\mathrm{t}}+\mathrm{d}\boldsymbol{\sigma}=\boldsymbol{\sigma}_{\mathrm{t}}+\boldsymbol{D}_{\mathrm{ep}}\mathrm{d}\boldsymbol{\varepsilon}$ 求得。

应该说明，本节弹塑性增量分析步骤是基于三维情况得到的通用求解过程，既可用于本章壳单元（包括三角形壳单元、四边形等参壳单元），也可用于梁、实体等其他结构单元。

5. 向量式有限元的处理

在向量式有限元分析程序中，弹塑性材料的引入可作为单独的计算模块，由质点的中央差分公式获得壳单元节点的纯变形位移后，通过该模块进行弹、塑性判断并进行应力更新，同时获得弹塑性矩阵以用于更新的单元节点内力的积分求解（沿厚度和平面的积分）。在变形坐标系下，壳单元属于平面应力问题，式（6.4-26）和式（6.4-27）可进一步简化，其具体形式详见文献［14］。

对于壳单元，沿单元厚度方向的主应力始终为零值，即 $\sigma_{33}=0$；对应地，沿厚度方向横向主应变为非独立变量，即：

$$\varepsilon_{33}=-\frac{\upsilon}{1-\upsilon}(\varepsilon_{11}+\varepsilon_{22}) \tag{6.4-28}$$

6.4.3 程序实现和算例分析

本节基于向量式有限元三角形壳单元理论计算式及弹塑性材料的引入处理，采用 MATLAB 编制计算分析程序。壳结构弹塑性分析流程图如图 6.4-2 所示。

（1）算例 1：双曲扁壳静力分析（双线性弹塑性材料）

本算例为承受均布荷载的双曲扁壳。双曲扁壳几何模型及其网格划分如图 6.4-3 所示，双曲扁壳投影平面为方形，初始形状由二次多项式曲面函数确定：

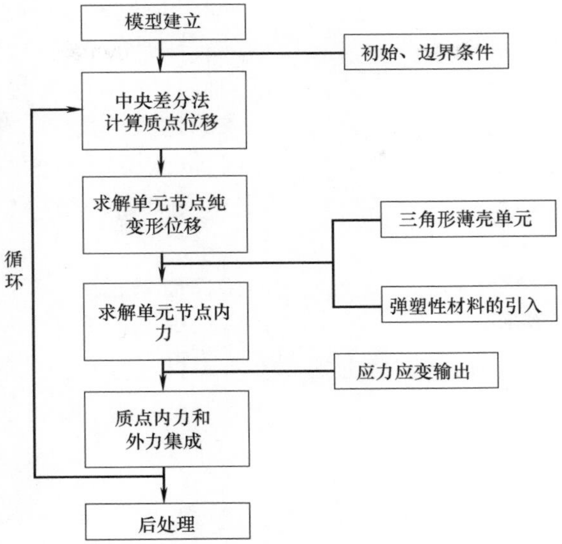

图 6.4-2　壳结构弹塑性分析流程图

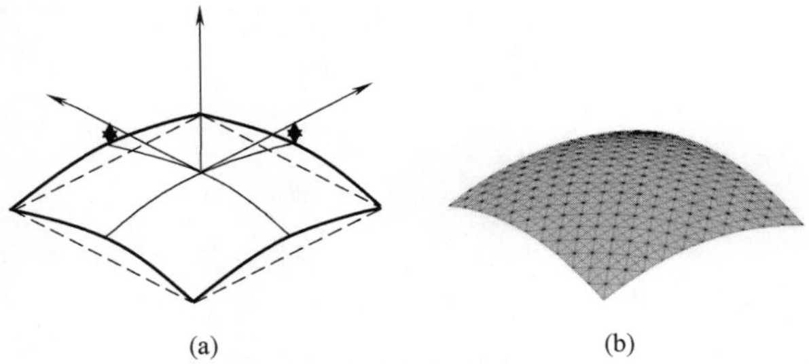

图 6.4-3　双曲扁壳几何模型及其网格划分

(a) 几何模型；(b) 网格划分

$$z=-\frac{C}{(L/2)^2}(x^2+y^2),(-L/2\leqslant x\leqslant L/2,-L/2\leqslant y\leqslant L/2) \quad (6.4\text{-}29)$$

取四边投影边长 $L=6.0$m，中线矢高 $C=L/10$，厚度 $t_a=0.2$m，水平放置且四边固支，初始静止，几何模型见图 6.4-3（a）；扁壳承受均布荷载 $q=10\text{N/m}^2$，q 采用斜坡-平台方式并施加阻尼进行缓慢加载，以消除动力振荡效应。壳体材料为双线性弹塑性，弹性模量 $E=30$kPa，切线模量 $E'=600$Pa，初始静态屈服应力 $\sigma_0=300$Pa，泊松比 $\upsilon=0.3$，密度 $\rho=1\text{kg/m}^3$。采用三角形壳单元进行网格划分，共 800 个单元和 441 个节点，网格划分见图 6.4-3（b）。分析时间步长取 $h=1.0$ms，阻尼参数取 $\alpha=200$。

图 6.4-4 为双曲扁壳中点竖向位移收敛过程，表现出很好的收敛性。图 6.4-

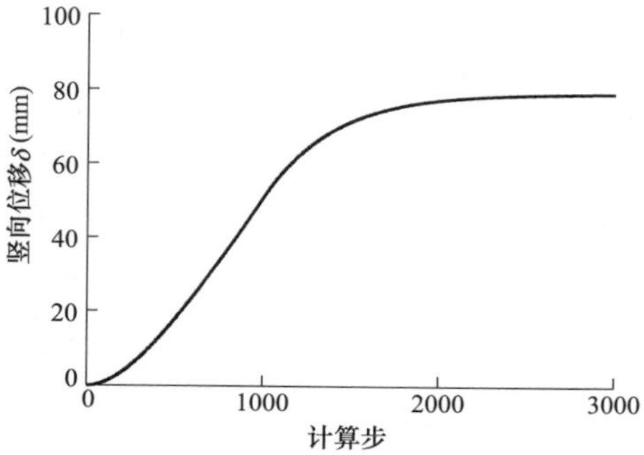

图 6.4-4　双曲扁壳中点竖向位移收敛过程

5（a）和图 6.4-5（b）分别给出了沿薄壳中线各节点竖向位移和 von Mises 应力的计算结果及与 ABAQUS 计算结果的比较，其中横坐标表示沿薄壳中线各节点到中点的距离。由图 6.4-5 可知，位移和 von Mises 应力的结果均基本一致。本章所得中心节点的竖向位移和 von Mises 应力与 ABAQUS 计算结果的误差很小。可见本章方法在考虑材料弹塑性的壳结构静力分析中具有良好的计算精度。

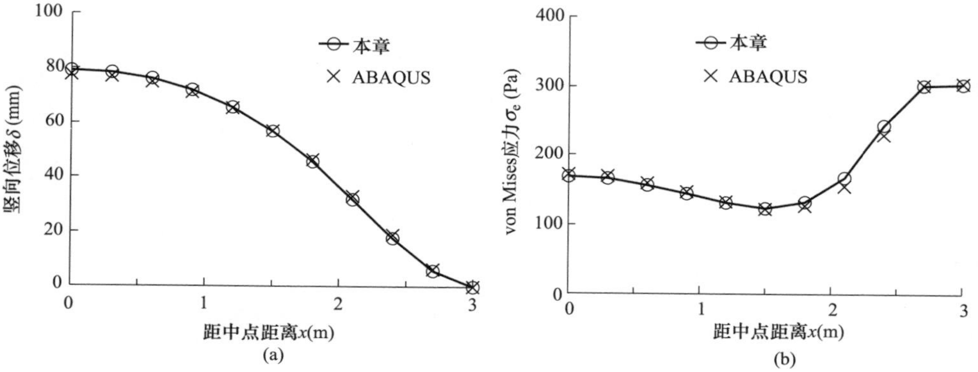

图 6.4-5　沿薄壳中线各节点计算结果及与 ABAQUS 计算结果的比较
（a）竖向位移；（b）von Mise 应力（SNEG 面）

（2）算例 2：双曲扁壳动力分析（弹性、理想弹塑性材料）

双曲扁壳的几何尺寸、材料参数、初始条件、边界条件、网格划分及时间步长均同算例（1）。不考虑阻尼效应（即 $\alpha=0$），动力荷载采用瞬时突加的竖向均布荷载 $q=q_0=7\text{N/m}^2$。壳体材料考虑线弹性和理想弹塑性两种情况。

取 $t=0.4\text{s}$ 进行分析。图 6.4-6 为中心节点竖向位移和 von Mises 应力随时间的变化曲线及与 ABAQUS 计算结果的比较。可见本章方法在两种材料情况的动力分析中均可获得较为理想的求解结果。

（3）算例 3：圆钢管承受突加瞬时均布线荷载

以圆钢管承受突加瞬时均布线荷载为例进行分析。圆钢管半径 $R=0.05\text{m}$，轴向长度 $L=0.5\text{m}$，厚 $t_a=0.002\text{m}$，水平放置且两端固支约束，初始位移和初始速度均为 0；圆钢管顶部轴向线上从初始时刻开始承受突加瞬时均布线荷载 $q=90\text{kN/m}$，几何模型见图 6.4-7（a）。壳体材料模型分别考虑线弹性和理想弹

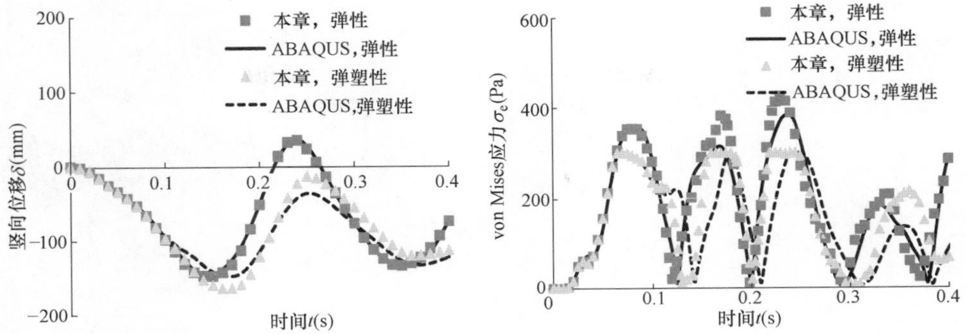

(a)　　　　(b)

图 6.4-6　中心节点竖向位移和 von Mises 应力随时间的变化曲线及与 ABQUS 计算结果的比较
（a）竖向位移；（b）von Mises 应力（SNEG 面）

塑性（即 $E'=0$ 时的率无关 C-S 模型）两种情况，弹性模量 $E=201\text{GPa}$，泊松比 $\upsilon=0.3$，密度 $\rho=7850\text{kg/m}^3$，屈服应力 $\sigma_0=350\text{MPa}$。采用三角形壳单元对圆钢管进行网格划分，共有 480 个单元和 252 个节点，网格划分如图 6.4-7（b）所示，分析时间步长取 $h=2.0\times10^{-6}\text{s}$，阻尼参数取 $\alpha=0$（即不考虑阻尼效应）。

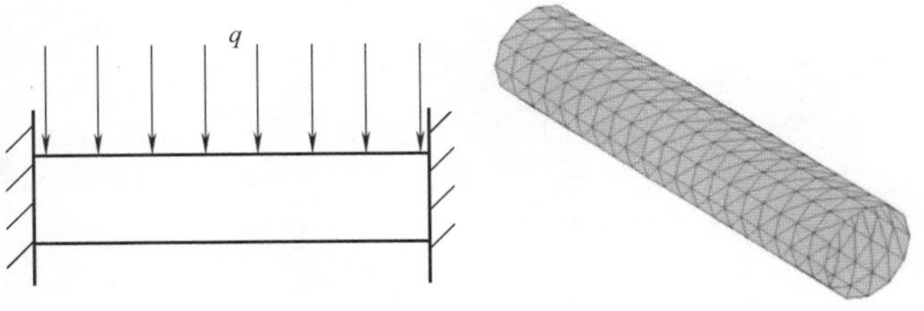

(a)　　　　(b)

图 6.4-7　圆钢管几何模型及其网格划分
（a）几何模型；（b）网格划分

图 6.4-8 给出了线弹性和理想弹塑性两种情况下圆钢管顶部中心节点的竖向位移-时间曲线，并与 ABAQUS 的计算结果进行比较。可知，两种情况下本章方法所获得的曲线变化情况与 ABAQUS 结果基本一致，验证了本章方法的有效性。

（4）算例 4：方板承受爆炸冲击（率相关 C-S 材料）

以承受爆炸冲击作用的方形薄板为例进行分析。方板边长 $L=2\text{m}$，厚 $t_a=15\text{mm}$，水平放置且四边简支，初始静止状态。采用三角形壳单元对方板进行网格划分，共 400 个单元和 121 个节点，方板模型见图 6.4-9（a）。方板从初始时刻开始承受垂直板面的全区域均布爆炸冲击作用 q，爆炸作用采用三角形波形形式施加[67]［图 6.4-9（b）］，在 $t_1=3$ ms 时刻达到幅值压强 $q_0=0.6\text{MPa}$，共作

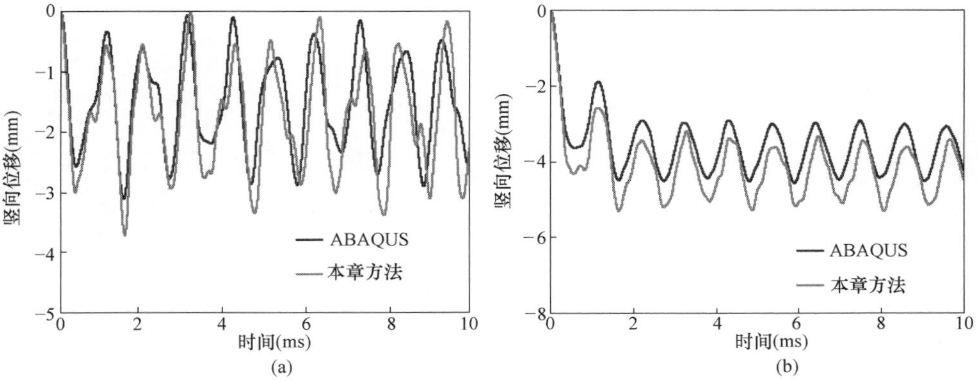

图 6.4-8 线弹性和理想弹塑性两种情况下圆钢管顶部中心节点的竖向位移-时间曲线

(a) 线弹性；(b) 理想弹塑性

用时间为 $t_2=15\text{ms}$。壳体材料模型采用率相关 C-S 模型，弹性模量 $E=201\text{GPa}$，泊松比 $\upsilon=0.3$，密度 $\rho=7850\text{kg/m}^3$，切线模量 $E'=1\text{GPa}$，初始静态屈服应力 $\sigma_0=250\text{MPa}$，应变率参数常量 $C=6500\text{s}^{-1}$、$p=4$。分析时间步长 $h=0.02\text{ms}$，阻尼参数 $\alpha=0$。

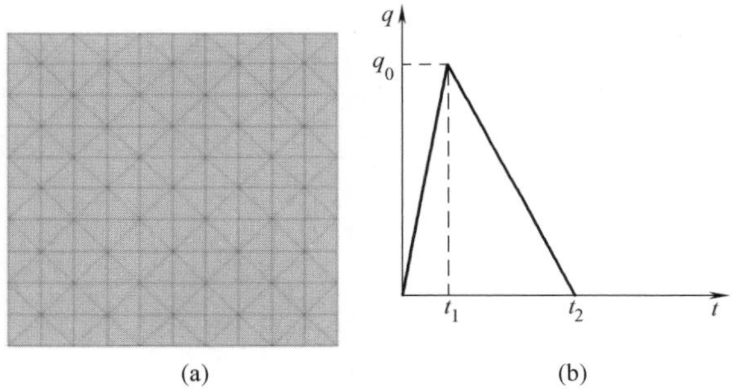

图 6.4-9 方板模型及爆炸作用形式

(a) 方板模型；(b) 爆炸作用

由本章方法获得的该算例计算过程中最大应变率为 9.0731，属于中应变率情况，对应的应变率因子为 1.1933。图 6.4-10 给出了不计应变率效应（无率）和计率效应（有率）时方板中心节点竖向位移-时间曲线及与 ABAQUS 计算结果的比较，其中 ABAQUS 采用无率和幂法则应变率效应的塑性模型（与本章两种材料本构对应）。可知，两种情况下本章方法所获得的第 1 个位移响应波形均与 ABAQUS 吻合良好，后续波形也保持变化趋势基本一致（平衡状态位置基本相同），验证了本章方法在薄壳结构高速动力问题分析中的有效性。

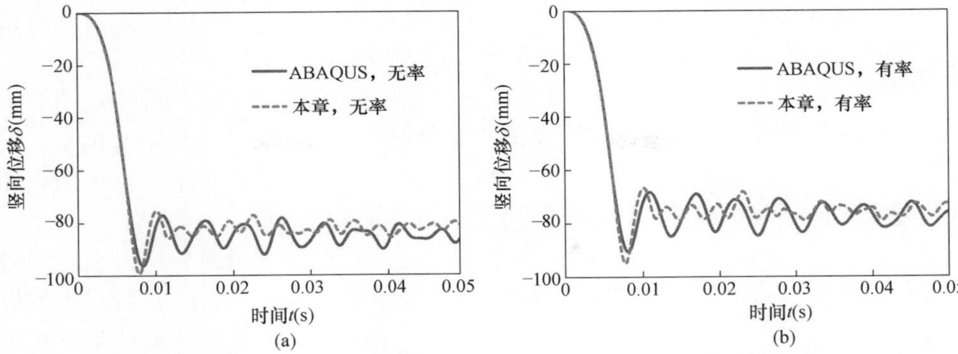

图 6.4-10　不计应变率效应（无率）和计率效应（有率）时方板中心节点竖向位移-时间曲线及与 ABAQUS 计算结果的比较

（a）无率；（b）有率

图 6.4-11 不计应变率效应（无率）和计应变率效应（有率）时方板中心节点竖向位移-时间曲线的比较。可见，有率情况时的方板中心节点位移幅值相对无率情况时要小一些，即考虑应变率效应后，方板出现了硬化效应。

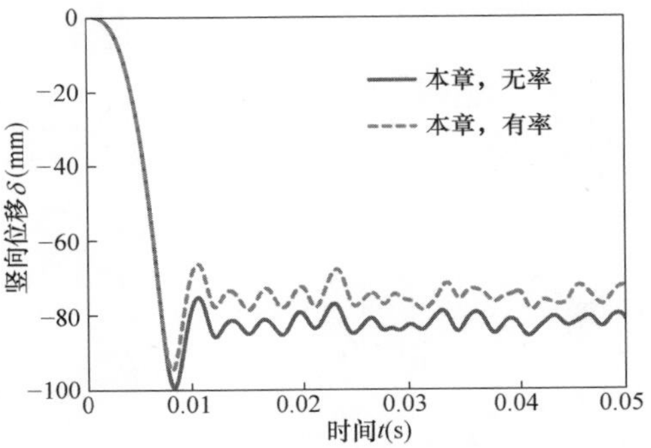

图 6.4-11　不计应变率效应（无率）和计应变率效应（有率）时方板中心节点竖向位移-时间曲线的比较

（5）算例 5：扁球壳非线性稳定分析（弹塑性材料）

以承受中心集中荷载的扁球壳跃越失稳为例[34, 67]，进行非线性稳定分析。扁球壳球面半径 $R=2.54\text{m}$，四边投影边长 $L=1.5698\text{m}$，厚度 $t_a=99.45\text{mm}$，四边简支且顶部中心节点受竖向集中荷载 P 作用，几何模型见图 6-4-12（a）。壳体材料为双线性弹塑性材料，弹性模量 $E=68.95\text{MPa}$，切线模量 $E'=1.2\text{MPa}$，初始静态屈服应力为 0.6MPa，泊松比 $\upsilon=0.3$，密度 $\rho=2500\text{kg/m}^3$。采用四边形等参壳单元进

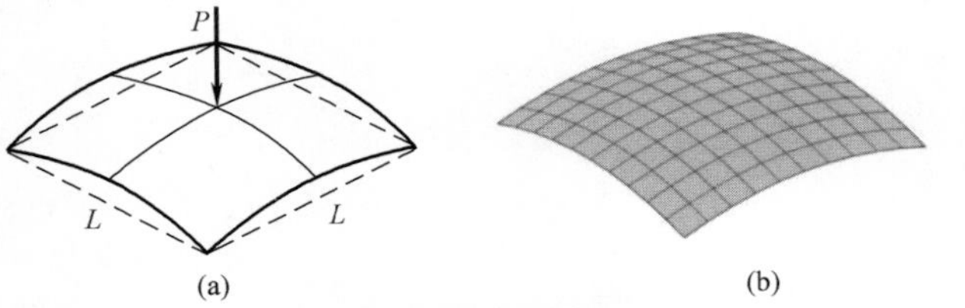

图 6.4-12　扁球壳模型及网格划分

（a）几何模型；（b）网格划分

行模拟，网格划分见图 6-4-12（b）。分析时间步长取 $h=2.0\times10^{-4}$s，阻尼参数取 $\alpha=20$。本节采用位移控制法跟踪扁球壳的弹塑性失稳全过程。

图 6.4-13 给出了扁球壳中心节点的集中荷载-竖向位移曲线。可知，随着中心节点位移的增大，扁球壳存在明显的荷载极值点；当越过极值点后，位移变形出现大变位翻转，荷载急剧下降，此时结构已由于变形过大而无法正常使用，即为跃越屈曲；完全翻转后，荷载随结构位移的增大而继续增大。

本章方法、ABAQUS 方法的荷载-位移变化过程存在一定差异，但整体趋势一致，且荷载极值点也基本相同。本章方法在竖向位移为 210mm 时荷载达到最大极值点 16.45kN，ABAQUS 的极值点荷载为 18.76kN。误差的来源主要在于单元数量和跃越失稳问题本身求解的误差，随着单元数量的加大，误差可进一步减小。

图 6.4-14 为扁球壳 von Mises 应力分布云图（单位：Pa）。中心节点附近由于集中力作用处于塑性硬化状态。

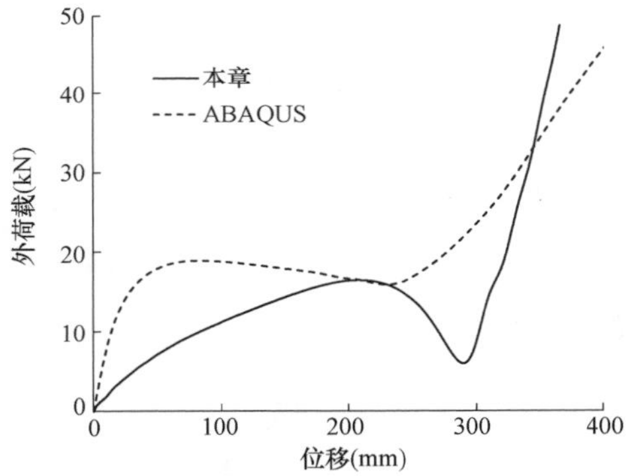

图 6.4-13　扁球壳中心节点的集中荷载-竖向位移曲线

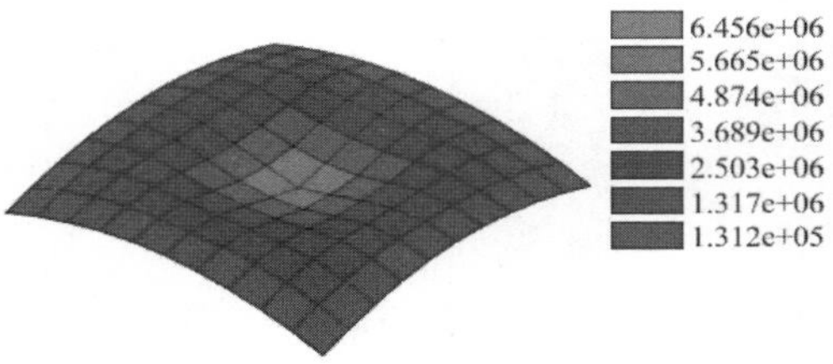

图 6.4-14　扁球壳 von Mises 应力分布云图（单位：Pa）

第 7 章 膜板壳结构的屈曲和褶皱行为

本章首先采用非线性屈曲稳定理论探讨了平面膜结构的屈曲褶皱，接着引入褶皱理论对曲面膜结构的褶皱、考虑正交异性的膜结构褶皱进行了系统分析，并基于向量式有限元进行算例分析和应用研究；进而针对板壳结构的屈曲行为及其应用进行了深入的研究，并通过算例验证理论和程序的有效性和准确性[47，68-70]。

7.1 平面膜结构的屈曲褶皱

7.1.1 概述

本节将平面膜褶皱现象作为结构局部屈曲行为进行处理；基于膜单元的VFIFE基本理论，首先引入面内应力刚化和面外初始缺陷，接着推导向量式有限元的力控制和位移控制方法，从而跟踪平面膜结构褶皱屈曲和后屈曲变形的全过程；同时编制平面膜屈曲计算分析程序，并通过算例分析验证理论推导和所编制程序在膜结构屈曲行为中的应用。

7.1.2 非线性稳定理论

膜结构的褶皱分析方法主要包括非线性稳定理论和张力场理论这两种分析方法，本节采用前者进行展开讨论。

非线性稳定理论分析屈曲褶皱的基本思想是：考虑膜材具有很小的抗压抗弯刚度（有一定厚度），将膜结构的褶皱现象看成是膜面的局部失稳问题。该方法可以有效模拟详细的褶皱面外形变（幅值、波长）和褶皱应力分布，多用于高精度空间结构，如：空间充气展开天线等。膜结构褶皱失稳数值分析主要可以归结为静力问题的非线性有限单元方程的求解问题，是求解结构从稳定平衡过渡到不稳定平衡的临界荷载和失稳后的屈曲形态，以及屈曲后褶皱形变和荷载的关系。其初始缺陷的施加主要有两种：一种是叠加通过特征值分析得到的屈曲模态，另一种是在面外施加微小荷载产生扰动，两者都存在一些不足之处，已有学者做过相关研究。国外通过有限元软件定义材料本构模型对膜片模型进行了探索，国内也有针对其真实性膜结构的相关研究。

本节利用 VFIFE 三角形膜单元和非线性屈曲理论，对平面膜结构局部屈曲褶皱行为进行分析，以下给出关键问题及分析步骤。

1. 面外初始缺陷

对于平面膜结构，当仅有面内荷载时并不会出现导致褶皱屈曲的面外变形。褶皱屈曲分析的第二个关键问题就是需要引入微小的面外扰动作用（瞬时力或强制位移），以触发面外变形并导致褶皱屈曲响应，将基本平衡路径（平面构型）平稳过渡到副路径（褶皱构型）。施加面外初始几何缺陷是一种比较简单可行的扰动方法，初始缺陷形式越接近于实际特征屈曲模态，则所求得的褶皱屈曲形态越精确。

2. 面内应力刚化

平面膜结构是柔性结构，在承受外荷载之前通常需施加预应力进行结构刚化以保持平衡形态。预应力下平面膜面内变形和面外变形的耦合作用是褶皱屈曲分析的一个关键问题，而预应力的施加方法主要包括初应变法（降温）、初应力法（一致张力）和强制位移法等。强制位移法由于操作简便有效而获得广泛应用，本章通过对平面膜结构的边界施加强制位移的方式使其产生初始应力。

3. 屈曲控制方法

力控制法和位移控制法是跟踪获得膜结构褶皱屈曲全过程的两种基本方法。

（1）力控制法

力控制法以力的变化作为自变量，遵循已知结构外力求解位移反应的一般思路。中央差分公式（7.1-1）即为力控制方程：

$$\begin{cases} \boldsymbol{x}_{n+1}=c_1\left(\dfrac{\Delta t^2}{m}\right)(\boldsymbol{f}_n^{\text{ext}}+\boldsymbol{f}_n^{\text{int}})+2c_1\boldsymbol{x}_n-c_2\boldsymbol{x}_{n-1}, \text{ 连续时} \\ \boldsymbol{x}_{n+1}=\dfrac{1}{1+c_2}\left\{c_1\left(\dfrac{\Delta t^2}{m}\right)(\boldsymbol{f}_n^{\text{ext}}+\boldsymbol{f}_n^{\text{int}})+2c_1\boldsymbol{x}_n+2c_2\dot{x}_n\Delta t\right\}, \text{ 不连续时} \end{cases} \tag{7.1-1}$$

式中，$n-1$、n 和 $n+1$ 分别对应第 $n-1$ 步、第 n 步和第 $n+1$ 步时的变量，其余参数同式（3.1-1）～式（3.1-3）。

每个时间步中，通过控制外力 $\boldsymbol{f}^{\text{ext}}$ 的逐步增大，求解分析步末的位移反应 $\boldsymbol{x}_{n+1}$。

（2）位移控制法

位移控制法以位移的变化作为自变量，与力控制法相反，其遵循已知结构位移求解外力的逆向思路。在结构位移控制点处假设存在支座，施加已知支座位移后，通过式（7.1-1）的逆形式来获得支座反力（即对应外力），该逆形式公式（7.1-2）即为位移控制方程：

$$\begin{cases} \boldsymbol{f}_n^{\text{ext}}=\dfrac{m}{c_1\Delta t^2}(\boldsymbol{x}_{n+1}+c_2\boldsymbol{x}_{n-1}-2c_1\boldsymbol{x}_n)-\boldsymbol{f}_n^{\text{int}}\text{，连续时} \\ \boldsymbol{f}_n^{\text{ext}}=\dfrac{m}{c_1\Delta t^2}((1+c_2)\boldsymbol{x}_{n+1}-2c_1\boldsymbol{x}_n-2c_2\dot{\boldsymbol{x}}_n\Delta t)-\boldsymbol{f}_n^{\text{int}}\text{，不连续时} \end{cases} \tag{7.1-2}$$

式中，各参数同式（7.1-1）。

每个时间步中，通过控制位移控制点处支座位移 $\boldsymbol{x}$ 的逐步增大，求解分析步末外力 $\boldsymbol{f}_n^{\text{ext}}$。

平面膜结构的褶皱过程主要表现在后屈曲阶段，而初始一般为快速到达初始屈曲点。位移控制法通过增量位移的施加可以有效实现屈曲点的平稳过渡，并获得屈曲的下降段，本章采用此方法来求解平面膜结构的褶皱屈曲问题。

4. 分析步骤

基于上述关键问题的处理方法，本章对平面膜结构的褶皱屈曲分析包括以下几个步骤：

（1）建立有限元模型；

（2）引入初始缺陷和初始应力；

（3）屈曲控制增量求解。

7.1.3 程序实现和算例分析

本章中平面膜结构屈曲行为的分析程序在MATLAB平台中实现，平面膜结构屈曲分析流程图如图7.1-1所示。下文通过算例分析验证理论推导和所编制程序的有效性和正确性。

（1）算例1：矩形膜片的剪切屈曲分析

受面内平行边剪切作用的矩形膜片是分析平面膜结构剪切屈曲问题的经典算例[30, 71]，采用位移控制法跟踪薄膜结构屈曲和后屈曲的变形全过程。矩形膜片的长边 $L_1=0.38\text{m}$、短边 $L_2=0.12\text{m}$，厚度 $t_a=50\mu\text{m}$，初始上、下两边为简支固定约束，其余两边自由；膜材弹性模量 $E=3.53\text{GPa}$，泊松比 $\upsilon=0.34$，密度 $\rho=1400\text{kg/m}^3$。为提高计算精度，结构共划分为10160个三角形膜单元，矩形膜片模型及网格划分如图7.1-2所示。分析时间步长取 $h=1.0\times10^{-6}\text{s}$，阻尼参数取 $\alpha=1500$。剪切褶皱幅值理论值为：

$$A=\sqrt{\frac{2t_a[\Delta x-\delta_1-\upsilon(\delta_1+k)]}{\pi[3(1-\upsilon^2)(\delta_1+k)/L_2]^{1/2}}} \tag{7.1-3}$$

式中，$k=\sqrt{\Delta x^2+(1+\upsilon)^2\delta_1^2}/(1+\upsilon)$，$\delta_1$ 为竖向初始拉伸位移，Δx 为水平剪

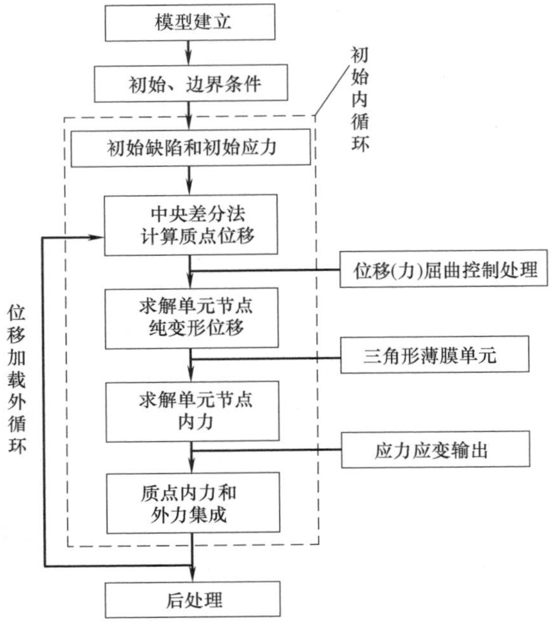

图 7.1-1　平面膜结构屈曲分析流程图

切位移。

采用以下三步进行加载：

1）施加初始缺陷：为触发面外褶皱变形的形成，施加双曲抛物线曲面形式的初始缺陷：

$$z=\frac{16f}{L_1^2L_2^2}\left[\left(\frac{L_1}{2}\right)^2-\left(x-\frac{L_1}{2}\right)^2\right]\left[\left(\frac{L_2}{2}\right)^2-\left(y-\frac{L_2}{2}\right)^2\right] \tag{7.1-4}$$

式中，$0\leqslant x\leqslant L_1$，$0\leqslant y\leqslant L_2$，最大初始缺陷值取 $f=10\mu m$；

2）施加预张力：下边缘固定，上边缘向上拉伸位移 $\delta_1=0.1mm$，使膜片具有一定初始预张力；

3）施加剪切变形：上边缘依次侧向施加剪切位移 $\Delta x=0.5\sim3.0mm$，间隔为 0.5mm。

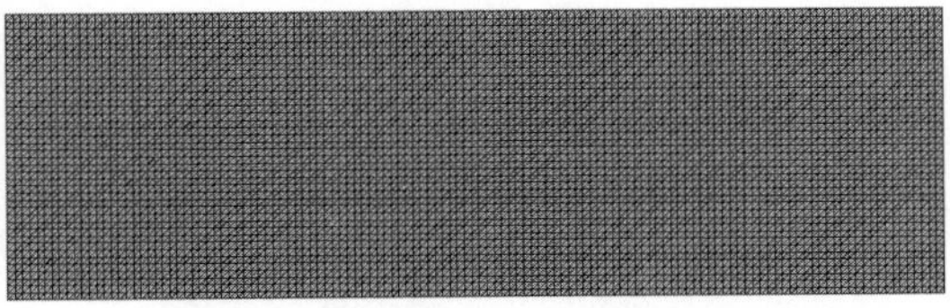

图 7.1-2　矩形膜片模型及其网格划分

文献［71］的研究表明：初始缺陷幅值大小应取为膜片厚度这一量级，而缺陷形式对最终宏观褶皱状态（幅值、数量和波长等）的影响很小，仅对褶皱具体位置稍有影响。因此，本章第 1 步选取第 1 阶整体特征值屈曲模态作为初始缺陷，而并未考虑高阶褶皱屈曲模态的影响。第 2 步初始预张力引入的目的是提供膜材一定的初始刚度，本算例膜材厚度 $t_a=50\mu m$，施加初始拉伸位移为 $\delta_1=0.1mm$，这与膜片厚度为同一量级，因而计算所得初始预应力既可满足一定膜片初始刚度，也不会由于初始应力过大而对剪切屈曲分析结果造成影响。

图 7.1-3 为中心区域的褶皱幅值-剪切位移曲线。可知，褶皱-剪切变化曲线近似为抛物线形式，本章计算结果与文献［30］和理论值基本符合，最大误差百分比约为理论值的 11%。本章计算值与理论值以及文献［30］与理论值的相对误差均是先减小后增大，该误差的产生主要是由于受到初始缺陷的引入（本章和文献［30］）所引起附加膜张力的影响。当剪切位移较小时，附加膜张力抑制了褶皱的形成及扩展，因而本章和文献［30］（有初始缺陷）结果均要小于理论值（无初始缺陷）；随着剪切位移增大，附加膜张力影响逐渐减弱，误差也逐渐减小；而当剪切位移较大时，理论值的双正弦波形褶皱变形假定已不完全适用，本章、文献［30］与理论值的误差重新增大，这是理论公式的局限性。此外，不同剪切位移时，本章（基于膜理论）褶皱幅值结果相对文献［30］（基于壳理论）对应结果要小一些，这主要是由于薄壳理论考虑了微小的面外刚度，局部褶皱和非褶皱交界处薄壳单元由于面外刚度的存在而难以发生弯曲变形，最终对褶皱扩展起到了促进作用，且随着剪切位移增大其对于褶皱影响也增大。

如图 7.1-4 为剪切过程的总荷载-剪切位移曲线，该曲线包括剪切屈曲及后屈曲的变化全过程。可知，平面膜结构在初始屈曲前的载荷-位移曲线为较快的线弹性增大主路径（即平面构型），初始屈曲后为较为平缓的缓慢增大段和后续

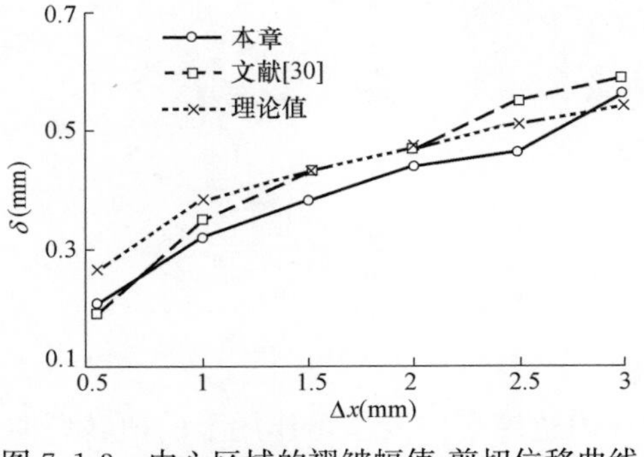

图 7.1-3　中心区域的褶皱幅值-剪切位移曲线

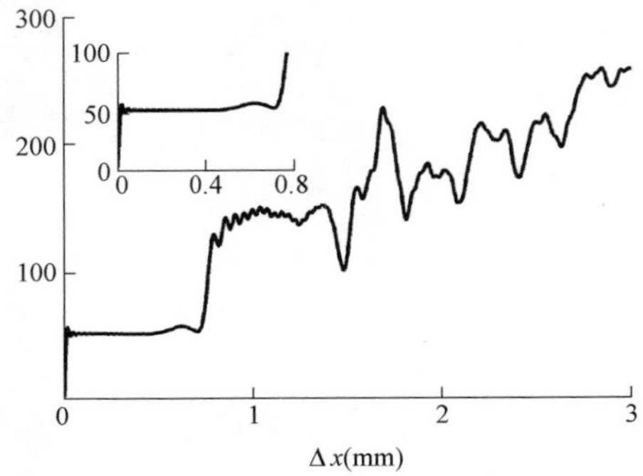

图 7.1-4　剪切过程的总荷载-剪切位移曲线

非线性增大副路径（褶皱构型）；从平面构型到褶皱构型之间出现了分支点平衡，这与文献［30］的计算结果一致。初始屈曲后，曲线出现了较为平缓的缓慢增大段和后续含有波形变化的非线性增大段，这主要是本章采用施加阻尼的动力分析方法来模拟静力平衡问题所导致的误差，但是其整体变化趋势为非线性增大变化，这与实验结果和文献［30］的计算结果也相符合。实验研究往往由于几何缺陷、残余应力等因素影响，实际表现为先线性增大后非线性增大的变化情况，本章计算结果有所差异，但本质上是相互统一的。本章方法获得的临界剪切屈曲荷载为 52.22 N。后屈曲过程中平面膜结构通过褶皱的扩展来继续承载。

如图 7.1-5 所示为不同剪切褶皱的面外变形位移云图（放大 10 倍）。可知，由于剪切位移的施加，膜片内部出现了大量倾斜的平面外变形（褶皱屈曲），用于释放垂直于褶皱方向的压应力；褶皱幅值随着剪切位移的增大而增大。本章方法获得的褶皱变形情况与文献［30］中的数值和实验结果基本一致。

(a)

(b)

(c)

图 7.1-5　不同剪切褶皱的面外变形位移云图（放大 10 倍）

(a) $x=1.0$mm；(b) $x=2.0$mm；(c) $x=3.0$mm

（2）算例 2：圆环薄膜的扭转屈曲分析

本算例采用位移控制法分析圆环薄膜在内边缘平面内扭矩作用下的扭转屈曲和后屈曲问题[28, 72]。圆环薄膜内半径 $R_1=0.1$m，外半径 $R_2=0.25$m，厚度

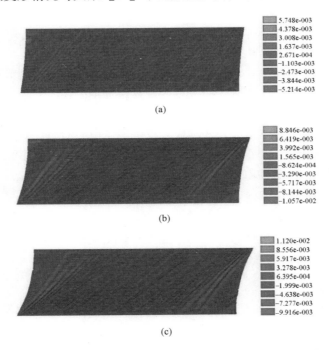

$t_a=25\mu m$，初始内、外边缘边界均为简支固定约束；膜材弹性模量 $E=3.53GPa$，泊松比 $\upsilon=0.34$，密度 $\rho=1400kg/m^3$。为提高计算精度，结构共划分为 13200 个三角形膜单元，圆环薄膜模型及其网格划分如图 7.1-6 所示。分析时间步长取 $h=1.0\times10^{-6}s$，阻尼参数取 $\alpha=1500$。扭转褶皱幅值理论值为：

$$A=\frac{2\sqrt{\Delta\theta(1-\upsilon)}}{\pi}\left(\frac{t_a^2\pi^2r_0^2}{12(1-\upsilon^2)}\right)^{1/4} \tag{7.1-5}$$

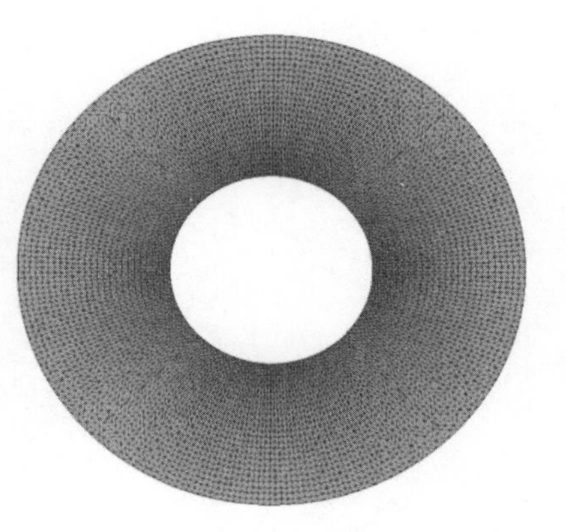

图 7.1-6　圆环薄膜模型及其网格划分

式中，$r_0=R_1(\sin\Delta\theta/\sin\beta)=(R_2-R_1\cos\Delta\theta)/\cos\beta$，$\Delta\theta$ 为扭转角，β 为褶皱方向角。

通过以下三步进行加载：

1）施加初始缺陷：为触发面外褶皱变形，沿径向和环向施加双曲抛物线曲面形式的初始缺陷如式（7.1-6）所示。

$$z=\frac{16f}{(R_2-R_1)^2(2\pi r)^2}\left[\left(\frac{R_2-R_1}{2}\right)^2-\left(r-R_1-\frac{R_2-R_1}{2}\right)^2\right]\times\left[\left(\frac{2\pi r}{2}\right)^2-\left(r\theta-\frac{2\pi r}{2}\right)^2\right] \tag{7.1-6}$$

式中，$R_1\leqslant r\leqslant R_2$，$0\leqslant\theta\leqslant2\pi$，最大初始缺陷值取为 $f=5\mu m$；

2）施加预张力：外边缘固定，内边缘沿径向向内拉伸位移 $\delta_1=0.1mm$，使薄膜具有一定初始预张力；

3）施加扭转变形：内边缘依次沿逆时针方向施加扭转角 $\Delta\theta=0.25°\sim1.5°$，间隔 0.25°。

图 7.1-7 为最大褶皱幅值-扭转角曲线。可知，本章计算结果与文献结果和理论值基本符合，最大误差百分比约为理论值的 12%。误差的产生主要也是初始缺陷的引入（本章和文献［90］）以及薄膜理论（本章和理论值）和薄壳理论（文献［72］）之间理论公式的局限性所造成的，详细分析同算例（1）所述。

图 7.1-8 为扭转过程的总扭矩-扭转角曲线，该曲线包括扭转屈曲及后屈曲的变化全过程。可知，薄膜初始扭转屈曲是极值点平衡问题，从屈曲前的主路径（平面构型）经短暂下降段到屈曲后的副路径（褶皱构型）；本章方法获得的临界屈曲扭矩为 5.02N・m。后屈曲过程中薄膜通过褶皱的扩展来继续承载。

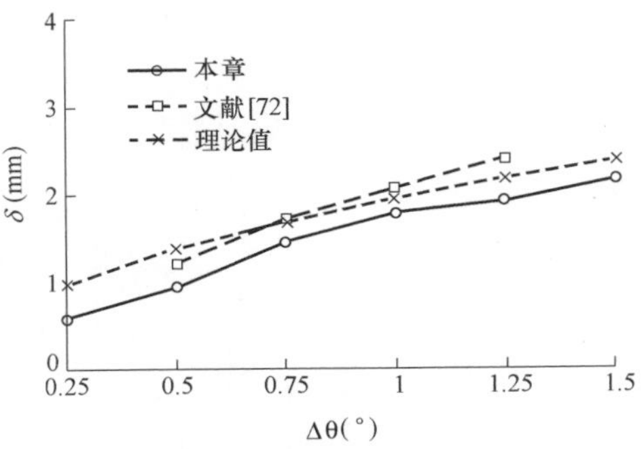

图 7.1-7　最大褶皱幅值-扭转角曲线

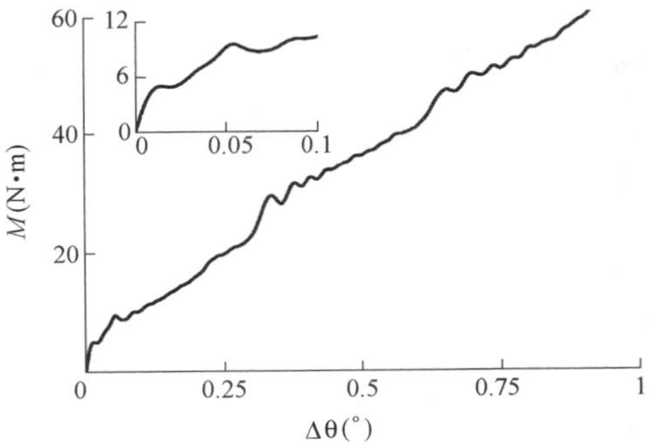

图 7.1-8　扭转过程的总扭矩-扭转角曲线

图 7.1-9 为不同扭转角时的面外变形位移云图。可知，扭转作用下薄膜平面外变形（褶皱屈曲）沿径向向外辐射发散分布并呈现为大量的螺旋状形式，

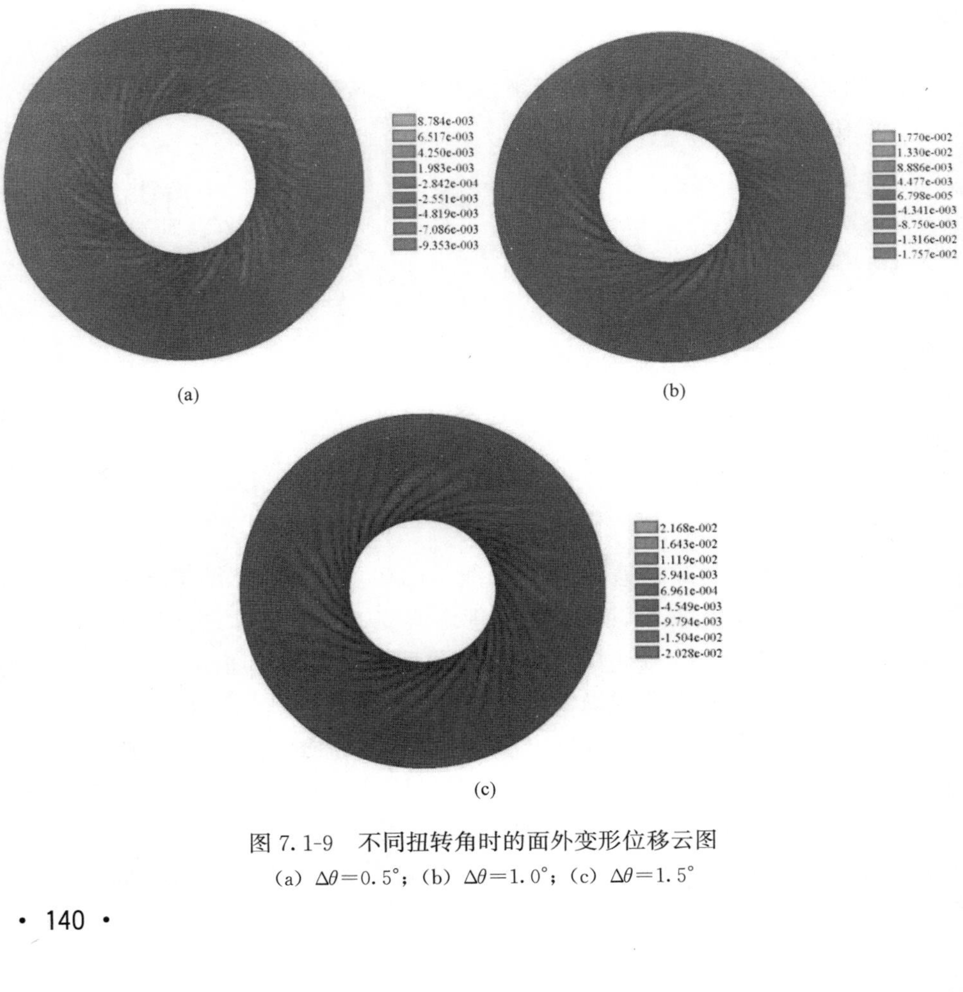

图 7.1-9　不同扭转角时的面外变形位移云图

(a) $\Delta\theta=0.5°$；(b) $\Delta\theta=1.0°$；(c) $\Delta\theta=1.5°$

以释放垂直于褶皱方向的压应力；且随着扭转角的增大，褶皱波长增大，褶皱数量减少，褶皱幅值增大。本章方法获得的褶皱变形结果与文献［72］结果基本一致。

7.2 空间膜结构的褶皱

7.2.1 概述

膜结构一般采用各向同性和正交异性的两种材料制造膜材，膜结构工程用于结构膜的各向同性膜材一般是由热塑性材料制成的薄片，正交异性膜材由几种不同材料的纤维制成。本节将向量式有限元引入各向同性膜材进行膜结构褶皱分析，采用主应力-主应变准则和修改本构矩阵的方法来处理各向同性膜材的膜结构褶皱问题，最后对一个典型膜结构在面外荷载作用下的力学行为及褶皱发展过程进行跟踪分析。

7.2.2 各向同性膜材褶皱理论

1. 褶皱判别准则

目前对膜材褶皱的判别方式有三种[33]：主应力准则、主应变准则和主应力-主应变准则。主应力判断准则在得到主应力之前无法判断褶皱是否发生，会出现判断不准确的情况；主应变准则对于存在拉剪耦合作用的正交异性膜材无法使用；主应力-主应变准则可以准确得到膜材的受力情况，通过主应力判断是否受拉，主应变判断是否松弛，对正交异性材料也适用。本节采用主应力-主应变准则进行判别。

（1）主应力准则

在计算膜单元的应力后，可以得到膜结构任意点的主应力 σ_1 和 σ_2（$\sigma_1 > \sigma_2$），根据主应力大小判定膜材的褶皱状态，主应力准则具体表达为：

1）当 $\sigma_2 > 0$ 时，膜材处于纯拉状态，无褶皱产生；

2）当 $\sigma_1 < 0$ 时，膜材处于松弛状态，此时发生双向褶皱；

3）当 $\sigma_1 > 0$ 且 $\sigma_2 < 0$ 时，膜材处于单向受拉状态，即膜材发生单向褶皱。

在主应力判断准则中，先需要根据节点位移计算单元应变，再得到单元应力；由此计算出单元主应力，最后对膜材的受力状态进行判断，因此在得到主应力之前，无法得知膜材是否已经发生褶皱，仍按照未发生褶皱的本构关系计算主应力，会出现判断不准确的情况。

（2）主应变准则

由材料力学可知，点的主应变为：

$$\begin{cases}\varepsilon_1=\dfrac{\varepsilon_x+\varepsilon_y}{2}+\dfrac{1}{2}\sqrt{(\varepsilon_x-\varepsilon_y)^2+\varepsilon_{xy}{}^2}\\ \varepsilon_2=\dfrac{\varepsilon_x+\varepsilon_y}{2}-\dfrac{1}{2}\sqrt{(\varepsilon_x-\varepsilon_y)^2+\varepsilon_{xy}{}^2}\end{cases}\tag{7.2-1}$$

对于各向同性的膜材，其主应力主应变间关系为：

$$\begin{Bmatrix}\sigma_1\\ \sigma_2\\ 0\end{Bmatrix}=\begin{bmatrix}D_{11} & D_{12} & 0\\ D_{21} & D_{22} & 0\\ 0 & 0 & D_{33}\end{bmatrix}\begin{Bmatrix}\varepsilon_1\\ \varepsilon_2\\ 0\end{Bmatrix}\tag{7.2-2}$$

将式（7.2-2）展开，可以得到：

$$\begin{cases}\sigma_1=\dfrac{E}{1-\upsilon^2}(\varepsilon_1+\upsilon\varepsilon_2)\\ \sigma_2=\dfrac{E}{1-\upsilon^2}(\varepsilon_2+\upsilon\varepsilon_1)\end{cases}\tag{7.2-3}$$

膜材的受力由主应力确定，当膜材进入当褶皱时，$\sigma_2=0$，由式（7.2-3）可得：

$$\varepsilon_2=-\upsilon\varepsilon_1\tag{7.2-4}$$

当膜材进入双向褶皱时，有 $\sigma_1=\sigma_2=0$，由式（7.2-3）可得：

$$\varepsilon_1=\varepsilon_2=0\tag{7.2-5}$$

由此可知，膜材褶皱的主应变判别可以表述为：

1）当 $\varepsilon_1>0$ 且 $\varepsilon_2>-\upsilon\varepsilon_1$ 时，膜材处于纯拉状态，无褶皱产生；

2）当 $\varepsilon_1<0$ 时，膜材处于松弛状态，此时发生双向褶皱；

3）当 $\varepsilon_1>0$ 且 $\varepsilon_2<-\upsilon\varepsilon_1$ 时，膜材处于单向受拉状态，即膜材发生单向褶皱。

此准则对于各向同性膜材的判别有很好的效果，但是对于正交异性材料，由于应力应变间存在拉剪耦合作用，主应力方向往往与弹性主轴方向并不一致，主应力方向与主应变往往也不一致，此时该方法并不适用。

（3）主应力-主应变准则

在主应力和主应变准则的基础上，Roddeman 提出了主应力-主应变准则，本节即采用主应力-主应变准则来判别以下三种受力状态。设膜材主应力 $\sigma_1\geqslant\sigma_2$，主应变 $\varepsilon_1\geqslant\varepsilon_2$，则：

1）当 $\sigma_2>0$ 时，膜材处于纯拉状态，无褶皱产生；

2）当 $\varepsilon_1\leqslant 0$ 时，膜材处于松弛状态，此时发生双向褶皱；

3）除前两条以外的情况（$\sigma_2\leqslant 0$ 且 $\varepsilon_1>0$）时，膜材处于单向受拉状态，即

膜材发生单向褶皱。

由前文所述主应力、主应变准则可知，采用 $\sigma_2>0$ 来判断膜材是否受拉是合适的，采用 $\varepsilon_1\leqslant 0$ 来判断膜材是否松弛对正交异性材料也是合理的。因此，采用主应力-主应变的方法判断膜结构的褶皱情形不会出现误判，是判别正交异性膜材受力状态最适用的准则。

2. 褶皱处理方法

膜结构的褶皱分析方法主要包括非线性稳定理论和张力场理论两种分析方法，本节采用后者进行展开讨论。

采用张力场理论中修正本构矩阵的方法[33] 处理膜结构的褶皱问题。对于存在拉剪耦合作用的膜材，其主应力方向上的应力-应变关系为：

$$\begin{Bmatrix}\sigma_1\\ \sigma_2\\ 0\end{Bmatrix}=\boldsymbol{TDT}^{\mathrm{T}}\begin{Bmatrix}\varepsilon_1'\\ \varepsilon_2'\\ \gamma_{12}'\end{Bmatrix}=\begin{bmatrix}D_{11}' & D_{12}' & D_{13}'\\ D_{21}' & D_{22}' & D_{23}'\\ D_{31}' & D_{32}' & D_{33}'\end{bmatrix}\begin{Bmatrix}\varepsilon_1'\\ \varepsilon_2'\\ \gamma_{12}'\end{Bmatrix} \tag{7.2-6}$$

式中，$\boldsymbol{D}$ 是弹性主轴方向的本构矩阵，$\boldsymbol{T}$ 是考虑拉剪耦合效应后主应力方向本构矩阵与弹性主轴方向本构矩阵的转换关系矩阵，其表达式为：

$$\boldsymbol{T}=\begin{bmatrix}\cos^2\beta & \sin^2\beta & -2\sin\beta\cos\beta\\ \sin^2\beta & \cos^2\beta & 2\sin\beta\cos\beta\\ \sin\beta\cos\beta & -\sin\beta\cos\beta & \cos^2\beta-\sin^2\beta\end{bmatrix} \tag{7.2-7}$$

式中，β 是主应力方向与弹性主轴方向的夹角，根据材料力学知识求得。

（1）单向褶皱时

根据 $\sigma_2=0$，可以在式（7.2-6）中消去 ε_1' 和 ε_2'，得到：

$$\sigma_1=a_0\varepsilon_1' \tag{7.2-8}$$

式中，a_0 的表达式为：

$$a_0=\frac{1}{D_{23}'D_{32}'-D_{22}'D_{33}'}\{D_{11}'(D_{23}'D_{32}'-D_{22}'D_{33}')+D_{12}'(D_{21}'D_{33}'-D_{23}'D_{31}')+D_{13}'(D_{31}'D_{22}'-D_{21}'D_{32}')\} \tag{7.2-9}$$

则可以得到主应力方向上的本构矩阵关系为：

$$\boldsymbol{D}=\begin{bmatrix}a_0 & 0 & 0\\ 0 & 0 & 0\\ 0 & 0 & 0\end{bmatrix} \tag{7.2-10}$$

(2) 双向褶皱时

膜材失去刚度，计算中只需将膜材的刚度矩阵 $\boldsymbol{D}$ 置零即可，即令式 (7.2-10) 中 $a_0=0$。

3. 向量式有限元应力转换计算

向量式有限元中的纯变形是在虚拟位置时的变形坐标系下得到的，而在初始时刻 t_0 的初始应力 $\boldsymbol{\sigma}_0$ 是整体坐标系下的应力分量，因此在计算过程中需要转换到虚拟状态的变形坐标系分量才能与得到的应力增量进行处理，即：

$$\hat{\boldsymbol{\sigma}}_0=\hat{\boldsymbol{Q}}\boldsymbol{\sigma}_0\hat{\boldsymbol{Q}}^{\mathrm{T}} \tag{7.2-11}$$

式中，$\hat{\boldsymbol{Q}}$ 是整体坐标系与变形坐标系间的转换矩阵。

经式 (7.2-11) 处理后的应力可以与计算得到的应力增量在虚拟状态相加减，得到的总应力再转换回到整体坐标系，并经过正向运动转换（包括刚体转动和刚体平移，后者不影响转换）回到 t 时刻有：

$$\boldsymbol{\sigma}'=\hat{\boldsymbol{Q}}^{\mathrm{T}}(\hat{\boldsymbol{\sigma}}_0+\Delta\hat{\boldsymbol{\sigma}})\hat{\boldsymbol{Q}}=\boldsymbol{\sigma}_0+\hat{\boldsymbol{Q}}^{\mathrm{T}}\Delta\hat{\boldsymbol{\sigma}}\hat{\boldsymbol{Q}} \tag{7.2-12}$$

$$\boldsymbol{\sigma}=R_{\mathrm{p}}^{\mathrm{T}}\boldsymbol{\sigma}'R_{\mathrm{p}}=R_{\mathrm{p}}^{\mathrm{T}}\boldsymbol{\sigma}_0R_{\mathrm{p}}+(\hat{\boldsymbol{Q}}R_{\mathrm{p}})^{\mathrm{T}}\Delta\hat{\boldsymbol{\sigma}}(\hat{\boldsymbol{Q}}R_{\mathrm{p}}) \tag{7.2-13}$$

式中，$\boldsymbol{R}_{\mathrm{p}}=\boldsymbol{R}_{\mathrm{ip}}\boldsymbol{R}_{\mathrm{op}}$。

根据得到的 t 时刻单元的应力分量，可由材料力学方法计算平面单元的主应力，同理可以求出单元主应变，根据前文所述的主应力-主应变准则可以判断单元是否发生褶皱或松弛，然后由判别得到的情况，根据式 (7.2-12)、式 (7.2-13) 对单元的弹性矩阵进行修正，并采用修正后的弹性矩阵计算单元内力，得到单元内力之后采用向量式有限元方法计算单元作用在质点上的内力，代入质点运动控制方程即可进行膜结构在荷载作用下的褶皱分析。

7.2.3 程序实现和算例分析

在膜结构基本程序的基础上，利用第 7.2.2 节中给出的方法，即采用主应力-主应变准则和修改本构矩阵方法，进一步编制了可考虑各向同性膜材褶皱效应的膜结构分析程序，膜结构褶皱分析流程图如图 7.2-1 所示。

(1) 算例 1：矩形膜片经典褶皱验证算例

图 7.2-2 (a) 为矩形膜片，沿 AB、CD 两对边作用有均布拉力 N_y，在 AC、BD 两对边作用有拉力 P 和弯矩 M。当 $M=0$ 时，整个膜材处于纯拉状态，随着 M 的增大，膜材底部会出现沿 y 方向的单向褶皱，并且褶皱区域 $EFDC$ 会随着 M 的增大而不断变大。

本算例是验证膜材褶皱效应的经典算例，国内外学者对其进行了许多研究，其中文献 [31] 给出了褶皱高度与外荷载关系的理论解：

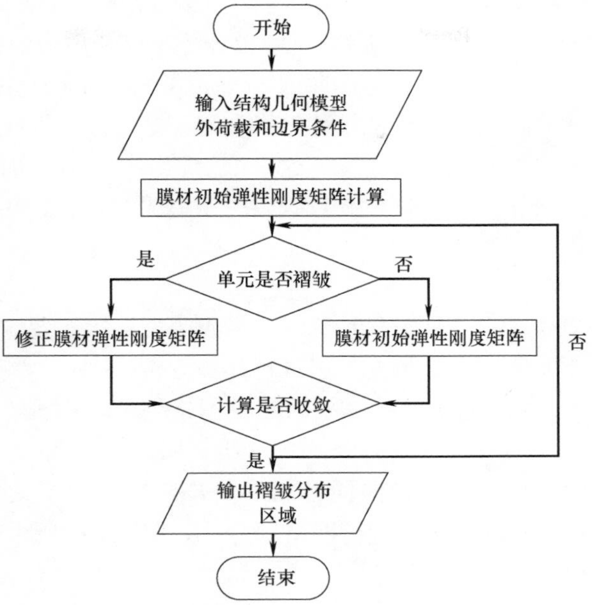

图 7.2-1　膜结构褶皱分析流程图

$$\frac{b}{h}=\begin{cases}0，\left(\dfrac{M}{Ph}<\dfrac{1}{6}\right)，\text{膜片处于纯拉状态}\\[2ex] \dfrac{3M}{Ph}-\dfrac{1}{2}，\left(\dfrac{1}{6}\leqslant\dfrac{M}{Ph}<\dfrac{1}{2}\right)，\text{膜片处于单向褶皱状态}\end{cases} \tag{7.2-14}$$

考虑膜材为各向同性材料，弹性模量 $E=300\text{MPa}$，泊松比 $\upsilon=0.3$。膜片宽 $l=5.0\text{m}$，高 $h=3.0\text{m}$，厚度 0.001m，密度 $\rho=4000\text{kg/m}^3$。采用三角形膜单元进行网格划分，网格模型见图 7.2-2（b）。将外荷载 N_y、P 和 M 都等效为节点荷载。

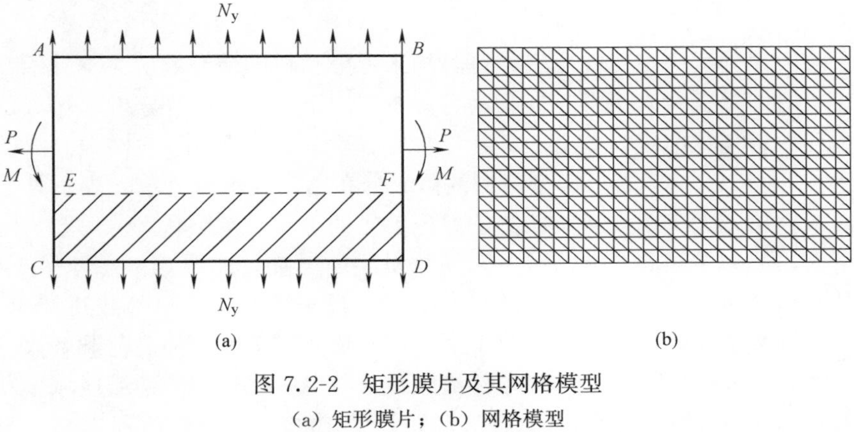

图 7.2-2　矩形膜片及其网格模型

（a）矩形膜片；（b）网格模型

加载时首先缓慢加载竖直方向均布拉力 $N_y=0.02\text{MPa}$ 和水平方向拉力 $P=60\text{N}$，随后保持 N_y 和 P 不变，逐步增大弯矩 M 以计算不同荷载下的褶皱区域高度。

膜片中间褶皱区域高度的计算结果及与理论解对比如图 7.2-3 所示。可知，在大部分情况下本章向量式有限元计算结果和理论值一致，仅在弯矩较大时本章求得的褶皱高度略小于理论计算高度。这是由于膜结构受到平面内荷载时产生褶皱区域，受压刚度修正为极小值，导致收敛缓慢造成的误差。计算表明，膜结构宽度越小，产生的误差越小。

（2）算例 2：六边形充气膜褶皱分析

第 6.1.2 节算例 4 在气枕充气计算时未考虑膜材的褶皱效应，本算例在考虑褶皱效应的前提下重新对六边形充气膜进行计算分析。

图 7.2-4 为等边六边形充气膜初始状态及网格划分，边长 $L=0.25\text{m}$，厚度 $t_a=0.001\text{m}$，初始状态水平放置，在均匀气压下以 50Pa/s 的速度充气膨胀直到 200Pa。气枕结构常用 EFTE 各向同性材料，$E=7.0\times10^6$ Pa，$\upsilon=0.3$，$\rho=4000\text{kg/m}^3$。采用三角形膜单元进行网格划分，如图 7.2-4 所示，上下两片膜片共 1200 单元和 601 个质点。

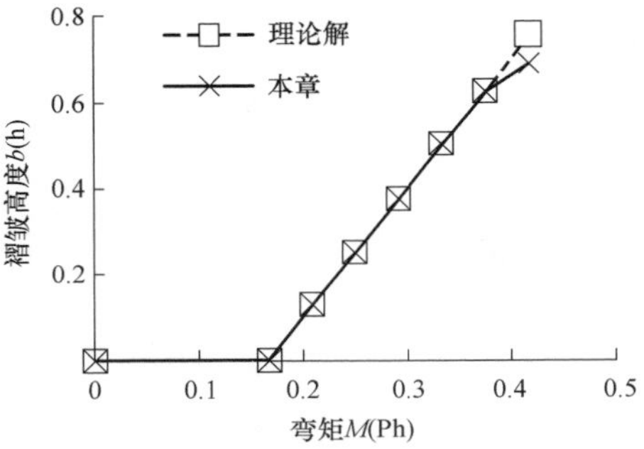

图 7.2-3　膜片中间褶皱区域高度的计算结果及与理论解对比

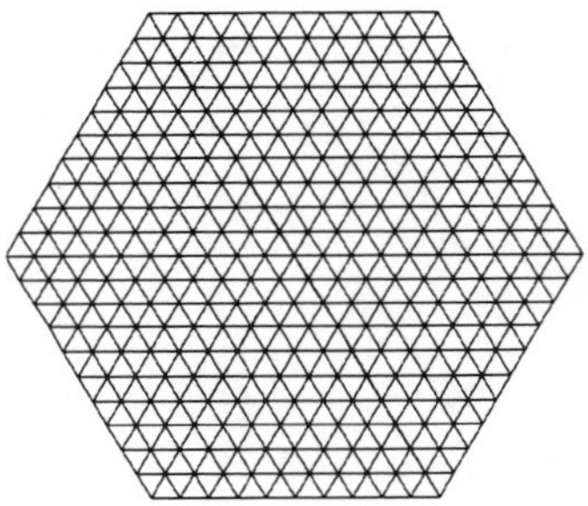

图 7.2-4　等六边形充气膜初始状态及网格划分

目前大部分程序在气枕充气计算时均未考虑膜材的褶皱效应，本算例在考虑褶皱效应的前提下对六边形充气膜进行分析。图 7.2-5 为本章分析程序跟踪出的褶皱单元数量变化曲线，图 7.2-6 为考虑及不考虑褶皱效应时气枕中心点的竖向位移比较，图 7.2-7 为若干典型时刻的褶皱分布图，其中白色单元表示处于纯拉状态，灰色单元处于单向褶皱状态，黑色单元处于双向褶皱状态。可知，随着荷载的增大，单向褶皱和双向褶皱单元的数量不断增加，曲线趋势总体呈正相关。褶皱开始从六边形边部出现并逐渐向内扩展。当充气至 0.6s，荷载达到 30Pa 左右时，褶皱数量达到驻值，充气膜中部出现大量褶皱单元。随后荷载增大，充气膜中间隆起进入纯拉状态，气枕中部褶皱数量减少，但边上的褶皱区域不断向中间扩展，因此总体褶皱数量减少后又开始持续增加。当荷载达到 100Pa 时，褶皱单元达到 750 个左右，超过了单元总数的 60%，此时褶皱单元数达到最大值，充气膜形状不再有较大改变，除了中间部分处于纯拉状态外，边部区域基本处于褶皱状态。荷载持续增大，少量褶皱区域在气体压力下变为纯拉，褶皱单元数量缓慢减少，并逐渐稳定在 700 左右。

由图 7.2-6 可知，本算例在充气过程中考虑褶皱效应的位移接近不考虑褶皱效应的 1.5 倍，可见考虑褶皱与否对气枕充气结果影响很大，分析中应充分考虑褶皱效应的影响。

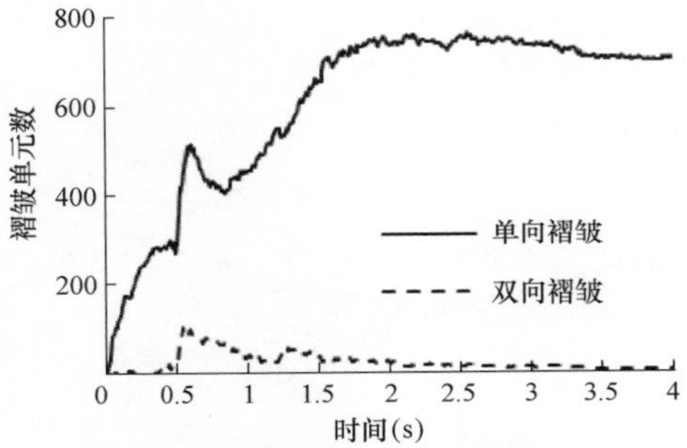

图 7.2-5　本章分析程序跟踪出的褶皱单元数量变化曲线

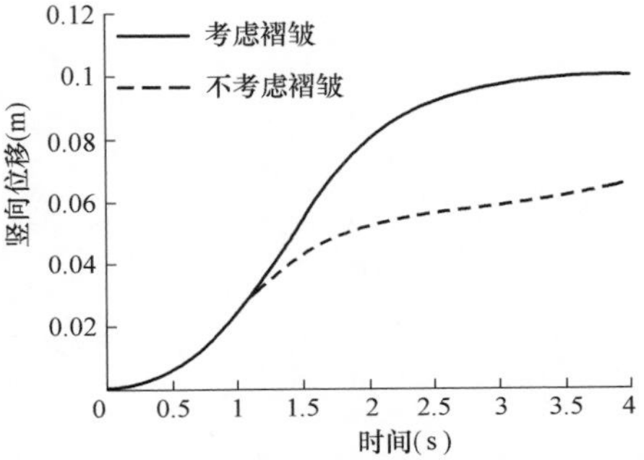

图 7.2-6　考虑及不考虑褶皱效应时气枕中心点的竖向位移比较

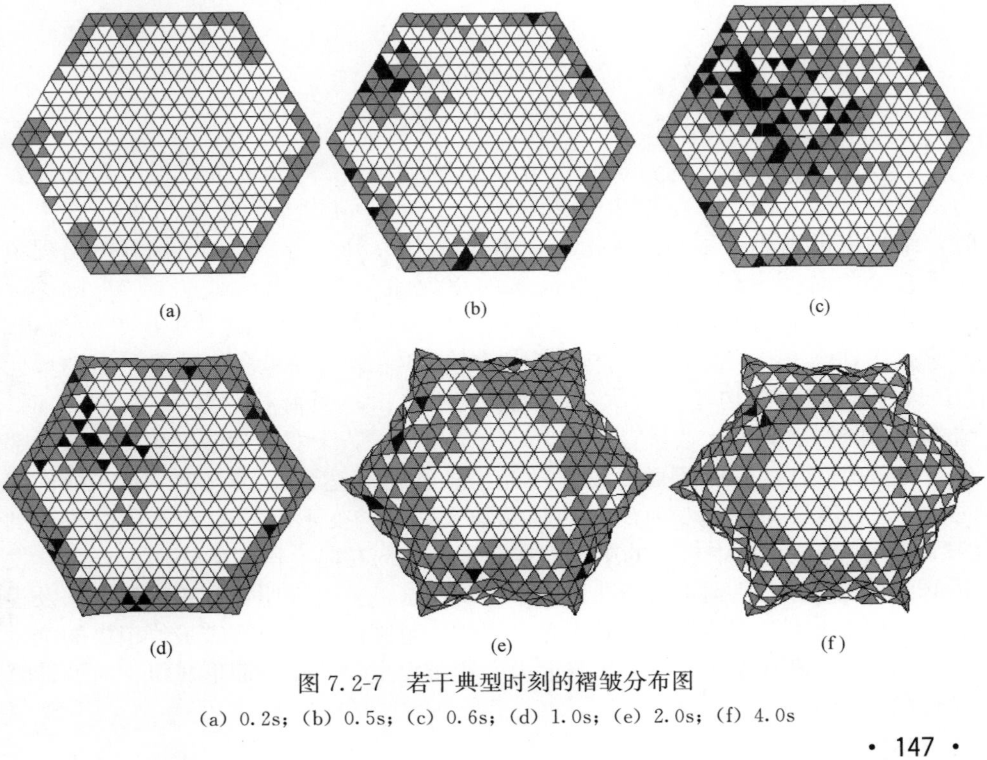

图 7.2-7　若干典型时刻的褶皱分布图

(a) 0.2s；(b) 0.5s；(c) 0.6s；(d) 1.0s；(e) 2.0s；(f) 4.0s

（3）算例 3：马鞍形膜结构的褶皱分析（各向同性）

为验证程序的可靠性，对图 7.2-8 所示的典型的菱形膜结构进行算例分析，相关参数取值参考文献［33］。菱形膜结构平面投影对角线长 6m，四边固定，高点 A、B 与低点 C、D 之间的高差为 1m。AB、CD 方向分别为膜材的经向和纬向，经向和纬向的弹性模量分别为 $E_1=900\mathrm{MPa}$，$E_2=600\mathrm{MPa}$，剪切模量 $G=20\mathrm{MPa}$，泊松比分别为 $\upsilon_{12}=0.6$，$\upsilon_{21}=0.4$，厚度为 1mm，预应力 $\sigma_x=\sigma_y=2\mathrm{kN/m}$，作用荷载为 $q_z=2.5\mathrm{kN/m^2}$（均布向上的荷载），结构划分为 200 个三角形膜单元。

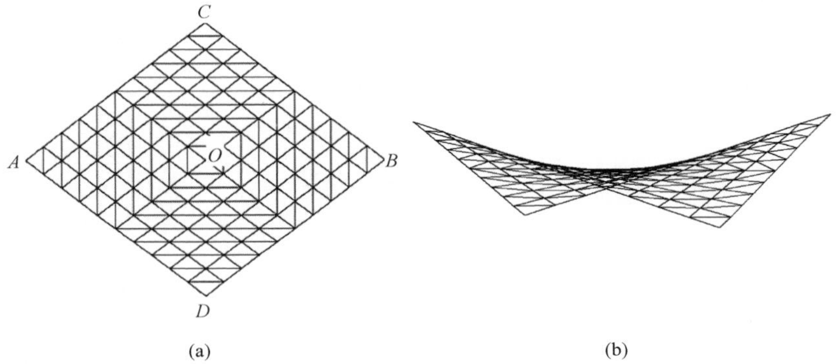

图 7.2-8　典型的菱形膜结构
（a）俯视图；（b）轴测图

采取逐级加载的方式，跟踪膜结构在外力作用下的变形全过程，并捕捉发生褶皱的区域。图 7.2-9 给出了褶皱单元分布与结构变形。当均布荷载很小时，结构变形很小，不会出现褶皱；当荷载为 $0.3\mathrm{kN/m^2}$ 时，结构开始出现单向褶皱，此时变形仍较小，发生褶皱的单元也较少；当荷载达到 $0.4\mathrm{kN/m^2}$ 时，结构的变形增大，出现的褶皱单元也变多，主要沿高点 A、B 之间分布；当荷载达到 $0.5\mathrm{kN/m^2}$ 时，结构中出现的单向褶皱达到最多，数量约占总单元数的 46％，此时结构变形较大，膜面出现不光滑；当荷载达到 $1.0\mathrm{kN/m^2}$ 时，结构中单向褶皱的单元数目有所减少，但是出现了若干双向褶皱的单元，表明部分膜面出现松弛，此时膜面变得更不光滑；当荷载达到 $1.5\mathrm{kN/m^2}$ 时，结构单向褶皱数目继续减少，双向褶皱的单元消失，结构变形继续变大；当荷载达到 $2.5\mathrm{kN/m^2}$ 时，结构中褶皱的单元基本消失，结构在向上荷载的作用下，继续发生变形，最终可以达到正高斯曲面的平衡状态。该算例表明，利用本章方法及程序，可以成功捕捉膜结构从褶皱出现、褶皱大范围产生直至褶皱最终消失的全过程，克服了一般有限元方法中当膜面由于褶皱发生局部畸变而形成机构时的计算不收敛问题。

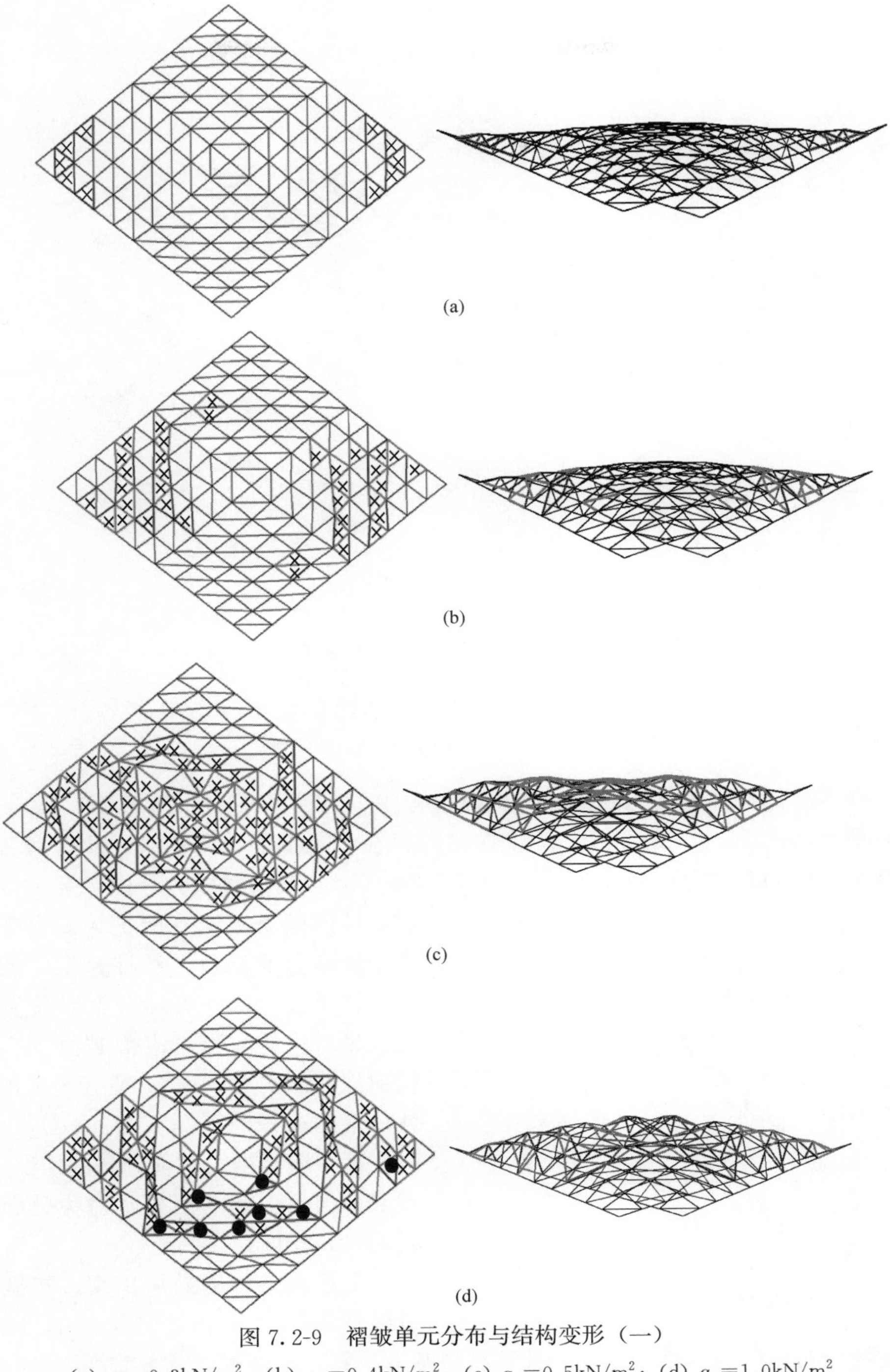

图 7.2-9　褶皱单元分布与结构变形（一）

（a）q_z=0.3kN/m^2；（b）q_z=0.4kN/m^2；（c）q_z=0.5kN/m^2；（d）q_z=1.0kN/m^2

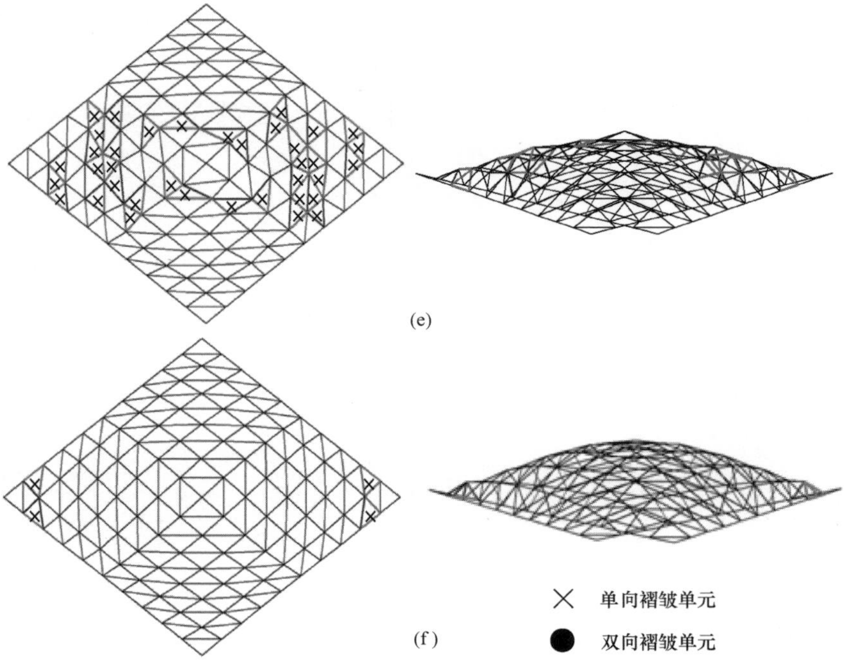

图 7.2-9　褶皱单元分布与结构变形（二）

(e) q_z=1.5kN/m^2；(f) q_z=2.5kN/m^2

在本算例对称膜结构的褶皱分析全过程中，当荷载很小［图 7.2-9（a）］或荷载很大［图 7.2-9（f）］时，均仅在边界存在小范围的单向褶皱，此时褶皱位置满足严格的对称性；当荷载较小［图 7.2-9（b）］或荷载较大［图 7.2-9（e）］时，单向褶皱范围有所扩大，由于褶皱问题本身的复杂性和计算误差的存在，除个别位置外大部分褶皱位置仍是满足对称的；当对应褶皱范围很大的荷载［图 7.2-9（c）］或甚至出现松弛位置的荷载时［图 7.2-9（d）］，此时在基本满足褶皱对称分布的情况下，褶皱和松弛引起的褶皱不对称分布的影响也趋于增大。

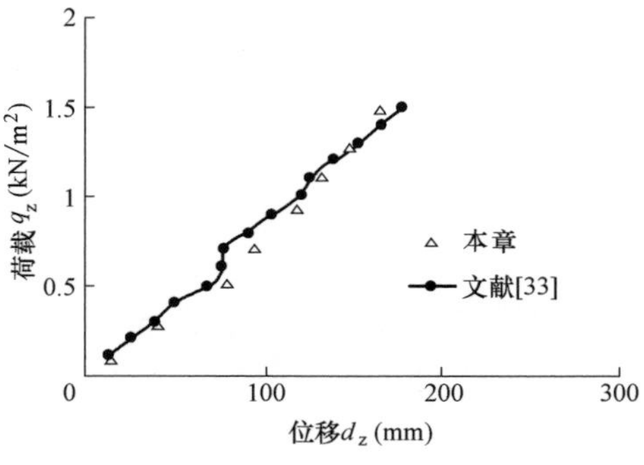

图 7.2-10　中心节点荷载 q_z-z 向位移 d_z 曲线及与文献［33］的结果的比较

上述膜结构褶皱从出现、扩展到最终消失的过程和褶皱位置的（非）对称性分布情况与文献［33］的计算结果基本一致，验证了本章方法在膜结构褶皱分析问题中的有效性和准确性。图 7.2-10 则给出了中心节点的荷载 q_z-z 向位移 dz 曲线及与文献 [33] 的结果的比较；由图 7.2-10 可知，两者的计算结果符合较好。

图 7.2-11 为不同荷载条件下中心节点竖向位移收敛情况。图 7.2-11（a）为荷载 0.5kN/m^2 条件下节点的位移-时间曲线，可以看出由于褶皱的出现，计算过程中出现在收敛值附近范围内波动而不收敛的现象；图 7.2-11（b）为荷载 2.5kN/m^2 条件下节点的位移-时间曲线，由于最终结构重新进入双向张拉状态，最终计算达到平稳的收敛解。

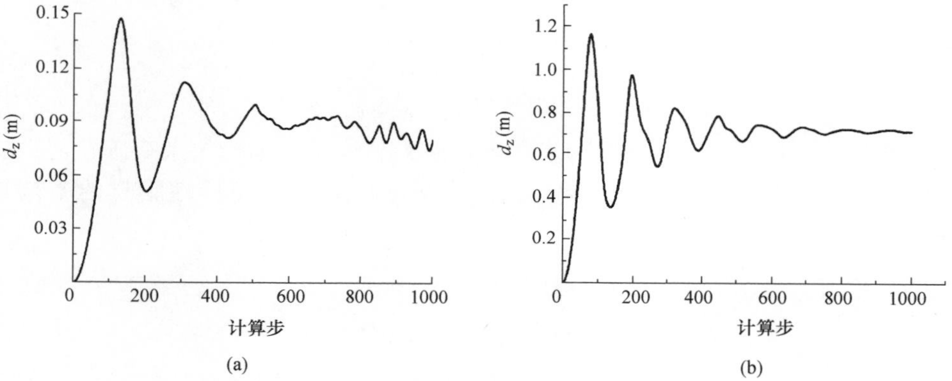

图 7.2-11 不同荷载条件下中心节点竖向位移收敛情况

（a）q_z=0.5kN/m^2；（b）q_z=2.5kN/m^2

7.3 考虑膜材正交异性的空间膜结构褶皱

7.3.1 概述

本节将向量式有限元引入膜结构进行正交异性褶皱分析，正交异性膜材的本构矩阵详见第 6.3.2 节的推导；同时考虑膜材的正交异性，推导了正交异性膜材褶皱状态下的修正本构矩阵，并采取了更合理的主偏夹角计算方法；以此为理论基础，编制了考虑膜材正交异性的膜结构荷载计算与褶皱分析程序，并进行算例验证与分析。

7.3.2 正交异性膜材褶皱理论

1. 褶皱状态判别

膜材的受力状态包括纯拉、单向褶皱和双向褶皱，需要进行膜材受力状态判别后再进行不同本构关系修正。目前最常用的判别方法包括主应力准则、主应变准则和主应力-主应变准则。本章采用 Roddeman 等提出的最适用于正交异性膜材的主应力-主应变准则[73] 进行褶皱状态判别。详见 7.2.2 节。

通过主应力-主应变准则判定膜单元的受力状态，用修正本构矩阵法对本构关系进行修正后重新迭代，思路清晰，计算准确，便于编程实现。

2. 正交异性膜材褶皱状态下的修正本构矩阵

当判断膜材处于单向褶皱状态时，正交异性膜材只在最大主应力方向存在刚度，因此首先需要判断三角形单元中的最大主应力方向。以最大主应力方向为 x'' 轴建立主应力坐标系，局部坐标系与主应力坐标系的主偏夹角 φ（逆时针为正）[33] 可求得：

$$\tan 2\varphi=\frac{-2\tau_{\mathrm{xy}}}{\sigma_{\mathrm{x}}-\sigma_{\mathrm{y}}} \tag{7.3-1}$$

求得主偏夹角 φ 后，可进一步求得主应力坐标系下本构关系矩阵。与正交异性膜材本构关系的推导过程类似，主应力坐标系下正交异性膜材的本构矩阵为：

$$\overline{\boldsymbol{D}}=\begin{bmatrix}\overline{D}_{11} & \overline{D}_{12} & \overline{D}_{13}\\ \overline{D}_{21} & \overline{D}_{22} & \overline{D}_{23}\\ \overline{D}_{31} & \overline{D}_{32} & \overline{D}_{33}\end{bmatrix}=\boldsymbol{A}'\boldsymbol{D}'\boldsymbol{R}'\boldsymbol{A}'^{\mathrm{T}}\boldsymbol{R}^{-1} \tag{7.3-2}$$

式中，$\boldsymbol{R}$ 为鲁塔矩阵，$\boldsymbol{A}'$同样为变换矩阵，其形式与式（6.3-11）中的变换矩阵 $\boldsymbol{A}$ 一致，只需将其中的 θ 改为主偏夹角 φ，即 $c=\cos\varphi$，$s=\sin\varphi$。

在主应力坐标系下，发生单向褶皱时，$\sigma_2=0$，应将本构关系修正为[33]：

$$\widetilde{\boldsymbol{D}}=\begin{bmatrix}a & 0 & 0\\ 0 & a\eta & 0\\ 0 & 0 & a\eta\end{bmatrix} \tag{7.3-3}$$

式中，

$$a=\frac{\overline{D}_{11}(\overline{D}_{32}\overline{D}_{23}-\overline{D}_{22}\overline{D}_{33})+\overline{D}_{12}(\overline{D}_{21}\overline{D}_{33}-\overline{D}_{23}\overline{D}_{31})+\overline{D}_{13}(\overline{D}_{31}\overline{D}_{22}-\overline{D}_{21}\overline{D}_{32})}{\overline{D}_{32}\overline{D}_{23}-\overline{D}_{22}\overline{D}_{33}} \tag{7.3-4}$$

η 为一微小量，传统有限元中引入该量是为了防止病态矩阵的出现[33]。本章采用向量式有限元法无须求解线性方程组，不存在矩阵病态问题，但在此处同样不可将 η 置为 0。单向褶皱区域若取 $\eta=0$，褶皱单元受压时刚度为 0，褶皱区域边缘的压应力无法向褶皱区域中部传递，会对褶皱区域的判断产生不可忽略的误差。因此虽与传统有限元原因不同，但同样 η 值不得为 0，以保证计算效率和精度。

最后将本构关系修正回局部坐标系下，可得单向褶皱状态下正交异性膜材的本构矩阵：

$$\boldsymbol{D}''=\boldsymbol{A}'^{\mathrm{T}}\widetilde{\boldsymbol{D}}\boldsymbol{R}\boldsymbol{A}'\boldsymbol{R}^{-1} \tag{7.3-5}$$

在双向褶皱状态下，$\sigma_1=0$，$\sigma_2=0$，在主应力坐标系下将本构矩阵修正为：

$$\widetilde{\boldsymbol{D}}=\begin{bmatrix}\eta a & 0 & 0\\ 0 & \eta a & 0\\ 0 & 0 & \eta a\end{bmatrix} \tag{7.3-6}$$

同样，此处 η 也不可置为 0。将式（7.3-6）代入式（7.3-5），即可求得双向褶皱状态下正交异性膜材的本构矩阵 $\boldsymbol{D}''$ 。

3. 主偏角计算方法的优化

主偏夹角 φ 在每一步迭代都需要重新计算。目前文献在求解主偏夹角时，通常以式（7.3-1）直接通过反三角函数求解，但式（7.3-1）只能得到 x 轴与主应力方向夹角。主应力方向有两个，求得的主偏夹角 φ 也有两个，需要进一步判断以选取最大主应力方向。反三角函数值与实际夹角往往存在运算关系，须对不同情况进行判断，编程复杂。传统方法不仅计算繁琐，且编程不当很容易出现判断错误或数值溢出，使得主偏夹角的计算成为褶皱状态下本构关系修正的计算难点。

本节为了提高程序运算的效率和正确性，将主偏夹角的计算方法加以改进，采用了文献［74］中的计算方法，将各单元应力代入式（7.3-1）后，得到分子、分母只有以下四种情况：

（1）$\tan2\varphi=\dfrac{正}{正}$（第 1 象限），则 $\varphi=\dfrac{1}{2}\arctan\left|\dfrac{-2\tau_{\mathrm{xy}}}{\sigma_{\mathrm{x}}-\sigma_{\mathrm{y}}}\right|$；

（2）$\tan2\varphi=\dfrac{正}{负}$（第 2 象限），则 $\varphi=\pi-\dfrac{1}{2}\arctan\left|\dfrac{-2\tau_{\mathrm{xy}}}{\sigma_{\mathrm{x}}-\sigma_{\mathrm{y}}}\right|$；

（3）$\tan2\varphi=\dfrac{负}{负}$（第 3 象限），则 $\varphi=\pi+\dfrac{1}{2}\arctan\left|\dfrac{-2\tau_{\mathrm{xy}}}{\sigma_{\mathrm{x}}-\sigma_{\mathrm{y}}}\right|$；

（4）$\tan2\varphi=\dfrac{负}{正}$（第 4 象限），则 $\varphi=-\dfrac{1}{2}\arctan\left|\dfrac{-2\tau_{\mathrm{xy}}}{\sigma_{\mathrm{x}}-\sigma_{\mathrm{y}}}\right|$。

上述方法的优点是可以直接求得最大主应力方向，无须再进行判断控制，反三角函数自变量均为正值，程序简洁，数值不易溢出。

4. 相关问题的讨论

（1）η 的取值建议

在式（7.3-3）和式（7.3-4）中，η 的取值不能为 0。在传统有限元中，η 是为了防止矩阵奇异，只需任意微小量即可。但在向量式有限元中，是为了传递单元压应力，若取值过小，传递压应力的速度小于膜材收敛速度，容易造成计算结果错误；若取值过大，则对膜结构应力产生不可忽略的误差。目前该取值无具体公式与范围可以参考，往往需要多次调整试算。

本章建议 η 取值为 1/200～1/20，若大于 1/20，则其单向褶皱方向刚度已不能视为微小量，会对计算结果产生不可忽略的误差；若小于 1/200，计算收敛时间明显变长，褶皱单元判定区域与真实结果相差较大。经反复试算，本章多数算例取值为 $\eta=1/100$，计算结果较为准确。

（2）褶皱单元对收敛的影响

在第 3.2.4 节中探讨了阻尼参数 α 和时间步长 h 的取值大小，从式（3.2-24）～式（3.2-26）可知，两参数取值取决于结构中各节点 k/m，而两参数的取值大小则直接影响收敛速度。

在考虑膜材褶皱效应时，膜材褶皱方向的本构关系会修正为极小值，该方向上的刚度 k 会在膜材褶皱时发生突变，而且可能随着节点在平衡位置的振荡多次突变。而阻尼参数 α 和时间步长 h 按照纯拉状态取值，因此，膜结构褶皱区域的部分节点可能会发生难以收敛的情况。此时，由于褶皱方向上刚度修正为极小值，节点的振荡对膜结构的内力计算并不会产生较大影响，只需调整收敛准则，将其视为收敛即可。

当向量式有限元的膜结构褶皱分析的主要荷载与膜面垂直时，节点主要振动方向与膜面垂直，不影响膜结构褶皱区域的判断。

当主要荷载与膜面方向平行时，节点在膜材平面内振荡，褶皱区域边缘附近的褶皱状态会反复振荡，褶皱边缘区域会随着节点振荡在纯拉状态与褶皱状态转换，褶皱边缘区域难以收敛。

使大部分膜结构发生褶皱的外荷载均垂直于膜面方向，因此对大多数情况褶皱区域判断不会出现不收敛的现象。当外荷载平行于膜面时，可将褶皱区域边缘不收敛的单元增大网格划分密度重新分析，使计算达到工程所需要的精度。

7.3.3 程序实现和算例分析

在膜结构基本程序的基础上，利用第 7.3.2 节中给出的方法，进一步编制了可考虑正交异性膜材褶皱分析流程图如图 7.3-1 所示。

算例：马鞍形膜结构的褶皱分析（正交同性）

图 7.3-2 为马鞍形膜结构初始状态和网格划分，平面投影为对角线长 6m 的菱形，四边固定，高点与低点之间的高差为 1m。结构划分为 200 个三角形膜单元。采用正交异性膜材，两条对角线与两高点连线方向为膜材的经向，两低点连线方向为膜材的纬向。纬向弹性模量 E_2 保持为 600MPa，经向弹性模量 E_1 分别取 1200MPa、1050MPa、900MPa、750MPa、600MPa 和 450MPa，以考察膜材刚度变化对膜结构受力性能的影响，剪切模量 $G=20$MPa，泊松比为 $\upsilon_{12}=$

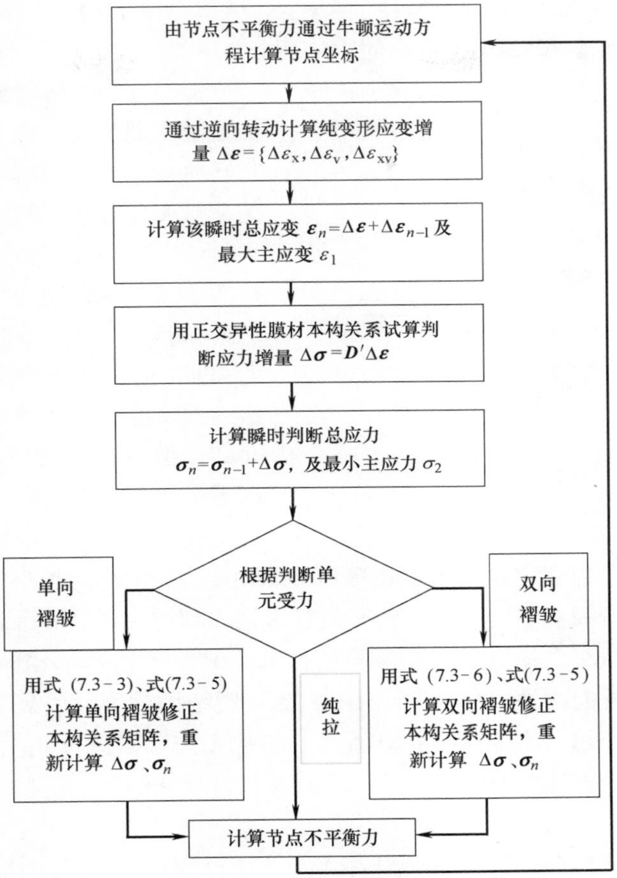

图 7.3-1　考虑正交异性膜材褶皱分析流程图

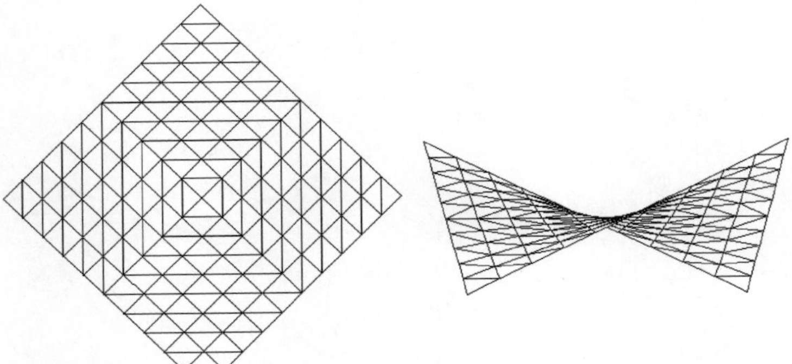

图 7.3-2　马鞍形膜结构初始状态和网格划分

0.6、$\upsilon_{21}=(E_2/E_1)\upsilon_{12}$，厚度 $t_a=1$mm，预应力 $\sigma_x=\sigma_y=2$kN/m^2，逐步以1Pa/s 的速度施加 40kN/m^2 均布向上的荷载。

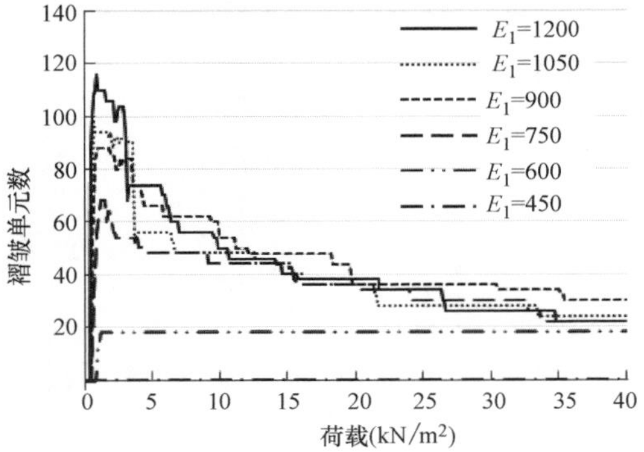

图 7.3-3　马鞍形膜结构褶皱单元数随荷载的变化曲线

图 7.3-3 为马鞍形膜结构褶皱单元数随荷载的变化曲线。可知，不同材料时马鞍形膜结构随荷载增大出现的褶皱变化趋势。当 E_1 取 1200MPa、1050MPa、900MPa、750MPa 时膜结构褶皱单元数变化趋势大体相同。当荷载增加到 0.3kN/m^2 左右开始出现单向褶皱，褶皱单元数急剧增大，并很快达到峰值。经向刚度越大，褶皱单元数峰值越大。之后随荷载的增大，褶皱单元数缓慢下降。当马鞍形曲面突变为向上突起时，褶皱单元数急剧减小，皱褶单元数变化曲线上可观察到下降陡坡。经向刚度越小，下降陡坡越不明显。之后随着荷载增大，膜面中间鼓起区域逐渐增大，褶皱区域变为纯拉，褶皱单元数逐渐减小。最后不同刚度膜结构的褶皱单元数基本相同，均为 20～30 个。当材料为各向同性（$E_1=600$MPa）时，膜结构产生的褶皱单元很少，且达到峰值后不再变化；当 $E_1=450$MPa 时，结构不产生褶皱单元。分析结果表明，马鞍形膜结构高点连线方向刚度越大，越容易产生褶皱；刚度越小，越不容易产生褶皱。

图 7.3-4 为 $E_1=1050$MPa 时马鞍形膜结构若干典型时刻的褶皱分布和结构形态。褶皱单元最早出现于膜结构高点连线上，并随着荷载增大，褶皱的宽度迅速增大。当荷载达到 0.6kN/m^2 时，膜结构中部区域几乎全部发生单向褶皱。

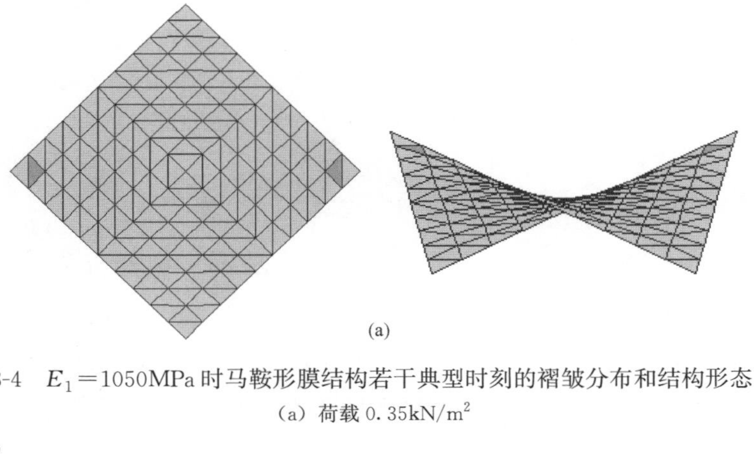

(a)

图 7.3-4　$E_1=1050$MPa 时马鞍形膜结构若干典型时刻的褶皱分布和结构形态（一）

（a）荷载 0.35kN/m^2

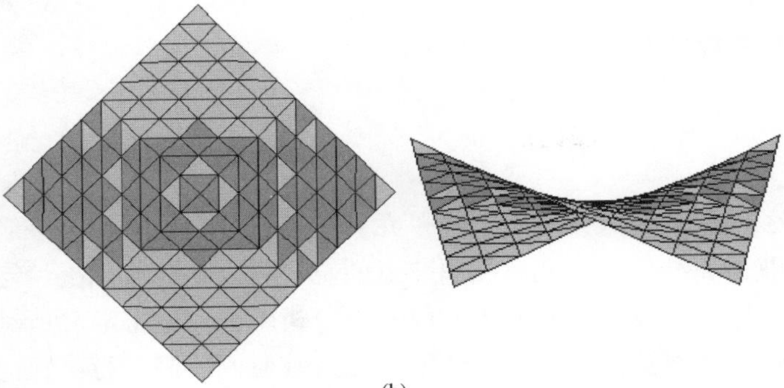

(b)

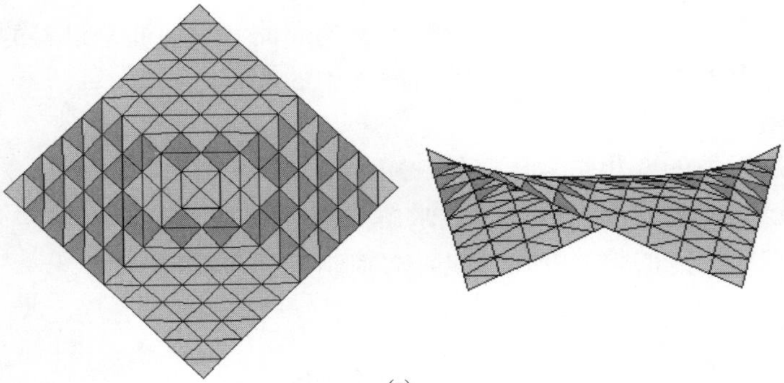

(c)

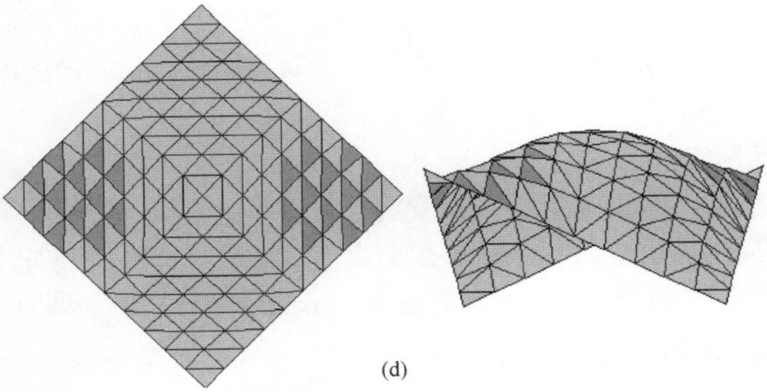

(d)

图 7.3-4　$E_1=1050\text{MPa}$ 时马鞍形膜结构若干典型时刻的褶皱分布和结构形态（二）

（b）荷载 0.6kN/m^2；（c）荷载 4.0kN/m^2；（d）荷载 40.0kN/m^2

当荷载达到 4.0kN/m^2 时，曲面已不再呈现马鞍形，中部膜片向上鼓起，膜片中部的褶皱部分重新变为纯拉状态。随着荷载的增大，中部纯拉区域越来越大，当荷载达到 40kN/m^2 时，仅在两高点附近区域存在少量褶皱单元。

7.4 板壳结构的屈曲

7.4.1 概述

本章基于向量式有限元三角形壳单元基本理论，分别采用力控制法和位移控制法来跟踪获得壳结构屈曲和后屈曲变形的全过程；在此基础上编制了壳结构屈曲计算分析程序，通过静力和动力屈曲算例分析验证理论推导和所编制程序的有效性和正确性，并对这两种控制方法的特点及其应用范围进行了探讨。

7.4.2 非线性屈曲理论

力控制法和位移控制法是跟踪获得壳结构屈曲和后屈曲全过程的两种基本方法，以下给出其基本原理及在向量式有限元中的实现方式。

1. 力控制法

力控制法以力的变化作为自变量，遵循已知结构外力求解位移反应的一般思路。在施加已知变化的外力后，通过求解质点运动式（5.1-1）可直接获得外力作用点或其他位置点的位移变化情况，力控制方程为：

$$\begin{cases}\boldsymbol{x}_{n+1}=c_1\Delta t^2\boldsymbol{M}^{-1}(\boldsymbol{f}_n^{\text{ext}}+\boldsymbol{f}_n^{\text{int}})+2c_1\boldsymbol{x}_n-c_2\boldsymbol{x}_{n-1}\\ \boldsymbol{\theta}_{n+1}=c_1\Delta t^2\boldsymbol{I}^{-1}(\boldsymbol{f}_{\theta n}^{\text{ext}}+\boldsymbol{f}_{\theta-n}^{\text{int}})+2c_1\boldsymbol{\theta}_n-c_2\boldsymbol{\theta}_{n-1}\end{cases} \tag{7.4-1}$$

在每个循环分析步中，通过控制外力 $\boldsymbol{f}^{\text{ext}}$（$\boldsymbol{f}_{\theta}^{\text{ext}}$）的逐步增大，求出结构在该分析步末时刻的位移反应 $\boldsymbol{x}_{n+1}$（$\boldsymbol{\theta}_{n+1}$）。由于增量分析步内单元需满足小变形大变位的假定，因而初始荷载增量可通过几步试算确定，且需保证试算获得节点位移增量小于单元厚度 t_a 的量级（如：$t_a/10$）。

2. 位移控制法

位移控制法以位移的变化作为自变量，与力控制法相反，其遵循已知结构位移求解外力的逆向思路。在结构位移控制点处假设存在支座，施加已知变化的支座位移后，需另外通过式（7.4-1）的逆形式来获得支座反力（即对应外力），该逆形式即为位移控制方程：

$$\begin{cases}\boldsymbol{f}_n^{\text{ext}}=\dfrac{1}{c_1\Delta t^2}\boldsymbol{M}(\boldsymbol{x}_{n+1}+c_2\boldsymbol{x}_{n-1}-2c_1\boldsymbol{x}_n)-\boldsymbol{f}_n^{\text{int}}\\ \boldsymbol{f}_{\theta n}^{\text{ext}}=\dfrac{1}{c_1\Delta t^2}\boldsymbol{I}(\boldsymbol{\theta}_{n+1}+c_2\boldsymbol{\theta}_{n-1}-2c_1\boldsymbol{\theta}_n)-\boldsymbol{f}_{\theta n}^{\text{int}}\end{cases} \tag{7.4-2}$$

在每个循环分析步中，通过控制位移控制点处支座位移 $\boldsymbol{x}(\boldsymbol{\theta})$ 的逐步增大，求出结构在该分析步的外力 $\boldsymbol{f}_n^{\text{ext}}$（$\boldsymbol{f}_{\theta n}^{\text{ext}}$）。初始位移增量可取小于单元厚度 t_a 的

量级（如：$t_a/10$）以满足单元小变形大变位的假定，如此可避免单元纯变形过大而导致的变形计算失真。

7.4.3　程序实现和算例分析

在传统有限元中，结构屈曲和后屈曲过程一般会出现大位移大转动或大应变，求解平衡方程时为考虑变形的影响应以变形后形状为基本构形，即作为几何非线性问题来处理。而向量式有限元方法并不存在几何线性和非线性的区分，在每一时间子步内均为小变形大变位过程，因而均以变形前形状为基本构形，对于结构屈曲问题无需特殊处理，采用显式时间积分进行步步更新便可获得结构的应力和变形。

基于向量式有限元三角形壳单元基本理论和位移（力）控制处理方法，本章采用 MATLAB 编制了壳结构的屈曲计算分析程序，并分别通过静力和动力屈曲算例分析验证理论推导和所编制程序在壳结构静力和动力屈曲分析领域的有效性和正确性，薄壳结构屈曲分析法流程图见图 7.4-1。

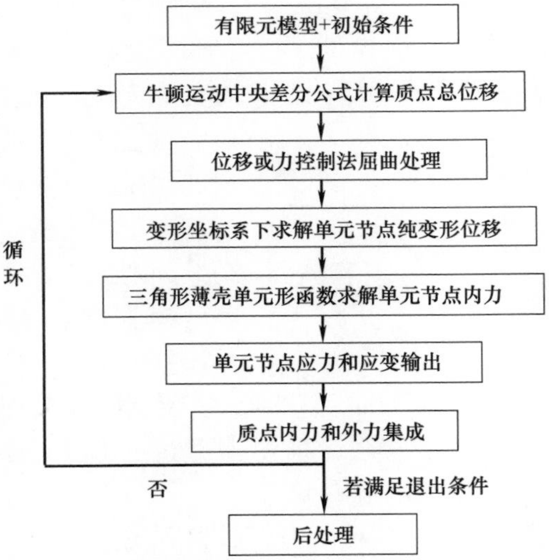

图 7.4-1　薄壳结构屈曲分析法流程图

（1）算例 1：柱面壳的屈曲分析

两边简支的柱面壳结构是分析跃越失稳问题的经典算例[59, 75]，采用位移控制法和力控制法跟踪薄壳结构屈曲和后屈曲变形的全过程。柱面壳的半径 $R=2.54$m，两纵向边长 $L=0.508$m，厚度 $t_a=12.7$mm，曲边弧度角为 $\theta=0.2$rad；初始两纵向边简支、两圆弧曲边自由，中心受竖向集中荷载 P 作用；壳体的弹性模量 $E=3.102\ 75$GPa，泊松比 $\upsilon=0.3$，密度 $\rho=2500\text{kg/m}^3$。采用三角形壳单元网格，共计 200 个单元和 121 个节点，柱面壳模型及其网格划分如图 7.4-2 所示。分析时间步长取 $h=2.0\times10^{-5}$s，阻尼参数取 $\alpha=36$。

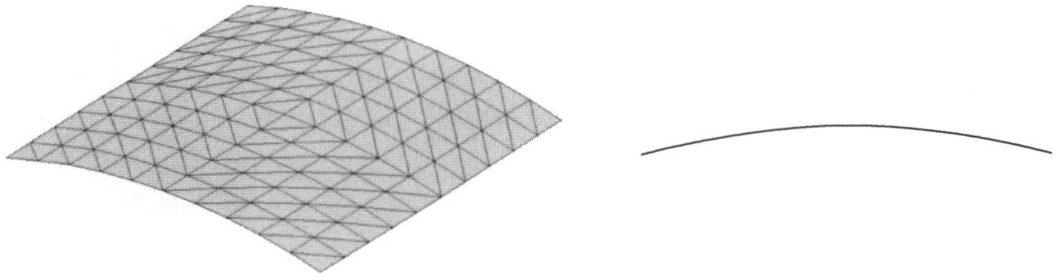

(a)　　(b)

图 7.4-2　柱面壳模型及其网格划分

(a) 三维图；(b) 侧视图

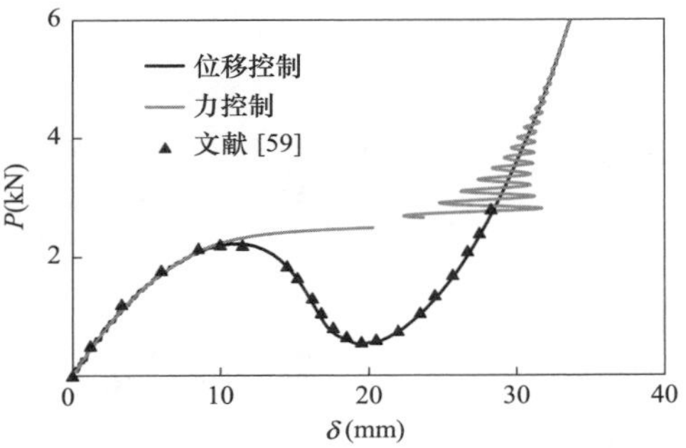

图 7.4-3　外荷载 P 随顶部中心节点的荷载-位移曲线及与文献［59］结果比较

图 7.4-3 给出了外荷载 P 随顶部中心节点荷载-位移曲线及与文献［59］结果比较。可知，位移控制法结果与文献结果符合较好，成功获得柱面壳大位移大转动、屈曲及后屈曲的全过程变化曲线，包括屈曲前上升段、屈曲后下降段及后屈曲承载上升段；本章方法所获得上、下临界极限荷载分别为 2.23kN 和 0.53kN，与文献［59］结果（2.21kN 和 0.56kN）的误差很小。力控制法的屈曲和后屈曲上升段均与文献结果符合，而屈曲后下降段由于荷载的逐步递增施加表现为快速递增跳过（无法获得精确的临界极限荷载）；且跳过下降段后由于该段位移变化过快，在后屈曲上升初始还存在小幅振荡效应。

图 7.4-4 给出了若干典型时刻柱面壳屈曲和后屈曲的变形以及 von Mises 应力分布云图（Matlab 后处理中自行编制程序绘制获得），图中单位为 Pa，以更加直观地观察其应力变化及变形发展情况。可见，随着控制位移的递增施加，柱面壳中心的变形也逐渐增大，位移为 10.8mm 时达到极值点而出现屈曲；随后开始发生快速翻转（对应荷载-位移的下降段），位移为 19.4mm 到达下降段的极小值点；之后，柱面壳变形再次缓慢增大（对应后屈曲的上升段）。

（2）算例 2：圆柱壳的动力屈曲分析

本算例采用位移控制法分析圆柱壳结构在轴压荷载作用下的动力屈曲和后屈曲问题[76]。圆柱壳的半径 $R=0.1$m，轴向长度 $L=0.5$m，厚度 $t_a=2.0$mm，

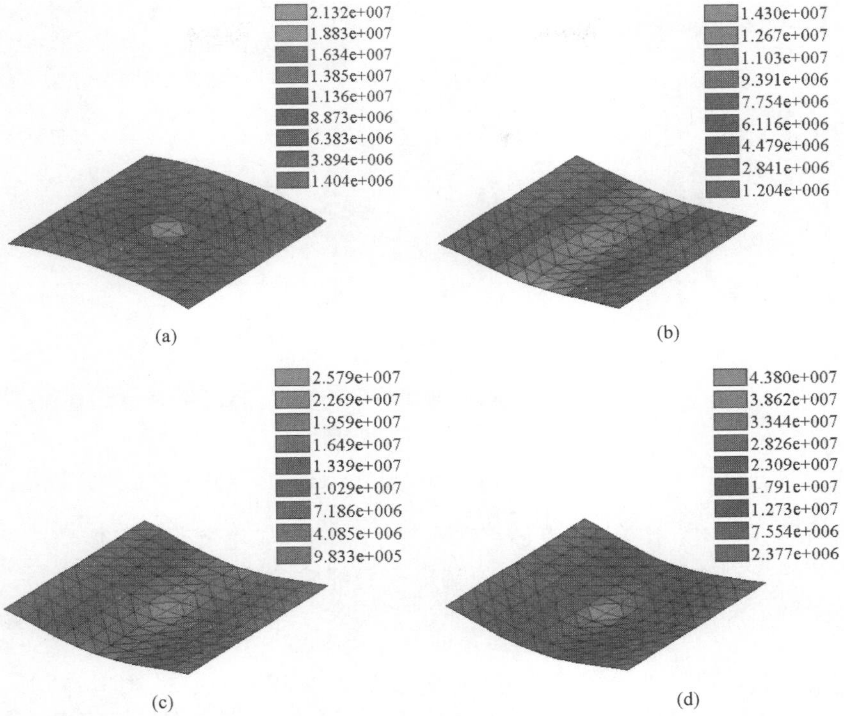

图 7.4-4　若干典型时刻柱面壳屈曲和后屈曲变形以及 von Mises 应力分布云图

（a）屈曲（10.8mm）；（b）屈曲后下临界极限（19.4mm）；（c）25mm；（d）30mm

初始底端固定，顶端仅有轴向自由度并按强制性位移控制形式进行加载，使该端截面以 40m/s 的速度沿轴向发生压缩位移；壳体的弹性模量 $E=201\text{GPa}$，泊松比$\upsilon=0.3$，密度 $\rho=7850\text{kg/m}^3$；采用三角形壳单元网格，共计 2560 个单元和 1320 个节点，圆柱薄壳模型及网络划分如图 7.4-5 所示。分析时间步长取 $h=1.0\times10^{-6}\text{s}$（对应位移增量步长为 $4.0\times10^{-5}\text{m}$），阻尼参数取 $\alpha=0$（即不考虑阻尼效应）。

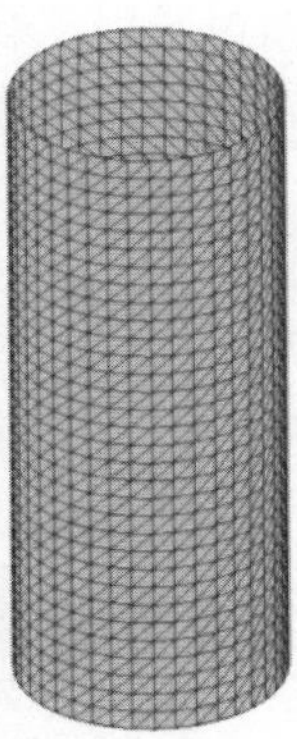

图 7.4-5　圆柱薄壳模型及其网格划分

图 7.4-6 给出了顶端的总轴压荷载-位移曲线与 ABAQUS 计算结果比较。可知，位移控制法的前三次屈曲情况均与 ABAQUS 符合较好；第三次屈曲之后开始出现差异，但总的变化趋势仍基本一致。本章方法获得的前三次屈曲荷载分别为 2286.9kN、6125.0kN 和 6888.7kN，与 ABAQUS 结果（分别为 2252.7kN 和 5565.0kN 和 6870.1kN）的误差不大；验证了本章方法在壳结构动力屈曲分析中的有效性和准确性。

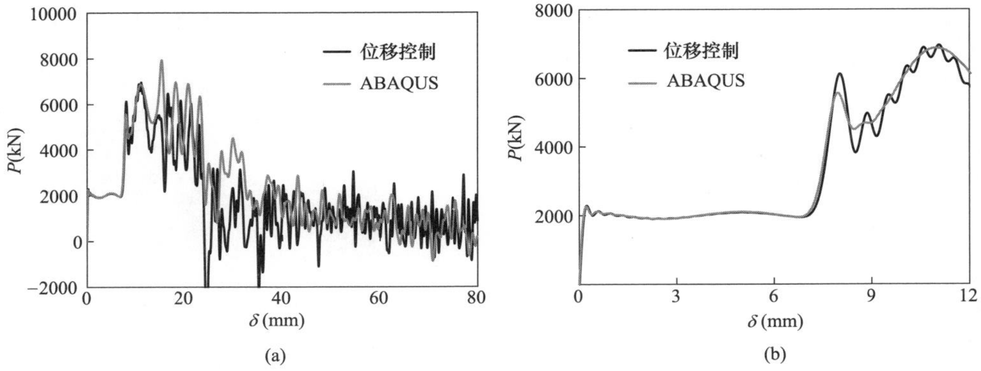

图 7.4-6　顶端总轴压荷载-位移曲线与 ABAQUS 计算结果比较

（a）0～80mm；（b）0～12mm（前三次屈曲）

图 7.4-7 给出了若干典型时刻圆柱壳屈曲和后屈曲的变形以及 von Mises 应力分布云图（单位：Pa），以更加直观地观察其应力变化及变形发展情况。随着控制位移的递增施加，首先在柱壳顶端出现局部屈曲（第一次屈曲模态），接着在柱壳底端出现局部屈曲（第二次屈曲模态），之后的高阶屈曲则开始逐步扩展至柱壳整体（整体屈曲模态）。

由于本章向量式有限元方法基于质点动力分析的理论基础，在壳结构动力屈曲问题中更为适用；屈曲和后屈曲过程通常伴随有大变形大转动，该法克服了传统有限元中容易产生的刚度矩阵奇异和非线性方程迭代不收敛问题，通过结构构

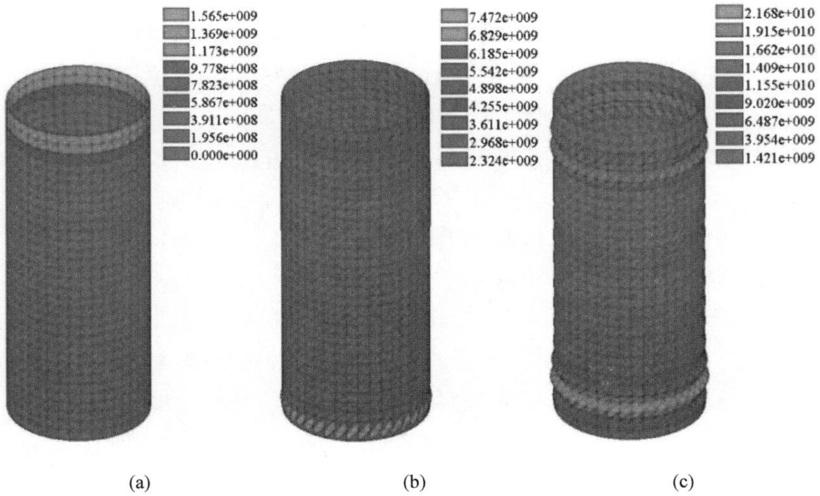

图 7.4-7　若干典型时刻圆柱壳屈曲和后屈曲变形以及 von Mises 应力分布云图（单位：Pa）（一）

（a）第一次屈曲；（b）第二次屈曲；（c）20mm；

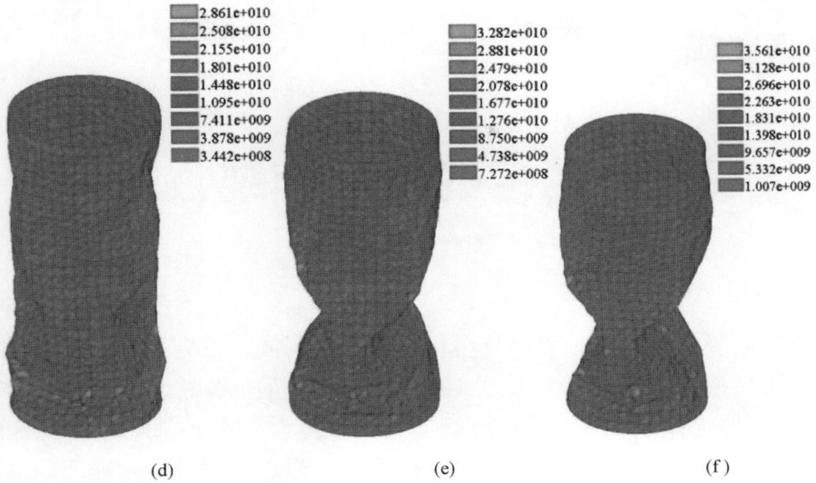

图 7.4-7　若干典型时刻圆柱壳屈曲和后屈曲变形以及 von Mises 应力分布云图（单位：Pa）（二）
（d）40mm；（e）60mm；（f）80mm

形的步步更新可轻易跟踪获得其屈曲和后屈曲行为，相对传统有限元计算更为准确和迅速。

第 8 章

膜板壳结构的接触非线性行为

本章针对膜材与刚体、膜材与膜材、板壳与刚体、板壳与板壳四类碰撞接触问题，提出碰撞检测和碰撞响应的处理方法；碰撞检测考虑了点-三角形检测、线-线检测，碰撞响应考虑罚函数接触反力、摩擦力；在此基础上编制了向量式有限元膜单元、板壳单元的碰撞接触分析程序，通过算例分析验证理论推导和所编制程序的可靠性和计算稳定性[77-79]。

8.1 膜结构的碰撞接触

8.1.1 概述

1. 膜结构的碰撞检测

本节针对膜材与刚体、膜材与膜材两类碰撞接触问题，提出碰撞检测和碰撞响应的处理方法；在此基础上编制了向量式有限元膜单元的碰撞接触分析程序，通过算例分析验证理论推导和所编制程序的可靠性和计算稳定性。

2. 两种碰撞检测准则

采用三角形通用网格法，两类碰撞问题均可归结为三角形单元之间的碰撞检测与碰撞响应问题。

图 8.1-1 为两种碰撞检测准则，三角形单元之间的碰撞检测包括两种情况：

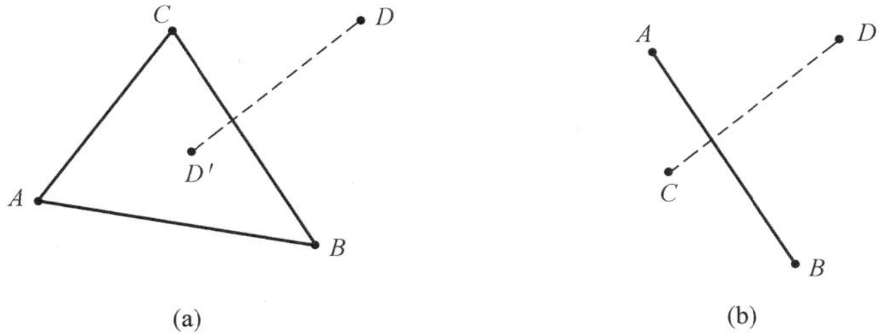

图 8.1-1 两种碰撞检测准则

(a) 点-三角形碰撞检测准则；(b) 边-边碰撞检测准则

点-三角形碰撞检测准则、边-边碰撞检测准则。

在网格划分大小基本相同的情况下，点-三角形能够满足膜材碰撞检测的大多数情况，但在部分情况下，仅使用点-三角形准则会造成膜材边缘部分少数单元穿过的现象，而采用边-边碰撞准则可以有效弥补点-三角形准则遗漏的单元碰撞对。图 8.1-2（a）所示例子显示了其中一种情况，三角形单元 ABC 与三角形单元 DEF 沿出平面方向碰撞，点-三角形准则无法检测，但边-边碰撞准则可以检测到两者的碰撞。图 8.1-2（b）为点-三角形准则无法检测的另一种情况，单元三角形 ABC 的 BC 边与三角形单元 DEF 的 DE 边碰撞，两者相交于节点 P，但按照点-三角形准则并未检测到发生碰撞。

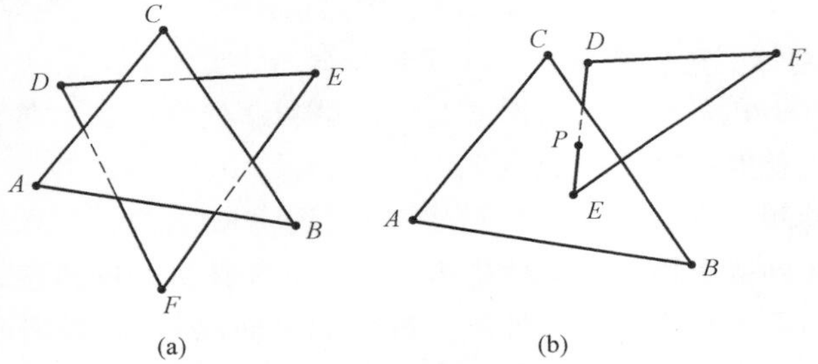

图 8.1-2　点-三角形准则无法检测的两种情况

（a）情况 1；（b）情况 2

虽然按照点-三角形准则检测出单元碰撞，但还可能发生按照响应处理后单元节点未穿过，但单元其他部分穿透的现象。图 8.1-3 为点-三角形准则碰撞处理后仍发生碰撞的情况，F 点与三角形单元 ABC 碰撞，但碰撞响应对 F 点坐标位移修正后，仅仅保证 F 点不会穿过三角形单元 ABC，但 DF 边与 EF 边可能已经与膜片三角形单元 ABC 相交。

此外，仅用边-边碰撞准则，不使用点-三角形准则也会发生无法检测的碰撞。图 8.1-4 为边-边碰撞准则无法检测碰撞的情况，F 点与三角形单元 ABC 碰撞，却并未发生边与边的碰撞。

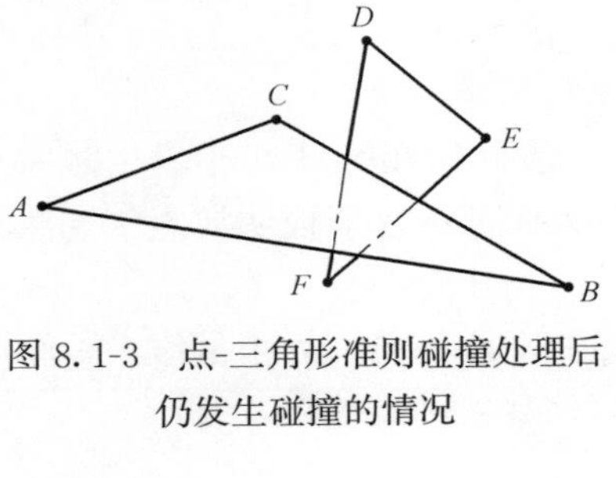

图 8.1-3　点-三角形准则碰撞处理后仍发生碰撞的情况

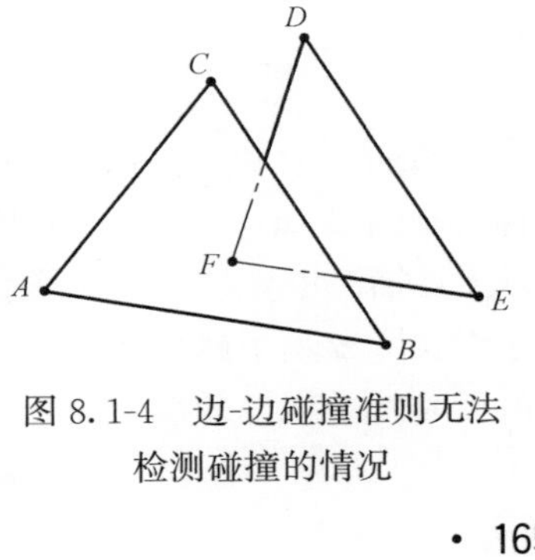

图 8.1-4　边-边碰撞准则无法检测碰撞的情况

综上所述，若想检测到所有三角形单元的碰撞情况，且在处理后保证单元无穿透现象，点-三角形碰撞准则与边-边碰撞准则两者缺一不可。通常点-三角形碰撞准则足以检测绝大多数情况，无法检测的情况主要发生在膜片边缘区域的单元。

本章对产生碰撞的膜材施加作用力使节点坐标进行碰撞修正，以避免膜材的接触与穿透。根据理论力学原理，碰撞响应包括排斥力和摩擦力。通常施加排斥力足以使单元不发生穿过现象，但建筑膜材并非光滑材料，膜材接触时产生的摩擦力往往不可忽略。因此，结构响应一般也需要考虑摩擦力。

8.1.2 点-三角形碰撞接触理论

1. 膜材与刚体的碰撞接触

刚体是指刚度相对膜材大得多或其变形可忽略的物体，本节方法用于膜材和刚体之间碰撞接触的处理。

（1）碰撞检测

膜材和刚体的碰撞检测有刚体边界条件法和刚体通用网格法，前者仅适用于几何形状比较简单的特定刚体（如刚性球、刚平面等），后者则适用于任意几何边界形状的刚体。本章采用刚体通用网格法进行膜材碰撞检测处理，其原理是将刚体表面进行三角形网格划分，即将刚体表面离散为三角形平面单元。

本算法仅考虑膜材质点与刚体三角形网格面之间的单向碰撞检测，即“点-三角形”检测[80-81]。算法中刚体网格实际所用变量仅为各三角形单元的节点坐标和法线向量。

若第 i 个三角形刚体单元的三个节点坐标分别记为 $\boldsymbol{X}_{\mathrm{R\_1}}$、$\boldsymbol{X}_{\mathrm{R\_2}}$ 和 $\boldsymbol{X}_{\mathrm{R\_3}}$，则第 i 个刚体单元的单位法线向量为：

$$\boldsymbol{n}^{0}=\frac{(\boldsymbol{X}_{\mathrm{R\_1}}-\boldsymbol{X}_{\mathrm{R\_3}})\times(\boldsymbol{X}_{\mathrm{R\_2}}-\boldsymbol{X}_{\mathrm{R\_1}})}{|(\boldsymbol{X}_{\mathrm{R\_1}}-\boldsymbol{X}_{\mathrm{R\_3}})\times(\boldsymbol{X}_{\mathrm{R\_2}}-\boldsymbol{X}_{\mathrm{R\_1}})|} \tag{8.1-1}$$

膜材在第 n 时间子步的运动过程中，质点 j 的坐标位置从 $\boldsymbol{X}_n$ 运动到 $\boldsymbol{X}_{n+1}$，则 n 和 $n+1$ 时刻质点 j 到刚体单元 i 的距离（含符号）为：

$$\begin{cases}d_n=(\boldsymbol{X}_n-\boldsymbol{X}_{\mathrm{R\_1}})\cdot\boldsymbol{n}^0\\ d_{n+1}=(\boldsymbol{X}_{n+1}-\boldsymbol{X}_{\mathrm{R\_1}})\cdot\boldsymbol{n}^0\end{cases} \tag{8.1-2}$$

对应的距离向量为 $\boldsymbol{d}_n=d_n\boldsymbol{n}^0$ 和 $\boldsymbol{d}_{n+1}=d_{n+1}\boldsymbol{n}^0$。

若 $\mathrm{sign}(d_n\cdot d_{n+1})\leqslant 0$，则质点 j 与第 i 个单元所在的平面 α_i 发生碰撞并穿透。以下还需判断该碰撞点是否位于第 i 个单元内部，才能说明质点 j 与第 i 个单元是否实际发生了碰撞。

由于时间子步比较短，质点的位移变化量相对刚体单元为小量值，因而可用 n 时刻质点 j 在第 i 个单元上的垂足点 $\boldsymbol{X}_{n\_\mathrm{p}}$ 来代替实际碰撞点，有：

$$\boldsymbol{X}_{n\_p}=\boldsymbol{X}_n-\boldsymbol{d}_n \tag{8.1-3}$$

利用式（8.1-4）计算质点 j 的垂足点 $\boldsymbol{X}_{n\_p}$ 在第 i 个单元上的面积坐标 $\boldsymbol{L}$：

$$\boldsymbol{A}_0\cdot\boldsymbol{L}=\boldsymbol{B}_0 \tag{8.1-4}$$

式中，$\boldsymbol{L}=\{L_1\quad L_2\quad L_3\}^{\mathrm{T}}$，$\boldsymbol{A}_0=\begin{bmatrix}(\boldsymbol{X}_{R\_1}-\boldsymbol{X}_{R\_3})^2 & (\boldsymbol{X}_{R\_1}-\boldsymbol{X}_{R\_3})\cdot(\boldsymbol{X}_{R\_2}-\boldsymbol{X}_{R\_3})\\(\boldsymbol{X}_{R\_1}-\boldsymbol{X}_{R\_3})\cdot(\boldsymbol{X}_{R\_2}-\boldsymbol{X}_{R\_3}) & (\boldsymbol{X}_{R\_2}-\boldsymbol{X}_{R\_3})^2\end{bmatrix}$，

$\boldsymbol{B}_0=\begin{bmatrix}(\boldsymbol{X}_{R\_1}-\boldsymbol{X}_{R\_3})\cdot(\boldsymbol{X}_{n\_p}-\boldsymbol{X}_{R\_3})\\(\boldsymbol{X}_{R\_2}-\boldsymbol{X}_{R\_3})\cdot(\boldsymbol{X}_{n\_p}-\boldsymbol{X}_{R\_3})\end{bmatrix}$。

若满足 $0\leqslant L_i\leqslant 1$（$i=1$，2，3），则垂足点 $\boldsymbol{X}_{n\_p}$ 在第 i 个刚体单元内部，即质点 j 与第 i 个刚体三角形单元实际发生碰撞，需进行碰撞响应处理。

对于膜材质点 j，与其同时发生碰撞的刚体单元数 r 可为 1、2 或 2 以上。当 $r=1$ 时，即质点 j 的碰撞点仅落在 1 个刚体单元内；当 $r\geqslant 2$ 时，即质点 j 的碰撞点可能落在 2 个刚体单元交界线或多个单元交界节点上。处理碰撞响应时，质点 j 的碰撞单位法向量可取所有发生碰撞单元法向量的平均值，即：

$$\boldsymbol{n}_{\mathrm{j}}^0=\sum_{i=1}^{r}\boldsymbol{n}^0(i)\Big/\left|\sum_{i=1}^{r}\boldsymbol{n}^0(i)\right| \tag{8.1-5}$$

式中，$\boldsymbol{n}_{\mathrm{j}}^0$ 是膜材质点 j 的碰撞单位法向量，$\boldsymbol{n}^0(i)$ 是与质点 j 发生碰撞的第 i 个刚体单元的单位法向量。

（2）碰撞响应

当检测到膜材质点与刚体发生碰撞时，需要对质点进行碰撞响应处理。常用的碰撞处理方法有初始条件更新法和罚函数法[82-83]，后者由于逻辑简单易于实现，在碰撞领域获得广泛应用。本章采用罚函数法进行膜材碰撞响应处理，同时考虑了法向接触力（排斥力）和切向接触力（摩擦力）的影响，其中摩擦力为 0 时为光滑碰撞。

罚函数法的原理是在发生穿透的从动节点和主动面之间引入一个较大的界面接触力，以限制从动节点对主动面的穿透。法向接触力（即罚函数值）在物理上相当于放置一个法向弹簧，其大小与穿透深度、主动片的刚度成正比；切向接触力根据法向接触力、摩擦系数计算；随后将排斥力与摩擦力加入节点不平衡力，重新用中央差分公式计算途径单元内节点位移，用修正后节点坐标进行后续计算。此方法无需引入碰撞和释放条件，逻辑简单易于实现，在接触-碰撞计算中被广泛应用；其缺点是罚参数较难选取，目前尚没有明确的规则。

本章结合罚函数法和中央差分公式，提出基于中央差分公式的罚接触力响应方法，同时赋予罚参数的选取规则，以实现膜材与刚体的碰撞响应处理。

1）法向接触力（排斥力）

若在第 n 时间子步运动中，质点 j 与刚体单元 i（$i=1$，2，…，r）发生了碰撞穿透，质点碰撞-穿透示意图如图 8.1-5 所示。

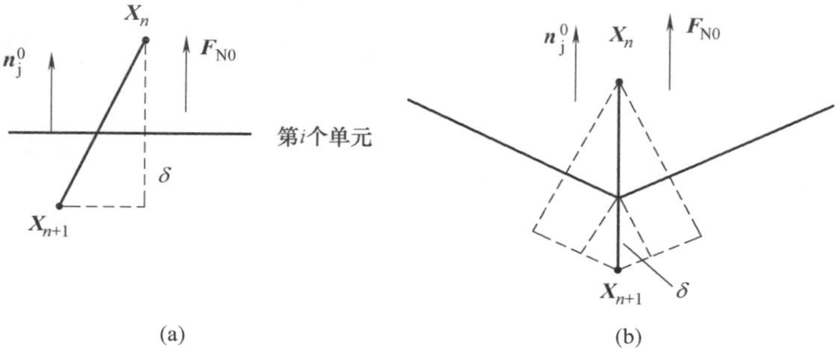

图 8.1-5　质点碰撞-穿透示意图

(a) $r=1$；(b) $r\geqslant 2$

质点 j 的碰撞单位法向量为$\boldsymbol{n}_{\mathrm{j}}^{0}$，法向穿透向量$\boldsymbol{\delta}=\delta\boldsymbol{n}_{\mathrm{j}}^{0}$，则法向罚接触力为：

$$\boldsymbol{F}_{\mathrm{N0}}=-k\delta\boldsymbol{n}_{\mathrm{j}}^{0} \tag{8.1-6}$$

式中，k 是刚度因子（即罚参数）。

质点 j 碰撞后初始时间子步内运动需采用含初始条件（不连续）的中央差分公式［3.1-3（b）］进行计算。可知，法向罚接触力 $\boldsymbol{F}_{\mathrm{N0}}$ 引起的质点 j 的附加位移为：

$$\boldsymbol{\delta}_{0}=\frac{1}{2}\left(\frac{\Delta t^{2}}{m}\right)\boldsymbol{F}_{\mathrm{N0}}=-\frac{1}{2}\left(\frac{\Delta t^{2}}{m}\right)k\delta\boldsymbol{n}_{\mathrm{j}}^{0} \tag{8.1-7}$$

因而当满足$|\boldsymbol{\delta}_{0}|>|\boldsymbol{\delta}|$时，即满足式（8.1-8）：

$$\beta=\frac{1}{2}\left(\frac{\Delta t^{2}}{m}\right)k>1 \tag{8.1-8}$$

才能使质点 j 与刚体单元R 不会发生穿透。

此时罚参数为 $k=\beta(2m/\Delta t^{2})$，通过选取β的值来确定罚参数k 的大小，对于非弹性碰撞可取$\beta=1$，弹性碰撞则可取较大的β值来计算k 值。

为了保证节点不会穿透，取：

$$\delta=\frac{\delta_{\mathrm{k}}}{\cos\alpha_{\mathrm{k}}} \tag{8.1-9}$$

式中，δ_{k} 为 j 节点到k 单元的穿透距离最大值，即 $\delta_{\mathrm{k}}=\max\{\delta_{1}, \delta_{2}, \cdots, \delta_{k}\}$，$\alpha_{\mathrm{k}}$ 为 k 单元单位法向量$\boldsymbol{n}^{0}(k)$ 与平均法向量 $\boldsymbol{n}_{\mathrm{j}}^{0}$ 的夹角。

2）切向接触力（摩擦力）

摩擦力的产生有两个条件，即接触面不光滑和相对运动，在计算摩擦力前需要计算碰撞对刚体单元 R 上碰撞点 P 和节点j 的切向相对速度。

根据有限元插值函数，碰撞点 P 的速度取：

$$\boldsymbol{v}_{\mathrm{P}}=L_{1}\boldsymbol{v}_{\mathrm{R\_1}}+L_{2}\boldsymbol{v}_{\mathrm{R\_2}}+L_{3}\boldsymbol{v}_{\mathrm{R\_3}} \tag{8.1-10}$$

式中，$\boldsymbol{v}_{R\_i}$（$i=1，2，3$）为单元 R 各节点速度。若刚体单元 R 静止，可直接取 $\boldsymbol{v}_{\mathrm{P}}=0$。

节点 j 与碰撞点 P 的相对速度为：

$$\overline{\boldsymbol{v}}_{\mathrm{j}}=\boldsymbol{v}_{\mathrm{j}}-\boldsymbol{v}_{\mathrm{P}} \tag{8.1-11}$$

相对切向速度为：

$$\overline{\boldsymbol{v}}_{\mathrm{j}}^{\mathrm{T}}=\overline{\boldsymbol{v}}_{\mathrm{j}}-\overline{\boldsymbol{v}}_{\mathrm{j}}^{\mathrm{N}}\boldsymbol{n}_{\mathrm{j}}^{0} \tag{8.1-12}$$

式中，$\overline{v}_{\mathrm{j}}^{\mathrm{N}}=\overline{v}_{\mathrm{j}}\boldsymbol{n}_{\mathrm{j}}^{0}$ 为相对法向速度大小，相对速度方向单位向量为：

$$\boldsymbol{n}_{\mathrm{j}}^{\mathrm{T}}=\frac{\overline{\boldsymbol{v}}_{\mathrm{j}}^{\mathrm{T}}}{|\overline{\boldsymbol{v}}_{\mathrm{j}}^{\mathrm{T}}|} \tag{8.1-13}$$

若 $\overline{\boldsymbol{v}}_{\mathrm{j}}^{\mathrm{T}}$ 不为 0 且接触面不是光滑面，则该接触碰撞过程会产生摩擦力。摩擦力方向与 $\boldsymbol{n}_{\mathrm{j}}^{\mathrm{T}}$ 相反，大小与排斥力成正比。但应当注意摩擦力不会使相对切向速度方向发生变化，在一个时间步长内，以 $\overline{\boldsymbol{v}}_{\mathrm{j}}^{\mathrm{T}}$ 为正方向，有冲量定力：

$$-f\cdot h=m\tilde{\boldsymbol{v}}_{\mathrm{j}}^{\mathrm{T}}-m\overline{\boldsymbol{v}}_{\mathrm{j}}^{\mathrm{T}} \tag{8.1-14}$$

式中，$\overline{v}_{\mathrm{j}}^{\mathrm{T}}$ 为碰撞前切向相对速度大小，$\tilde{v}_{\mathrm{j}}^{\mathrm{T}}$ 为碰撞后切向相对速度大小，f 为摩擦力大小，h 为时间步长。

其中 $\tilde{\boldsymbol{v}}_{\mathrm{j}}^{\mathrm{T}}$ 不得与 $\overline{\boldsymbol{v}}_{\mathrm{j}}^{\mathrm{T}}$ 方向相反，因此有 $\tilde{\boldsymbol{v}}_{\mathrm{j}}^{\mathrm{T}}\geqslant 0$，式（8.1-14）可化为：

$$f\leqslant\frac{m\overline{\boldsymbol{v}}_{\mathrm{j}}^{\mathrm{T}}}{h} \tag{8.1-15}$$

因此，接触时 j 节点的摩擦力为：

$$\boldsymbol{F}_{\mathrm{T}}=-f\boldsymbol{n}_{\mathrm{j}}^{\mathrm{T}} \tag{8.1-16}$$

式中，

$$f=\min\left\{\frac{m\overline{\boldsymbol{v}}_{\mathrm{j}}^{\mathrm{T}}}{h},\mu\boldsymbol{F}_{\mathrm{N}}\right\} \tag{8.1-17}$$

2. 膜材与膜材的碰撞接触

本节方法用于膜材和膜材之间碰撞接触的处理，对于同一膜材不同区域之间存在相互碰撞的行为（自碰撞）也可通过膜材分区定义相互接触来实现。

（1）碰撞检测

同样，本算法仅考虑“点-三角形”检测，即膜材 A 的质点和膜材 B 的三角形网格面之间的单向碰撞检测。

与膜材与刚体的碰撞问题不同，由于被碰撞膜材 B 会发生变形，故膜材 B 单元节点和法向向量均会发生改变。在第 n 时间子步的运动过程中，膜材 B 第 i 个单元的三个节点坐标位置从 $\boldsymbol{X}_{n\_k}^{\mathrm{B}}$（$k=1，2，3$）运动到 $\boldsymbol{X}_{n+1\_k}^{\mathrm{B}}$，则 n 和 $n+1$ 时刻膜材 B 第 i 个单元的单位法线向量 $\boldsymbol{n}_{n}^{0}$ 和 $\boldsymbol{n}_{n+1}^{0}$ 可由式（8.1-1）中的 $\boldsymbol{X}_{R\_k}$ 分

别替换为 $\boldsymbol{X}^{\mathrm{B}}_{n\_k}$ 和 $\boldsymbol{X}^{\mathrm{B}}_{n+1\_k}$ 来计算获得。

膜材 A 质点 j 的坐标位置从 $\boldsymbol{X}^{\mathrm{A}}_{n}$ 运动到 $\boldsymbol{X}^{\mathrm{A}}_{n+1}$，则 n 和 $n+1$ 时刻膜材 A 质点 j 到膜材 B 第 i 个单元的距离（含符号）为：

$$\begin{cases} d_n=(\boldsymbol{X}^{\mathrm{A}}_{n}-\boldsymbol{X}^{\mathrm{B}}_{n\_1})\cdot\boldsymbol{n}^0_n \\ d_{n+1}=(\boldsymbol{X}^{\mathrm{A}}_{n+1}-\boldsymbol{X}^{\mathrm{B}}_{n+1\_1})\cdot\boldsymbol{n}^0_{n+1} \end{cases} \tag{8.1-18}$$

对应的距离向量为 $\boldsymbol{d}_n=d_n\boldsymbol{n}^0_n$ 和 $\boldsymbol{d}_{n+1}=d_{n+1}\boldsymbol{n}^0_{n+1}$。

若 $\mathrm{sign}(d_n\cdot d_{n+1})\leqslant 0$，则膜材 A 质点 j 与膜材 B 第 i 个单元所在的平面 α_i 发生碰撞并穿透。同样还需判断该碰撞点是否位于膜材 B 的第 i 个单元内部。

由于时间步长比较短，质点的位移变化量相对于单元尺寸为小量值，在计算碰撞点位置和附加罚接触力时均可以 $n+1$ 时刻膜材 B 第 i 个单元位置作为计算参考位置。

取 n 时刻膜材 A 质点 j 在 $n+1$ 时刻膜材 B 第 i 个单元位置上的垂足点 $\boldsymbol{X}_{n\_\mathrm{p}}$ 来代替实际碰撞点，有：

$$\boldsymbol{X}_{n\_\mathrm{p}}=\boldsymbol{X}^{\mathrm{A}}_{n}-d^{\mathrm{p}}_n\boldsymbol{n}^0_{n+1} \tag{8.1-19}$$

式中，$d^{\mathrm{p}}_n=(\boldsymbol{X}^{\mathrm{A}}_{n}-\boldsymbol{X}^{\mathrm{B}}_{n+1\_1})\cdot\boldsymbol{n}^0_{n+1}$ 是 n 时刻膜材 A 质点 j 到 $n+1$ 时刻膜材 B 第 i 个单元的距离。

将式（8.1-4）中 $\boldsymbol{X}_{\mathrm{R}\_k}$ 替换为 $\boldsymbol{X}^{\mathrm{B}}_{n+1\_k}$ 可计算得到膜材 A 质点 j 的垂足点 $\boldsymbol{X}_{n\_\mathrm{p}}$ 在膜材 B 第 i 个单元上面积坐标 $\boldsymbol{L}$。

若满足 $0\leqslant L_i\leqslant 1$（$i=1$，2，3），则垂足点 $\boldsymbol{X}_{n\_\mathrm{p}}$ 在膜材 B 第 i 个单元内部，即膜材 A 质点 j 与膜材 B 第 i 个单元实际发生碰撞，需进行碰撞响应处理。

对于膜材 A 质点 j，与其同时发生碰撞的膜材 B 单元数 r 可为 1、2 或 2 以上。处理碰撞响应时，膜材 A 质点 j 的碰撞单位法向量可由式（8.1-5）的 $\boldsymbol{n}^0(i)$ 替换为 $\boldsymbol{n}^0_{n+1}(i)$ 来计算获得。

（2）碰撞响应

同膜材与刚体的碰撞响应处理，采用罚函数法进行膜材与膜材的碰撞响应处理。

若在第 n 时间子步运动中，膜材 A 质点 j 与膜材 B 第 i 个单元（$i=1$，2，…，r）发生了碰撞穿透（图 8.1-5）。此时，膜材 B 第 i 个单元取 $n+1$ 时刻的位置作为参考位置来计算罚接触力。

根据式（8.1-6）、式（8.1-16），膜材 A 质点 j 的法向接触力（排斥力）为 $\boldsymbol{F}_{\mathrm{N0}}=-k\delta\boldsymbol{n}^0_{\mathrm{j}}$，切向接触力（摩擦力）为 $\boldsymbol{F}_{\mathrm{T}}=-f\boldsymbol{n}^{\mathrm{T}}_{\mathrm{j}}$，其中，$\boldsymbol{n}^{\mathrm{T}}_{\mathrm{j}}$ 为膜材 B 第 j 个单元的单位切线向量。膜材 A 质点 j 碰撞后初始时间子步内运动需采用式（3.1-4）进行计算。附加位移 $\boldsymbol{\delta}_0$ 和 β 满足的条件同式（8.1-7）和式（8.1-8），摩擦力 f 的大小同式（8.1-17）。

对于膜材与膜材的碰撞，对应法向接触力 $\boldsymbol{F}_{\mathrm{N0}}$、切向接触力 $\boldsymbol{F}_{\mathrm{T}}$ 的膜材 B 上为总法向接触反力 $-\boldsymbol{F}_{\mathrm{N0}}$、总切向接触反力 $-\boldsymbol{F}_{\mathrm{T}}$；先将 $-\boldsymbol{F}_{\mathrm{N0}}$、$-\boldsymbol{F}_{\mathrm{T}}$ 均分到膜材 B 第 i 个单元（$i=1, 2, \cdots, r$）的碰撞点（垂足点）$\boldsymbol{X}_{n\_\mathrm{p}}(i)$ 处，即：

$$\begin{cases}\boldsymbol{F}'_{\mathrm{N0}}=-\boldsymbol{F}_{\mathrm{N0}}/r\\ \boldsymbol{F}'_{\mathrm{T}}=-\boldsymbol{F}_{\mathrm{T}}/r\end{cases} \tag{8.1-20}$$

再由等效分配原则，利用碰撞点 $\boldsymbol{X}_{n\_\mathrm{p}}(i)$ 在膜材 B 第 i 个单元上面积坐标 $L(i)=\{L_1(i)\quad L_2(i)\quad L_3(i)\}^{\mathrm{T}}$，将 $\boldsymbol{F}'_{\mathrm{N0}}$、$\boldsymbol{F}'$分配到膜材 B 第 i 个单元的三个节点上：

$$\begin{cases}\boldsymbol{F}'_{\mathrm{N0}\_k}(i)=L_k(i)\boldsymbol{F}'_{\mathrm{N0}} & (k=1,2,3)\\ \boldsymbol{F}'_{\mathrm{T}\_k}(i)=L_k(i)\boldsymbol{F}' & (k=1,2,3)\end{cases} \tag{8.1-21}$$

式中，$k=1, 2, 3$ 表示膜材 B 第 i 个单元的三个节点。

最后进行集成以获得质点上的法向罚接触力。

3. 膜材自碰撞的注意事项

检测膜材自碰撞（膜材与膜材碰撞的特例）时的计算方法和膜材与刚体碰撞基本相同。但在编程过程中有以下差异需要注意：

（1）在检测节点 j 与其他单元碰撞时，应当去除与节点 j 相连的单元；

（2）由于时间步长较小，当节点 A 与单元 B 发生碰撞时，碰撞检测和碰撞响应均近似地用单元 B 在 t_{n+1} 时刻的位形上代替膜材与刚体碰撞时的刚体单元的位形，如碰撞点可看作 t_n 时刻节点 A 在 t_{n+1} 时刻单元 B 上的投影，即：

$$\boldsymbol{X}_{n\_\mathrm{p}}=\boldsymbol{X}_n^{\mathrm{A}}-d_n^{\mathrm{p}}\boldsymbol{n}_{n+1}^{0} \tag{8.1-22}$$

式中，$d_n^{\mathrm{p}}=(\boldsymbol{X}_n^{\mathrm{A}}-\boldsymbol{X}_{n+1\_1}^{\mathrm{B}})\cdot\boldsymbol{n}_{n+1}^{0}$。排斥力方向也由单元 B 在 t_{n+1} 时刻的法向向量的方向确定。

（3）根据作用力与反作用力，节点 A 受到的排斥力与摩擦力也应反作用于单元 B，根据碰撞点在三角形单元的面积坐标分配到单元的三个节点上。

4. 向量式有限元中的碰撞实现方式

在向量式有限元中，每个时间步内由质点运动方程的中央差分公式计算获得的该时间步末时刻的质点位移后，进行质点的碰撞检测处理，并对发生碰撞的质点进行碰撞响应处理，以调整发生碰撞质点的新位移使其不发生穿透单元的现象。

8.1.3　边-边碰撞接触理论

本节边-边碰撞接触理论对于膜材与刚体的边-边碰撞、膜材与膜材的边-边碰撞这两种情况均适用。

1. 碰撞检测

边与边碰撞时几何位置关系较为复杂，对不同几何位置关系需要用不同的方法检测碰撞是否发生。如图 8.1-1（b）所示，检测 CD 边是否与 AB 边发生碰撞时，首先要判断两边的位置关系。在 t_n 时刻，$\boldsymbol{x}_{\mathrm{AB}}^n$、$\boldsymbol{x}_{\mathrm{CD}}^n$ 分别为两边向量，则有：

情况Ⅰ：若 $|\boldsymbol{x}_{\mathrm{AB}}^n \times \boldsymbol{x}_{\mathrm{CD}}^n|=0$，则两边平行或在同一直线上；

情况Ⅱ：若 $|\boldsymbol{x}_{\mathrm{AB}}^n \times \boldsymbol{x}_{\mathrm{CD}}^n| \neq 0$，则两边为不平行也不共线。

（1）判定为情况Ⅰ

若判定为情况Ⅰ，首先判断两边位置关系，确定是否可能发生碰撞。根据向量计算判断，可能发生如下三种情况：

1）$\boldsymbol{x}_{\mathrm{AB}}^n \cdot \boldsymbol{x}_{\mathrm{BC}}^n \geqslant 0$ 且 $\boldsymbol{x}_{\mathrm{AB}}^n \cdot \boldsymbol{x}_{\mathrm{BD}}^n \geqslant 0$，如图 8.1-6（a）所示，两边不可能发生碰撞；

2）$\boldsymbol{x}_{\mathrm{AB}}^n \cdot \boldsymbol{x}_{\mathrm{AC}}^n \leqslant 0$ 且 $\boldsymbol{x}_{\mathrm{AB}}^n \cdot \boldsymbol{x}_{\mathrm{AD}}^n \leqslant 0$，如图 8.1-6（b）所示，两边不可能发生碰撞；

3）除以上 2 种情况以外的情况，两边可能发生碰撞。

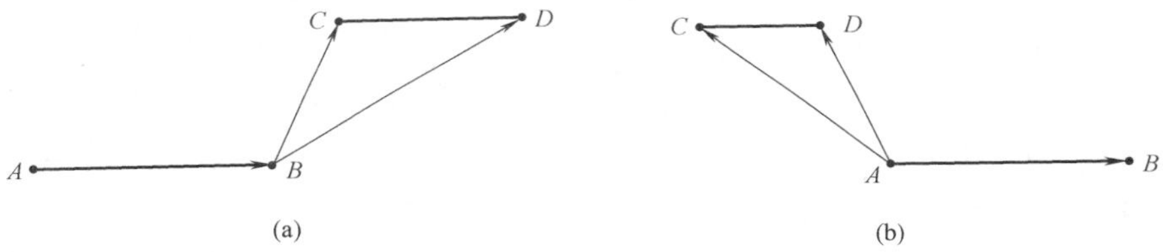

图 8.1-6　两边不可能发生碰撞的两种情况

（a）情况 1）；（b）情况 2）

在符合情况 3）的单元中，进一步判定几何关系以求出两边之间的距离向量。可能出现以下两种情况：

① $|\boldsymbol{x}_{\mathrm{AB}}^n \times \boldsymbol{x}_{\mathrm{AC}}^n|=0$，则两边共线，两边距离向量 $\boldsymbol{d}^n=\boldsymbol{0}$；

② $|\boldsymbol{x}_{\mathrm{AB}}^n \times \boldsymbol{x}_{\mathrm{AC}}^n| \neq 0$，则两边平行，两边距离向量 $\boldsymbol{d}^n=d^n \boldsymbol{n}_{\mathrm{d}}^n$；

式中，$\boldsymbol{n}_{\mathrm{d}}^n=\dfrac{\boldsymbol{x}_{\mathrm{AB}}^n \times (\boldsymbol{x}_{\mathrm{AC}}^n \times \boldsymbol{x}_{\mathrm{AB}}^n)}{|\boldsymbol{x}_{\mathrm{AB}}^n \times (\boldsymbol{x}_{\mathrm{AC}}^n \times \boldsymbol{x}_{\mathrm{AB}}^n)|}$，$d^n=\boldsymbol{x}_{\mathrm{AC}}^n \cdot \boldsymbol{n}_{\mathrm{d}}^n$。

（2）判定为情况Ⅱ

若判定为情况Ⅱ，AB 边与 CD 边不平行也不共线，则两边存在最近点，可近似将这两点看作碰撞点。设 P、Q 分别为 AB 边、CD 边上一点，有：

$$\begin{cases} \boldsymbol{x}_{\mathrm{P}}^n=(1-a)\boldsymbol{x}_{\mathrm{A}}^n+a\boldsymbol{x}_{\mathrm{B}}^n \\ \boldsymbol{x}_{\mathrm{Q}}^n=(1-b)\boldsymbol{x}_{\mathrm{C}}^n+b\boldsymbol{x}_{\mathrm{D}}^n \end{cases} \tag{8.1-23}$$

式中，$\boldsymbol{x}_{\mathrm{P}}^n$、$\boldsymbol{x}_{\mathrm{Q}}^n$ 为 P、Q 两点在 t_n 时刻的坐标，a，$b \in [0, 1]$。

当 P、Q 为两边距离相距最近的两个点时，则线段 PQ 同时与 AB、CD 垂直，即：

$$\begin{cases} \boldsymbol{x}_{\mathrm{PQ}}^{n} \cdot \boldsymbol{x}_{\mathrm{AB}}^{n}=0 \\ \boldsymbol{x}_{\mathrm{PQ}}^{n} \cdot \boldsymbol{x}_{\mathrm{CD}}^{n}=0 \end{cases} \tag{8.1-24}$$

式中，$\boldsymbol{x}_{\mathrm{PQ}}^{n}=\boldsymbol{x}_{\mathrm{Q}}^{n}-\boldsymbol{x}_{\mathrm{P}}^{n}$。

可将式（8.1-23）代入式（8.1-24），将其整理为以 a、b 为未知数的二元二次方程组，即：

$$\begin{bmatrix} \boldsymbol{x}_{\mathrm{AB}}^{n} \cdot \boldsymbol{x}_{\mathrm{AB}}^{n} & -\boldsymbol{x}_{\mathrm{AB}}^{n} \cdot \boldsymbol{x}_{\mathrm{CD}}^{n} \\ -\boldsymbol{x}_{\mathrm{AB}}^{n} \cdot \boldsymbol{x}_{\mathrm{CD}}^{n} & \boldsymbol{x}_{\mathrm{CD}}^{n} \cdot \boldsymbol{x}_{\mathrm{CD}}^{n} \end{bmatrix} \begin{Bmatrix} a \\ b \end{Bmatrix}=\begin{Bmatrix} \boldsymbol{x}_{\mathrm{AB}}^{n} \cdot \boldsymbol{x}_{\mathrm{AC}}^{n} \\ -\boldsymbol{x}_{\mathrm{CD}}^{n} \cdot \boldsymbol{x}_{\mathrm{AC}}^{n} \end{Bmatrix} \tag{8.1-25}$$

求得 a、b 的值后，若满足 a，$b\in[0，1]$，代入式（8.1-22）即可求得两边距离向量 $\boldsymbol{d}^{n}=\boldsymbol{x}_{\mathrm{PQ}}^{n}$；若 a，$b\notin[0，1]$，则判断两边无碰撞可能。

根据上述过程，对存在碰撞可能的两边求得在 t_{n} 时刻和 t_{n+1} 时刻的距离向量 $\boldsymbol{d}^{n}$ 和 $\boldsymbol{d}^{n+1}$，若满足 $\operatorname{sign}[(\boldsymbol{d}^{n} \cdot \boldsymbol{n}_{n}^{0})\times(\boldsymbol{d}^{n+1} \cdot \boldsymbol{n}_{n+1}^{0})]\leqslant 0$，则 CD 边与 AB 边发生碰撞，式中 $\boldsymbol{n}_{n}^{0}$、$\boldsymbol{n}_{n+1}^{0}$ 分别为 t_{n} 和 $t_{\mathrm{n+1}}$ 时刻 AB 边所在单元单位法向量。

2. 碰撞响应

边-边碰撞准则下碰撞响应的计算方法与点-三角形碰撞准则基本相同。

近似地采用 t_{n} 时刻的两边几何关系判断碰撞点位置。

当判定为情况Ⅰ时，近似采用两边中点为碰撞点；当判定为情况Ⅱ时，则求得 P、Q 即碰撞点。

在计算排斥力时，可用式（8.1-26）代入式（8.1-6）求解。

$$\boldsymbol{\delta}=|\boldsymbol{d}^{n+1} \cdot \boldsymbol{n}_{n+1}^{0}| \cdot \boldsymbol{n}_{n+1}^{0} \tag{8.1-26}$$

计算摩擦力时，碰撞点速度根据边上两节点线性插值求得，根据两碰撞点相对切向速度判断速度方向，在式（8.1-17）中仍近似采用节点质量 m 计算。

在计算得到排斥力和摩擦力后，根据碰撞点的位置将排斥力和摩擦力分配到每条边的节点。

3. 边-边碰撞的适用范围

本方法在碰撞检测时，依然假定排斥力与膜面垂直，沿三角形膜单元单位法向量的方向，该假定普遍适用于膜片内部。但对膜片边缘只考虑了出平面方向的排斥力，未考虑平面内方向排斥力，图 8.1-2（b）中依然会发生部分穿出情况。

因此边-边碰撞检测准则适用于两边相对速度方向与膜片法向量方向夹角较小的情况，当相对速度方向与膜片法向量方向夹角较大时不适用。

8.1.4　程序实现和算例分析

根据上述推导，基于向量式有限元理论编制程序。由于点-三角形准则足以检测出绝大多数情况，且点-三角形检测准则几何关系较为简单，计算简便快捷，因此首先采用点-三角形准则判断碰撞，并根据碰撞响应修正节点坐标，再根据边-边碰撞准则进行补充判断，再次修正后的节点坐标作为碰撞响应后的节点坐标参与下一次循环运算。膜结构碰撞接触问题分析流程图如图 8.1-7 所示，碰撞检测及节点坐标修正过程如图 8.1-8 所示。

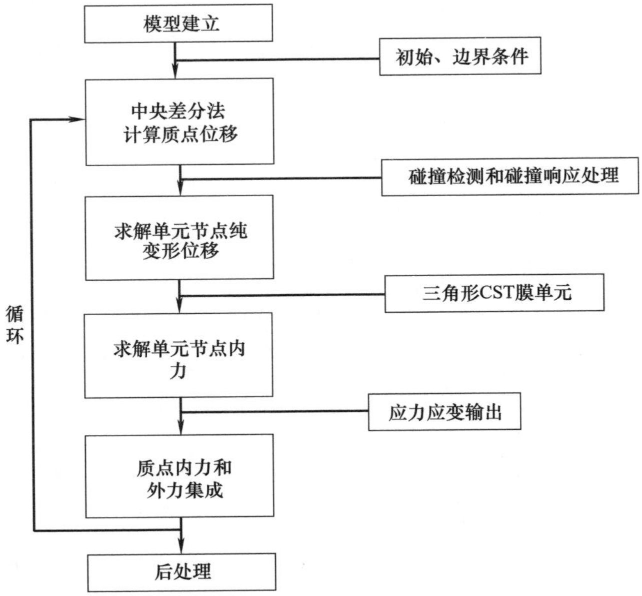

图 8.1-7　膜结构碰撞接触问题分析流程图

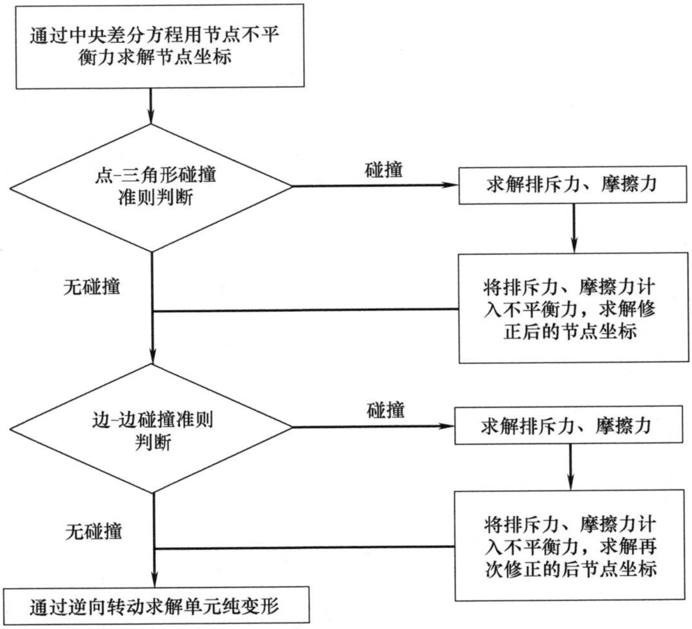

图 8.1-8　碰撞检测及节点坐标修正过程

(1) 算例 1：方形膜片覆盖刚性球（光滑接触）

图 8.1-9 为膜片-刚性球模型及其网格划分。膜片边长 $L=0.5$m，厚度 $t_a=1.0$mm，初始状态为水平放置且边界无约束，刚性球半径 $R=0.125$m，位于膜片正下方；膜片仅在重力作用下做下落运动，与刚性球发生碰撞接触并覆盖刚性球。膜材弹性模量 $E=7.0\times10^4$Pa，泊松比 $\upsilon=0.3$，密度 $\rho=27\text{kg/m}^3$。采用三角形单元分别对膜片和刚性球进行网格结构化划分，膜片和刚性球分别有 1800 个、1200 个三角形膜单元和 961 个、602 个节点，分析时间步长取 $h=2.0\times10^{-4}$s，阻尼参数取 $\alpha=20$。分析中不考虑膜片自身的碰撞接触行为，且假定为光滑接触（即不考虑摩擦力作用）。

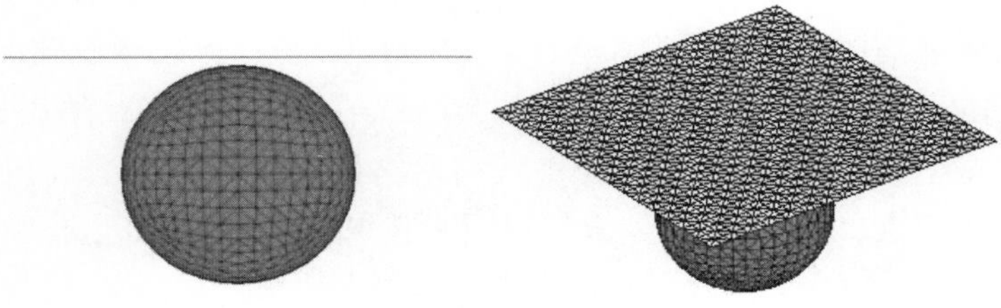

(a)　(b)

图 8.1-9　膜片-刚性球模型及其网格划分

(a) 侧视图；(b) 三维图

图 8.1-10 为膜片在重力作用下覆盖刚性球过程中若干典型时刻的变形图。可知，随着膜片在重力作用下的下落运动，首先与刚性球发生碰撞接触，在 $t=$

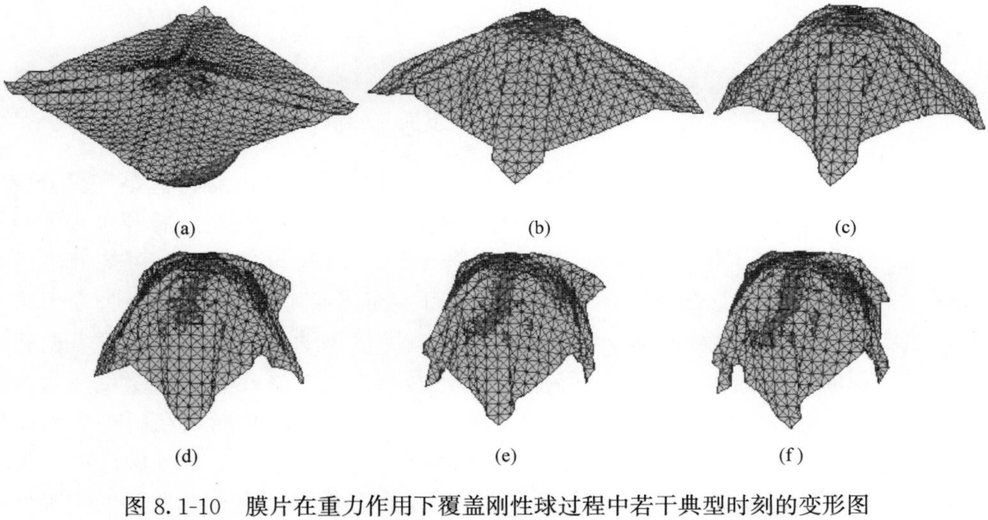

(a)　(b)　(c)

(d)　(e)　(f)

图 8.1-10　膜片在重力作用下覆盖刚性球过程中若干典型时刻的变形图

(a) $t=0.2$s；(b) $t=0.4$s；(c) $t=0.6$s；(d) $t=0.8$s；(e) $t=1.2$s；(f) $t=1.6$s

0.2s 时沿对角线开始出现较为明显的折痕；之后未碰撞的膜片外围区域继续下落而呈现大变形（如 $t=0.4$s 时），在 $t=0.6$s 时下落变形已扩展至整个膜片区域，并出现了大量的细小折痕效应；在 $t=1.2$s 时膜片四个角端已下落至最低位置，之后由于动力振荡效应膜片继续发生细微的摆动，在 $t=1.6$s 时达到最终覆盖刚性球的平衡状态。本算例体现了膜材与刚体碰撞接触算法的可靠性及计算稳定性。

（2）算例 2：折叠气囊展开（光滑接触、自碰撞）

图 8.1-11 为折叠气囊模型及其网格划分，由上、下两片四边形薄膜封闭并对折而成［图 8.1-11（b）］，边长 $L=0.5$m，厚度 $t_a=1.0$mm，初始状态为水平放置且边界无约束，仅在连续均匀填充气压 q 作用下做充气膨胀变形，膨胀时存在膜材与膜材的碰撞接触行为。气压 q 采用斜坡-平台方式缓慢施加，在 $t_0=0.3$s 时达到最大值 $q_0=60$Pa。材料弹性模量 $E=7.0\times10^4$ Pa，泊松比 $\upsilon=0.3$，密度 $\rho=27\text{kg/m}^3$。采用三角形单元进行网格结构化划分，共 1600 个三角形膜单元和 802 个节点（图 8.1-11），分析时间步长取 $h=2.0\times10^{-4}$s，阻尼参数取 $\alpha=100$。分析中假定为光滑接触，即不考虑摩擦力作用。

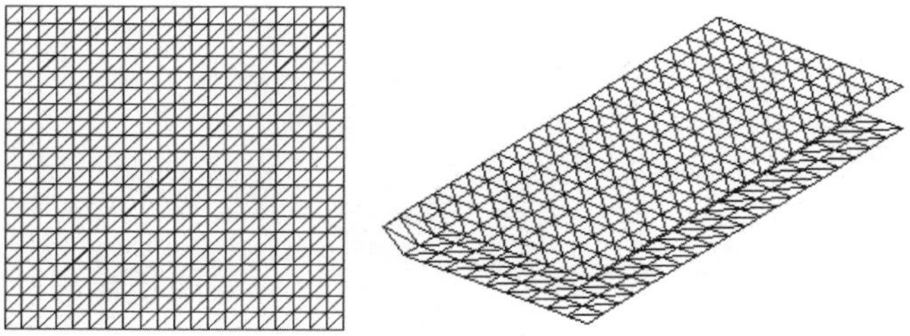

(a) (b)

图 8.1-11　折叠气囊模型及其网格划分

（a）对折前；（b）对折后

由于本例考察的是膜材自身不同区域间的碰撞接触行为，需将折叠气囊分成上、下两折叠部分区域，并定义相互碰撞接触算法，以实现其充气展开过程的模拟。图 8.1-12 给出了折叠气囊充气过程中若干典型时刻的变形图。可知，随着气压 q 的增大，折叠气囊在 $t=0.05$s 前上、下两折叠部分各自逐渐膨胀变形直至开始出现相互碰撞接触；在 $t=0.1$s 时由于碰撞接触约束的作用，上、下两折叠部分呈现向两边展开变形；之后展开变形继续增大并扩展至整个气囊而呈现大变形（如 $t=0.15$s 时），在 $t=0.2$s 时气囊大部分区域已展开而仅在折边处尚存在局部折痕；最后，由于气囊内压力达到饱和状态，在 $t=0.3$s 时气囊已完全展开，并在周围边界上产生了皱折效应。计算结果符合折叠气囊充气展开的实际变形过程。本算例体现了本章膜材与膜材碰撞接触算法的可靠性及计算稳定性。

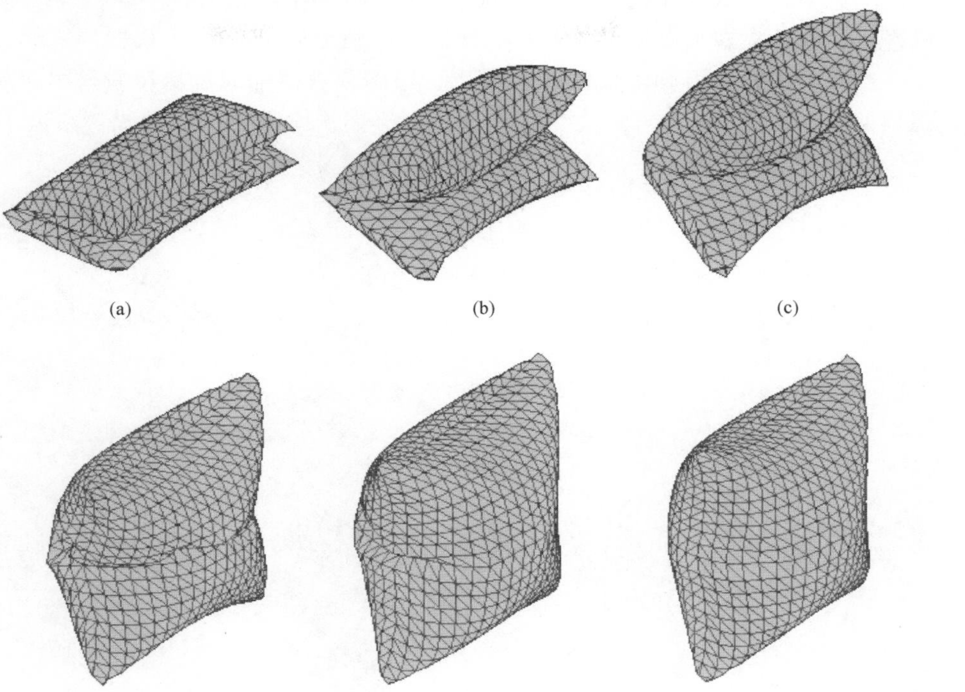

(a)　(b)　(c)　(d)　(e)　(f)

图 8.1-12　折叠气囊充气过程中若干典型时刻的变形图

(a) t=0.05s；(b) t=0.1s；(c) t=0.15s；(d) t=0.2s；(e) t=0.25s；(f) t=0.3s

(3) 算例 3：膜片自碰撞响应

图 8.1-13 为初始状态及网格划分，对角线长为 5m 的正方形膜片，沿对角线固定，膜片的初始位置为左半边竖直，右半边水平。在前 0.02s 作用 20Pa 竖直向下的荷载，0.02s 后右半边膜片在惯性作用下继续运动，直到与左半边膜片发生碰撞。膜材弹性模量 $E=70\text{MPa}$，泊松比 $\upsilon=0.3$，膜材密度 $\rho=27\text{kg/m}^3$，分析时间步长取 $h=2.0\times10^{-5}\text{s}$，阻尼参数取 $\alpha=0$。

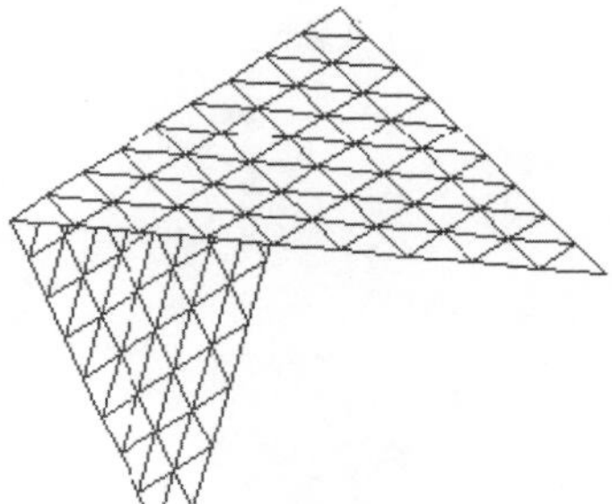

图 8.1-13　初始状态及网格划分

图 8.1-14 为膜片各典型时刻的变形图，膜片在 0.2s 前膜片未发生碰撞，右半边膜片在初始荷载的惯性作用下向下滑落，在对角线的约束下逐渐转动到竖直位置；在 0.21s 时膜片发生碰撞，碰撞发生在两个三角形膜片的中部，原本处于竖直位置的左半边膜片中部开始转动，而右半边膜片发生碰撞的位置在排斥力作用下逐渐减速，但未发生碰撞部分依然保持原

来运动趋势；在 0.4s 时，右半边膜片由于碰撞作用减速，大致处于竖直位置，而左半边膜片在右半边膜片的碰撞作用下向左转时。

本算例主要应用点-三角形碰撞准则，对膜片自碰撞时的碰撞响应，进行数值模拟。在碰撞过程中并未发生穿出现象，碰撞响应符合实际情况，验证了点-三角形准则的有效性。

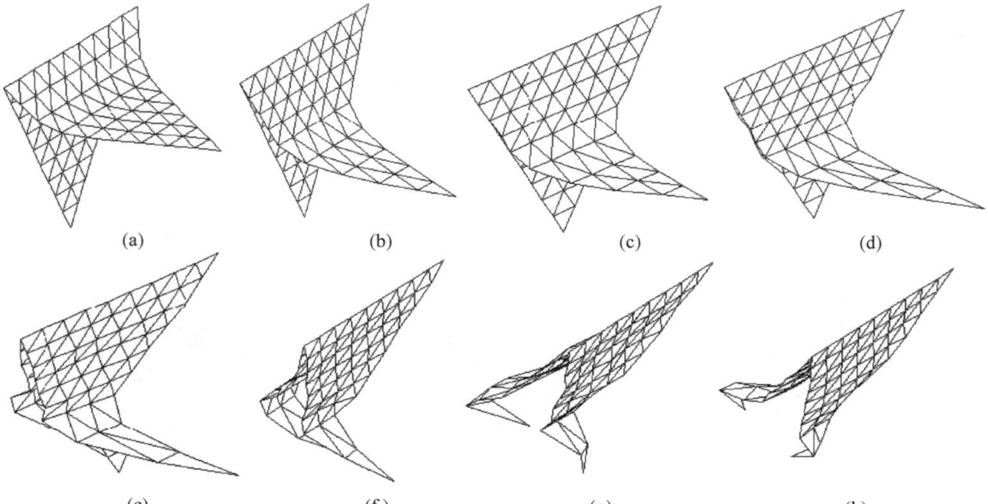

(a) (b) (c) (d) (e) (f) (g) (h)

图 8.1-14　膜片各典型时刻膜片变形图

(a) $t=0.1$s；(b) $t=0.2$s；(c) $t=0.22$s；(d) $t=0.24$s；(e) $t=0.28$s；(f) $t=0.32$s；(g) $t=0.36$s；(h) $t=0.40$s

(4) 算例 4：方形膜片覆盖刚性杆（边-边碰撞）

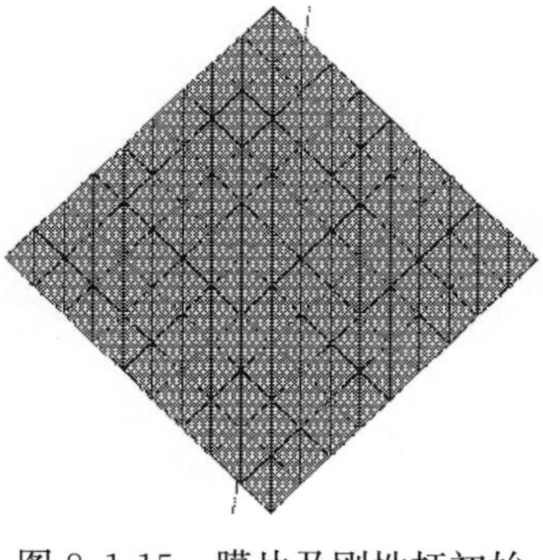

图 8.1-15　膜片及刚性杆初始状态及网格划分

图 8.1-15 为膜片及刚性杆初始状态及网格划分，对角线长 5m，厚 1mm 的正方形膜片初始状态位于刚性杆上方 0.01m 处，在重力作用下自然下落，覆盖于刚性杆表面。膜材弹性模量 $E=10$MPa，泊松比 $\upsilon=0.3$，膜材密度 $\rho=1000$kg/m^3，分析时间步长取 $h=5.0\times10^{-4}$s，阻尼参数取为 $\alpha=100$。

图 8.1-16 为膜片典型时刻变形图，图中可以看出膜片在 1.25s 时产生明显折痕；之后距刚性杆较近处膜片逐渐由水平方向朝竖直方向转动，呈现出明显的大变形大转动，距离刚性杆较远处膜片逐渐下落。正方形膜片由于刚性杆的碰撞响应，膜片悬挂于刚性杆上，呈自然垂下状态。整个过程中，膜片与刚性杆碰撞并无穿出现象。

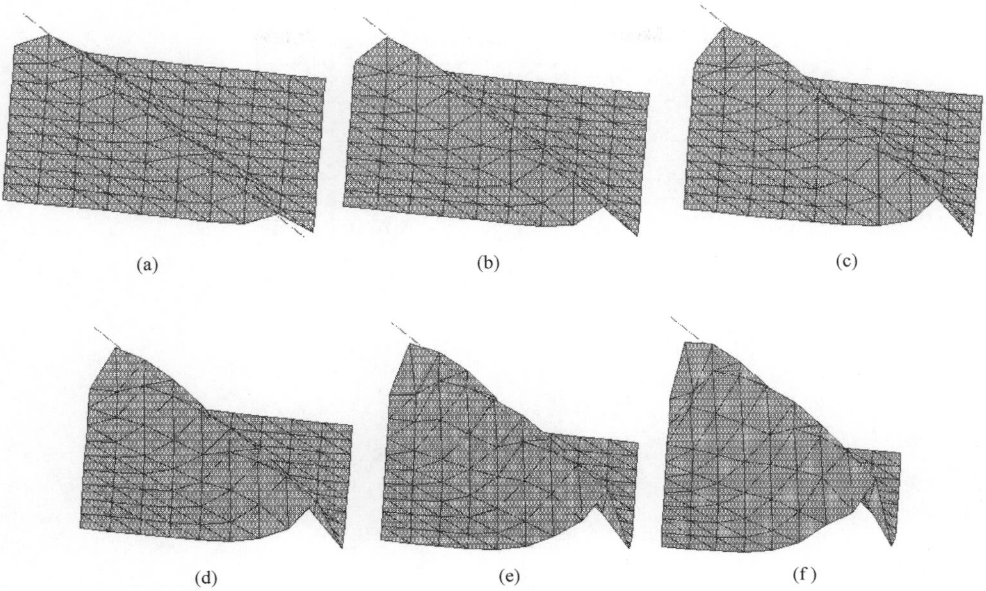

图 8.1-16　膜片典型时刻变形图

(a) $t=1.25$s；(b) $t=2.5$s；(c) $t=3.75$s；(d) $t=5.0$s；(e) $t=7.5$s；(f) $t=10.0$s

本算例旨在验证边-边碰撞准则的有效性。由于将刚性杆化为一个刚性杆单元，在计算过程中点-三角形准则无法检测碰撞，本算例的碰撞检测完全由边-边碰撞准则实现。从计算结果可以看出，整个膜片下落过程中并无穿出现象，表明本章给出的计算方法正确合理。但由于边-边碰撞准则较为繁琐，计算效率较低，本算例未进行更为密集的网格划分，且未计入膜片厚度与刚性杆截面大小，计算结果精度受到一定的影响。如对计算程序进行合理优化，提高计算效率，划分更加密集的网格，可使计算结果精度进一步提高。

（5）算例 5：方形膜片滑行（摩擦力）

图 8.1-17 为方形膜片滑行算例初始状态及网格划分，边长为 0.2m，厚度为 1mm 的正方形膜片以水平方向的初始速度 v，在 2Pa 竖直向下的荷载作用下从桌面上方 $s=0.1$m 高处开始做平抛运动，碰撞到下方刚体桌面后继续滑行，在摩擦力作用下逐渐减速静止。其中，膜片与刚体桌面之间摩擦系数为 μ，膜材弹性模量 $E=7\times10^4$Pa，泊松比$\upsilon=0.3$，膜片密度为 100kg/m^3，为考察摩擦力作用，取阻尼参数 $\alpha=0$。

本算例分别跟踪模拟三种情况下膜片的速度变化情况：

1）初始速度 $v=7.5$m/s，摩擦系数 $\mu=0.4$；

2）初始速度 $v=7.5$m/s，摩擦系数 $\mu=0$；

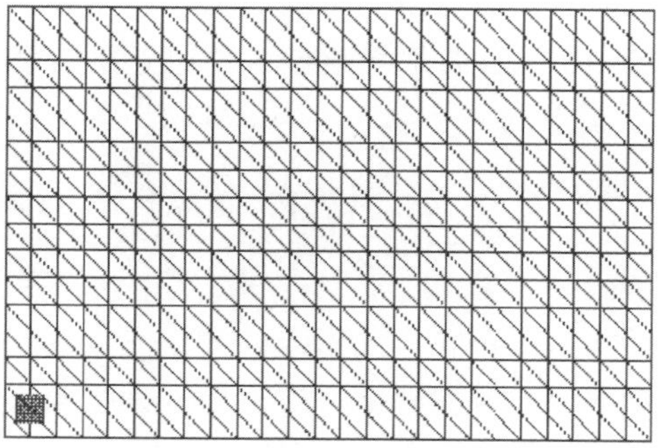

图 8.1-17　方形膜片滑行算例初始状态及网格划分

3）初始速度 $v=5\text{m/s}$，摩擦系数 $\mu=0.4$。

图 8.1-18 为膜片滑行算例水平速度-时间曲线。可知，情况 2）中摩擦系数 $\mu=0$ 时，膜片与刚体接触面光滑，膜片水平速度不变。情况 1）和情况 3）中 $\mu=0.4$ 时，根据牛顿第二定律和运动学公式：

$$\begin{cases} F=ma \\ s=\dfrac{1}{2}at^2 \end{cases} \tag{8.1-27}$$

可计算出膜片在 $t=0.1\text{s}$ 时发生碰撞，由于冲击荷载的动力作用，排斥力突然增大，由摩擦力公式 $f=\mu F_{\text{N}}$ 可知摩擦力随之增大，速度曲线陡然下降，随后膜片弹起，无摩擦力产生，速度曲线为较短的水平直线。再次下落碰撞后，膜片在恒定摩擦力下做匀减速直线运动，且情况 1）和情况 3）在速度为 0 前，速度曲线斜率相等。当速度降为 0 时，膜片与刚体相对静止，不再产生摩擦力。

通过图 8.1-18 可以看出，本算例的程序分析结果与理论计算完全一致，说明在考虑膜材摩擦力的向量式有限元膜结构接触碰撞问题中，本章方法合理有效，易于程序实现。

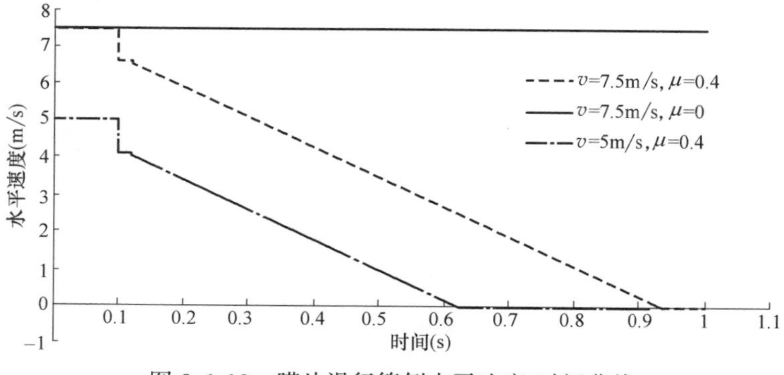

图 8.1-18　膜片滑行算例水平速度-时间曲线

（6）算例 6：方形膜片偏心覆盖刚性球（摩擦力）

图 8.1-19 为膜片-刚性球模型及其网格划分。膜片边长 $L=0.5\text{m}$，厚度 $t_a=1.0\text{mm}$，初始状态为水平放置且边界无约束，刚性球半径 $R=0.125\text{m}$，位于膜片斜下方；膜片中心与刚性球中心水平距离为 0.05m。膜片在重力作用下自由下落，分别考虑膜材表面光滑与摩擦系数 $\mu=0.4$ 时刚性球发生碰撞接触过程中的结构响应。膜材弹性模量 $E=7.0\times10^4\text{Pa}$，泊松比 $\upsilon=0.3$，密度 $\rho=27\text{kg/m}^3$。采用三角形单元分别对膜片和刚性球进行网格结构化划分，膜片和刚性球分别有 1800 个、1200 个三角形膜单元和 961 个、602 个节点，分析时间步长取 $h=2.0\times10^{-4}\text{s}$，阻尼参数取 $\alpha=20$。分析中不考虑膜片自身的碰撞接触行为，考虑摩擦力作用。

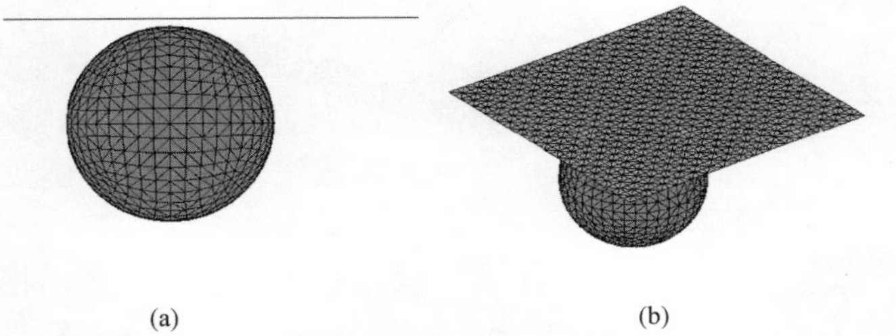

图 8.1-19　膜片-刚性球模型及其网格划分
（a）侧视图；（b）三维图

图 8.1-20、图 8.1-21 分别为光滑膜片（$\mu=0$）和粗糙膜片（$\mu=0.4$）各典型时刻的变形图。当 $t=0.2\text{s}$ 时膜片开始出现折痕，由于膜片处于偏心位置，折

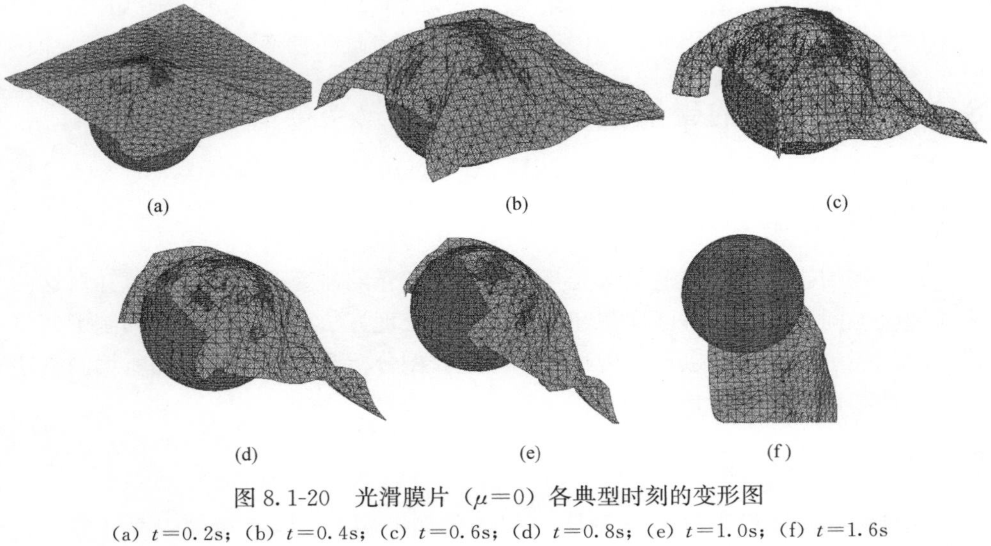

图 8.1-20　光滑膜片（$\mu=0$）各典型时刻的变形图
（a）$t=0.2\text{s}$；（b）$t=0.4\text{s}$；（c）$t=0.6\text{s}$；（d）$t=0.8\text{s}$；（e）$t=1.0\text{s}$；（f）$t=1.6\text{s}$

痕并不沿着对角线；当 $t=0.4\mathrm{s}$ 时，膜片初步覆盖刚性球，到此时为止两种情况下膜片变形基本一致；从 $t=0.6\mathrm{s}$ 开始，两种情况下膜片变形出现差异，且随着时间发展差异越来越大，光滑膜片在重力作用下沿刚性球向一边滑落，粗糙膜片在摩擦力的约束作用下依然覆盖于刚性球上；当 $t=1.6\mathrm{s}$ 时，光滑膜片离开刚性球继续向下滑落，粗糙膜片则紧紧覆盖在刚性球上，并逐渐趋于静止。

本算例可以看出摩擦力在膜结构接触碰撞问题中对结构响应有着显著影响。大部分建筑膜材与刚体并非光滑表面，接触过程中均有一定摩擦力产生，摩擦力作为碰撞响应的一部分，在膜结构接触碰撞问题的分析中应予充分考虑。

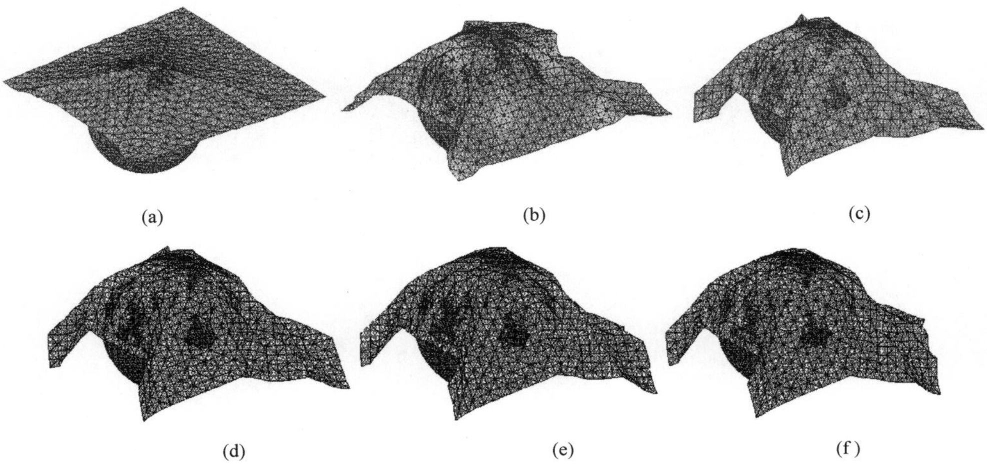

图 8.1-21　粗糙膜片（$\mu=0.4$）各典型时刻的变形图

(a) $t=0.2\mathrm{s}$；(b) $t=0.4\mathrm{s}$；(c) $t=0.6\mathrm{s}$；(d) $t=0.8\mathrm{s}$；(e) $t=1.0\mathrm{s}$；(f) $t=1.6\mathrm{s}$

8.2　板壳结构的碰撞接触

8.2.1　概述

壳结构的碰撞接触问题包括壳与刚体、壳和壳的碰撞两大类。本节针对这两类碰撞接触问题，提出碰撞检测和碰撞响应的处理方法；在此基础上编制了向量式有限元壳单元的碰撞接触分析程序，通过算例分析验证理论推导和所编制程序的可靠性和计算稳定性。

8.2.2　壳结构碰撞接触理论

壳结构的碰撞行为包括壳-刚体、壳-壳的碰撞两类。参考第 8.1.2 节中的方法，采用“点-三角形”检测和罚接触响应方法处理对应的碰撞检测和响应过程。

1. 碰撞检测

“点-三角形”检测是指一壳质点和另一壳三角形单元之间的单向碰撞检测。当其中之一为刚体时，可将刚体表面离散为已知节点坐标和位移的三角形单元。

A 壳质点 j 从 $\boldsymbol{X}_{n,\mathrm{A}}$ 运动到 $\boldsymbol{X}_{n+1,\mathrm{A}}$，则 t_n 和 t_{n+1} 时 A 壳质点 j 与 B 壳单元 i 的距离为：

$$\begin{cases} d_n=(\boldsymbol{X}_{n,\mathrm{A}}-\boldsymbol{X}_{n\_1,\mathrm{B}})\cdot\boldsymbol{n}_{n,0} \\ d_{n+1}=(\boldsymbol{X}_{n+1,\mathrm{A}}-\boldsymbol{X}_{n+1\_1,\mathrm{B}})\cdot\boldsymbol{n}_{n+1,0} \end{cases} \tag{8.2-1}$$

式中，$\boldsymbol{n}_{n,0}$ 为 B 壳单元 i 的单位法向量，$\boldsymbol{X}_{n\_1,\mathrm{B}}$ 为 B 壳单元 i 的节点 1 坐标；距离向量 $\boldsymbol{d}_n=d_n\boldsymbol{n}_{n,0}$ 和 $\boldsymbol{d}_{n+1}=d_{n+1}\boldsymbol{n}_{n+1,0}$。

若 $\mathrm{sign}(d_n\cdot d_{n+1})\leqslant 0$，则 A 壳质点 j 与 B 壳单元 i 在平面内发生碰撞并穿过。还需通过该碰撞点（近似垂足点）的面积坐标判断其是否处于 B 壳单元 i 内部，在内部时才实际发生碰撞。

2. 碰撞响应

质点的碰撞响应通过基于中央差分公式的罚接触力响应方法处理，同时给出罚参数取值方式。

A 壳质点 j 的法向接触力 $\boldsymbol{F}_{\mathrm{N0}}$、切向接触力 $\boldsymbol{F}_{\mathrm{T}}$ 为：

$$\begin{cases} \boldsymbol{F}_{\mathrm{N0}}=-k\delta\boldsymbol{n}_{\mathrm{j},0} \\ \boldsymbol{F}_{\mathrm{T}}=-f\boldsymbol{n}_{\mathrm{j}}^{\mathrm{T}} \end{cases} \tag{8.2-2}$$

式中，$\boldsymbol{n}_{\mathrm{j},0}$ 为质点 j 的碰撞单位法向量，$\boldsymbol{\delta}$ 为法向穿透向量，$\boldsymbol{\delta}=\delta\boldsymbol{n}_{\mathrm{j},0}$，$k$ 为罚参数，$f=\min\left\{\dfrac{\overline{mv_{\mathrm{j}}^{\mathrm{T}}}}{h},\ \mu\boldsymbol{F}_{\mathrm{N}}\right\}$，详见第 8.1.2 节。

总法向接触反力 $-\boldsymbol{F}_{\mathrm{N0}}$、总切向接触反力 $-\boldsymbol{F}_{\mathrm{T}}$ 首先均分至与质点 j 发生碰撞的所有 B 壳单元 $i(i=1,\ 2,\ \cdots,\ r)$，然后根据等效分配原则分配到单元 i 的 3 个节点，最后进行集成获得 B 壳各质点的总法向接触力、总切向接触反力。

罚参数 k 的取值需满足 $|\boldsymbol{\delta}_0|>|\boldsymbol{\delta}|$，其中 $\boldsymbol{\delta}_0=(\Delta t^2/2m)\boldsymbol{F}_{\mathrm{N0}}$，此时质点 j 与单元 i 才不会出现穿透。即有 $\beta=(\Delta t^2/2m)k>1$，通过 β 的取值来确定罚参数 k。

3. 向量式有限元中的碰撞实现方式

在向量式有限元中，每个时间步内由质点运动方程的中央差分公式计算获得该时间步末时刻的质点位移后，进行质点的碰撞检测处理，并对发生碰撞的质点进行碰撞响应处理，以调整发生碰撞质点的新位移使其不发生透过单元的现象。

8.2.3 程序实现和算例分析

本节基于三角形壳单元基本理论及碰撞检测与碰撞响应的处理方法，采用MATLAB编制了向量式有限元壳单元的碰撞接触分析程序。壳结构碰撞接触分析流程图如图8.2-1所示。

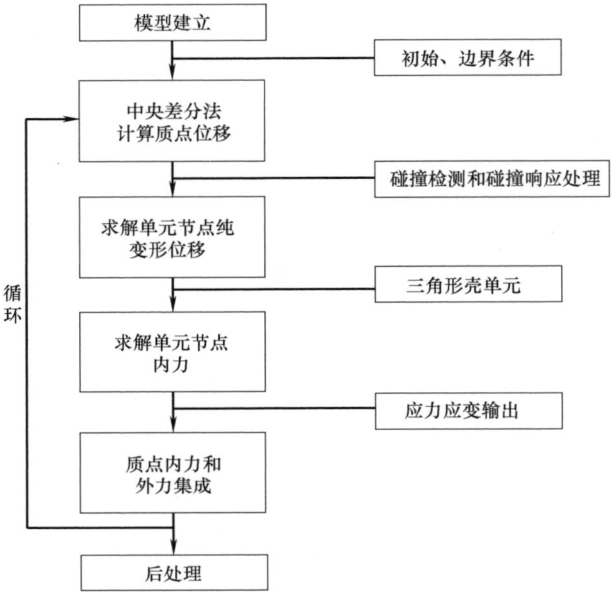

图8.2-1 壳结构碰撞接触分析流程图

以下算例以半球壳与刚性平面碰撞和两正交柱壳对碰为例进行分析，采用壳结构碰撞检测和碰撞响应的处理机制跟踪获得壳结构碰撞破坏的全过程。

（1）算例1：半球壳撞击刚性平面（光滑碰撞）

本算例为壳与刚体的碰撞问题。刚性平面边长$L=0.4$m，水平放置且固定约束；半球壳的半径$R=0.1$m，壁厚$t_a=2$mm，位于刚性平面正上方，顶端圆周边界仅有竖向自由度，控制位移加载使其以40m/s的速度沿竖向向下运动，并与刚性平面发生碰撞压缩变形。壳体材料的弹性模量$E=201$GPa，泊松比$\upsilon=0.3$；采用三角形单元分别对半球壳和刚性平面进行网格划分，半球壳有600个三角形壳单元和321个节点，刚性平面有1458个单元和784个节点，半球壳-刚性平面模型见图8.2-2，分析时间步长取$h=1.0\times10^{-6}$s，阻尼参数取$\alpha=0$（即不考虑阻尼效应）。

图8.2-3为半球壳底部中心节点竖向位移Δ随时间t的变化曲线并与LS-DYNA模型的计算结果比较。可见，本章结果与LS-DYNA结果基本一致；

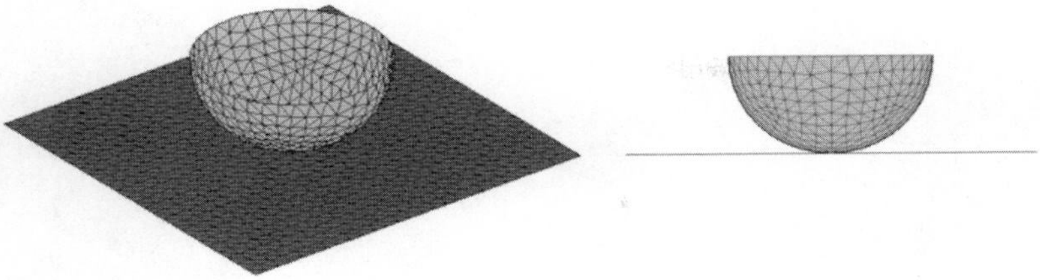

图 8.2-2　半球壳-刚性平面模型

半球壳中心位置碰撞后出现翻转，其中心节点的竖向位移均为向上缓慢波动增大。

图 8.2-4 为圆周边界总轴压荷载 P 随节点竖向位移 Δ 的变化曲线与 LS-DYNA 计算结果比较。可见，本章结果与 LS-DYNA 结果的变化趋势基本一致；轴压荷载的总体趋势呈现为在零值上下波动。

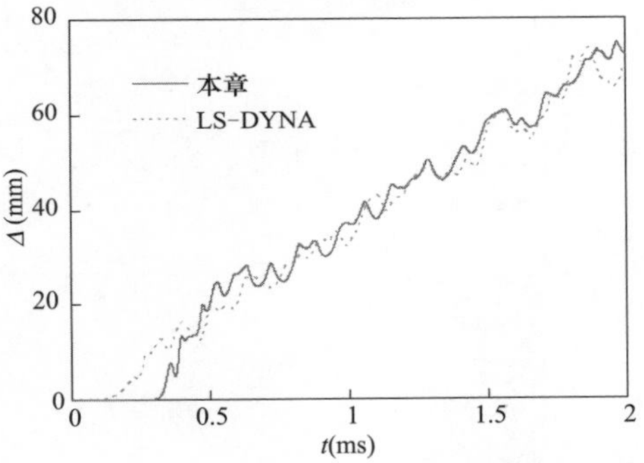

图 8.2-3　半球壳底部中心节点竖向位移 Δ 随时间 t 的变化曲线并与 LS-DYNA 模型的计算结果比较

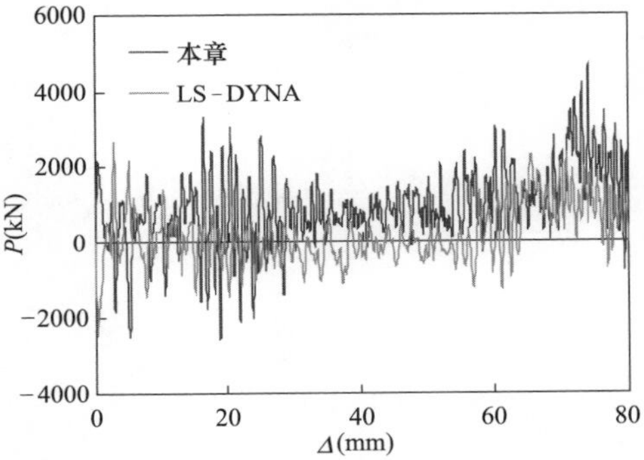

图 8.2-4　圆周边界总轴压荷载 P 随节点竖向位移 Δ 的变化曲线并与 LS-DYNA 计算结果比较

图 8.2-5 为半球壳-刚性平面碰撞过程中的典型时刻变形图。首先在半球壳中心位置与刚性平面碰撞并出现局部凹陷，接着凹陷范围逐渐扩展至较大范围，半球壳最终出现翻转。

（2）算例 2：两正交柱壳对碰（光滑碰撞）

本算例为壳与壳的碰撞问题。两正交柱壳模型如图 8.2-6 所示。两柱壳正交对中且尺寸相同，轴长 $L=0.3\text{m}$，半径 $R=0.05\text{m}$，壁厚 $t_a=2\text{mm}$，控制两柱壳的各自两端圆周边界进行移动，使其沿水平向以 25m/s 的速度相互靠近并发生碰撞。壳体材料的弹性模量 $E=201\text{GPa}$，泊松比 $\upsilon=0.3$，密度 $\rho=7850\text{kg/m}^3$；采用三角形壳单元对两柱壳进行网格划分，每个柱壳均有 800 个单元和 420 个节点，分析时间步长取 $\text{h}=1.0\times10^{-6}\text{s}$，阻尼参数取 $\alpha=48$。

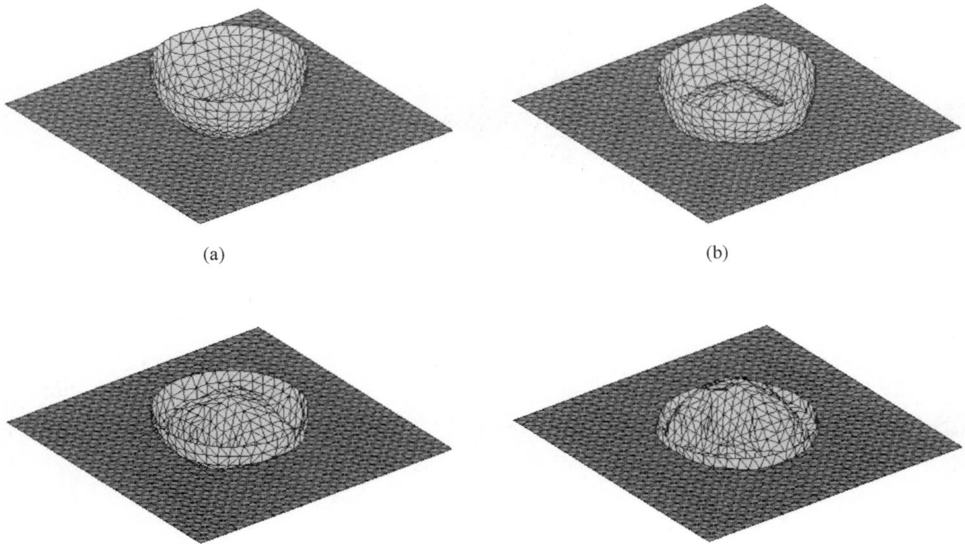

(a)　　(b)

(c)　　(d)

图 8.2-5　半球壳-刚性平面碰撞过程中的典型时刻变形图

(a) Δ=20mm；(b) Δ=40mm；(c) Δ=60mm；(d) Δ=80mm

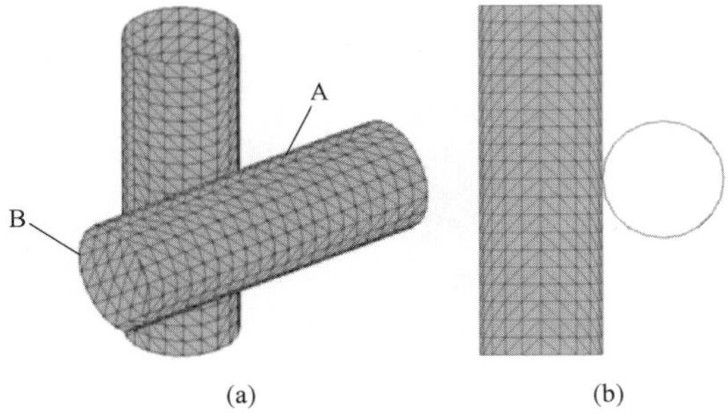

(a)　　(b)

图 8.2-6　两正交柱壳模型

(a) 三维图；(b) 侧视图

图 8.2-7 为右柱壳顶部中心节点 A 的竖向位移 Δ 对时间 t 的变化曲线并与 LS-DYNA 模型的计算结果比较。可见，本章结果与 LS-DYNA 结果基本一致；该中心节点竖向位移均为向上的缓慢波动增大。

图 8.2-8 为柱壳圆周边界总轴压荷载 P 随圆周边界节点 B 水平位移的变化曲线并与 LS-DYNA 计算结果比较。可见，本章结果与 LS-DYNA 结果的变化趋势基本一致；轴压荷载的总体趋势为缓慢波动增大，该波动是由阻尼引起的动力振荡效应。

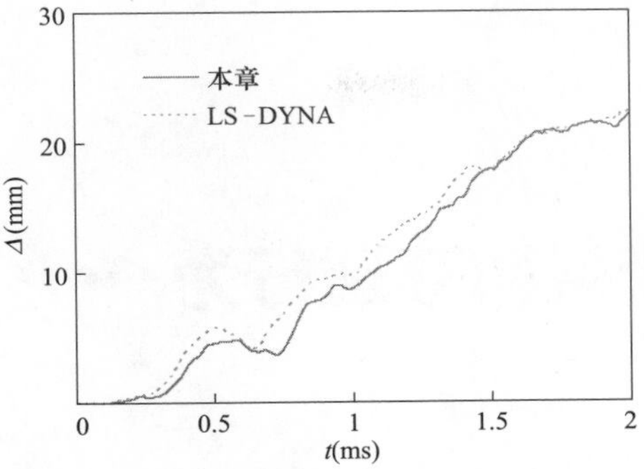

图 8.2-7　右柱顶部中心节点 A 的竖向位移 Δ 对时间 t 的变化曲线并与 LS-DYNA 模型的计算结果比较

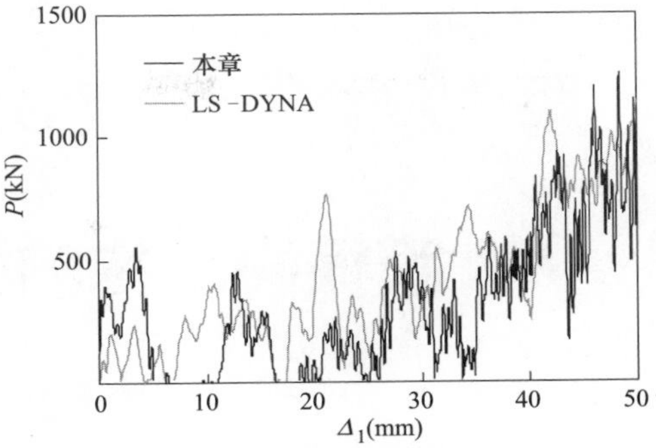

图 8.2-8　柱壳圆周边界总轴压荷载 P 随圆周边界节点 B 水平位移的变化曲线并与 LS-DYNA 计算结果比较

图 8.2-9 为正交柱壳对碰后的典型时刻变形图。首先在柱壳对碰位置出现局部凹陷，接着凹陷范围逐渐扩展至较大范围，柱壳变得扁平并最终开始弯折。本算例体现了本章薄壳与薄壳碰撞接触算法的有效性和计算稳定性。

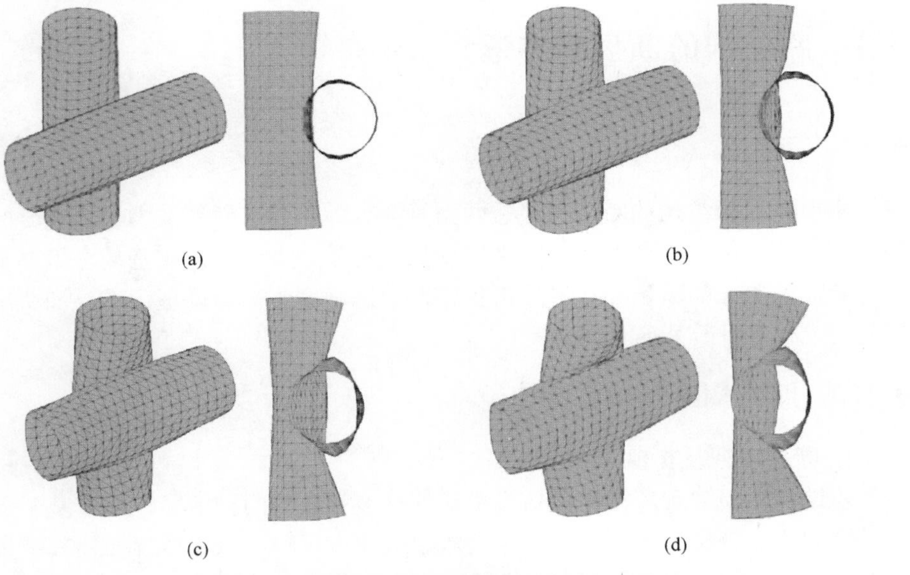

图 8.2-9　正交柱壳对碰后的典型时刻变形图

(a) Δ=12.5mm；(b) Δ=25mm；(c) Δ=37.5mm；(d) Δ=50mm

上述两个算例均仅考虑了壳的光滑碰撞情况，对于碰撞接触时存在的摩擦效应有待进一步深入研究；对于碰撞检测的加速机制，也可通过引入包围盒法等做进一步研究。

第9章

膜板壳结构的断裂和穿透行为

本章针对膜结构的断裂和穿透、壳结构的断裂和穿透问题，进行了研究；断裂问题采用失效应力判断准则，提出了向量式有限元质点分裂的断裂实现方式；穿透问题则同时结合碰撞接触和断裂实现机制，有效模拟了膜结构、壳结构的变形、断裂及穿透破坏全过程；在此基础上编制了向量式有限元膜单元、板壳单元的断裂和穿透分析程序，通过算例分析验证理论推导和所编制程序的可靠性和计算稳定性[78-79]。

9.1 膜结构的断裂和穿透

9.1.1 概述

本节针对膜结构的断裂和穿透两类复杂行为，提出断裂准则、质点分裂的断裂处理方法，以及结合碰撞和断裂机制的穿透处理方法；在此基础上编制了向量式有限元膜单元的断裂和穿透分析程序，通过算例分析验证理论推导和所编制程序的可靠性和计算稳定性。

9.1.2 膜结构断裂和穿透理论

1. 断裂准则及实现

膜结构的断裂破坏行为包括膜单元的破裂和破碎两种情况，本节基于失效应力准则和质点分裂方式实现膜结构的断裂破坏全过程，以下简要介绍其基本原理和在向量式有限元中的断裂实现方式。

（1）断裂判断依据

采用瞬态力学状态参量来表述断裂失效的条件，是一种比较直观简单的做法，本章采用最简单的 von Mises 应力这一状态参量达到失效应力值时作为膜材断裂失效的判断准则，见式（9.1-1）。该断裂准则仅为实现向量式有限元膜单元的断裂模拟，并为第 9.2 节中壳单元的断裂实现提供参考，其本身与实际情况有所差异。

$$\bar{\sigma}_i \geqslant \bar{\sigma}_{\mathrm{f}}\text{，断裂失效} \tag{9.1-1}$$

式中，$\bar{\sigma}_i$ 为单元节点 i（$i=a$，b，c）处的 von Mises 应力，$\bar{\sigma}_{\mathrm{f}}$ 为失效应力值。

（2）质点分裂

在向量式有限元中通过质点的分裂来分离各相连单元对应节点，以结构断裂，其断裂前后涉及以下几个方面的问题：

1）单元节点处的 von Mises 应力等状态参量需通过该节点对应单元最近积分点处的状态参量插值获得，且单元仅在节点处出现断裂，单元内部不可继续分裂。节点 von Mises 应力达到失效应力值时即断开连接。

2）质点分裂形成的新质点属性是根据断裂后的情况进行重新定义的。质点质量 m 根据断裂后新的单元连接进行重分配；断裂后新质点的位移 $\boldsymbol{x}$、速度 $\boldsymbol{v}$ 则取保持断裂前质点状态不变。

以质点相连单元中仅一个单元断开时为例，质点分裂示意图如图 9.1-1 所示，其中 $E_1 \sim E_4$ 为单元编号，N_1 和 N_i（$i=2$，3）分别为分裂前和分裂后的质点编号。质点分裂前后各质点的状态变量满足式（9.1-2）。

$$\begin{cases} m_1 = m_2 + m_3 \\ \boldsymbol{x}_1 = \boldsymbol{x}_2 = \boldsymbol{x}_3 \\ \boldsymbol{v}_1 = \boldsymbol{v}_2 = \boldsymbol{v}_3 \end{cases} \tag{9.1-2}$$

式中，$\boldsymbol{x}_1$ 和 $\boldsymbol{v}_1$ 为分裂前的质点位移和速度，$\boldsymbol{x}_i$ 和 $\boldsymbol{v}_i$（$i=2$，3）为分裂后的质点位移和速度。

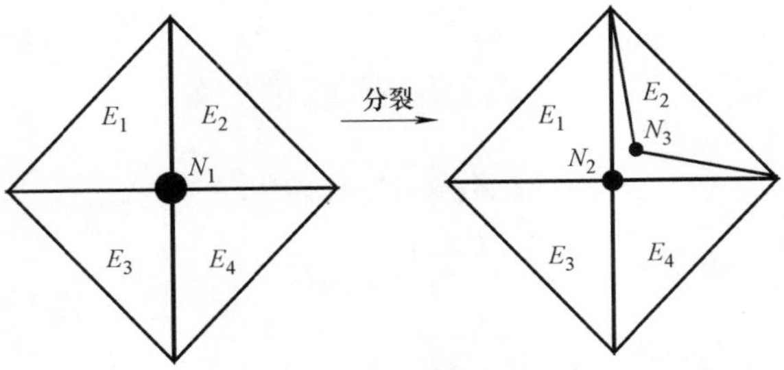

图 9.1-1　质点分裂示意图

3）单元的节点断开方式包括部分断开和所有节点断开，前者一般先出现，对应为单元的破裂行为，后者则对应单元的破碎行为。

2. 穿透行为的实现

膜结构的穿透破坏行为同时结合了碰撞和断裂情况，在每个循环分析子步中，首先出现碰撞检测并进行碰撞响应，接着通过断裂判断依据来判断断裂的出现情况，并通过质点分裂来实现断裂模拟，跟踪获得膜材变形及穿透破坏的过程。

（1）碰撞行为

碰撞检测是通过质点和三角形单元的“点-三角形”碰撞检测方法来处理，碰撞响应则基于结合中央差分与罚函数的碰撞接触反力来实现。时间子步中，首先通过中央差分运动方程求解步末的质点新位移；接着对质点进行碰撞检测处理，对其中发生实际碰撞的质点新位置通过相应处理来进行更新替换。薄膜结构碰撞接触的推导过程详见第 8.1.2 节。

（2）断裂行为

采用 von Mises 应力状态变量达到失效应力限值时作为膜材断裂失效判断依据，而薄膜结构的断裂行为则通过质点分裂方式，将各相连单元对应节点进行断开操作。单元部分节点断开和单元所有节点断开对应为破裂和破碎过程。

9.1.3 程序实现和算例分析

结构分析计算时，传统有限元需事先区分类型（如断裂、碰撞等）并采用专用的公式和程序实现，在结构的复杂不连续领域的应用并不方便。向量式有限元对各类复杂不连续力学行为均可采用相同概念和流程实现，即用一个完整而通用的理论进行广义的结构模拟和行为预测。对于结构断裂和穿透问题，只需在基于统一牛顿运动方程的主分析程序中，前者引入断裂失效准则和质点分裂实现模块，后者同时引入碰撞和断裂机制模块；在不增加计算难度的基础上，通过结构构形的步步更新可跟踪获得其变形、断裂及穿透破坏全过程。

本章采用 MATLAB 编制了膜结构的断裂和穿透求解计算程序，并进行了算例分析验证，表明了理论和程序的可靠性和有效性，断裂和穿透分析流程图见图 9.1-2。

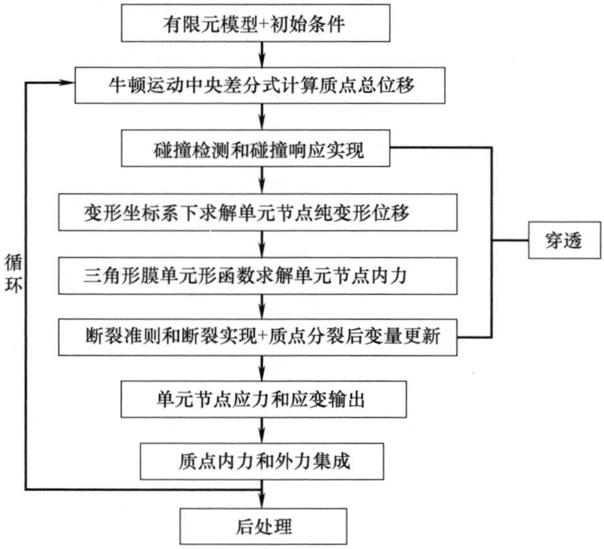

图 9.1-2　断裂和穿透分析流程图

（1）算例 1：含裂缝矩形膜片拉伸撕裂分析

矩形膜片拉伸撕裂是分析薄膜结构断裂问题的典型算例[84]。矩形膜片长边 $L=0.1\text{m}$，短边 $H=0.04\text{m}$，厚度 $t_a=1.0\text{mm}$，中线靠近长边附近有长为 6mm 的初始裂缝。初始水平放置，两长边自由、两短边承受反向拉伸位移 U_x 作用而发生变形及撕裂；位移 U_x 以 0.25m/s 的速度进行拉伸位移控制加载。膜材弹性模量 $E=7.0\times10^4\text{Pa}$，泊松比 $\upsilon=0.3$，密度 $\rho=27\text{kg/m}^3$，失效应力 $\bar{\sigma}_f=1.5\text{kPa}$。时间步长取 $h=2.0\times10^{-6}\text{s}$，阻尼参数取 $\alpha=200$，矩形膜片模型见图 9.1-3。

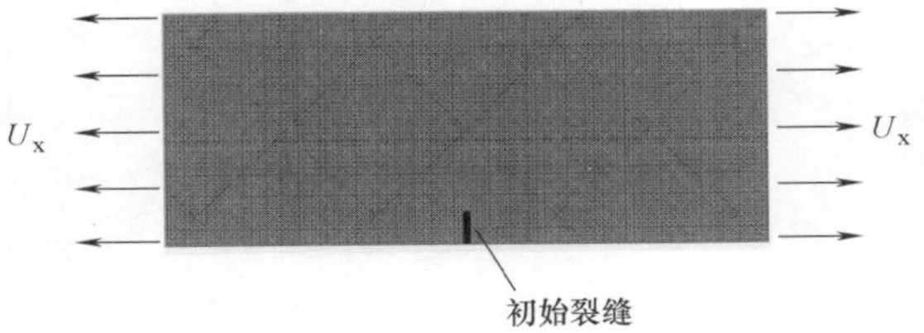

图 9.1-3　矩形膜片模型

图 9.1-4 为含裂缝的矩形膜片拉伸撕裂典型应力变形图（单位：Pa）。可知，随着拉伸位移 U_x 的递增，在 $t=0.6\text{ms}$ 时首先在膜片两侧出现拉伸变形和应力；

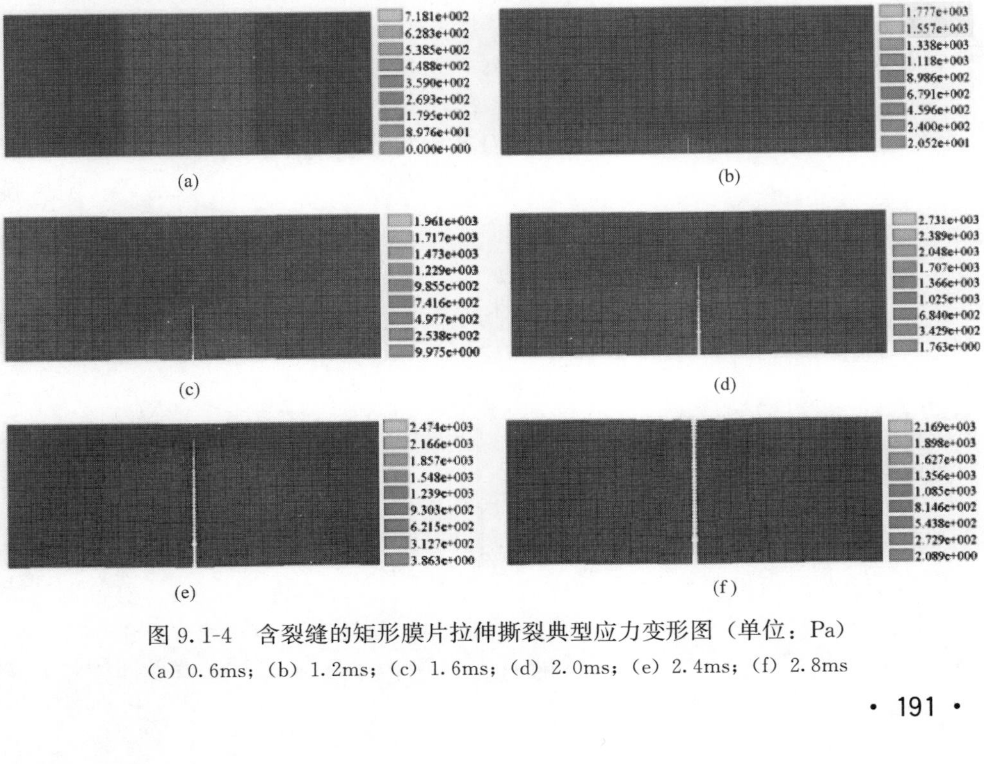

图 9.1-4　含裂缝的矩形膜片拉伸撕裂典型应力变形图（单位：Pa）

(a) 0.6ms；(b) 1.2ms；(c) 1.6ms；(d) 2.0ms；(e) 2.4ms；(f) 2.8ms

接着拉伸变形和应力逐渐往中间区域扩展，在 $t=1.2\text{ms}$ 时膜片中间区域达到较大变形和应力，并在裂缝端部开始出现应力集中效应；在 $t=1.6\text{ms}$ 时首先在裂缝端部由于拉伸变形和应力继续增大而使其 von Mises 应力达到断裂失效应力并开始出现破裂现象；随后膜片沿着裂缝方向的破裂范围逐渐扩大，即发生撕裂现象（$t=2.0\text{ms}$、$t=2.4\text{ms}$）；在 $t=2.8\text{ms}$ 时矩形膜片出现完全撕裂。

本例矩形膜片的断裂破坏过程与文献［84］的试验结果基本一致，验证了本章方法在薄膜结构断裂行为模拟中的有效性。由于仅采用了简单的 von Mises 应力断裂准则且并未考虑正交异性，与试验结果的定量分析比较还需进一步地深入研究。

（2）算例 2：方形气囊膨胀断裂分析

本算例气囊变形破裂是研究膜材断裂问题的一类重要应用。方形气囊边长 $L=0.5\text{m}$，厚度 $t_a=1.0\text{mm}$，无边界约束，承受均匀填充内压 P 作用而发生膨胀断裂破坏。内压 P 采用线性缓慢递增施加，$t_0=0.1\text{s}$ 时达到 $q_0=20\text{Pa}$。膜材弹性模量 $E=7.0\times10^4\text{Pa}$，泊松比 $\upsilon=0.3$，密度 $\rho=27\text{kg/m}^3$，失效 von Mises 应力 $\bar{\sigma}_\text{f}=5.0\text{kPa}$。时间步长 $h=2.0\times10^{-4}\text{s}$，阻尼参数 $\alpha=20$，气囊结构模型见图 9.1-5。

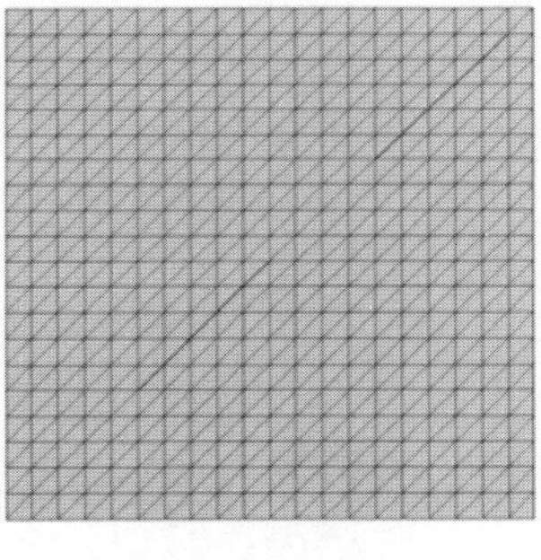

图 9.1-5　气囊结构模型

图 9.1-6 为方形气囊膨胀破裂典型变形图。可知，随着内压 P 的增大，$t=0.02\text{s}$ 时首先在气囊周边出现膨胀变形；继而往中间区域变形扩展，在 $t=0.05\text{s}$ 时，整个气囊均已充满气并膨胀；在 $t=0.06\text{s}$ 气囊中心区域由于 von Mises 应力达到失效应力阈值而开始出现破裂；在 $t=0.07\text{s}$ 时，气囊破裂往周边大范围扩展，并开始出现破碎；随后膜材的破裂破碎变化区域明显，并扩展至大范围（$t=0.08\text{s}$）。

本例采用了简单的 von Mises 失效应力判断准则，并未涉及膜材正交异性及气囊膨胀破裂后气体泄漏引起的内压降低问题，因而气囊膨胀破裂变形与实际情况有所差异。尽管如此，气囊出现断裂的位置及发展模式均基本符合实际情况，仍体现了本章方法可有效模拟薄膜结构的断裂仿真过程分析。

（3）算例 3：刚性球-马鞍面薄膜穿透分析

以刚性球穿透马鞍面薄膜结构过程为例说明本章方法在穿透分析领域的应用和优势。薄膜平面投影为方形，投影边长为 0.5m，厚度为 1.0mm，初始为马鞍面，即 $x^2/1.25-y^2/1.25=z$，四边简支约束，四角点高差 0.2m；刚性球直径为 0.10m，从薄膜正上方以 2m/s 的速度下落并穿透薄膜；薄膜弹性模量 $E=$

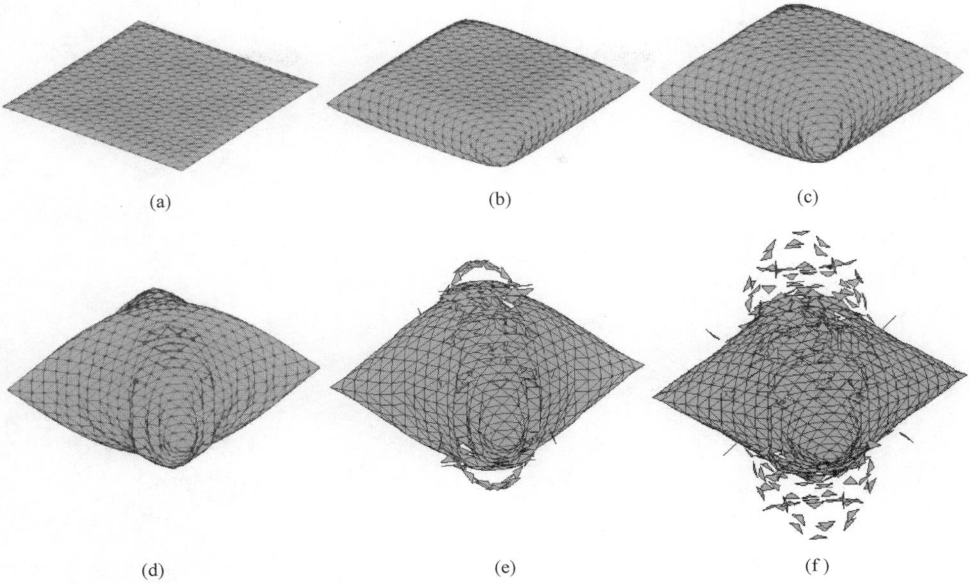

图 9.1-6　方形气囊膨胀破裂典型变形图

(a) 0.02s；(b) 0.04s；(c) 0.05s；(d) 0.06s；(e) 0.07s；(f) 0.08s

7.0×10^4Pa，泊松比 $\upsilon=0.3$，密度 $\rho=27\text{kg/m}^3$，失效应力 $\sigma_0=5.0$kPa，刚性球-马鞍面薄膜模型见图 9.1-7。

图 9.1-7　刚性球-马鞍面薄膜模型

(a) 轴测图；(b) 侧视图

图 9.1-8 为刚性球-马鞍面薄膜穿透典型变形图。由图可知，首先薄膜在碰撞位置出现凹陷；随着凹陷增大，单元节点应力也增大，直至达到失效应力并开始节点分裂；然后薄膜在碰撞位置区域沿着最小应力方向（经向）呈现撕裂效果；最终，撕裂趋于明显，刚性球逐渐穿透薄膜结构。本例马鞍面薄膜的穿透破坏过程与实际情况基本一致，验证了本章方法在薄膜结构穿透行为模拟中的有效性。

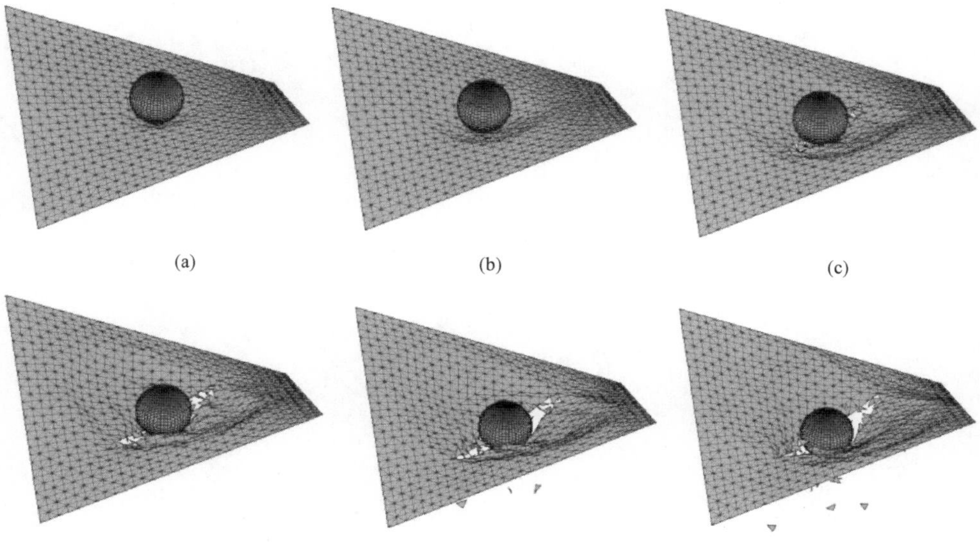

(a) (b) (c) (d) (e) (f)

图 9.1-8　刚性球-马鞍面薄膜穿透典型变形图
(a) 0.016s；(b) 0.024s；(c) 0.032s；(d) 0.04s；(e) 0.048s；(f) 0.056s

9.2　板壳结构的断裂和穿透

9.2.1　概述

本节针对膜结构的断裂和穿透两类复杂行为，提出断裂准则、质点分裂的断裂处理方法，以及结合碰撞和断裂机制的穿透处理方法；在此基础上编制了向量式有限元壳单元的断裂和穿透分析程序，通过算例分析验证理论推导和所编制程序的可靠性和计算稳定性。

9.2.2　壳结构断裂和穿透理论

1. 断裂准则及实现

壳结构的断裂行为包括壳单元的破裂、破碎两类，基于失效应变判断依据和质点分裂方式来处理断裂过程。

（1）失效准则

考虑等效塑性应变（瞬态力学状态参量）达到失效应变值（断裂破坏）时作为材料断裂失效的判断准则，不计材料损伤累积效应，材料失效应变值可由试验或文献结果获得。对于金属结构，一般采用 C-S 模型获得等效塑性应变（见第 6.4.2 节）。

（2）质点分裂

通过质点分裂方式分离各相连单元对应节点获得结构断裂行为（图 9.1-1），具体处理如下：

1）单元节点处的等效塑性应变等状态参量通过积分点处对应值插值获得；

2）单元仅在节点处出现断裂，单元内部不可分裂；破裂情况为单元的部分节点断开，破碎情况为单元的所有节点断开；

3）质点分裂后各新质点的初始条件通过断裂后情况重分配。新质点质量 m、转动惯量 $\boldsymbol{I}$ 可根据新的单元连接情况确定，新质点位移 $\boldsymbol{x}$、速度 $\boldsymbol{v}$ 取与断裂前相同；

质点分裂前后各质点的状态变量满足式（9.2-1）。

$$\begin{cases} m_1 = m_2 + m_3 \\ m_1 \Rightarrow \boldsymbol{I}_1 \\ m_1, m_3 \Rightarrow \boldsymbol{I}_2, \boldsymbol{I}_3 \\ \boldsymbol{x}_1 = \boldsymbol{x}_2 = \boldsymbol{x}_3 \\ \boldsymbol{v}_1 = \boldsymbol{v}_2 = \boldsymbol{v}_3 \end{cases} \tag{9.2-1}$$

2. 穿透行为实现

壳结构的穿透行为同时包含碰撞和断裂两类行为，本节基于第 8.2 节的碰撞和本节断裂处理方法，获得壳结构穿透行为的全过程模拟分析。碰撞行为采用“点-三角形”碰撞检测和基于中央差分公式的罚接触力碰撞响应方法。断裂行为采用断裂失效应变判断准则和质点分裂实现方法。

在向量式有限元中，每个时间步内由质点中央差分公式和内力求解获得该时间步末时刻的质点属性后，同时进行质点的碰撞检测和失效断裂检测处理，并对发生碰撞和断裂的质点分别进行碰撞响应和质点分裂处理，以调整质点的新属性使其完成穿透过程。

9.2.3　程序实现和算例分析

在向量式有限元分析程序中，碰撞、断裂和穿透的处理均可作为单独的计算模块引入。基于向量式有限元三角形薄壳单元理论公式和碰撞、断裂、穿透处理方法，采用 MATLAB 编制了薄壳结构的复杂不连续行为计算分析程序，并通过算例分析进行验证，壳结构不连续行为分析流程图见图 9.2-1。

（1）算例 1：方板均压断裂

本算例以方板竖向均压断裂为例。方板边长 $L=2.0$m，厚度 $t_a=0.015$m，

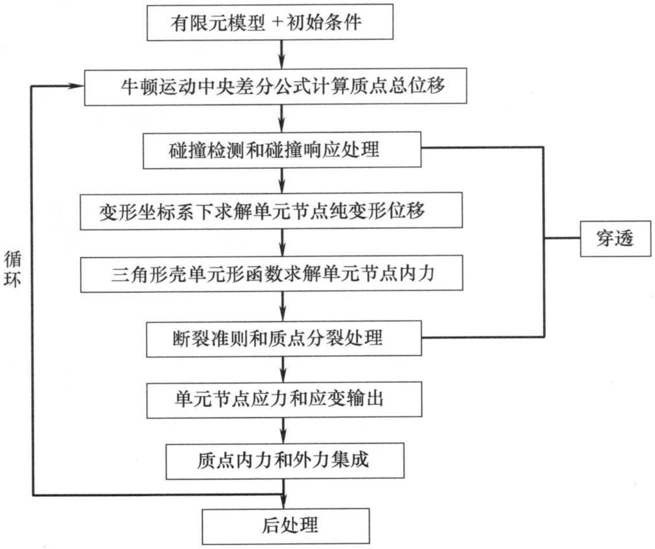

图 9.2-1　壳结构不连续行为分析流程图

初始水平放置且四边简支约束；方板上表面承受竖向向下的均压 P 作用而发生变形并最终产生破裂破碎，P 采用阶梯递增方式并施加阻尼参数进行缓慢加载，以模拟静态加载过程，在 $t_0=12.5\text{ms}$ 时达到最大值 $P_0=12.5\text{MPa}$。方板材料模型采用无率 C-S 模型，弹性模量 $E=201\text{GPa}$，泊松比 $\upsilon=0.3$，密度 $\rho=7850\text{kg/m}^3$，切线模量 $E'=1\text{GPa}$，初始屈服应力 $\sigma_0=250\text{MPa}$，失效应变为 $\bar{\varepsilon}_{\text{p}}^{\text{f}}=0.21$。采用三角形壳单元对方形薄板进行网格划分，共 800 个单元和 441 个节点，方板模型及其网格划分见图 9.2-2，分析时间步长取 $h=1.0\times10^{-5}\text{s}$，阻尼参数取 $\alpha=1000$（由第 4.2.4 节方法线弹性时计算获得的阻尼参数为 140，用于塑性材料时由于单元对质点的约束减弱，为减小质点振荡效应需对该阻尼参数值进行适当放大）。

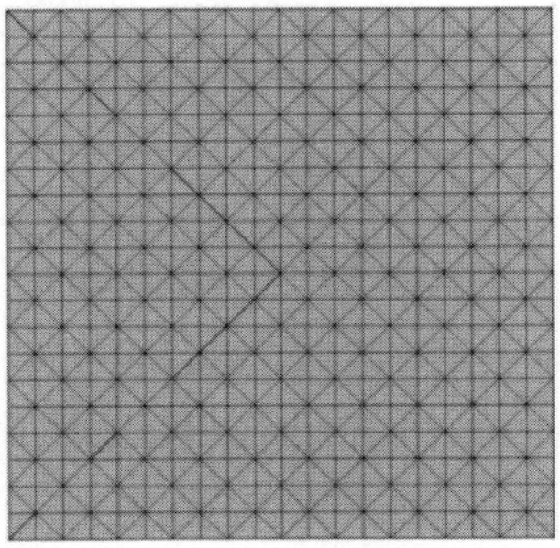

图 9.2-2　方板模型及其网格划分

图 9.2-3 为方板变形和破裂 von Mises 应力分布云图（单位：Pa），以更加直观地观察其应力变化和破裂破碎的全过程。可知，随着竖向均压 P 的增大，在 $t=2\text{ms}$ 时，首先在方板周边区域出现较大应力；接着由于中间区域的变形增大，除周边外较大应力区域逐渐往方板中心区域扩展（$t=6\text{ms}$，$t=10\text{ms}$），周边区域应力也进一步增大

(t=11ms)；t=12ms 时，首先在周边区域的等效塑性应变达到失效应变，并开始出现破裂现象；随后，壳单元破裂现象更趋明显，并最终出现单元破碎情况(t=12.5ms)。

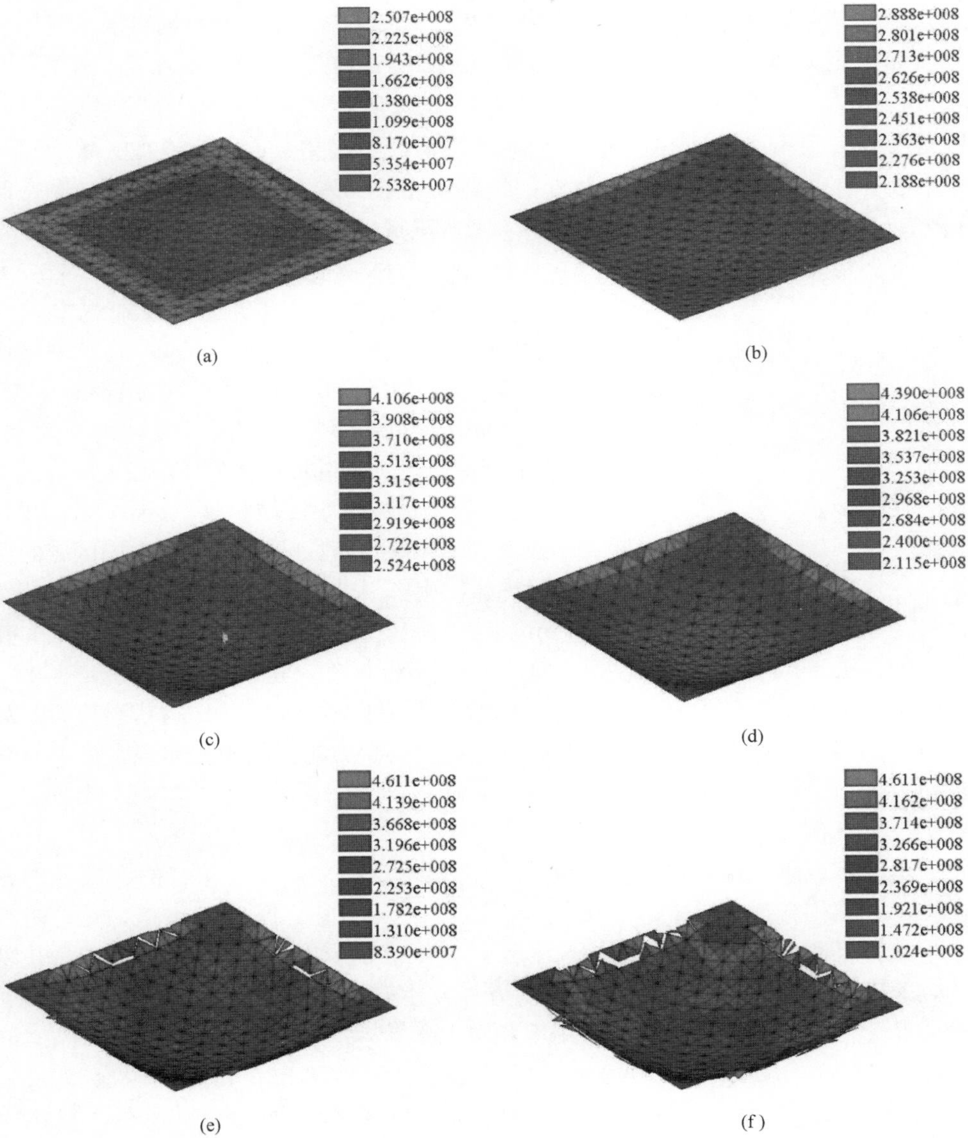

图 9.2-3　方板变形和破裂 von Mises 应力分布云图（单位：Pa）

(a) t=2ms；(b) t=6ms；(c) t=10ms；(d) t=11ms；(e) t=12ms；(f) t=12.5ms

(2) 算例 2：密封薄壁圆柱壳均压膨胀破裂

本算例以密封薄壁圆柱壳均压膨胀破裂为例[85]。薄壁圆柱壳半径 $R=0.1\text{m}$，轴向长度为 $L=0.1\text{m}$，厚度 $t_a=2\text{mm}$（顶、底盖厚度和柱壁厚度相同），初始静止状态；圆柱壳内部承受均压 P 作用而发生膨胀变形并最终产生破裂破碎，P 采用线性递增方式施加，在 $t_0=1\text{ms}$ 时达到最大值 $P_0=10\text{MPa}$。壳体材料模型采用无率 C-S 模型，弹性模量 $E=201\text{GPa}$，泊松比 $\upsilon=0.3$，密度 $\rho=7850\text{kg/m}^3$，切线模量 $E'=1\text{GPa}$，初始屈服应力 $\sigma_0=250\text{MPa}$，失效应变为 $\bar{\varepsilon}_{\text{p}}^{\text{f}}=0.15$。采用三角形壳单元对密封圆柱壳进行网格划分，共 1120 个单元和 562 个节点，密封圆柱壳模型及其网格划分如图 9.2-4 所示，分析时间步长取 $h=1.0\times10^{-6}\text{s}$，阻尼参数取 $\alpha=0$（不考虑阻尼效应）。

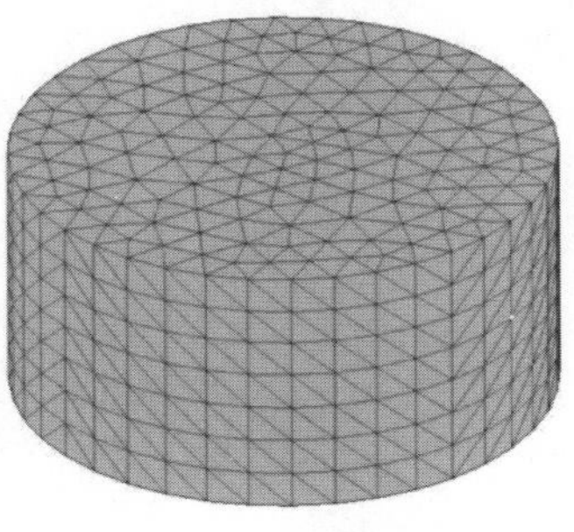

图 9.2-4 密封圆柱壳模型及其网格划分

图 9.2-5 为柱壳变形和破裂 von Mises 应力分布云图（单位：Pa），以更加直观地观察其应力变化和破裂破碎的全过程。可知，随着内部均压 P 的增大，在 $t=0.1\text{ms}$ 时首先在柱壁-顶盖、柱壁-底板连接处出现较大应力；接着由于顶盖、底板变形快速增大，除该连接处外，较大应力区域逐渐往顶盖、底板中心区域扩展（$t=0.3\text{ms}$，$t=0.5\text{ms}$）；在$t=0.8\text{ms}$ 时，顶盖、底板中心区域的应力超过柱壁-顶盖、柱壁-底板连接处，对应等效塑性应变达到失效应变并开始出现破裂现象；随后，壳单元破裂现象更趋明显，并最终出现单元破碎情况（$t=0.9\text{ms}$，$t=1.0\text{ms}$）。

应该说明，本节仅考虑材料的简单断裂情况来分析薄壳结构的断裂行为，对于分层断裂、裂纹扩展等复杂断裂行为分析在向量式有限元中的实现有待进一步的研究。

(3) 算例 3：刚性球穿透平板

本算例以刚性球穿透平板为例[85]，考察本章碰撞和断裂结合的穿透处理方法在薄壳结构穿透问题中的应用。方板边长 $L=2.0\text{m}$，厚度 $t_a=0.01\text{m}$，初始水平放置且四边简支约束；刚性球半径 $R=0.25\text{m}$，初始位于方板正上方，并以均匀速度 $v=2\text{m/s}$ 竖向向下运动，与方板发生碰撞并导致方板破裂破碎而发生动力穿透行为。方板材料模型采用率相关 C-S 模型，弹性模量 $E=201\text{GPa}$，泊松比$\upsilon=0.3$，密度 $\rho=7850\text{kg/m}^3$，切线模量 $E'=1\text{GPa}$，初始屈服应力 $\sigma_0=250\text{MPa}$，应变率参数常量 $C=6500\text{s}^{-1}$、$p=4$，失效应变为 $\bar{\varepsilon}_{\text{p}}^{\text{f}}=0.21$。采用三角形壳单元对方板进行网格划分，共 800 个单元和 441 个节点，方板模型及其网格划分见图 9.2-6，分析时间步长取 $h=1.0\times10^{-5}\text{s}$，阻尼参数取 $\alpha=800$。

在 $t=0\sim0.15\text{s}$ 的计算时间内，方板出现的最大应变率为 571s^{-1}，已可视

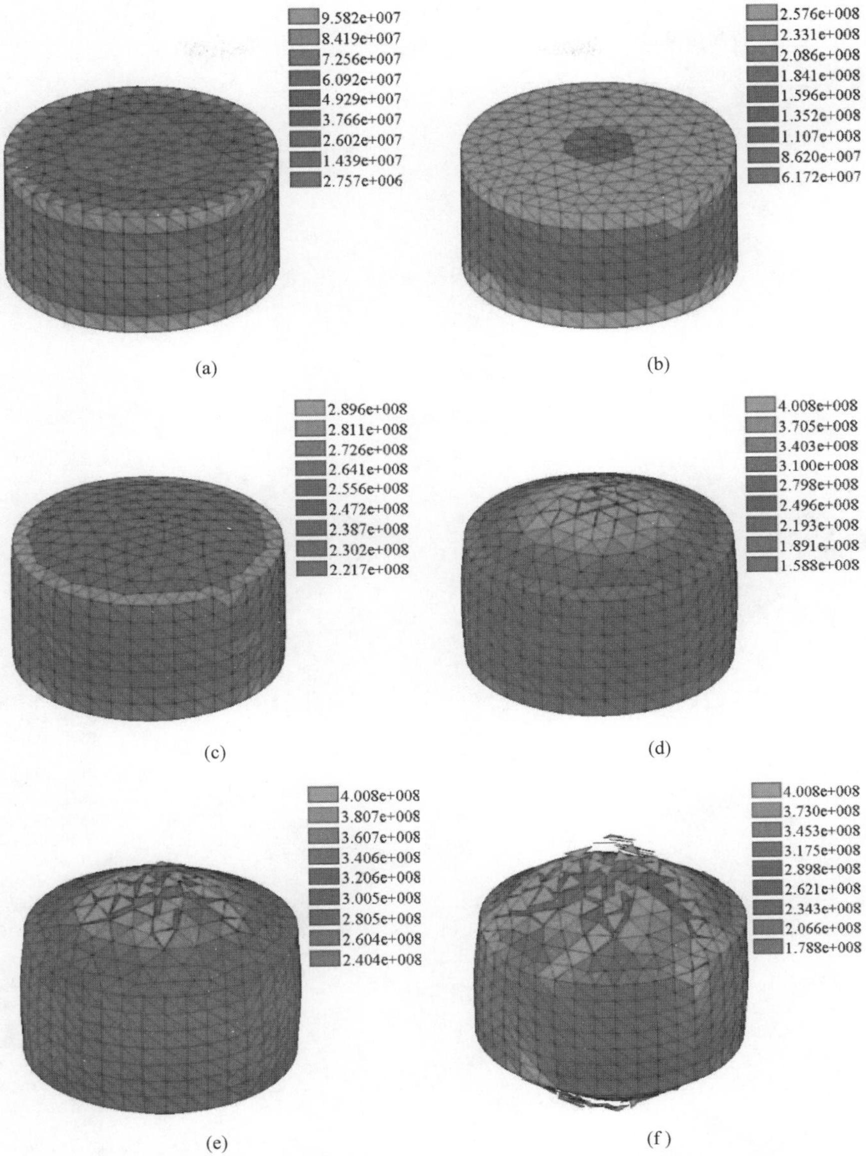

图 9.2-5　柱壳变形和破裂 von Mises 应力分布云图（单位：Pa）

(a) $t=0.1$ms; (b) $t=0.3$ms; (c) $t=0.5$ms; (d) $t=0.8$ms; (e) $t=0.9$ms; (f) $t=1.0$ms

为高应变率情况，其对应最大应变率因子为 1.5444，因而不可忽略应变率强化效应的影响。图 9.2-7 为方板 von Mises 应力分布云图（单位：Pa），以更加直观地观察其应力变化和破裂破碎的全过程。由图可知，随着刚性球对方板的碰撞

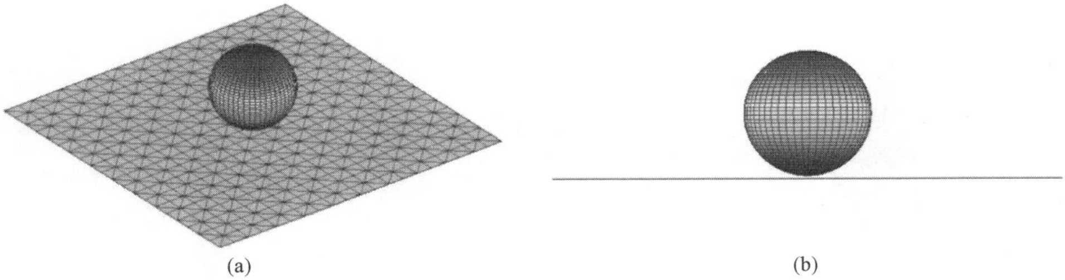

图 9.2-6　方板模型及其网格划分

（a）三维图；（b）侧视图

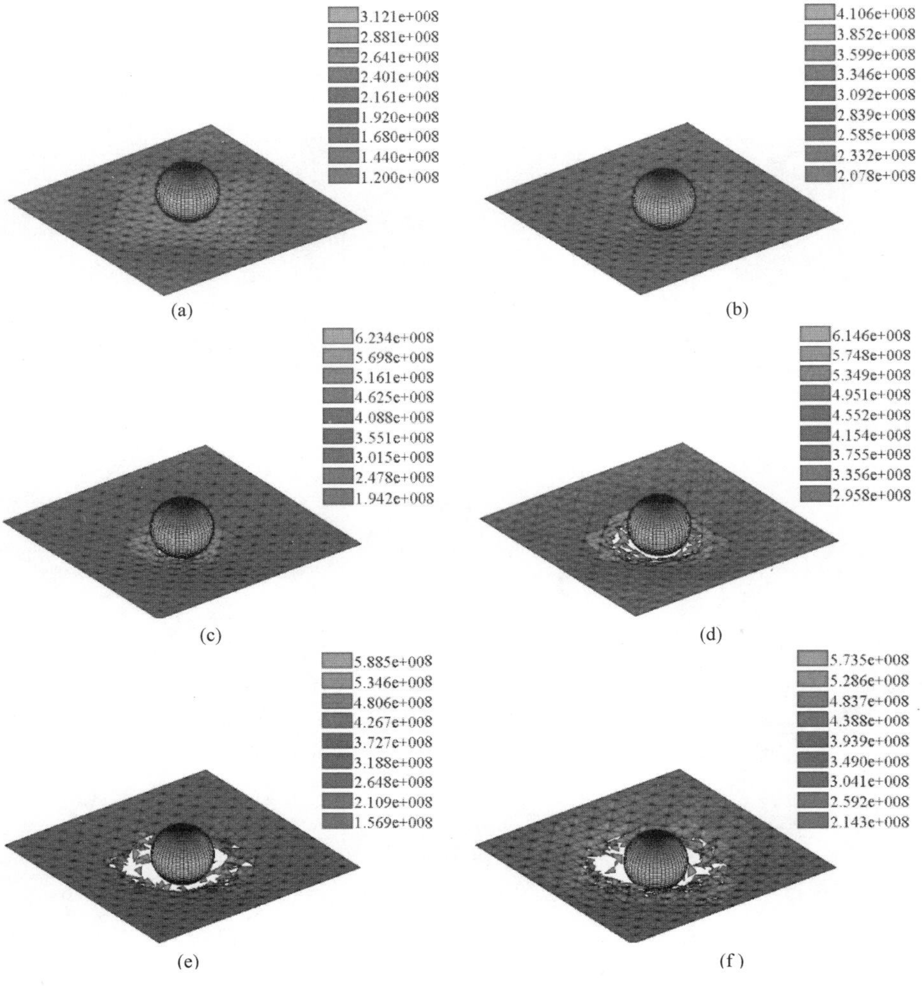

图 9.2-7　方板 von Mises 应力分布云图（单位：Pa）

（a）t＝0.04s；（b）t＝0.08s；（c）t＝0.1075s；（d）t＝0.108s；（e）t＝0.12s；（f）t＝0.15s

运动，t=0.04s 时方板先在中心区域出现较大应力；接着由于中心区域变形增大，较大应力区域逐渐往方板四周较大范围区域扩展（t=0.08s）；在 t=0.1075s 时方板中心区域单元的等效塑性应变达到失效应变而开始出现破裂情况；进而出现单元破碎情况，较大应力区域也开始出现收缩至中心区域的情况（t=0.108s）；随后，方板中心区域单元的破裂破碎现象更趋明显，并进一步扩展至较大范围，未破裂单元则开始出现变形回弹，同时应力出现再次扩散（t=0.12s）；在 t=0.15s 由于未破裂部分方板的振荡，较大应力呈现大范围分布。

以 t=0.108s 和 t=0.12s 时刻为例，图 9.2-8 为方板等效塑性应变分布云图，以观察方板开始断裂和刚性球部分穿透方板后方板的等效塑性应变分布情况。可知，等效塑性应变均是在中心穿透区域较大，到四周逐步减小。

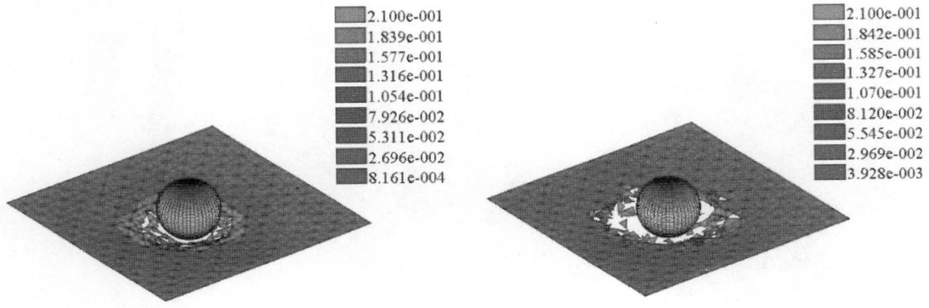

(a)　　　　(b)

图 9.2-8　方板等效塑性应变分布云图

(a) t=0.108s；(b) t=0.12s

（4）算例 4：刚性球穿透柱壳壁

本算例以刚性球穿透柱壳壁为例，进一步考察本章穿透处理方法的应用。圆柱壳半径 R=1.0m，轴向长度 L=2.0m，厚度 t_a=0.01m，初始竖直放置且两端简支约束；刚性球半径 R_0=0.25m，初始位于圆柱壳壁左侧正中位置，并以均匀速度 v=2m/s 向右水平运动，与柱壳壁发生碰撞并导致柱壳壁破裂破碎而发生动力穿透行为。柱壳壁材料模型采用率相关 C-S 模型，弹性模量 E=201GPa，泊松比 υ=0.3，密度 ρ=7850kg/m^3，切线模量 E'=1GPa，初始屈服应力 σ_0=250MPa，应变率参数常量 C=6500s^{-1}、p=4，失效应变 $\bar{\varepsilon}_p^f$=0.21。采用三角形壳单元对柱壳壁进行网格划分，共 2560 个单元和 1344 个节点，柱壳壁模型及其网格划分见图 9.2-9，分析时间步长取 h=1.0×10^{-5}s，阻尼参数取 α=800。

在 t=0～0.25s 的计算时间内，柱壳壁出现的最大应变率为 220s^{-1}，已可视为高应变率情况，其对应最大应变率因子为 1.4289，因而不可忽略应变率强化效应的影响。图 9.2-10 柱壳壁 von Mises 应力分布云图（单位：Pa），以更

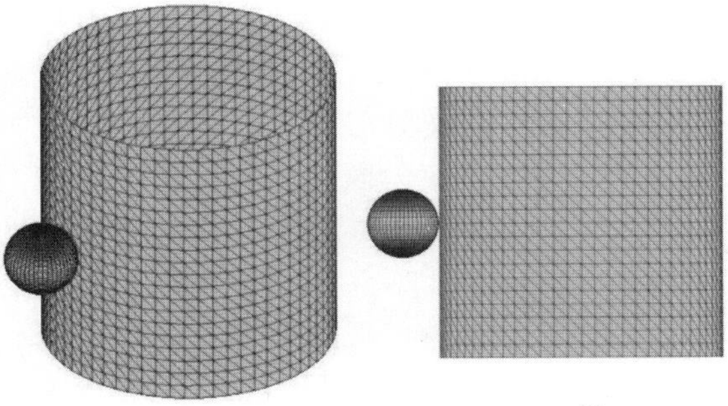

(a)　　　　　　　　　　　　(b)

图 9.2-9　柱壳壁模型及其网格划分

(a) 三维图；(b) 侧视图

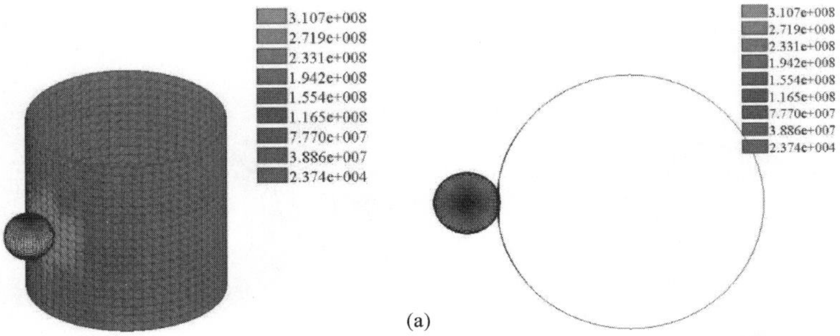

(a)

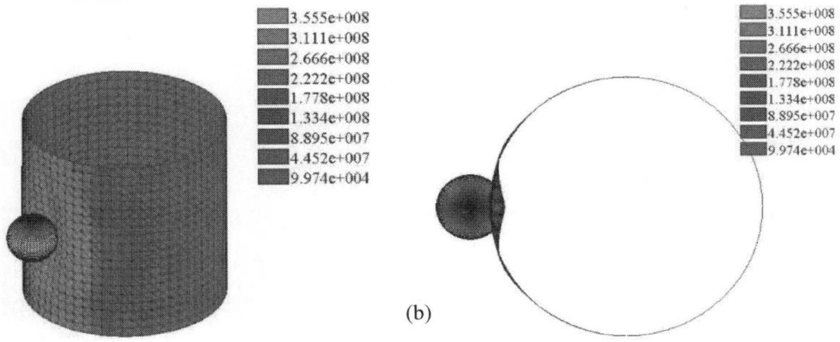

(b)

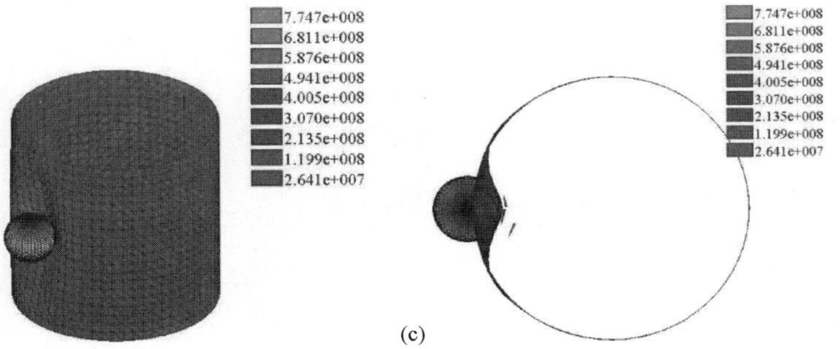

(c)

图 9.2-10　柱壳壁 von Mises 应力分布云图（单位：Pa）（一）

(a) $t=0.02$s；(b) $t=0.06$s；(c) $t=0.11$s（开始断裂）

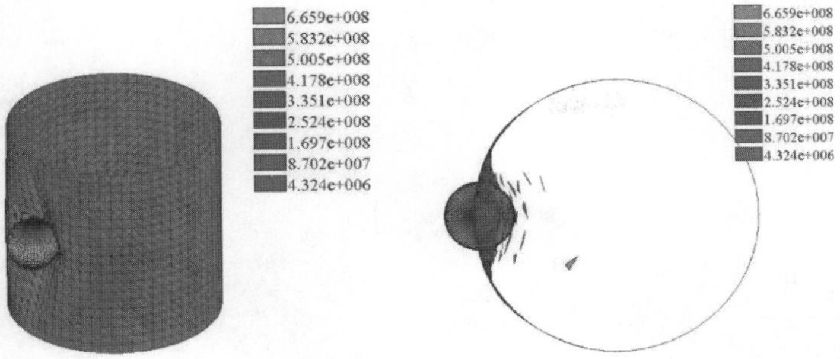

(d)

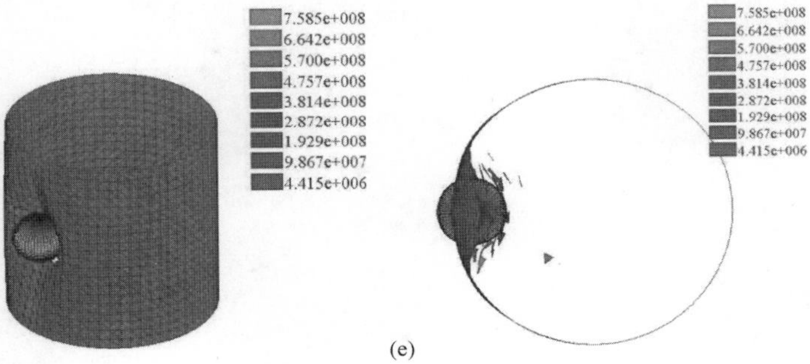

(e)

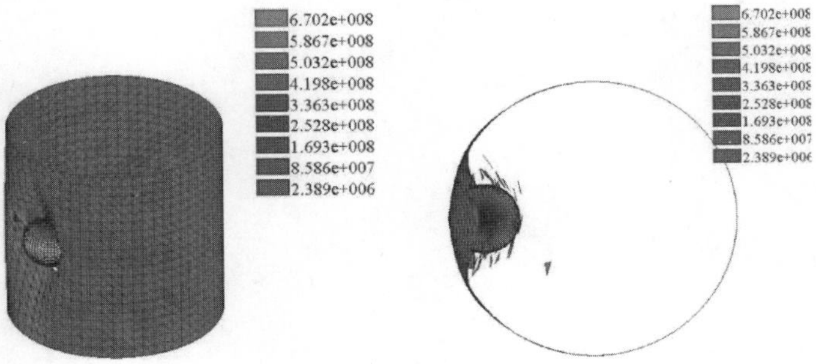

(f)

图 9.2-10　柱壳壁 von Mises 应力分布云图（单位：Pa）（二）

(d) $t=0.15$s；(e) $t=0.2$s；(f) $t=0.25$s

加直观地观察其应力变化和破裂破碎的全过程。可知，随着刚性球对柱壳壁的碰撞运动，$t=0.02$s 时柱壳壁先在碰撞中心区域出现较大应力；接着由于碰撞中心区域变形增大，较大应力区域逐渐往柱壳壁四周较大范围区域扩展（$t=0.06$s）；在 $t=0.11$s 时柱壳壁中心区域单元的等效塑性应变达到失效应变而开始出现破裂情况；进而出现单元破碎情况，较大应力和变形区域也开始出现收缩至中心区域的情况（$t=0.15$s）；随后，柱壳壁中心区域单元的破裂破碎现象更趋明显，凹陷变形也继续增大（$t=0.20$s）；在 $t=0.25$s 刚性球已大部分穿透柱壳壁，未破裂单元则开始出现变形回弹。

以 t＝0.11s 和 t＝0.2s 时刻为例，图 9.2-11 为柱壳壁等效塑性应变分布云图，以观察柱壳壁开始断裂和刚性球部分穿透后柱壳壁的等效塑性应变分布情况。可知，等效塑性应变均是在中心穿透区域较大，到四周逐步减小。

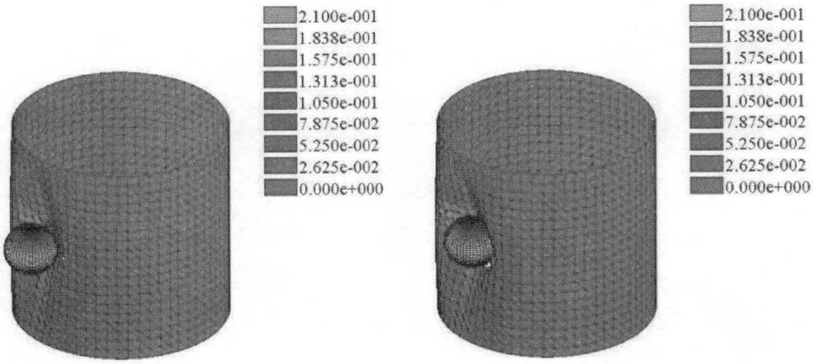

(a)　　(b)

图 9.2-11　柱壳壁等效塑性应变分布云图

（a）t＝0.11s；（b）t＝0.2s

第10章 向量式实体单元理论及不连续行为

本章将向量式有限元推广应用至实体单元及其结构不连续行为中。首先推导了四节点四面体实体单元和八节点六面体等参实体单元的向量式基本公式，同时对六面体实体单元的坐标模式和内力计算的数值积分等问题提出合理可行的处理方案；接着推导了双线性弹塑性材料本构模型的增量分析步骤，提出了实体结构碰撞检测和碰撞响应的处理方法，并将弹塑性材料和碰撞接触均作为单独的计算模块引入向量式实体单元；在此基础上编制了线性和非线性材料下实体结构的计算分析程序以及碰撞接触分析程序，并进行算例分析验证[86-87]。

10.1 概述

实际工程中的结构均为三维实体结构，实体单元由于可在任意表面与其他单元相连，因而能够实现任意形状和载荷的实体结构模型的数值分析。本章实体单元是向量式有限元膜板壳单元的扩展内容，实体单元根据其形状不同分为四面体、六面体和楔体单元，根据单元节点位移插值的阶数又可分为线性、二次及高阶单元。线性的四节点四面体单元和八节点六面体单元由于形式简单、计算量少而得到广泛应用，前者适用性强而后者计算精度较高[14]。Pawlak 等[88] 提出带有 Allman 旋转自由度的四面体单元模式，大大提高了具有旋转和反对称应力时的计算精度。Tayloy 等[89] 提出位移不协调的非协调六面体单元形式，并通过等参变换实现不规则网格的数值模拟。Cao 等[90] 基于 Hu-Washizu 变分原理提出多变量形式的六面体单元，对于单元抗网格畸变能力有所提高。李宏光等[91] 引入体积坐标方法，利用其与整体坐标的线性关系，构造出对网格畸变不敏感的六面体单元，以应用于复杂结构形状。对于大位移大转动问题，六面体单元通过较少的单元网格划分即可获得较为精确的结果。

10.2 基本原理和推导思路

10.2.1 基本原理

向量式有限元实体单元的基本原理是将结构离散为有质量的质点和质点间无质量的实体单元，通过质点的动力运动过程来获得结构的位移和应力情况，质点间的运动约束通过实体单元连接来实现。本章推导四节点四面体实体单元和八节点六面体等参实体单元两种单元。质点 a 的运动满足质点平动微分方程：

$$\boldsymbol{M}_a \ddot{\boldsymbol{x}}_a + \alpha \boldsymbol{M}_a \dot{\boldsymbol{x}}_a = \boldsymbol{F}_a \tag{10.2-1}$$

式中，$\boldsymbol{M}_a$ 是质点 a 的平动质量矩阵，$\dot{\boldsymbol{x}}$（$\ddot{\boldsymbol{x}}$）是质点的速度（加速度）向量，α 是阻尼参数，$\boldsymbol{F}_a = \boldsymbol{f}_a^{\text{ext}} + \boldsymbol{f}_a^{\text{int}}$ 是质点受到的合力向量，其中 $\boldsymbol{f}_a^{\text{ext}}$ 是质点的外力向量，$\boldsymbol{f}_a^{\text{int}}$ 是膜单元传递给质点的内力向量。

质量矩阵 $\boldsymbol{M}_a$ 的解耦和质点运动方程式（10.2-1）的中央差分计算同第 3.1.1 节。

对于八节点六面体等参实体单元，式（10.2-1）中的 $\boldsymbol{f}^{\text{int}}$、$\boldsymbol{x}$ 对应分别由第 10.4.4 节所述的位置模式Ⅰ、位置模式Ⅱ获得。

10.2.2 推导思路

向量式实体单元基本求解公式的推导思路与膜单元的推导类似（详见第 3.1.2 节）。

10.3 四节点四面体实体单元

本节根据向量式有限元实体单元基本公式的推导思路，给出四节点四面体实体单元（常应变单元）的详细推导过程。

10.3.1 单元节点纯变形位移

由中央差分法获得质点位移后，采用逆向运动方法扣除刚体位移以获得单元节点纯变形位移。采用参考平面估算实体单元的刚体运动（刚体平移和刚体转动），图 10.3-1 为四面体实体单元的空间运动。

参考平面 abc 在 t_0-t 时段的空间运动有刚体平移、刚体转动（平面外和平面内）和纯变形位移，具体推导与文献［47］中膜单元理论类似。

刚体平移以参考平面 abc 的节点 a 为参考点取其总位移向量 $\boldsymbol{u}_a$，则各质点扣除平移后的相对位移为：

$$\begin{cases}\Delta\boldsymbol{\eta}_a=\mathbf{0}\\ \Delta\boldsymbol{\eta}_i=\boldsymbol{u}_i-\boldsymbol{u}_a,(i=b,c,d)\end{cases}\tag{10.3-1}$$

刚体转动基于参考平面 abc 进行估算，包括平面外转动位移和平面内转动位移。质点 $i(i=a，b，c，d)$ 的平面外逆向刚体转动位移为：

$$\begin{cases}\Delta\boldsymbol{\eta}_{\mathrm{r},a-\mathrm{op}}=\mathbf{0}\\ \Delta\boldsymbol{\eta}_{\mathrm{r},i-\mathrm{op}}=[\boldsymbol{R}_{\mathrm{op}}^{\mathrm{T}}(-\theta_1)-\boldsymbol{I}]\boldsymbol{r}''_{ai}=\boldsymbol{R}_{\mathrm{op}}^{*}(-\theta_1)\cdot\boldsymbol{r}''_{ai},(i=b,c,d)\end{cases}\tag{10.3-2}$$

式中，θ_1 为平面外转角，$\boldsymbol{R}_{\mathrm{op}}^{\mathrm{T}}(-\theta_1)$ 为向量面外转动矩阵的转置，$\boldsymbol{R}_{\mathrm{op}}^{*}(-\theta_1)$ 为平面外逆向转动矩阵，$\boldsymbol{r}''_{ai}$ 为扣除节点平移后单元的边向量，$\boldsymbol{r}''_{ai}=\boldsymbol{x}''_i-\boldsymbol{x}''_a=\boldsymbol{x}'_i-\boldsymbol{x}'_a$。

质点 $i(i=a，b，c，d)$ 的平面内逆向刚体转动位移为：

$$\begin{cases}\Delta\boldsymbol{\eta}_{\mathrm{r},a-\mathrm{ip}}=\mathbf{0}\\ \Delta\boldsymbol{\eta}_{\mathrm{r},i-\mathrm{ip}}=[\boldsymbol{R}_{\mathrm{ip}}^{\mathrm{T}}(-\theta_2)-\boldsymbol{I}]\boldsymbol{r}'''_{ai}=\boldsymbol{R}_{\mathrm{ip}}^{*}(-\boldsymbol{\theta}_2)\cdot\boldsymbol{r}'''_{ai},(i=b,c,d)\end{cases}\tag{10.3-3}$$

式中，θ_2 为平面内转角，$\boldsymbol{R}_{\mathrm{ip}}^{\mathrm{T}}(-\theta_2)$ 为向量面内转动矩阵的转置，$\boldsymbol{R}_{\mathrm{ip}}^{*}(-\theta_2)$ 是平面内逆向转动矩阵，$\boldsymbol{r}'''_{ai}$ 为扣除节点平移和面外转动后单元的边向量，$\boldsymbol{r}'''_{ai}=\boldsymbol{x}'''_i-\boldsymbol{x}'''_a=\boldsymbol{x}'_i-\boldsymbol{x}'_a+\Delta\boldsymbol{\eta}_{\mathrm{r},i-\mathrm{op}}$。

扣除单元的刚体平移、面外刚体转动和面内刚体转动后，得到单元质点的纯变形位移为：

$$\begin{cases}\Delta\boldsymbol{\eta}_{a,\mathrm{d}}=\mathbf{0}\\ \Delta\boldsymbol{\eta}_{i,\mathrm{d}}=(\boldsymbol{u}_i-\boldsymbol{u}_a)+\Delta\boldsymbol{\eta}_{\mathrm{r},i-\mathrm{op}}+\Delta\boldsymbol{\eta}_{\mathrm{r},i-\mathrm{ip}},(i=b,c,d)\end{cases}\tag{10.3-4}$$

10.3.2　单元节点内力

单元变形满足的虚功方程为

$$\sum_i\delta(\Delta\boldsymbol{\eta}_{i,\mathrm{d}})^{\mathrm{T}}\boldsymbol{f}_i=\int_V\delta(\Delta\boldsymbol{\varepsilon})^{\mathrm{T}}\boldsymbol{\sigma}\,\mathrm{d}V\tag{10.3-5}$$

式中，$\boldsymbol{f}_i$ 为整体坐标系下单元节点 i 的内力向量。

首先引入单元变形坐标系，定义原点和 $\hat{\boldsymbol{x}}\hat{\boldsymbol{y}}$ 面分别为参考节点 a 和参考平面 abc，$\hat{\boldsymbol{x}}$ 的方向沿参考平面的 ab 边方向，则有 $\hat{u}_a=\hat{v}_a=\hat{w}_a=0$ 和 $\hat{w}_{\mathrm{b}}=\hat{w}_{\mathrm{c}}=0$。

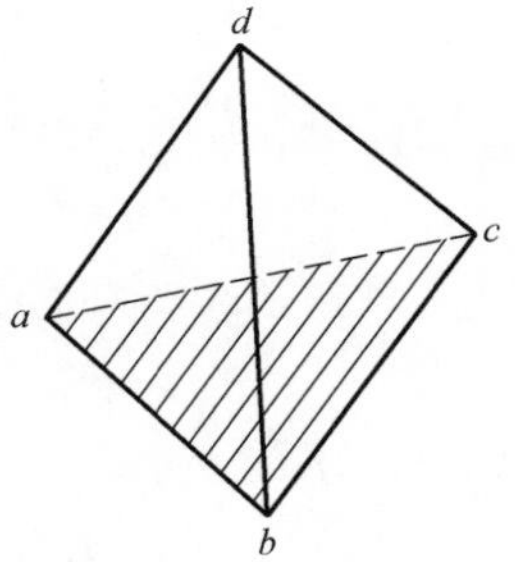

图 10.3-1　四面体实体单元的空间运动

变形坐标系与整体坐标系间的转换关系为：

$$\hat{\boldsymbol{x}}=\hat{\boldsymbol{Q}}(\boldsymbol{x}-\boldsymbol{x}_a)=\{\hat{x}\quad\hat{y}\quad\hat{z}\}^{\mathrm{T}}\tag{10.3-6}$$

式中，$\hat{\boldsymbol{Q}}$ 为坐标系间的转换矩阵。

变形坐标系下单元节点的纯变形位移向量为：

$$\hat{\boldsymbol{u}}_i=\hat{\boldsymbol{Q}}\Delta\boldsymbol{\eta}_{i,\mathrm{d}}=\{\hat{u}_i \quad \hat{v}_i \quad \hat{w}_i\}^{\mathrm{T}},(i=a,b,c,d) \tag{10.3-7}$$

四面体单元节点位移的组合向量可记为：

$$\hat{\boldsymbol{u}}_0=\{\hat{\boldsymbol{u}}_a^{\mathrm{T}} \quad \hat{\boldsymbol{u}}_{\mathrm{b}}^{\mathrm{T}} \quad \hat{\boldsymbol{u}}_{\mathrm{c}}^{\mathrm{T}} \quad \hat{\boldsymbol{u}}_{\mathrm{d}}^{\mathrm{T}}\}^{\mathrm{T}} \tag{10.3-8}$$

式中，变形坐标系下 $\hat{\boldsymbol{u}}_a=\boldsymbol{0}$，简写成 $\hat{\boldsymbol{u}}^*=\{\hat{\boldsymbol{u}}_{\mathrm{b}}^{\mathrm{T}} \quad \hat{\boldsymbol{u}}_{\mathrm{c}}^{\mathrm{T}} \quad \hat{\boldsymbol{u}}_{\mathrm{d}}^{\mathrm{T}}\}^{\mathrm{T}}$。

引入传统有限元中常应变四面体单元的形函数（附录 E），得到单元上任意点的位移向量 $\hat{\boldsymbol{u}}$ 为：

$$\hat{\boldsymbol{u}}=N_a\hat{\boldsymbol{u}}_a+N_{\mathrm{b}}\hat{\boldsymbol{u}}_{\mathrm{b}}+N_{\mathrm{c}}\hat{\boldsymbol{u}}_{\mathrm{c}}+N_{\mathrm{d}}\hat{\boldsymbol{u}}_{\mathrm{d}} \tag{10.3-9}$$

式中，$\hat{\boldsymbol{u}}=\{\hat{u} \quad \hat{v} \quad \hat{w}\}^{\mathrm{T}}$，$N_i(\hat{x},\ \hat{y},\ \hat{z})$ 为单元形函数，形式与传统有限元相同，详见文献［92］。

单元应变分布向量 $\Delta\hat{\boldsymbol{\varepsilon}}$ 为：

$$\Delta\hat{\boldsymbol{\varepsilon}}=\boldsymbol{B}\hat{\boldsymbol{u}}_0=\boldsymbol{B}^*\hat{\boldsymbol{u}}^* \tag{10.3-10}$$

式中，$\Delta\hat{\boldsymbol{\varepsilon}}=\{\Delta\hat{\varepsilon}_{\mathrm{x}} \quad \Delta\hat{\varepsilon}_{\mathrm{y}} \quad \Delta\hat{\varepsilon}_{\mathrm{z}} \quad \Delta\hat{\gamma}_{\mathrm{xy}} \quad \Delta\hat{\gamma}_{\mathrm{yz}} \quad \Delta\hat{\gamma}_{\mathrm{zx}}\}^{\mathrm{T}}$，$\boldsymbol{B}$ 为四面体单元的应变-位移关系矩阵，$\boldsymbol{B}^*$ 为由 $\boldsymbol{B}$ 去除对应 $\hat{\boldsymbol{u}}_a$ 的行和列项后所得。

单元的应力分布向量 $\Delta\hat{\boldsymbol{\sigma}}$ 为：

$$\Delta\hat{\boldsymbol{\sigma}}=\boldsymbol{D}\Delta\hat{\boldsymbol{\varepsilon}}=\boldsymbol{D}\boldsymbol{B}^*\hat{\boldsymbol{u}}^* \tag{10.3-11}$$

式中，$\Delta\hat{\boldsymbol{\sigma}}=\{\Delta\hat{\sigma}_{\mathrm{x}} \quad \Delta\hat{\sigma}_{\mathrm{y}} \quad \Delta\hat{\sigma}_{\mathrm{z}} \quad \Delta\hat{\tau}_{\mathrm{xy}} \quad \Delta\hat{\tau}_{\mathrm{yz}} \quad \Delta\hat{\tau}_{\mathrm{zx}}\}^{\mathrm{T}}$，$\boldsymbol{D}$ 为材料本构矩阵（弹性或弹塑性）。

获得单元应力、应变后，则单元变形虚功为：

$$\delta U=\int_V\delta(\Delta\hat{\boldsymbol{\varepsilon}})^{\mathrm{T}}(\hat{\boldsymbol{\sigma}}_0+\Delta\hat{\boldsymbol{\sigma}})\mathrm{d}V=(\delta\hat{\boldsymbol{u}}^*)^{\mathrm{T}}$$

$$\left[\int_V(\boldsymbol{B}^*)^{\mathrm{T}}\hat{\boldsymbol{\sigma}}_0\mathrm{d}V+\left(\int_V(\boldsymbol{B}^*)^{\mathrm{T}}\boldsymbol{D}\boldsymbol{B}^*\mathrm{d}V\right)\hat{\boldsymbol{u}}^*\right] \tag{10.3-12}$$

式中，$\hat{\boldsymbol{\sigma}}_0$ 为单元的初始应力。

对照虚功方程式（10.3-5），即可得单元节点内力向量

$$\hat{\boldsymbol{f}}^*=\int_V(\boldsymbol{B}^*)^{\mathrm{T}}\hat{\boldsymbol{\sigma}}_0\mathrm{d}V+\left(\int_V(\boldsymbol{B}^*)^{\mathrm{T}}\boldsymbol{D}\boldsymbol{B}^*\mathrm{d}V\right)\hat{\boldsymbol{u}}^* \tag{10.3-13}$$

式中，$\hat{\boldsymbol{f}}^*=\{\hat{\boldsymbol{f}}_{\mathrm{b}} \quad \hat{\boldsymbol{f}}_{\mathrm{c}} \quad \hat{\boldsymbol{f}}_{\mathrm{d}}\}^{\mathrm{T}}$。

单元节点内力分量 $\hat{\boldsymbol{f}}_a$ 可由单元静力平衡条件得到：

$$\sum\hat{\boldsymbol{F}}=0,\hat{\boldsymbol{f}}_a=-(\hat{\boldsymbol{f}}_{\mathrm{b}}+\hat{\boldsymbol{f}}_{\mathrm{c}}+\hat{\boldsymbol{f}}_{\mathrm{d}}) \tag{10.3-14}$$

式（10.3-14）所得为变形坐标系下虚拟状态时的单元节点内力分量，需进行转换以用于下一步的循环计算。通过坐标系转换得到整体坐标系下内力，并经过正向运动转换得到 t 时刻真实位置时的单元节点内力：

$$\boldsymbol{f}_i=(\boldsymbol{R}_{\mathrm{ip}}\boldsymbol{R}_{\mathrm{op}})\hat{\boldsymbol{Q}}^{\mathrm{T}}\hat{\boldsymbol{f}}_i,(i=a,b,c,d) \tag{10.3-15}$$

式中，$\hat{\boldsymbol{Q}}$ 是坐标系转换矩阵，$\boldsymbol{R}_{\mathrm{op}}$ 和 $\boldsymbol{R}_{\mathrm{ip}}$ 分别是平面外、平面内的正向转动

矩阵。

以上所得 $\boldsymbol{f}_i$ 是四面体单元发生纯变形位移所对应的节点 i 的内力，反向作用于质点 i 上即得到四面体单元传给质点的内力 $\boldsymbol{f}_{i,\text{int}}$。

10.3.3　应力应变转换

仅当对结构应力、应变状态变量进行输出时才需要进行应力应变转换计算，否则是可忽略的。具体转换过程同三角形 CST 膜单元。

10.4　八节点六面体等参实体单元

本节根据向量式有限元实体单元基本公式的推导思路，给出平面八节点六面体等参实体单元的详细推导过程。

10.4.1　单元节点纯变形位移

1. 坐标模式的转换

通过参考平面的逆向运动，在质点全位移中去除刚体位移，以获得节点纯变形。由于节点实际坐标所组成六面体的每个面均是空间曲面四边形，采用投影方式将每个面均投影为平面四边形，组合后为投影六面体（即坐标模式Ⅰ），详见第 10.4.4 节。

六面体单元的面 $i(i=1\sim6)$ 的节点 $j(j=1, 2, 3, 4)$ 的实际坐标向量记为 $\boldsymbol{x}_j$，则平均法向量 $\boldsymbol{n}_i$ 为：

$$\boldsymbol{n}_i=\frac{1}{4}\sum_{j=1}^{4}\boldsymbol{n}_{cj}^{0} \tag{10.4-1}$$

式中，$\boldsymbol{n}_{cj}^{0}$ 是面 i 中相邻两边组成平面的单位法向量，平均单位法向量 $\boldsymbol{n}_i^0=\boldsymbol{n}_i/|\boldsymbol{n}_i|$。

面 i 的投影面取经过形心 C_i 且垂直 $\boldsymbol{n}_i$ 的平面，各节点坐标模式Ⅰ取相交三个投影面交点，六面体实体单元的投影位置见图 10.4-1。面 i 的形心坐标 $\boldsymbol{x}_{C_i}=\frac{1}{4}\sum_{j=1}^{4}\boldsymbol{x}_j=\{x_{C_i}\quad y_{C_i}\quad z_{C_i}\}^{\text{T}}$，法向量 $\boldsymbol{n}_i=\{n_{ix}\quad n_{iy}\quad n_{iz}\}^{\text{T}}$，则面 i 投影面 α_i 为：

$$n_{ix}(x-x_{C_i})+n_{iy}(y-y_{C_i})+n_{iz}(z-z_{C_i})=0 \tag{10.4-2}$$

面 1、面 2 和面 3 交点坐标 $\overline{\boldsymbol{x}}=\{\overline{x}\quad\overline{y}\quad\overline{z}\}^{\text{T}}$ 可由如下方程组求解得到：

$$\begin{bmatrix} n_{1x} & n_{1y} & n_{1z} \\ n_{2x} & n_{2y} & n_{2z} \\ n_{3x} & n_{3y} & n_{3z} \end{bmatrix}\begin{Bmatrix} \overline{x} \\ \overline{y} \\ \overline{z} \end{Bmatrix}=\begin{Bmatrix} n_{1x}x_{C_1}+n_{1y}y_{C_1}+n_{1z}z_{C_1} \\ n_{2x}x_{C_2}+n_{2y}y_{C_2}+n_{2z}z_{C_2} \\ n_{3x}x_{C_3}+n_{3y}y_{C_3}+n_{3z}z_{C_3} \end{Bmatrix} \tag{10.4-3}$$

六面体单元各节点的投影坐标（坐标模式Ⅰ）$\overline{\boldsymbol{x}}_i$（$i=1\sim8$）可通过式（10.4-1）～式（10.4-3）分别求解由各节点对应的相交三个投影面的交点获得。坐标模式Ⅰ（$\overline{\boldsymbol{x}}_i$，$\overline{\boldsymbol{x}}_i'$和$\boldsymbol{n}_j$，$\boldsymbol{n}_j'$）用于计算时间子步内的节点纯变形和内力。

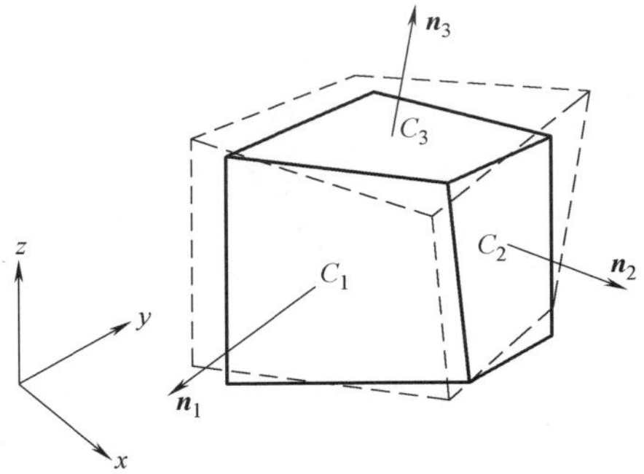

图 10.4-1　六面体实体单元的投影位置

2. 刚体运动的估算

获得投影六面体后，采用参考平面估算刚体运动（刚体平移和刚体转动），图 10.4-2 为投影六面体单元的及其参考平面。

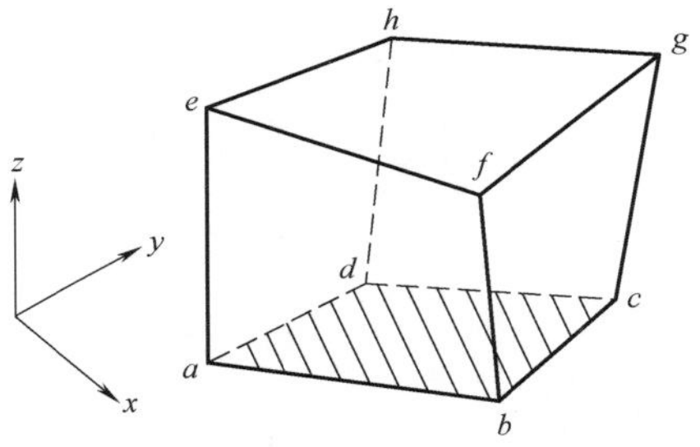

图 10.4-2　投影六面体单元及其参考平面

参考平面 $abcd$ 在 t_0-t 时段的空间运动包括平移、转动和纯变形[15]。

平移取为参考面节点 a 的全位移$\boldsymbol{u}_a$，则消去平移后的质点位移为：

$$\begin{cases}\Delta\boldsymbol{\eta}_a=0\\ \Delta\boldsymbol{\eta}_i=\boldsymbol{u}_i-\boldsymbol{u}_a,(i=b\sim h)\end{cases}\tag{10.4-4}$$

利用参考面估算质点的逆向面外转动位移为：

$$\begin{cases}\Delta\boldsymbol{\eta}^{\mathrm{r}}_{a-\mathrm{op}}=\boldsymbol{0}\\ \Delta\boldsymbol{\eta}^{\mathrm{r}}_{i-\mathrm{op}}=[\boldsymbol{R}^{\mathrm{T}}_{\mathrm{op}}(-\theta_1)-\boldsymbol{I}]\boldsymbol{r}''_{ai}=\boldsymbol{R}^{*}_{\mathrm{op}}(-\theta_1)\cdot\boldsymbol{r}''_{ai},(i=b\sim h)\end{cases}\tag{10.4-5}$$

式中，$\boldsymbol{r}''_{ai}=\boldsymbol{x}''_i-\boldsymbol{x}''_a=\boldsymbol{x}'_i-\boldsymbol{x}'_a$是边向量，$\theta_1$、$\boldsymbol{R}^{*}_{\mathrm{op}}(-\theta_1)$ 是面外转角、逆向面外转动矩阵。

质点 i（$i=a\sim h$）的逆向面内转动位移：

$$\begin{cases}\Delta\boldsymbol{\eta}_{a-\mathrm{ip}}^{\mathrm{r}}=\mathbf{0}\\ \Delta\boldsymbol{\eta}_{i-\mathrm{ip}}^{\mathrm{r}}=[\boldsymbol{R}_{\mathrm{ip}}^{\mathrm{T}}(-\theta_2)-\boldsymbol{I}]\boldsymbol{r}_{ai}'''=\boldsymbol{R}_{\mathrm{ip}}^{*}(-\theta_2)\cdot\boldsymbol{r}_{ai}''',(i=b\sim h)\end{cases}\tag{10.4-6}$$

式中：$\boldsymbol{r}_{ai}'''=\boldsymbol{x}_i'''-\boldsymbol{x}_a'''=\boldsymbol{x}_i'-\boldsymbol{x}_a'+\Delta\boldsymbol{\eta}_{i-\mathrm{op}}^{\mathrm{r}}$ 是边向量，θ_2、$\boldsymbol{R}_{\mathrm{ip}}^{*}(-\theta_2)$ 是面内转角、逆向面内转动矩阵。

质点纯变形是通过在质点全位移中消去平移、转动（面外和面内）后获得：

$$\begin{cases}\Delta\boldsymbol{\eta}_a^{\mathrm{d}}=\mathbf{0}\\ \Delta\boldsymbol{\eta}_i^{\mathrm{d}}=(\boldsymbol{u}_i-\boldsymbol{u}_a)+\Delta\boldsymbol{\eta}_{i-\mathrm{op}}^{\mathrm{r}}+\Delta\boldsymbol{\eta}_{i-\mathrm{ip}}^{\mathrm{r}},(i=b\sim h)\end{cases}\tag{10.4-7}$$

10.4.2　单元节点内力

1. 传统形函的引入

定义单元变形坐标系：$\hat{\boldsymbol{x}}\hat{\boldsymbol{y}}$ 面为参考平面 $abcd$，原点为参考节点 a，$\hat{\boldsymbol{x}}$ 沿边 ab 方向。则 $\hat{u}_a=\hat{v}_a=\hat{w}_a=0$ 和 $\hat{w}_{\mathrm{b}}=\hat{w}_{\mathrm{c}}=0$。

将整体坐标系转换至变形坐标系，即：

$$\hat{\boldsymbol{x}}=\hat{\boldsymbol{Q}}(\boldsymbol{x}-\boldsymbol{x}_a)=\{\hat{x}\quad\hat{y}\quad\hat{z}\}^{\mathrm{T}}\tag{10.4-8}$$

式中，$\hat{\boldsymbol{Q}}$ 是坐标系转换矩阵。

节点的纯变形向量为：

$$\hat{\boldsymbol{u}}_i=\hat{\boldsymbol{Q}}\Delta\boldsymbol{\eta}_i^{\mathrm{d}}=\{\hat{u}_i\quad\hat{v}_i\quad\hat{w}_i\}^{\mathrm{T}},(i=a\sim h)\tag{10.4-9}$$

节点的纯变形组合向量为：

$$\hat{\boldsymbol{u}}^0=\{\hat{\boldsymbol{u}}_a^{\mathrm{T}}\quad\hat{\boldsymbol{u}}_{\mathrm{b}}^{\mathrm{T}}\quad\hat{\boldsymbol{u}}_{\mathrm{c}}^{\mathrm{T}}\quad\hat{\boldsymbol{u}}_{\mathrm{d}}^{\mathrm{T}}\quad\hat{\boldsymbol{u}}_{\mathrm{e}}^{\mathrm{T}}\quad\hat{\boldsymbol{u}}_{\mathrm{f}}^{\mathrm{T}}\quad\hat{\boldsymbol{u}}_{\mathrm{g}}^{\mathrm{T}}\quad\hat{\boldsymbol{u}}_{\mathrm{h}}^{\mathrm{T}}\}^{\mathrm{T}}\tag{10.4-10}$$

变形坐标系下 $\hat{\boldsymbol{u}}_a=\mathbf{0}$，则有 $\hat{\boldsymbol{u}}^*=\{\hat{\boldsymbol{u}}_{\mathrm{b}}^{\mathrm{T}}\quad\hat{\boldsymbol{u}}_{\mathrm{c}}^{\mathrm{T}}\quad\hat{\boldsymbol{u}}_{\mathrm{d}}^{\mathrm{T}}\quad\hat{\boldsymbol{u}}_{\mathrm{e}}^{\mathrm{T}}\quad\hat{\boldsymbol{u}}_{\mathrm{f}}^{\mathrm{T}}\quad\hat{\boldsymbol{u}}_{\mathrm{g}}^{\mathrm{T}}\quad\hat{\boldsymbol{u}}_{\mathrm{h}}^{\mathrm{T}}\}^{\mathrm{T}}$。

八节点六面体等参单元的传统形函数（附录 F）中，单元内任意点变形 $\hat{\boldsymbol{u}}$ 为：

$$\hat{\boldsymbol{u}}=\sum_{i=a\sim h}N_i\hat{\boldsymbol{u}}_i\tag{10.4-11}$$

式中，$\hat{\boldsymbol{u}}_i=\{\hat{u}\quad\hat{v}\quad\hat{w}\}^{\mathrm{T}}$，$N_i(\hat{x},\hat{y},\hat{z})$ 是单元形函数（变形坐标系下）详见文献［54］。

采用正方体单元坐标 ξ，η，ζ（局部坐标系下）时，单元形函数为：

$$N_i(\xi,\eta,\zeta)=\frac{1}{8}(1+\xi_i\xi)(1+\eta_i\eta)(1+\zeta_i\zeta)\tag{10.4-12}$$

式中，$\xi_i,\eta_i,\zeta_i=\pm1$ 是八个节点的单元坐标。

采用雅可比矩阵 $\boldsymbol{J}$ 将变形坐标系转换至局部坐标系，详见文献［15］、［54］。

单元应变分布向量 $\Delta\hat{\boldsymbol{\varepsilon}}$ 为：

$$\Delta\hat{\boldsymbol{\varepsilon}}=\boldsymbol{B}\hat{\boldsymbol{u}}^0=\boldsymbol{B}^*\hat{\boldsymbol{u}}^*\tag{10.4-13}$$

式中，$\Delta\hat{\boldsymbol{\varepsilon}}=\{\Delta\hat{\varepsilon}_{\mathrm{x}}\quad\Delta\hat{\varepsilon}_{\mathrm{y}}\quad\Delta\hat{\varepsilon}_{\mathrm{z}}\quad\Delta\hat{\gamma}_{\mathrm{xy}}\quad\Delta\hat{\gamma}_{\mathrm{yz}}\quad\Delta\hat{\gamma}_{\mathrm{zx}}\}^{\mathrm{T}}$，$\boldsymbol{B}$ 是应变-位移矩阵，$\boldsymbol{B}^*$ 则在 $\boldsymbol{B}$ 中消去对应 $\hat{\boldsymbol{u}}_a$ 的行和列后得到。

单元应力分布向量 $\Delta\hat{\boldsymbol{\sigma}}$ 为：

$$\Delta\hat{\boldsymbol{\sigma}}=\boldsymbol{D}\Delta\hat{\boldsymbol{\varepsilon}}=\boldsymbol{D}\boldsymbol{B}^{*}\hat{\boldsymbol{u}}^{*} \tag{10.4-14}$$

式中：$\Delta\hat{\boldsymbol{\sigma}}=\{\Delta\hat{\sigma}_{x} \quad \Delta\hat{\sigma}_{y} \quad \Delta\hat{\sigma}_{z} \quad \Delta\hat{\tau}_{xy} \quad \Delta\hat{\tau}_{yz} \quad \Delta\hat{\tau}_{zx}\}^{T}$，$\boldsymbol{D}$ 为本构矩阵，可为弹性或弹塑性。

2. 虚功方程的求解

单元变形满足虚功方程如下：

$$\sum_{i}\delta(\Delta\boldsymbol{\eta}_{i}^{d})^{T}\boldsymbol{f}_{i}=\int_{V}\delta(\Delta\boldsymbol{\varepsilon})^{T}\boldsymbol{\sigma}\,dV \tag{10.4-15}$$

式中，$\boldsymbol{f}_i$ 是整体坐标系下的单元节点内力。

由应力应变描述的变形虚功为：

$$\delta U=\int_{V}\delta(\Delta\hat{\boldsymbol{\varepsilon}})^{T}(\hat{\boldsymbol{\sigma}}_{0}+\Delta\hat{\boldsymbol{\sigma}})dV=(\delta\hat{\boldsymbol{u}}^{*})^{T}$$

$$\left\{\int_{V}(\boldsymbol{B}^{*})^{T}\hat{\boldsymbol{\sigma}}_{0}dV+\left[\int_{V}(\boldsymbol{B}^{*})^{T}\boldsymbol{D}\boldsymbol{B}^{*}dV\right]\hat{\boldsymbol{u}}^{*}\right\} \tag{10.4-16}$$

式中，$\hat{\boldsymbol{\sigma}}_0$ 是单元初始应力。

单元节点的内力向量如下：

$$\hat{\boldsymbol{f}}^{*}=\int_{V}(\boldsymbol{B}^{*})^{T}\hat{\boldsymbol{\sigma}}_{0}dV+\left(\int_{V}(\boldsymbol{B}^{*})^{T}\boldsymbol{D}\boldsymbol{B}^{*}dV\right)\hat{\boldsymbol{u}}^{*} \tag{10.4-17}$$

式中，$\hat{\boldsymbol{f}}^{*}=\{\hat{\boldsymbol{f}}_{b} \quad \hat{\boldsymbol{f}}_{c} \quad \hat{\boldsymbol{f}}_{d} \quad \hat{\boldsymbol{f}}_{e} \quad \hat{\boldsymbol{f}}_{f} \quad \hat{\boldsymbol{f}}_{g} \quad \hat{\boldsymbol{f}}_{h}\}^{T}$。

通过平衡方程求得单元节点内力分量 $\hat{\boldsymbol{f}}_a$：

$$\sum\hat{\boldsymbol{f}}=\boldsymbol{0},\quad \hat{\boldsymbol{f}}_{a}=-\sum_{i=b\sim h}\hat{\boldsymbol{f}}_{i} \tag{10.4-18}$$

将虚拟状态时的单元节点内力分量转换至实际状态，并经正向运动，求得实际位置时的单元节点内力：

$$\boldsymbol{f}_{i}=(\boldsymbol{R}_{ip}\boldsymbol{R}_{op})\hat{\boldsymbol{Q}}^{T}\hat{\boldsymbol{f}}_{i},(i=a\sim h) \tag{10.4-19}$$

式中，$\hat{\boldsymbol{Q}}$ 是坐标系转换矩阵，$\boldsymbol{R}_{op}$、$\boldsymbol{R}_{ip}$ 是面外、面内正向转动矩阵。

单元作用于质点的内力 $\boldsymbol{f}_{i}^{int}$ 是通过单元节点内力 $\boldsymbol{f}_i$ 反向作用并集成而获得的。

10.4.3　应力应变转换

仅当对结构应力、应变状态变量进行输出时才需要进行应力应变转换计算，否则是可忽略的。具体转换过程同三角形 CST 膜单元。

10.4.4　若干特殊问题处理

1. 位置模式的处理

（1）位置模式Ⅰ：求解纯变形位移和单元内力的节点位置模式

单元节点坐标（位置模式Ⅰ）用于求解时间步内的节点纯变形位移和内力，

因而单元各面上节点均需处于同一平面。

变形前后，六面体单元各个面上的4个节点均不在同一平面，即为空间曲面四边形；投影平面取经过各面形心（C_j，C_j'）且垂直法线（$\boldsymbol{n}_j$，$\boldsymbol{n}_j'$）的平面。采用投影六面体的各节点坐标（$\overline{\boldsymbol{x}}_i$，$\overline{\boldsymbol{x}}_i'$，即相交三个投影面交点）为坐标模式Ⅰ，实现将空间六面体转换到投影六面体上。当时间步长较小时，单元变形前后形状可保证为小变形。

（2）位置模式Ⅱ：中央差分公式中的质点位置模式

质点坐标（位置模式Ⅱ）用于求解时间步内的质点全位移。因而质点坐标（$\boldsymbol{x}_a$，$\boldsymbol{x}_a'$）需是唯一值。

各单元投影后得到的质点对应各节点（坐标模式Ⅰ）并不重合，取其平均值为质点坐标模式Ⅱ$\left(\text{即 } \boldsymbol{x}_a=\frac{1}{k}\sum_{i=1}^{k}\overline{\boldsymbol{x}}_i,\ \boldsymbol{x}_a'=\frac{1}{k}\sum_{i=1}^{k}\overline{\boldsymbol{x}}_i'\right)$，式中 k 为质点相连单元对应的节点数。

2. 单元节点内力的积分

六面体单元内部的应力应变随位置变化，求解虚功方程时需采用数值积分计算。采用三维高斯积分方案[14] 时，六面体单元的数值积分见表10.4.1。本章采用8积分点求解式（10.4-17），可获得较好计算结果。

六面体单元的数值积分　　　**表10.4-1**

积分点数	坐标 ξ_i	坐标 η_i	坐标 ζ_i	权系数 H_{ij}
1	0	0	0	8.0
8	$\pm 1/\sqrt{3}$	$\pm 1/\sqrt{3}$	$\pm 1/\sqrt{3}$	1.0,1.0,1.0,1.0 1.0,1.0,1.0,1.0

将式（10.4-17）中的单元节点内力增量 $\Delta\hat{\boldsymbol{f}}^*$ 转换到单元局部坐标系下，即有：

$$\begin{aligned}\Delta\hat{\boldsymbol{f}}^* &= \left\{\iint_V [\boldsymbol{B}^*(\hat{x},\hat{y},\hat{z})]^{\mathrm{T}}\boldsymbol{D}\boldsymbol{B}^*(\hat{x},\hat{y},\hat{z})\mathrm{d}V\right\}\hat{\boldsymbol{u}}^* \\ &= \left\{\int_{-1}^{1}\int_{-1}^{1}\int_{-1}^{1}[\boldsymbol{B}^*(\xi,\eta,\zeta)]^{\mathrm{T}}\boldsymbol{D}\boldsymbol{B}^*(\xi,\eta,\zeta)\,|\boldsymbol{J}(\xi,\eta,\zeta)|\,\mathrm{d}\xi\mathrm{d}\eta\mathrm{d}\zeta\right\}\hat{\boldsymbol{u}}^*\end{aligned} \tag{10.4-20}$$

式中，ξ，η，ζ 是单元局部坐标，$|\boldsymbol{J}(\xi,\ \eta,\ \zeta)|$ 是雅可比行列式。

令 $F(\xi,\eta)=[\boldsymbol{B}^*(\xi,\eta,\zeta)]^{\mathrm{T}}\boldsymbol{D}\boldsymbol{B}^*(\xi,\eta,\zeta)\,|\boldsymbol{J}(\xi,\eta,\zeta)|$，则有：

$$\Delta\hat{\boldsymbol{f}}^* = \left[\int_{-1}^{1}\int_{-1}^{1}\int_{-1}^{1}F(\xi,\eta,\zeta)\mathrm{d}\xi\mathrm{d}\eta\mathrm{d}\zeta\right]\hat{\boldsymbol{u}}^* \cong \sum_{i,j,m=1}^{k}H_{ijm}F(\xi_i,\eta_j,\zeta_i) \tag{10.4-21}$$

式中，k 是每个单元坐标方向的积分点数。

10.5 弹塑性本构的引入

双线性弹塑性材料本构模型考虑了线性的塑性硬化效应，广泛应用于实体结构的非线性分析。

10.5.1 双线性弹塑性本构模型

考虑各向同性材料情况，该模型通过塑性因子缩放静态屈服应力获得动态屈服应力，其本构方程为：

$$\sigma_d=(\sigma_0+E_p\bar{\varepsilon}_p) \tag{10.5-1}$$

式中，σ_0 为静屈服应力；E_p 为塑性硬化模量，$E_p=(E_tE)/(E-E_t)$，E 为弹性模量，E_t 为切线模量，$\bar{\varepsilon}_p=\sqrt{(2\varepsilon_{ij,p}\varepsilon_{ij,p})/3}$ 为等效塑性应变。

该本构模型适用于双线性弹塑性材料，当 $E_t=0$ 退化为理想弹塑性模型，当取 $\sigma_0\gg\sigma$ 时即为线弹性模型。

动态屈服准则采用常用的 von Mises 屈服准则[14]，即塑性时应力状态满足：

$$\phi=\bar{\sigma}-\sigma_d=0 \tag{10.5-2}$$

式中，$\bar{\sigma}$ 为等效 von Mises 应力，$\bar{\sigma}=\sqrt{\frac{3}{2}s_{ij}s_{ij}}=\sqrt{\frac{3}{2}(\sigma_{ij}-\delta_{ij}\sigma_m)(\sigma_{ij}-\delta_{ij}\sigma_m)}$，$\sigma_m=(\sigma_{11}+\sigma_{22}+\sigma_{33})/3$，$\sigma_d$ 是动态屈服应力。

10.5.2 弹塑性增量分析步骤

弹塑性增量分析是由已知的时间步初应力应变和增量应变，在满足材料本构和屈服准则条件下，求解获得时间步末更新的应力应变。

1. 弹性预测

已知 t 时刻的应力 $\sigma_{ij,t}$、等效塑性应变 $\bar{\varepsilon}_{p,t}$ 和从 t 到 $t+\Delta t$ 时刻的增量应变；假设该时间步为完全弹性步，获得 $t+\Delta t$ 时刻的弹性预测应力 $\sigma_{tr,t+\Delta t}$ 和预测塑性硬化参量 $\kappa_{tr,t+\Delta t}=E_{p,t+\Delta t}\bar{\varepsilon}_p$。

2. 屈服判断

将 $t+\Delta t$ 时刻的 $\sigma_{tr,t+\Delta t}$ 和 $\kappa_{tr,t+\Delta t}$ 代入屈服条件，根据预测屈服函数 $\phi_{tr,t+\Delta t}$ 的正负性来判断实际是弹性还是塑性增量步。若 $\phi_{tr,t+\Delta t}>0$，则为塑性增量步；否则为弹性增量步。

3. 塑性修正

若为弹性增量步，则跳过此步；若为塑性增量步，则根据法向流动法则和动态 von Mises 屈服准则，求解获得塑性流动因子增量 $\Delta\lambda$。塑性增量步时有 $\Delta\lambda>$

0，弹性增量步时则取 $\Delta\lambda=0$。

4. 应力应变更新

若为弹性增量步，则取 $\sigma_{t+\Delta t}=\sigma_{tr,t+\Delta t}$；若为塑性增量步，则由 $\Delta\lambda$ 进行应力应变更新，即有 $t+\Delta t$ 时刻的等效塑性应变 $\bar{\varepsilon}_{p,t+\Delta t}$、动态屈服应力 $\sigma_{d,t+\Delta t}$、偏应力分量 $s_{ij,t+\Delta t}$、von Mises 应力 $\bar{\sigma}_{t+\Delta t}$ 和实际应力 $\sigma_{t+\Delta t}$。

5. 弹塑性矩阵的求解

若为弹性增量步，则不存在塑性矩阵 $\boldsymbol{D}_p$；若为塑性增量步，则需求解弹塑性矩阵 $\boldsymbol{D}_{ep}$。由动态 von Mises 屈服准则和法向流动法则，获得塑性流动因子增量 $d\lambda$ 和塑性矩阵 $\boldsymbol{D}_p$，则 $\boldsymbol{D}_{ep}=\boldsymbol{D}_e-\boldsymbol{D}_p$；进而通过含 $\boldsymbol{D}_{ep}$ 的积分式来求解单元节点内力。

10.6　碰撞接触的处理

实体的碰撞接触属于重要的非线性问题[93]，包括实体与刚体、实体与实体的碰撞两种情况。Suri 等[94] 对层次包围盒法中的有界规则多面体包围盒的碰撞检测进行了研究，通过减少相交检测次数而加快碰撞检测速率。Bridson 等[80] 采用“点-三角形”检测实现布料碰撞接触运动中的碰撞检测过程。Zang 等[82] 基于罚函数形式的碰撞接触力来处理碰撞响应问题，并进行了两相同杆的碰撞和弹性球撞击下夹层玻璃板的振动算例验证。第 8.1 节、第 8.2 节分别结合“点-三角形”检测和罚接触响应方法研究了膜结构、板壳结构的碰撞接触问题。本章进一步将该文方法推广至实体单元，通过实体外表面的检测而加快碰撞处理速度。

10.6.1　碰撞检测处理

两实体结构发生碰撞接触时，通过一个实体外表面质点和另一个实体外表面三角形网格面之间的单向碰撞检测方法（“点-三角形”检测）来处理实体结构的碰撞检测问题。当其中一方为刚体时，刚体外表面将离散为一系列已知节点坐标和位移的三角形单元。

实体 A 质点 j 从 $\boldsymbol{X}_{A,n}$ 运动到 $\boldsymbol{X}_{A,n+1}$，则 t_n 和 t_{n+1} 时刻实体 A 中的质点 j 到实体 B 第 l 个三角面的距离为：

$$\begin{cases} d_n=(\boldsymbol{X}_{A,n}-\boldsymbol{X}_{B,n\_1})\cdot\boldsymbol{n}_{0,n} \\ d_{n+1}=(\boldsymbol{X}_{A,n+1}-\boldsymbol{X}_{B,n+1\_1})\cdot\boldsymbol{n}_{0,n+1} \end{cases} \tag{10.6-1}$$

式中，$\boldsymbol{n}_{0,n}$ 为第 l 个三角面的单位法向向量，$\boldsymbol{X}_{B,n\_1}$ 为第 l 个三角面节点 1 的坐标。对应的距离向量则为 $\boldsymbol{d}_n=d_n\boldsymbol{n}_{0,n}$ 和 $\boldsymbol{d}_{n+1}=d_{n+1}\boldsymbol{n}_{0,n+1}$。

若 $\mathrm{sign}(d_n \cdot d_{n+1}) \leqslant 0$，则实体 A 中的质点 j 与实体 B 第 l 个三角面所在的平面发生碰撞并穿透。进而通过该碰撞点（垂足点）的面积坐标来判断其是否位于实体 B 第 l 个三角面的内部；若在内部，则实际发生了碰撞。

10.6.2 碰撞响应处理

当检测到实体质点和三角形网格面发生碰撞时，需要对质点进行碰撞响应处理。本章结合罚函数法和中央差分法[77]，采用基于中央差分公式的罚接触力响应方法，同时赋予罚参数的选取规则，以处理实体结构的碰撞响应问题。

实体 A 中的质点 j 的附加法向罚接触力为

$$\boldsymbol{F}_{\mathrm{N0}} = -k\delta\boldsymbol{n}_{0,\mathrm{j}} \tag{10.6-2}$$

式中，$\boldsymbol{n}_{0,\mathrm{j}}$ 为碰撞单位法向量，$\boldsymbol{\delta} = \delta\boldsymbol{n}_{0,\mathrm{j}}$ 为法向穿透向量，k 是罚参数。

反作用力 $-\boldsymbol{F}_{\mathrm{N0}}$ 首先均分至与质点 j 发生碰撞的所有实体 B 第 l 个三角面（$l=1, 2, \cdots, r$）上，然后根据等效分配原则分配到第 l 个三角面的三个节点，最后进行集成获得实体 B 各质点的反附加罚接触力。

对于罚参数 k 的取值，需满足 $|\boldsymbol{\delta}_0| > |\boldsymbol{\delta}|$，其中 $\boldsymbol{\delta}_0 = (\Delta t^2/2m)\boldsymbol{F}_{\mathrm{N0}}$，此时质点 j 与第 l 个三角面才不会发生穿透；因而有 $\beta = (\Delta t^2/2m)k > 1$，通过选取 β 的值来确定罚参数 k 的值。

10.7 程序实现和算例验证

10.7.1 程序实现

在向量式有限元分析程序中，弹塑性本构的引入和碰撞接触的处理均可作为单独的计算模块引入。由中央差分法求解质点的运动方程获得实体单元的节点纯变形位移后，通过前者进行弹、塑性判断并进行应力更新，同时获得弹塑性矩阵以用于更新单元节点内力的积分求解；通过后者进行质点的碰撞检测和碰撞响应处理，以实现发生碰撞质点的坐标更新，使其不出现穿透单元的现象。

基于向量式有限元实体单元理论公式，同时引入弹塑性本构和碰撞接触的处理，本章采用 MATLAB 编制实体单元的向量式有限元分析程序，分析流程图见图 10.7-1。

10.7.2 算例验证

（1）算例 1：悬臂梁静力分析

以承受静力荷载的悬臂梁为例。如图 10.7-2（a）所示，悬臂梁长 $L=0.5\mathrm{m}$，矩形截面边长 $H=0.1\mathrm{m}$，水平放置且一端固支，初始位移和速度均为

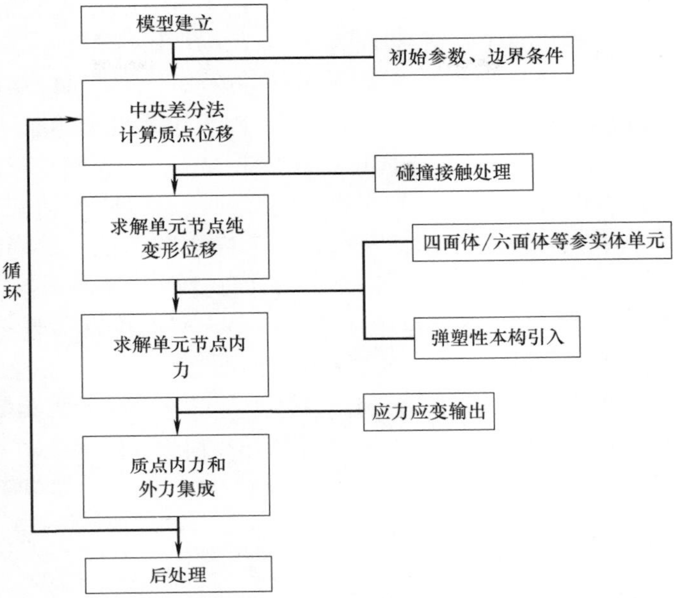

图 10.7-1　分析流程图

零；悬臂梁顶面受竖向均布静力荷载 q 作用而弯曲变形，q 采用斜坡-平台方式并施加阻尼进行缓慢加载获得，以消除动力振荡效应。采用四面体实体单元、六面体等参实体单元进行网格划分时，分别共计 2536 个单元和 625 个节点、320 个单元，悬臂梁模型及其网格划分如图 10.7-2 所示。考虑材料为线弹性和双线性弹塑性两种情况进行分析。

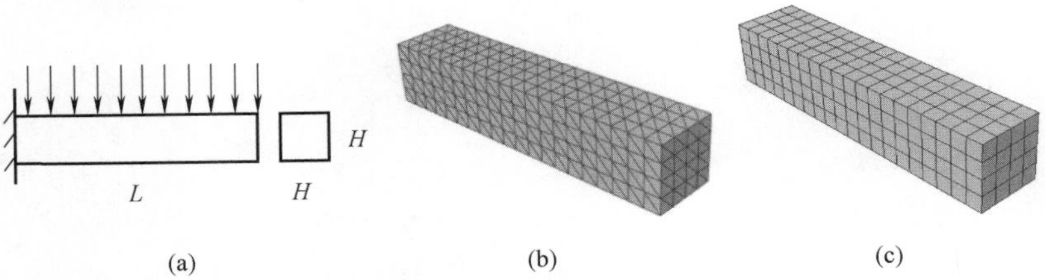

图 10.7-2　悬臂梁模型及其网格划分

(a) 几何模型；(b) 四面体单元网格划分；(c) 六面体单元网格划分

1）四节点四面体实体单元

① 线弹性情况。弹性模量 $E=201\text{GPa}$，泊松比 $\upsilon=0.3$，密度 $\rho=7850\text{kg/m}^3$；荷载取为 $q=2.5\times10^4\text{kN/m}^2$。近似为细长梁，挠度理论解为：

$$w(x)=\frac{(qH)x^2}{24EI}(x^2-4Lx+6L^2) \tag{10.7-1}$$

② 双线性弹塑性情况。E、υ 和 ρ 同线弹性情况，切线模量 $E'=1.0\text{GPa}$，初始静屈服应力 $\sigma_0=250\text{MPa}$；荷载取为 $q=1.0\times10^4\text{kN/m}^2$。

图 10.7-3 为两种材料情况时悬臂梁自由端顶部节点竖向位移的收敛过程，可见其表现出很好的收敛性。图 10.7-4 为两种材料沿悬臂梁顶部中线各节点计算结果对比。可知，各节点位置竖向位移和 von Mises 应力的结果均基本一致。线弹性情况时，本章所得自由端节点的最大竖向位移（收敛值）为 0.0109m，与细长梁解（0.0117m）和 ABAQUS 有限元分析结果（0.0107m）的误差分别为 6.66%和 1.07%，而最大 von Mises 应力（收敛值）的最大误差为 1.84%；双线性弹塑性情况时，本章所得自由端节点的最大竖向位移（收敛值）和最大 von Mises 应力（收敛值）分别为 0.0213m 和 16.12MPa，与 ABAQUS 有限元分析结果（0.0212m 和 15.86MPa）的误差较小。可见本章方法在考虑材料线弹性、弹塑性的实体结构静力分析中具有很好的计算精度。

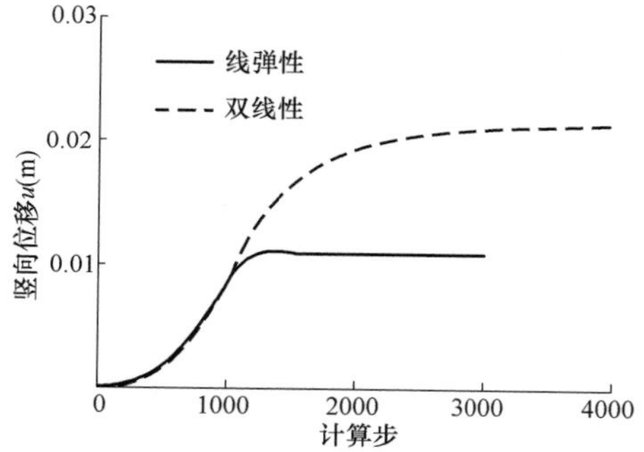

图 10.7-3　两种材料情况时悬臂梁自由端顶部节点竖向位移的收敛过程

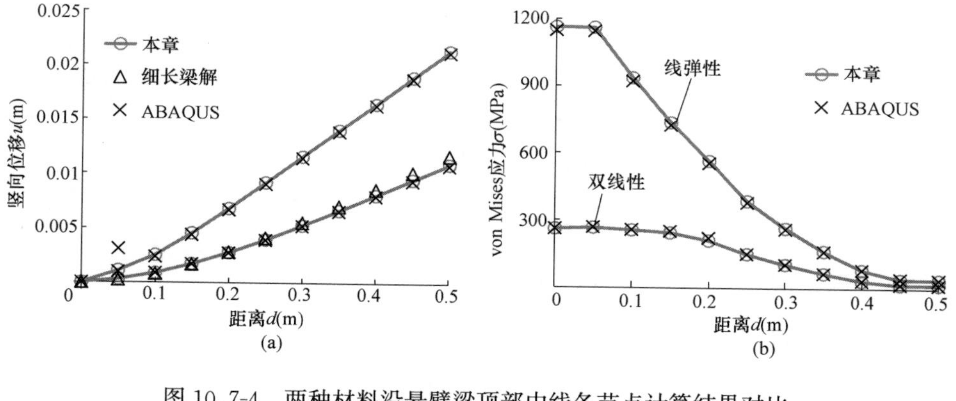

图 10.7-4　两种材料沿悬臂梁顶部中线各节点计算结果对比

（a）竖向位移；（b）von Mises 应力

2）八节点六面体等参实体单元

仅考虑线弹性情况，参数同本算例的四面体实体单元，荷载取为 $q=2.5\times10^4\text{kN/m}^2$，采用斜坡-平台方式缓慢加载，并考虑阻尼效应来获得收敛值。

图 10.7-5 为悬臂梁自由端顶部节点竖向位移收敛过程；图 10.7-6 为沿悬臂梁顶部中线各节点计算结果对比。可知，竖向位移和 von Mises 应力结果与细长梁解、ABAQUS 结果均基本一致。本章和 ABAQUS 的自由端节点竖向位移分别为 0.0115m 和 0.0119m，相对理论解（0.0117m）的误差较小。本章和 ABAQUS 的自由端节点 von Mises 应力分别为 38.06MPa 和 36.4MPa，差异约为 4.36%，悬臂端节点由于应力集中结果差异相对较大（约为 9.8%）。可见本章方法在实体结构静力分析中具有较好的准确性；其相对传统有限元具有更高的准确性，需通过加密网格后的复杂模型才会明显体现。

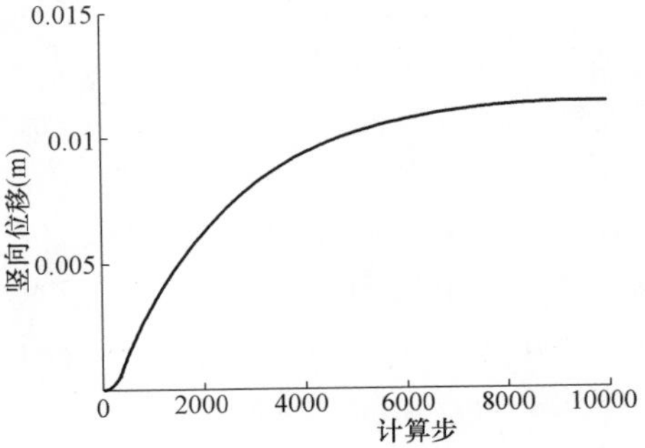

图 10.7-5 悬臂梁自由端顶部节点竖向位移收敛过程

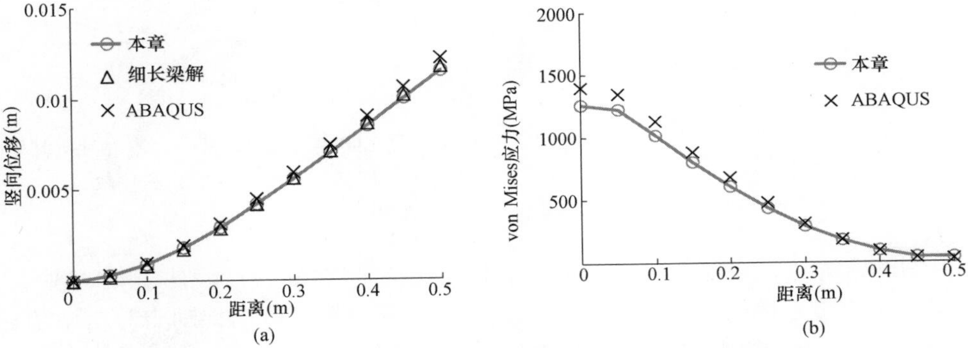

图 10.7-6 沿悬臂梁顶部中线各节点计算结果对比

（a）竖向位移；（b）von Mises 应力

（2）算例 2：悬臂梁动力分析

悬臂梁的几何尺寸、材料参数、初始条件、边界条件及网格划分均同算例 1。

1）四节点四面体实体单元

悬臂梁顶面施加无阻尼的瞬时突加竖向均布动力荷载，线弹性、双线性弹塑性时的荷载分别取为 $q=2.0\times10^4\text{kN/m}^2$ 和 $q=6.0\times10^3\text{kN/m}^2$。

取 $t=0.01$s 进行分析，图 10.7-7 和图 10.7-8 分别给出了自由端顶部节点竖向位移和 von Mises 应力随时间的变化曲线及与 ABAQUS 有限元分析结果（相同单元类型、网格尺寸、单元数量、材料本构和荷载施加情况）的比较。为便于比较，图 10.7-8 中仅取 $t=0.0005$s。由图可见，位移、应力结果均吻合良好，验证了本章方法在考虑线弹性、弹塑性材料的实体结构动力分析中的有效性。

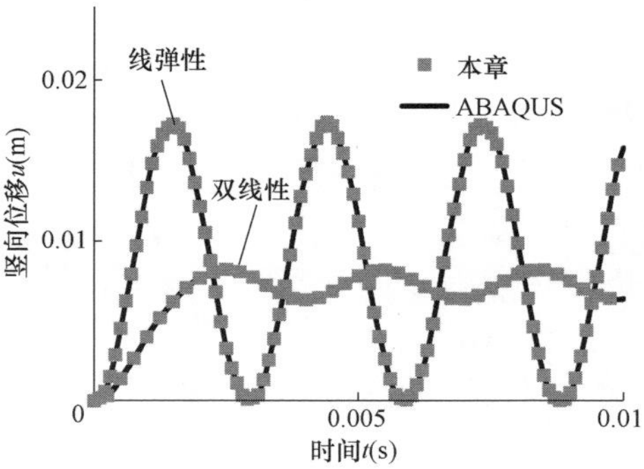

图 10.7-7　自由端顶部节点竖向位移随时间的变化曲线

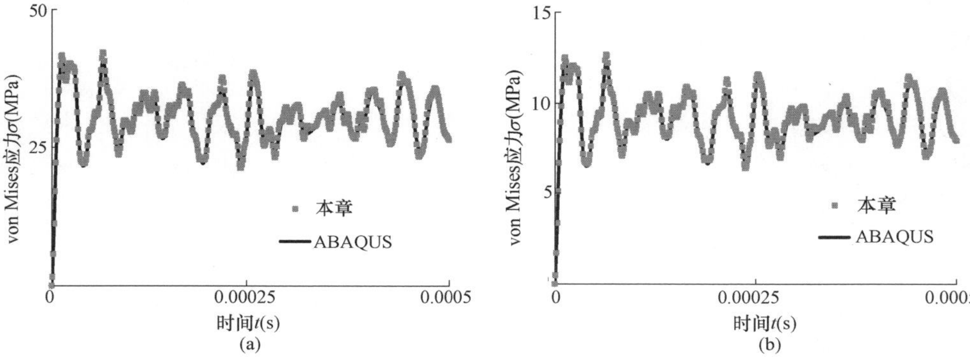

图 10.7-8　自由端顶部节点 von Mises 应力随时间的变化曲线及与 ABQUS 有限元分析结果（相同单元类型、网格尺寸、单元数量、材料本构和荷载施加情况）的比较

（a）线弹性；（b）双线性弹塑性

由于本章方法基于质点动力显式分析，且各质点之间的运动求解相互独立，并不存在刚度矩阵奇异和循环迭代不收敛的问题，在实体结构动力分析中相比 ABAQUS 等传统有限元软件要快得多，而对于静力问题则可设置阻尼方式来获得。

2）八节点六面体等参实体单元

仅考虑线弹性情况，参数同算例 1，悬臂梁顶面施加无阻尼的瞬时突加竖向均布动力荷载，荷载取为 $q=2.0\times10^4\text{kN/m}^2$。

取 $t=0.01$s 进行分析，图 10.7-9 和图 10.7-10 分别为自由端顶部节点竖向位移和 von Mises 应力随时间的变化情况。可知，本章位移、应力结果均与 ABAQUS 结果符合较好，验证了本章方法在实体工程结构动力分析中的准确性。图 7.7-10 中两者应力结果的总体变化趋势基本一致，由于端部应力集中，局部振荡波形有所差异。

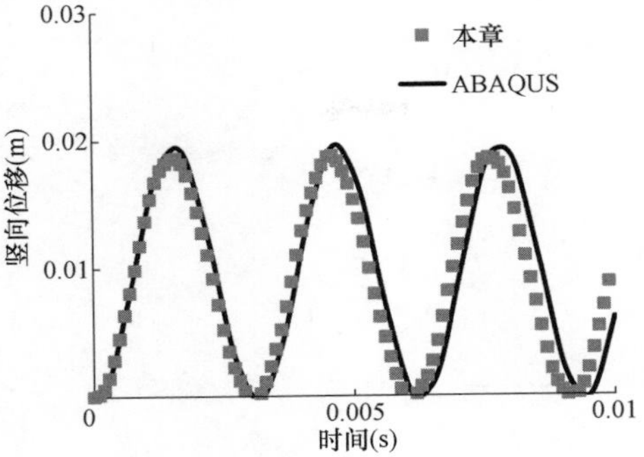

图 10.7-9　自由端顶部节点竖向位移-时间曲线

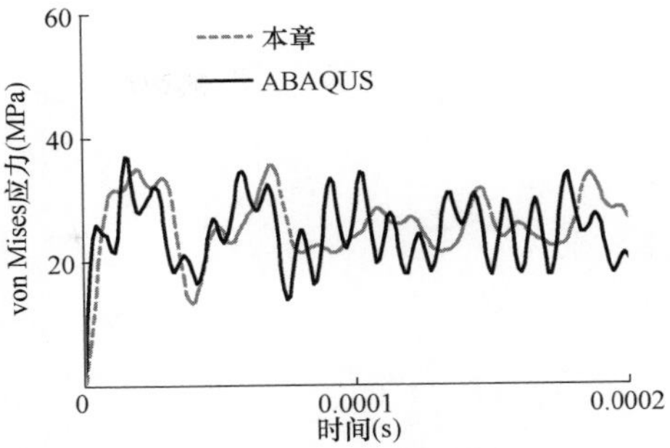

图 10.7-10　自由端顶部节点 von Mises 应力-时间曲线

（3）算例 3：圆环体大变形大转动分析（四面体单元）

以两侧承受集中荷载的圆环体压扁变形问题为例，考察本章方法在实体结构大变形大转动分析中的应用。圆环体的外半径 $R_1=0.25\text{m}$，内半径 $R_2=0.15\text{m}$，圆截面的半径 $R_0=0.05\text{m}$，水平自由放置，初始位移和速度均为零；圆环体两侧中心受集中荷载 P 作用而压扁变形，P 采用无阻尼的斜坡-平台动力方式进行施加，在 0.005s 时达到最大值 $P_0=80\text{kN}$。考虑线弹性材料，弹性模量 $E=200\text{MPa}$，泊松比 $\upsilon=0.3$，密度 $\rho=1000\text{kg/m}^3$。采用四面体实体单元进行网格划分，共有 9318 个单元和 2103 个节点，圆环体模型及其网格划分如图 10.7-11 所示。

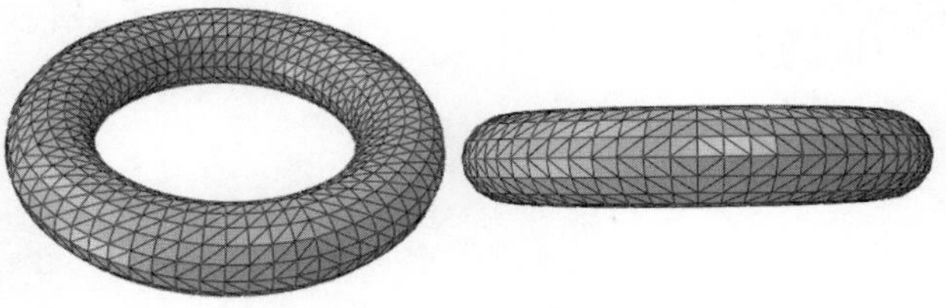

图 10.7-11　圆环体模型及其网格划分

（a）三维图；（b）侧视图

取 $t=0.03\text{s}$ 进行分析。图 10.7-12 给出了圆环体左侧中心节点水平位移-时间曲线及与 ABAQUS 有限元分析结果的比较。可见，本章方法可模拟圆环体大变形大转动过程中的位移变化情况，且与 ABAQUS 有限元分析结果吻合良好。

图 10.7-13 圆环体压扁变形和应力分布云图（单位：Pa），图例中单位为 Pa，以更加直观地观察其应力变化及变形情况。可见，随着两侧动力集中荷载的施加，圆环体首先出现压扁变形（$t=0.004\text{s}$），在 $t=0.008\text{s}$ 时达到最大压扁

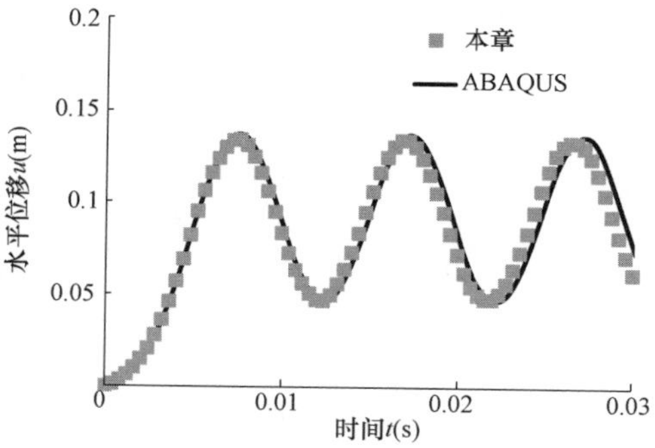

图 10.7-12　圆环体左侧中心节点的水平位移-时间曲线
及与 ABQUS 有限元分析结果的比较

变形情况；随后圆环体开始出现变形回弹，在 t=0.012s 时回弹至最小压扁变形情况；之后，圆环体压扁变形再次继续增大（t=0.015s）。图 10.7-14 为 t=0.008s 时圆环体压扁变形和应力分布云图（ABAQUS，单位：Pa），可知本章变形和应力结果均与 ABAQUS 有限元分析结果基本一致。

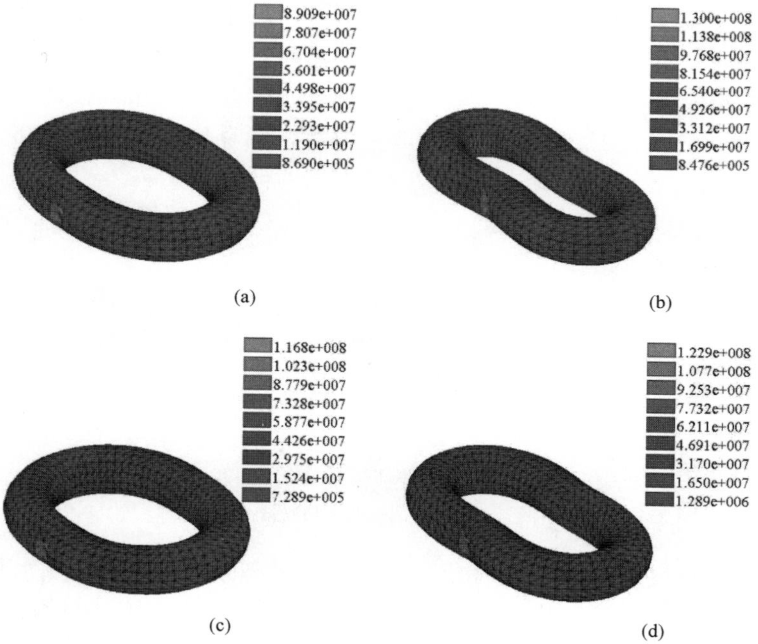

图 10.7-13　圆环体压扁变形和应力分布云图（单位：Pa）
(a) t=0.004s；(b) t=0.008s（最大变形）；(c) t=0.012s（最大回弹）；(d) t=0.015s

（4）算例 4：环形套筒体大变形大转动分析（六面体单元）

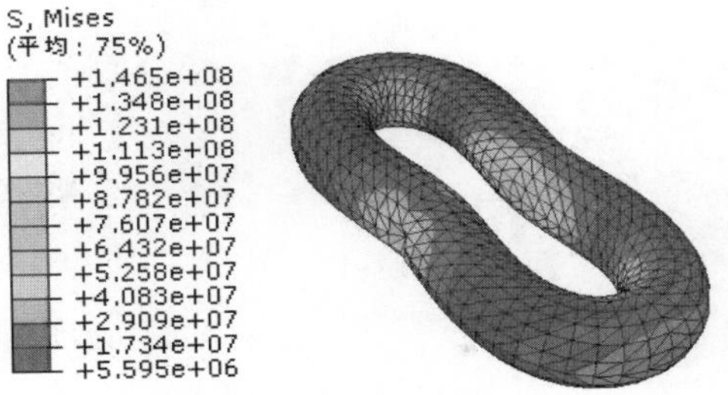

图 10.7-14　$t=0.008$s 时圆环体压扁变形和应力分布云图（ABAQUS，单位：Pa）

环形套筒水平放置，外直径 $D_1=0.5$m，内直径 $D_2=0.3$m，轴向高度 $H=0.1$m。套筒两侧柱面受反向均布荷载 q 作用而变形，采用斜坡-平台动力方式加载，在 0.005s 时达到最大值 $q_0=1500\text{kN/m}^2$，不计阻尼。考虑线弹性材料，弹性模量 $E=200$MPa，泊松比 $\upsilon=0.3$，密度 $\rho=1000\text{kg/m}^3$。采用六面体等参实体单元进行网格划分，共计 1920 个单元，环形套筒模型及其网格划分如图 10.7-15 所示。

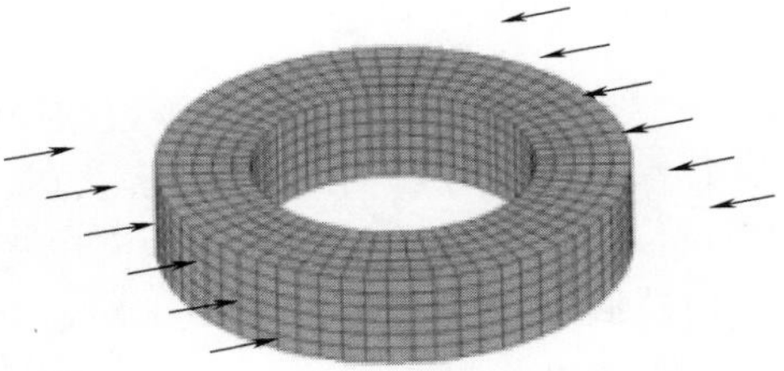

图 10.7-15　环形套筒模型及其网格划分

取 $t=0.02$s 进行分析。图 10.7-16 为环形套筒左侧中心节点的水平位移-时间曲线。可知，本章方法可获得套筒大变形过程中的位移变化情况，且与 ABAQUS 结果基本一致。在同时采用显式动力分析时，本章方法由于不存在刚度矩阵奇异和迭代不收敛问题，在该算例的实际计算过程中相比 ABAQUS 具有更高的计算效率。

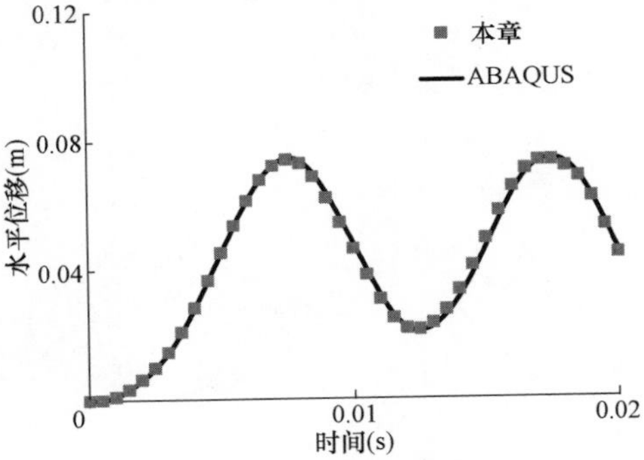

图 10.7-16　环形套筒左侧中心节点的水平位移-时间曲线

图 10.7-17 为典型时刻的环形套筒压扁变形和应力分布云图（单位：Pa）。可知，套筒一开始表现为压扁变形（$t=0.004$s），$t=0.008$s 时压扁变形达到最大值；接着套筒开始回弹，在 $t=0.012$s 时回弹至最小变形；然后，套筒压扁变形再次变大（$t=0.015$s），依次往复循环。本章所得结构变形、应力分布情况均与 ABAQUS 计算结果符合。

（5）算例 5：泰勒杆冲击问题（碰撞接触）

本算例以圆柱形铜柱垂直撞击刚性平面的弹塑性变形问题（泰勒杆冲击）为

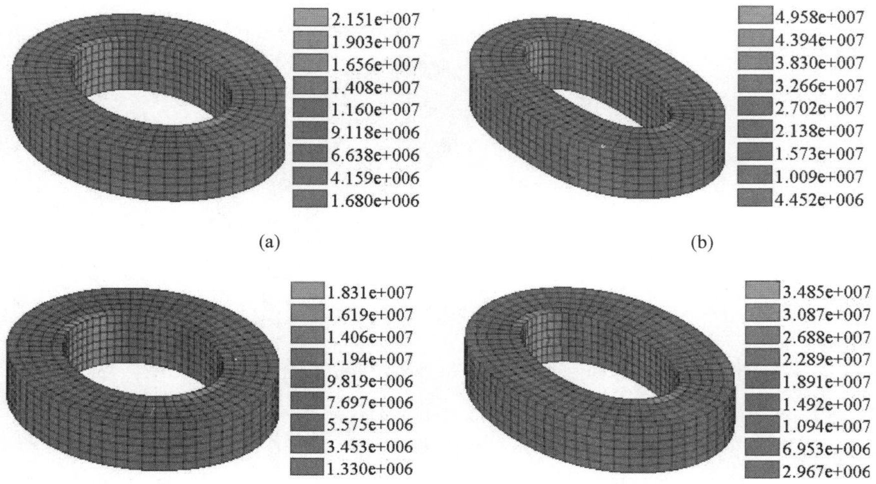

(a) (b) (c) (d)

图 7.7-17　典型时刻的环形套筒压扁变形和应力分布云图（单位：Pa）

（a）t＝0.004s；（b）t＝0.008s（最大变形）；（c）t＝0.012s（最大回弹）；（d）t＝0.015s

例[95]，考察本章方法在实体结构碰撞接触分析中的应用。铜柱的半径 R＝0.32cm，长度 L＝3.24cm，位于刚性平面正上方且竖直状态，无阻尼情况下以初始速度 v＝0.01cm/s 垂直向下撞击刚性平面而出现变形。铜柱材料为双线性弹塑性，弹性模量 E＝1.17Mbar，切线模量 E'＝0.001Mbar，初始静屈服应力 σ_0＝0.004Mbar，泊松比 υ＝0.35，密度 ρ＝8.93g/cm^3。采用四面体实体单元进行网格划分，共有 8080 个单元和 1725 个节点，泰勒杆模型及其网格划分如图 10.7-18 所示。

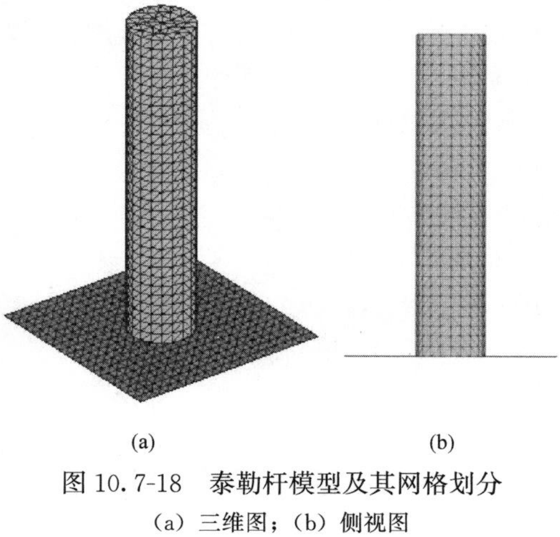

(a) (b)

图 10.7-18　泰勒杆模型及其网格划分

（a）三维图；（b）侧视图

图 10.7-19 为 t＝20μs 时泰勒杆外表面沿轴向各节点的径向位移-坐标 z 位置

曲线及与 LS-DYNA 有限元分析结果的比较，可见两者结果基本吻合。图 10.7-20 泰勒杆冲击变形和应力分布云图，图例中单位为 Pa，以更加直观地观察其应力变化及变形情况。可见，随着泰勒杆对刚性平面的冲击作用，泰勒杆底部区域首先出现塑性变形并开始沿径向向外变形（$t=5\mu s$）；接着底部由于弹塑性碰撞出现轴向小幅振荡效应（$t=10\mu s$）；随后底部径向变形继续增大，而径向变形的轴向范围也开始扩展（$t=15\mu s$）；在 $t=20\mu s$ 时底部径向变形和轴向变形范围均趋于更加明显。本章方法可有效模拟考虑材料非线性的实体结构大变形及碰撞接触分析。

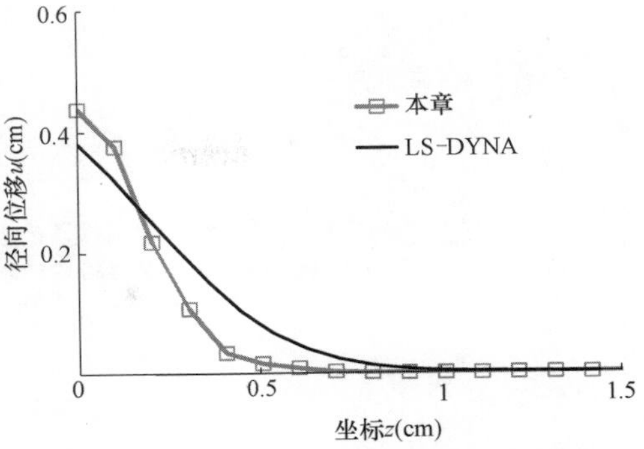

图 10.7-19　$t=20\mu s$ 时泰勒杆外表面沿轴向各节点的径向位移-坐标 z 位置曲线及与 LS-DYNA 有限元分析结果的比较

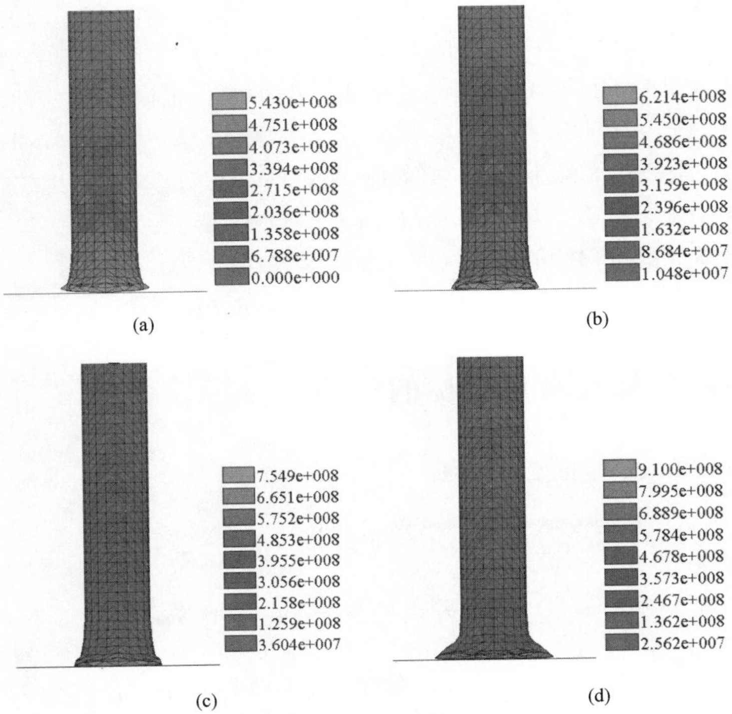

图 10.7-20　泰勒杆冲击变形和应力分布云图

(a) $t=5\mu s$；(b) $t=10\mu s$；(c) $t=15\mu s$；(d) $t=20\mu s$

附录A

三角形CST膜单元的形状函数

本附录对应本书第 3.2.2 节。

A.1 三角形的面积坐标

三角形中任一点 P 与 3 个角点（i，j，m）相连形成 3 个子三角形。以原三角形边所对的角码来命名此 3 个子三角形的面积 A_i、A_j、A_m，P 点的位置可由 3 个比值来确定，即：

$$P(L_i, L_j, L_m) \tag{A.1-1}$$

式中，$L_i = A_i/A$，$L_j = A_j/A$ 和 $L_m = A_m/A$ 为面积坐标，$A = A_i + A_j + A_m$ 为总面积。

3 个面积坐标并不相互独立，必然满足式（A.1-2）：

$$L_i + L_j + L_m = 1 \tag{A.1-2}$$

三角形单元的位移插值函数（即：形状函数）N_i 为：

$$N_i(\hat{x}, \hat{y}) = L_i(\hat{x}, \hat{y}), (i = a, b, c) \tag{A.1-3}$$

A.2 面积坐标与直角坐标的转换

三角形膜单元的坐标变化式为：

$$\begin{cases} \hat{x} = \sum\limits_{i=i,j,m} N_i \hat{x}_i = N_i \hat{x}_i + N_j \hat{x}_j + N_m \hat{x}_m \\ \hat{y} = \sum\limits_{i=i,j,m} N_i \hat{y}_i = N_i \hat{y}_i + N_j \hat{y}_j + N_m \hat{y}_m \end{cases} \tag{A.2-1}$$

三角形的 3 个角点（i，j，m）在直角变形坐标系中的位置为 $i(\hat{x}_i，\hat{y}_i)$，$j(\hat{x}_j，\hat{y}_j)$ 和 $m(\hat{x}_m，\hat{y}_m)$，其中任意点 P 的位置为 $P(\hat{x}，\hat{y})$。

因而，面积 $A_i(\hat{x}，\hat{y})$ 和形函数 $L_i(\hat{x}，\hat{y})$ 为：

$$A_i(\hat{x},\hat{y})=\frac{1}{2}\begin{vmatrix}1 & \hat{x} & \hat{y}\\ 1 & \hat{x}_j & \hat{y}_j\\ 1 & \hat{x}_m & \hat{y}_m\end{vmatrix}=\frac{1}{2}(\alpha_i+\beta_i\hat{x}+\gamma_i\hat{y}),(i=i,j,m) \quad \text{(A. 2-2)}$$

$$L_i(\hat{x},\hat{y})=\frac{A_i(\hat{x},\hat{y})}{A}=\frac{1}{2A}(\alpha_i+\beta_i\hat{x}+\gamma_i\hat{y}),(i=i,j,m) \quad \text{(A. 2-3)}$$

式中，$\alpha_i=\hat{x}_j\hat{y}_m-\hat{x}_m\hat{y}_j$，$\beta_i=\hat{y}_j-\hat{y}_m$，$\gamma_i=\hat{x}_m-\hat{x}_j$，$A=\frac{1}{2}|\alpha_i+\alpha_j+\alpha_m|$。

A. 3　三角形膜单元的几何矩阵

式（3. 2-15）中几何矩阵 $\boldsymbol{B}_m$ 的表达式为：

$$\begin{aligned}\boldsymbol{B}_m &= [\boldsymbol{B}_i \quad \boldsymbol{B}_j \quad \boldsymbol{B}_m]\\ &=\begin{bmatrix}\partial/\partial\hat{x} & 0\\ 0 & \partial/\partial\hat{y}\\ \partial/\partial\hat{y} & \partial/\partial\hat{x}\end{bmatrix}\begin{Bmatrix}N_i & 0 & N_j & 0 & N_m & 0\\ 0 & N_i & 0 & N_j & 0 & N_m\end{Bmatrix}\end{aligned} \quad \text{(A. 3-1)}$$

面积坐标表示的函数对直角坐标求导时，采用一般的复合函数求导法则，并得到：

$$\begin{cases}\dfrac{\partial}{\partial\hat{x}}=\dfrac{\partial}{\partial L_i}\dfrac{\partial L_i}{\partial\hat{x}}+\dfrac{\partial}{\partial L_j}\dfrac{\partial L_j}{\partial\hat{x}}+\dfrac{\partial}{\partial L_m}\dfrac{\partial L_m}{\partial\hat{x}}=\dfrac{1}{2A}\left(\beta_i\dfrac{\partial}{\partial L_i}+\beta_j\dfrac{\partial}{\partial L_j}+\beta_m\dfrac{\partial}{\partial L_m}\right)\\ \dfrac{\partial}{\partial\hat{y}}=\dfrac{\partial}{\partial L_i}\dfrac{\partial L_i}{\partial\hat{y}}+\dfrac{\partial}{\partial L_j}\dfrac{\partial L_j}{\partial\hat{y}}+\dfrac{\partial}{\partial L_m}\dfrac{\partial L_m}{\partial\hat{y}}=\dfrac{1}{2A}\left(\gamma_i\dfrac{\partial}{\partial L_i}+\gamma_j\dfrac{\partial}{\partial L_j}+\gamma_m\dfrac{\partial}{\partial L_m}\right)\end{cases}$$

(A. 3-2)

由式（A. 2-2），可得：

$$\begin{cases}\dfrac{\partial L_i}{\partial\hat{x}}=\dfrac{1}{2A}\beta_i\\ \dfrac{\partial L_i}{\partial\hat{y}}=\dfrac{1}{2A_i}\end{cases} \quad \text{(A. 3-3)}$$

附录B

四边形等参膜单元的形状函数

本附录内容对应本书第 3.3.2 节。

B.1 正方形的单元坐标

对于四节点四边形等参膜单元，局部坐标系下的正方形单元坐标为（ξ，η），式（3.3-17）中单元形函数 $N_i(\xi, \eta)$ 的表达式为：

$$N_i(\xi,\eta)=\frac{1}{4}(1+\xi_i\xi)(1+\eta_i\eta),(i=i,j,m,p) \tag{B.1-1}$$

式中，ξ_i 和 η_i 是单位正方形单元四个节点的单元坐标，其坐标值分别为 $i(-1, -1)$，$j(1, -1)$，$m(1, 1)$ 和 $p(-1, 1)$。在单元形心上，$N_i(0, 0)=1/4$。

在节点（i，j，m，p）上的形函数具有下列关系：

$$\begin{cases} N_i(\xi_i,\eta_i)=1 \\ N_i(\xi_j,\eta_j)=N_i(\xi_m,\eta_m)=N_i(\xi_p,\eta_p)=0 \\ N_i+N_j+N_m+N_p=1 \end{cases} \tag{B.1-2}$$

B.2 单元坐标与直角坐标的转换

四节点四边形等参膜单元的坐标变换式为：

$$\begin{cases} \hat{x}=\sum\limits_{i=i,j,m,p} N_i\hat{x}_i=N_i\hat{x}_i+N_j\hat{x}_j+N_m\hat{x}_m+N_p\hat{x}_p \\ \hat{y}=\sum\limits_{i=i,j,m,p} N_i\hat{y}_i=N_i\hat{y}_i+N_j\hat{y}_j+N_m\hat{y}_m+N_p\hat{y}_p \end{cases} \tag{B.2-1}$$

单元坐标系和变形坐标系下的转换可通过雅可比矩阵 $\boldsymbol{J}$ 来完成。式（B.3-1）中的偏导数，采用复合函数求导法则进行转换，有：

$$\begin{cases} \dfrac{\partial N_i}{\partial \xi}=\dfrac{\partial N_i}{\partial \hat{x}}\dfrac{\partial \hat{x}}{\partial \xi}+\dfrac{\partial N_i}{\partial \hat{y}}\dfrac{\partial \hat{y}}{\partial \xi} \\ \dfrac{\partial N_i}{\partial \eta}=\dfrac{\partial N_i}{\partial \hat{x}}\dfrac{\partial \hat{x}}{\partial \eta}+\dfrac{\partial N_i}{\partial \hat{y}}\dfrac{\partial \hat{y}}{\partial \eta} \end{cases} \tag{B.2-2}$$

也即：

$$\begin{Bmatrix}\dfrac{\partial N_i}{\partial \xi}\\ \dfrac{\partial N_i}{\partial \eta}\end{Bmatrix}=\boldsymbol{J}\begin{Bmatrix}\dfrac{\partial N_i}{\partial \hat{x}}\\ \dfrac{\partial N_i}{\partial \hat{y}}\end{Bmatrix}=\begin{bmatrix}\dfrac{\partial \hat{x}}{\partial \xi} & \dfrac{\partial \hat{y}}{\partial \xi}\\ \dfrac{\partial \hat{x}}{\partial \eta} & \dfrac{\partial \hat{y}}{\partial \eta}\end{bmatrix}\begin{Bmatrix}\dfrac{\partial N_i}{\partial \hat{x}}\\ \dfrac{\partial N_i}{\partial \hat{y}}\end{Bmatrix} \tag{B. 2-3}$$

将式（B. 2-1）代入（B. 2-3），得：

$$\boldsymbol{J}=\begin{bmatrix}\sum\limits_{i=i,j,m,p}\dfrac{\partial N_i}{\partial \xi}\hat{x}_i & \sum\limits_{i=i,j,m,p}\dfrac{\partial N_i}{\partial \xi}\hat{y}_i\\ \sum\limits_{i=i,j,m,p}\dfrac{\partial N_i}{\partial \eta}\hat{x}_i & \sum\limits_{i=i,j,m,p}\dfrac{\partial N_i}{\partial \eta}\hat{y}_i\end{bmatrix}=\begin{bmatrix}\dfrac{\partial N_i}{\partial \xi} & \dfrac{\partial N_j}{\partial \xi} & \dfrac{\partial N_m}{\partial \xi} & \dfrac{\partial N_p}{\partial \xi}\\ \dfrac{\partial N_i}{\partial \eta} & \dfrac{\partial N_j}{\partial \eta} & \dfrac{\partial N_m}{\partial \eta} & \dfrac{\partial N_p}{\partial \eta}\end{bmatrix}\begin{Bmatrix}\hat{x}_i & \hat{y}_i\\ \hat{x}_j & \hat{y}_j\\ \hat{x}_m & \hat{y}_m\\ \hat{x}_p & \hat{y}_p\end{Bmatrix} \tag{B. 2-4}$$

将式（B. 1-1）代入式（B. 2-4），得：

$$\boldsymbol{J}=\frac{1}{4}\begin{bmatrix}\beta_1+A\eta & \beta_2+B\eta\\ \beta_3+A\xi & \beta_4+B\xi\end{bmatrix} \tag{B. 2-5}$$

式中，$A=\sum\limits_{i=i,j,m,p}\xi_i\eta_i\hat{x}_i$，$B=\sum\limits_{i=i,j,m,p}\xi_i\eta_i\hat{y}_i$，$\beta_1=\sum\limits_{i=i,j,m,p}\xi_i\hat{x}_i$，$\beta_2=\sum\limits_{i=i,j,m,p}\xi_i\hat{y}_i$，$\beta_3=\sum\limits_{i=i,j,m,p}\eta_i\hat{x}_i$，$\beta_4=\sum\limits_{i=i,j,m,p}\eta_i\hat{y}_i$。

雅可比矩阵 $\boldsymbol{J}$ 的逆矩阵 $\boldsymbol{J}^{-1}$ 的表达式为：

$$\boldsymbol{J}^{-1}=\frac{1}{4|\boldsymbol{J}|}\begin{bmatrix}\beta_4+B\xi & -(\beta_2+B\eta)\\ -(\beta_3+A\xi) & \beta_1+A\eta\end{bmatrix} \tag{B. 2-6}$$

式中，雅克比矩阵 $|\boldsymbol{J}|$ 的表达式为：

$$\begin{aligned}|\boldsymbol{J}|&=\frac{1}{16}[(\beta_1+A\eta)(\beta_4+B\xi)-(\beta_2+B\eta)(\beta_3+A\xi)]\\&=\frac{1}{16}[(\beta_1\beta_4-\beta_2\beta_3)+(B\beta_1-A\beta_2)\xi+(A\beta_4-B\beta_3)\eta]\end{aligned} \tag{B. 2-7}$$

B. 3　等参膜单元的几何矩阵

式（3. 3-18）中几何矩阵 $\boldsymbol{B}_m$ 的表达式为：

$$\begin{aligned}\boldsymbol{B}_m&=[\boldsymbol{B}_i\quad \boldsymbol{B}_j\quad \boldsymbol{B}_m\quad \boldsymbol{B}_p]\\&=\begin{bmatrix}\partial/\partial\hat{x} & 0\\ 0 & \partial/\partial\hat{y}\\ \partial/\partial\hat{y} & \partial/\partial\hat{x}\end{bmatrix}\begin{Bmatrix}N_i & 0 & N_j & 0 & N_m & 0 & N_p & 0\\ 0 & N_i & 0 & N_j & 0 & N_m & 0 & N_p\end{Bmatrix}\end{aligned} \tag{B. 3-1}$$

由式（B. 2-3）和式（B. 2-6），可得：

$$\begin{Bmatrix} \dfrac{\partial N_i}{\partial \hat{x}} \\ \dfrac{\partial N_i}{\partial \hat{y}} \end{Bmatrix} = \boldsymbol{J}^{-1} \begin{Bmatrix} \dfrac{\partial N_i}{\partial \xi} \\ \dfrac{\partial N_i}{\partial \eta} \end{Bmatrix} = \frac{1}{4} \boldsymbol{J}^{-1} \begin{Bmatrix} \xi_i (1+\eta_i \eta) \\ \eta_i (1+\xi_i \xi) \end{Bmatrix}, (i=i,j,m,p) \tag{B. 3-2}$$

将式（B. 3-2）代入式（B. 3-1）可得几何矩阵 B，B 是（ξ，η）的函数，即：

$$\boldsymbol{B}_m(\xi,\eta) = \begin{bmatrix} \dfrac{\partial N_i}{\partial \hat{x}} & 0 & \dfrac{\partial N_j}{\partial \hat{x}} & 0 & \dfrac{\partial N_m}{\partial \hat{x}} & 0 & \dfrac{\partial N_p}{\partial \hat{x}} & 0 \\ 0 & \dfrac{\partial N_i}{\partial \hat{y}} & 0 & \dfrac{\partial N_j}{\partial \hat{y}} & 0 & \dfrac{\partial N_m}{\partial \hat{y}} & 0 & \dfrac{\partial N_p}{\partial \hat{y}} \\ \dfrac{\partial N_i}{\partial \hat{y}} & \dfrac{\partial N_i}{\partial \hat{x}} & \dfrac{\partial N_j}{\partial \hat{y}} & \dfrac{\partial N_j}{\partial \hat{x}} & \dfrac{\partial N_m}{\partial \hat{y}} & \dfrac{\partial N_m}{\partial \hat{x}} & \dfrac{\partial N_p}{\partial \hat{y}} & \dfrac{\partial N_p}{\partial \hat{x}} \end{bmatrix} \tag{B. 3-3}$$

附录C

三角形DKT板单元的形状函数

本附录内容对应本书第 4.2.2 节。

C.1 面积坐标与直角坐标的转换

三角形 DKT 板单元的坐标变换式为：

$$\begin{cases}\hat{\boldsymbol{u}}_{\theta}=\hat{\boldsymbol{H}}_{\mathrm{x}}^{\mathrm{T}}(\xi,\eta)\hat{\boldsymbol{u}}_{\mathrm{b}}^{0}\\ \hat{\boldsymbol{v}}_{\theta}=\hat{\boldsymbol{H}}_{\mathrm{y}}^{\mathrm{T}}(\xi,\eta)\hat{\boldsymbol{u}}_{\mathrm{b}}^{0}\end{cases} \tag{C.1-1}$$

式中，$\xi=L_2$，$\eta=L_3$，即为面积坐标，对应式（4.2-12）。

C.2 三角形 DKT 板单元的形函数

将三角形单元转换为单位等边直角三角形，形函数为：

$$\begin{cases}N_1=2(1-\xi-\eta)\left(\dfrac{1}{2}-\xi-\eta\right)\\ N_2=\xi(2\xi-1)\\ N_3=\eta(2\eta-1)\\ N_4=4\xi\eta\\ N_5=4\eta(1-\xi-\eta)\\ N_6=4\xi(1-\xi-\eta)\end{cases} \tag{C.2-1}$$

式中，1，2，3 为三角形的角节点，4，5，6 为三角形对边中节点。

C.3 三角形 DKT 板单元的几何矩阵

式（4.2-13）中的几何矩阵为：

$$\boldsymbol{B}_{\mathrm{b}}=\frac{1}{2\hat{A}_{a}}\begin{bmatrix}\hat{x}_{\mathrm{yc}}\hat{\boldsymbol{H}}_{\mathrm{x},\xi}^{\mathrm{T}}\\-\hat{x}_{\mathrm{xc}}\hat{\boldsymbol{H}}_{\mathrm{y},\xi}^{\mathrm{T}}+\hat{x}_{\mathrm{xb}}\hat{\boldsymbol{H}}_{\mathrm{y},\eta}^{\mathrm{T}}\\-\hat{x}_{\mathrm{xc}}\hat{\boldsymbol{H}}_{\mathrm{x},\xi}^{\mathrm{T}}+\hat{x}_{\mathrm{xb}}\hat{\boldsymbol{H}}_{\mathrm{x},\eta}^{\mathrm{T}}+\hat{x}_{\mathrm{yc}}\hat{H}_{\mathrm{y},\xi}^{\mathrm{T}}\end{bmatrix} \tag{C. 3-1}$$

式中，$\hat{A}_{a}=\frac{\hat{x}_{\mathrm{xb}}\hat{x}_{\mathrm{yc}}}{2}$是单元的面积，$\hat{\boldsymbol{H}}_{\mathrm{x}}^{\mathrm{T}}(\xi,\eta)$ 和 $\hat{\boldsymbol{H}}_{\mathrm{y}}^{\mathrm{T}}(\xi,\eta)$ 是三角形 DKT 板单元的曲率函数。

三角形 DKT 板单元的曲率函数的偏导数的表达式如下列所示。

$$\hat{\boldsymbol{H}}_{\mathrm{x},\xi}=\begin{bmatrix}p_{6}(1-2\xi)+\eta(p_{5}-p_{6})\\q_{6}(1-2\xi)-\eta(q_{5}+q_{6})\\-4+6(\xi+\eta)+r_{6}(1-2\xi)-\eta(r_{5}+r_{6})\\-p_{6}(1-2\xi)+\eta(p_{4}+p_{6})\\q_{6}(1-2\xi)-\eta(q_{6}-q_{4})\\-2+6\xi+r_{6}(1-2\xi)+\eta(r_{4}-r_{6})\\-\eta(p_{5}+p_{4})\\\eta(q_{4}-q_{5})\\-\eta(r_{5}-r_{4})\end{bmatrix} \tag{C. 3-2}$$

$$\hat{\boldsymbol{H}}_{\mathrm{y},\xi}=\begin{bmatrix}t_{6}(1-2\xi)+\eta(t_{5}-t_{6})\\1+r_{6}(1-2\xi)-\eta(r_{5}+r_{6})\\-q_{6}(1-2\xi)+\eta(q_{5}+q_{6})\\-t_{6}(1-2\xi)+\eta(t_{4}+t_{6})\\-1+r_{6}(1-2\xi)+\eta(r_{4}-r_{6})\\-q_{6}(1-2\xi)-\eta(q_{4}-q_{6})\\-\eta(t_{4}+t_{5})\\\eta(r_{4}-r_{5})\\-\eta(q_{4}-q_{5})\end{bmatrix} \tag{C. 3-3}$$

$$\hat{\boldsymbol{H}}_{x,\eta}=\begin{bmatrix} -p_5(1-2\eta)-\xi(p_6-p_5) \\ q_5(1-2\eta)-\xi(q_5+q_6) \\ -4+6(\xi+\eta)+r_5(1-2\eta)-\xi(r_5+r_6) \\ \xi(p_4+p_6) \\ \xi(q_4-q_6) \\ -\xi(r_6-r_4) \\ p_5(1-2\eta)-\xi(p_4+p_5) \\ q_5(1-2\eta)+\xi(q_4-q_5) \\ -2+6\eta+r_5(1-2\eta)+\xi(r_4-r_5) \end{bmatrix} \tag{C.3-4}$$

$$\hat{\boldsymbol{H}}_{y,\eta}=\begin{bmatrix} -t_5(1-2\eta)-\xi(t_6-t_5) \\ 1+r_5(1-2\eta)-\xi(r_5+r_6) \\ -q_5(1-2\eta)+\xi(q_5+q_6) \\ \xi(t_4+t_6) \\ \xi(r_4-r_6) \\ -\xi(q_4-q_6) \\ t_5(1-2\eta)-\xi(t_4+t_5) \\ -1+r_5(1-2\eta)+\xi(r_4-r_5) \\ -q_5(1-2\eta)-\xi(q_4-q_5) \end{bmatrix} \tag{C.3-5}$$

式中，$p_k=-6x_{ij}/l_{ij}^2$，$t_k=-6y_{ij}/l_{ij}^2$，$q_k=3x_{ij}y_{ij}/l_{ij}^2$，$r_k=3y_{ij}^2/l_{ij}^2$；节点（$k$=4，5，6）分别对应三角形边（$ij$=23，31，12）的中点。

附录D

四边形Mindlin等参板单元的形状函数

本附录内容对应本书第 4.3.2 节。

D.1 四边形 Mindlin 等参板单元的形函数

四边形 Mindlin 等参板单元的坐标变换式为：

$$\begin{cases} \hat{x} = \sum\limits_{i=i,j,m,p} N_i \hat{x}_i = N_i \hat{x}_i + N_j \hat{x}_j + N_\mathrm{m} \hat{x}_m + N_p \hat{x}_p \\ \hat{y} = \sum\limits_{i=i,j,m,p} N_i \hat{y}_i = N_i \hat{y}_i + N_j \hat{y}_j + N_m \hat{y}_m + N_p \hat{y}_p \end{cases} \tag{D.1-1}$$

位移变换式采用相同的插值形式，即：

$$\begin{cases} \hat{\boldsymbol{u}} = \sum\limits_{i=i,j,m,p} N_i \hat{\boldsymbol{u}}_i \\ \hat{\boldsymbol{u}}_\theta = \sum\limits_{i=i,j,m,p} N_i \hat{\boldsymbol{u}}_{\theta i} \end{cases} \tag{D.1-2}$$

D.2 四边形 Mindlin 等参板单元的几何矩阵

式（4.3-12）中几何矩阵包括弯曲（含剪切）关系矩阵 $\boldsymbol{B}'_\mathrm{b}$、平面拉伸关系矩阵 $\boldsymbol{B}^*_\mathrm{s}$。其具体表达式为：

$$\boldsymbol{B}'_\mathrm{b} = \begin{bmatrix} \hat{z}\boldsymbol{B}_\mathrm{b} \\ \boldsymbol{B}_\mathrm{s} \end{bmatrix} \tag{D.2-1}$$

式中，

$$\boldsymbol{B}_\mathrm{b} = [\boldsymbol{B}_{\mathrm{b}i} \quad \boldsymbol{B}_{\mathrm{b}j} \quad \boldsymbol{B}_{\mathrm{b}m} \quad \boldsymbol{B}_{\mathrm{b}p}] \tag{D.2-2}$$

$$\boldsymbol{B}_\mathrm{s} = [\boldsymbol{B}_{\mathrm{s}i} \quad \boldsymbol{B}_{\mathrm{s}j} \quad \boldsymbol{B}_{\mathrm{s}m} \quad \boldsymbol{B}_{\mathrm{s}p}] \tag{D.2-3}$$

式中，子矩阵为：

$$\boldsymbol{B}_{\mathrm{b}i}=\begin{bmatrix}0 & 0 & \dfrac{\partial N_i}{\partial x}\\ 0 & -\dfrac{\partial N_i}{\partial y} & 0\\ 0 & -\dfrac{\partial N_i}{\partial x} & \dfrac{\partial N_i}{\partial y}\end{bmatrix},(i=i,j,m,p) \tag{D. 2-4}$$

$$\boldsymbol{B}_{\mathrm{s}i}=\begin{bmatrix}\dfrac{\partial N_i}{\partial y} & -N_i & 0\\ \dfrac{\partial N_i}{\partial x} & 0 & N_i\end{bmatrix},(i=i,j,m,p) \tag{D. 2-5}$$

附录E

四节点四面体单元的形状函数

本附录对应本书第 10.3.2 节。

E.1 四节点四面体单元的形状函数

四节点四面体单元的坐标变换式为：

$$\begin{cases}\hat{x}=\sum\limits_{i=i,j,m,p}N_i\hat{x}_i=N_i\hat{x}_i+N_j\hat{x}_j+N_m\hat{x}_m+N_p\hat{x}_p\\ \hat{y}=\sum\limits_{i=i,j,m,p}N_i\hat{y}_i=N_i\hat{y}_i+N_j\hat{y}_j+N_m\hat{y}_m+N_p\hat{y}_p\\ \hat{z}=\sum\limits_{i=i,j,m,p}N_i\hat{z}_i=N_i\hat{z}_i+N_j\hat{z}_j+N_m\hat{z}_m+N_p\hat{z}_p\end{cases}\tag{E.1-1}$$

四面体的 4 个角点（i，j，m，p）在直角变形坐标系中的位置为 i（$\hat{x}_i$，$\hat{y}_i$，$\hat{z}_i$），j（$\hat{x}_j$，$\hat{y}_j$，$\hat{z}_j$）和 m（$\hat{x}_m$，$\hat{y}_m$，$\hat{z}_m$），p（$\hat{x}_p$，$\hat{y}_p$，$\hat{z}_p$），其中任意点 p 的位置为 p（$\hat{x}$，$\hat{y}$，$\hat{z}$）。

位移变换式采用相同的插值形式，即：

$$\hat{\boldsymbol{u}}=\sum_{i=i,j,m,p}N_i\hat{\boldsymbol{u}}_i\tag{E.1-2}$$

式中，位移插值函数（即：形函数）N_i 为：

$$\begin{cases}N_i=\dfrac{(a_i+b_ix+c_iy+d_iz)}{6V}\\ N_j=-\dfrac{(a_j+b_jx+c_jy+d_jz)}{6V}\\ N_m=\dfrac{(a_m+b_mx+c_my+d_mz)}{6V}\\ N_p=-\dfrac{(a_p+b_px+c_py+d_pz)}{6V}\end{cases}\tag{E.1-3}$$

式中，四面体的体积 V 为：

$$V=\frac{1}{6}\begin{vmatrix}1 & x_i & y_i & z_i \\ 1 & x_j & y_j & z_j \\ 1 & x_m & y_m & z_m \\ 1 & x_p & y_p & z_p\end{vmatrix} \tag{E.1-4}$$

式中，$a_i=\begin{vmatrix}x_j & y_j & z_j \\ x_m & y_m & z_m \\ x_p & y_p & z_p\end{vmatrix}$，$b_i=-\begin{vmatrix}1 & y_j & z_j \\ 1 & y_m & z_m \\ 1 & y_p & z_p\end{vmatrix}$，$c_i=-\begin{vmatrix}x_j & 1 & z_j \\ x_m & 1 & z_m \\ x_p & 1 & z_p\end{vmatrix}$，

$d_i=-\begin{vmatrix}x_j & y_j & 1 \\ x_m & y_m & 1 \\ x_p & y_p & 1\end{vmatrix}$。

在右手坐标系中，当按照 $i \to j \to m$ 的方向转动时，右手螺旋应向 p 的方向前进。

E.2　四节点四面体单元的几何矩阵

式（10.3-10）中几何矩阵 $\boldsymbol{B}$ 的表达式为：

$$\boldsymbol{B}=[\boldsymbol{B}_i \quad -\boldsymbol{B}_j \quad \boldsymbol{B}_m \quad -\boldsymbol{B}_p] \tag{E.2-1}$$

式中，子矩阵 $[\boldsymbol{B}_i]$ 为：

$$[\boldsymbol{B}_i]=\frac{1}{6V}\begin{bmatrix}b_i & 0 & 0 \\ 0 & c_i & 0 \\ 0 & 0 & d_i \\ c_i & b_i & 0 \\ 0 & d_i & c_i \\ d_i & 0 & b_i\end{bmatrix}, i=(i,j,m,p) \tag{E.2-2}$$

几何矩阵 $\boldsymbol{B}$ 为常应变矩阵。

附录F

八节点六面体等参单元的形状函数

本附录对应本书第10.4.2节。

F.1 正方体的单元坐标

对于八节点六面体等参单元，局部坐标系下的正方体单元坐标为（ξ，η，ζ），式（10.4-11）中单元形状函数 N_i（ξ，η，ζ）的表达式为：

$$N_i(\xi,\eta,\zeta)=\frac{1}{8}(1+\xi_i\xi)(1+\eta_i\eta)(1+\zeta_i\zeta),(i=a,b,\cdots,h) \quad \text{(F. 1-1)}$$

式中，ξ_i，η_i 和 ζ_i 是单位正方体单元八个节点的单元坐标，对于角节点分别为1或−1，即：

$$\begin{cases}\xi_{a,b,\cdots,h}=-1,\quad 1,\quad 1,\quad -1,\quad -1,\quad 1,\quad 1,\quad -1\\ \eta_{a,b,\cdots,h}=-1,\quad -1,\quad 1,\quad 1,\quad -1,\quad -1,\quad 1,\quad 1\\ \zeta_{a,b,\cdots,h}=-1,\quad -1,\quad -1,\quad -1,\quad 1,\quad 1,\quad 1,\quad 1\end{cases} \quad \text{(F. 1-2)}$$

在单元形心上，$N_i(0,\ 0,\ 0)=1/8$。

在节点（a，b，…，h）上的形函数具有下列关系：

$$\begin{cases}N_i(\xi_i,\eta_i,\zeta_i)=1, i=a,b,\cdots,h\\ N_i(\xi_j,\eta_j,\zeta_j)=0, j\neq i\\ \sum\limits_{i=a,b,\cdots,h}N_i=1\end{cases} \quad \text{(F. 1-3)}$$

F.2 单元坐标与直角坐标的转换

八节点六面体等参单元的坐标变换式为：

$$\begin{cases}\hat{x}=\sum\limits_{i=a,b,\cdots,h}N_i\hat{x}_i\\ \hat{y}=\sum\limits_{i=a,b,\cdots,h}N_i\hat{y}_i\\ \hat{z}=\sum\limits_{i=a,b,\cdots,h}N_i\hat{z}_i\end{cases} \tag{F. 2-1}$$

单元坐标系和变形坐标系下的转换可通过雅可比矩阵 $\boldsymbol{J}$ 来完成。式（F. 3-1）中的偏导数，采用复合函数求导法则进行转换，有：

$$\begin{cases}\dfrac{\partial N_i}{\partial\xi}=\dfrac{\partial N_i}{\partial\hat{x}}\dfrac{\partial\hat{x}}{\partial\xi}+\dfrac{\partial N_i}{\partial\hat{y}}\dfrac{\partial\hat{y}}{\partial\xi}+\dfrac{\partial N_i}{\partial\hat{z}}\dfrac{\partial\hat{z}}{\partial\xi}\\ \dfrac{\partial N_i}{\partial\eta}=\dfrac{\partial N_i}{\partial\hat{x}}\dfrac{\partial\hat{x}}{\partial\eta}+\dfrac{\partial N_i}{\partial\hat{y}}\dfrac{\partial\hat{y}}{\partial\eta}+\dfrac{\partial N_i}{\partial\hat{z}}\dfrac{\partial\hat{z}}{\partial\eta}\\ \dfrac{\partial N_i}{\partial\zeta}=\dfrac{\partial N_i}{\partial\hat{x}}\dfrac{\partial\hat{x}}{\partial\zeta}+\dfrac{\partial N_i}{\partial\hat{y}}\dfrac{\partial\hat{y}}{\partial\zeta}+\dfrac{\partial N_i}{\partial\hat{z}}\dfrac{\partial\hat{z}}{\partial\zeta}\end{cases} \tag{F. 2-2}$$

也即：

$$\begin{Bmatrix}\dfrac{\partial N_i}{\partial\xi}\\ \dfrac{\partial N_i}{\partial\eta}\\ \dfrac{\partial N_i}{\partial\zeta}\end{Bmatrix}=\boldsymbol{J}\begin{Bmatrix}\dfrac{\partial N_i}{\partial\hat{x}}\\ \dfrac{\partial N_i}{\partial\hat{y}}\\ \dfrac{\partial N_i}{\partial\hat{z}}\end{Bmatrix}=\begin{bmatrix}\dfrac{\partial\hat{x}}{\partial\xi} & \dfrac{\partial\hat{y}}{\partial\xi} & \dfrac{\partial\hat{z}}{\partial\xi}\\ \dfrac{\partial\hat{x}}{\partial\eta} & \dfrac{\partial\hat{y}}{\partial\eta} & \dfrac{\partial\hat{z}}{\partial\eta}\\ \dfrac{\partial\hat{x}}{\partial\zeta} & \dfrac{\partial\hat{y}}{\partial\zeta} & \dfrac{\partial\hat{z}}{\partial\zeta}\end{bmatrix}\begin{Bmatrix}\dfrac{\partial N_i}{\partial\hat{x}}\\ \dfrac{\partial N_i}{\partial\hat{y}}\\ \dfrac{\partial N_i}{\partial\hat{z}}\end{Bmatrix} \tag{F. 2-3}$$

引入矢径及其偏导数的记号为：$\boldsymbol{r}=[\hat{x}\quad\hat{y}\quad\hat{z}]^{\mathrm{T}}$，$\boldsymbol{s}=\dfrac{\partial\boldsymbol{r}}{\partial\xi}=\left[\dfrac{\partial\hat{x}}{\partial\xi}\quad\dfrac{\partial\hat{y}}{\partial\xi}\quad\dfrac{\partial\hat{z}}{\partial\xi}\right]^{\mathrm{T}}$，$\boldsymbol{t}=\dfrac{\partial\boldsymbol{r}}{\partial\eta}=\left[\dfrac{\partial\hat{x}}{\partial\eta}\quad\dfrac{\partial\hat{y}}{\partial\eta}\quad\dfrac{\partial\hat{z}}{\partial\eta}\right]^{\mathrm{T}}$，$\boldsymbol{v}=\dfrac{\partial\boldsymbol{r}}{\partial\zeta}=\left[\dfrac{\partial\hat{x}}{\partial\zeta}\quad\dfrac{\partial\hat{y}}{\partial\zeta}\quad\dfrac{\partial\hat{z}}{\partial\zeta}\right]^{\mathrm{T}}$，则雅克比矩阵 $\boldsymbol{J}$ 为：

$$\boldsymbol{J}=[\boldsymbol{s}\quad\boldsymbol{t}\quad\boldsymbol{v}]^{\mathrm{T}} \tag{F. 2-4}$$

雅可比矩阵 $\boldsymbol{J}$ 的逆矩阵 $\boldsymbol{J}^{-1}$ 的表达式为：

$$\boldsymbol{J}^{-1}=[\boldsymbol{t}\times\boldsymbol{v}\quad\boldsymbol{v}\times\boldsymbol{s}\quad\boldsymbol{s}\times\boldsymbol{t}]^{\mathrm{T}}/|\boldsymbol{J}| \tag{F. 2-5}$$

式中，雅克比矩阵 $|\boldsymbol{J}|$ 的表达式为：

$$|\boldsymbol{J}|=\boldsymbol{s}\cdot\boldsymbol{t}\times\boldsymbol{v}=\boldsymbol{t}\cdot\boldsymbol{v}\times\boldsymbol{s}=\boldsymbol{s}\times\boldsymbol{t}\cdot\boldsymbol{v} \tag{F. 2-6}$$

F. 3　八节点六面体等参单元的几何矩阵

式（10. 4-13）中几何矩阵 $\boldsymbol{B}$ 的表达式为：

$$\boldsymbol{B}=[\boldsymbol{B}_{\mathrm{a}}\quad\boldsymbol{B}_{\mathrm{b}}\quad\boldsymbol{B}_{\mathrm{c}}\quad\boldsymbol{B}_{\mathrm{d}}\quad\boldsymbol{B}_{\mathrm{e}}\quad\boldsymbol{B}_{\mathrm{f}}\quad\boldsymbol{B}_{\mathrm{g}}\quad\boldsymbol{B}_{\mathrm{h}}] \tag{F. 3-1}$$

子矩阵 $\boldsymbol{B}_i$ 为：

$$\boldsymbol{B}_i(\xi,\eta,\zeta)=\begin{bmatrix} \frac{\partial N_i}{\partial \hat{x}} & 0 & 0 \\ 0 & \frac{\partial N_i}{\partial \hat{y}} & 0 \\ 0 & 0 & \frac{\partial N_i}{\partial \hat{z}} \\ 0 & \frac{\partial N_i}{\partial \hat{z}} & \frac{\partial N_i}{\partial \hat{y}} \\ \frac{\partial N_i}{\partial \hat{z}} & 0 & \frac{\partial N_i}{\partial \hat{x}} \\ \frac{\partial N_i}{\partial \hat{y}} & \frac{\partial N_i}{\partial \hat{x}} & 0 \end{bmatrix} \tag{F. 3-2}$$

参考文献

[1] Ting E C，Shih C，Wang Y K. Fundamentals of a vector form intrinsic finite element：Part Ⅰ. Basic procedure and a plane frame element [J]. Journal of Mechanics，2004，20 (2)：113-122.

[2] Ting E C，Shih C，Wang Y K. Fundamentals of a vector form intrinsic finite element：Part Ⅱ. Plane solid elements [J]. Journal of Mechanics，2004，20 (2)：123-132.

[3] Ting E C，Shih C，Wang Y K. Fundamentals of a vector form intrinsic finite element：Part Ⅲ. Convected material frame and examples [J]. Journal of Mechanics，2004，20 (2)：133-143.

[4] 丁承先，段元锋，吴东岳. 向量式结构力学 [M]. 北京：科学出版社，2012.

[5] Wu T，Wang R，Wang C. Large deflection analysis of flexible planar frames [J]. Journal of the Chinese Institute of Engineers，2006，29 (4)：593-606.

[6] 袁行飞，艾科热木江·塞米，马烁. 一致质量矩阵在向量式有限元中的应用 [J]. 华中科技大学学报（自然科学版），2019，47 (11)：37-42.

[7] Wang C Y，Wang R Z，Chuang C C，et al. Nonlinear dynamic analysis of reticulated space truss structure [J]. Journal of Mechanics，2006，22 (3)：199-212.

[8] 俞锋，尹雄，罗尧治，等. 考虑接触点摩擦的索滑移行为分析 [J]. 工程力学，2017，34 (08)：42-50.

[9] Wang C Y，Wang R Z，Wu T Y，et al. Nonlinear discontinuous deformation analysis of structure [C]. Proceedings of the Sixth International Conference on Analysis of Discontinuous Deformation (ICADD-6)，A. A. Balkema Publishers，2003：79-91.

[10] 喻莹，谭长波，金林，等. 基于有限质点法的单层球面网壳强震作用下连续倒塌破坏研究 [J]. 工程力学，2016，33 (5)：134-141.

[11] Chang P Y，Tseng K W，Lee H H，et al. A new vector form of finite element applied to offshore structures [C]，4th International Conference on Advances in Structural Engineering and Mechanics，2008.

[12] 孙友刚，徐俊起，王素梅，等. 基于向量式有限元法的磁浮列车磁力耦合系统建模与数值分析 [J]. 同济大学学报（自然科学版），2021，49 (12)：1635-1641.

[13] 陈务军. 膜结构工程设计 [M]. 北京：中国建筑工业出版社，2005.

[14] 王勖成. 有限单元法 [M]. 北京：清华大学出版社，2008.

[15] 江见鲸，何放龙，何益斌，等. 有限元法及其应用 [M]. 北京：机械工业出版社，2006.

[16] 铁摩辛柯 S，沃诺斯基 S. 板壳理论 [M]. 翻译组，译. 北京：科学出版社，1977.

[17] Clough R W，Tocher J L. Finite element stiffness matrices for analysis of plate bending [C]. In Proceedings of the Conference on Matrix Methods in Structural Mechanics，in AFFDL TR 66-80，1966：515-545.

[18] Batos J, Bathe K, Ho L. A study of three-node triangular plate bending elements [J]. International Journal for Numerical Methods in Engineering, 1980, 15 (12): 1771-1812.

[19] Green B E, Strome D R, Weikel R C. Application of the stiffness method to the analysis of shell structures [C]. Procedures on Aviation Conference, American Society of Mechanical Engineers, Los Angeles, March, 1961.

[20] Bathe K J, Ho L W. A simple and effective element for analysis of general shell structures [J]. Computers and Structures, 1981, 13 (5): 673-681.

[21] Bletzinger K U, Ramm E. A general finite element approach to the form finding of tensile structures by the updated reference strategy [J]. International Joumal of Space Struetures, 1999, 14 (2): 131-145.

[22] Maurin B, Motro R. The surface stress density method as a form-finding tool for tensile membranes [J]. Engineering Structures, 1998, 20 (8): 712-719.

[23] 张华，单建. 张拉膜结构的动力松弛法研究 [J]. 应用力学学报，2002，19 (1): 84-86.

[24] Valdés J G, Miquel J, Oñate E. Nonlinear finite element analysis of orthotropic and prestressed membrane structures [J]. Finite Elements in Analysis and Design, 2009, 45 (6-7): 395-405.

[25] 周树路，叶继红. 膜结构找形方法——改进力密度法 [J]. 应用力学学报，2008，25 (3): 421-425.

[26] Cowper G R, Symonds P S. Strain-hardening and strain-rate effects in the impact loading of cantilever beams [R]. Report No. 28. Providence: Division of Applied Mathematics, Brown University, 1957.

[27] Johnson G R, Cook W H. A constitutive model and data for metals subjected to large strains high strain rates and high temperatures [C] //Proceedings of the 7th International Symposium on Ballistics. The hague, Netherlands: International Ballistics Committee, 1983, 21: 541-547.

[28] Miyamura T. Wrinkling of stretched circular membrane under in-plane torsion: bifurcation analysis and experiments [J]. Engineering Structure, 2000, 22 (11): 1407-1425.

[29] 谭锋，杨庆山，张建. 薄膜结构褶皱分析的有限元法 [J]. 工程力学，2006，23 (S1): 62-68.

[30] 李云良，谭惠丰，王晓华. 矩形薄膜和充气管的屈曲及后屈曲行为分析 [J]. 航空学报，2008，29 (4): 886-892.

[31] Miller R K, Hedgepeth J M. Finite element analysis of partly wrinkled membranes [J]. Computers & Structures, 1985, 20 (1/2/3): 631-639.

[32] Fujikake M, Kojima O, Fukushima S. Analysis of fabric tension structures [J]. Computers & Structures, 1989, 32 (3/4): 537-547.

[33] 谭锋，杨庆山，李作为. 薄膜结构分析中的褶皱判别准则及其分析方法 [J]. 北京交通

大学学报，2006，30（1）：35-39.

[34] 刘正兴，叶榕．薄壳后屈曲分析的载荷-位移交替控制法［J］．上海交通大学学报，1990，24（3）：38-44.

[35] Lee K，Han S E，Hong J W. Post-buckling analysis of space frames using concept of hybrid arc-length methods［J］. International Journal of Non-Linear Mechanics，2014，58：76-88.

[36] Fang H，Lou M，Hah J. Deployment study of a self-rigidizable inflatable boom［J］. Journal of Spacecraft and Rokets，2006，43（1）：25-30.

[37] 李良春，黄刚，李文生，等．基于 ANSYS/LS-DYNA 的新型着陆缓冲气囊仿真分析［J］．包装工程，2012，33（15）：16-20.

[38] Gupat N K，Venkatesh S. Experimental and numerical studies of dynamic axial compression of thin walled spherical shells［J］. International Journal of Impact Engineering，2004，30（8/9）：1225-1240.

[39] Liu J J，Wan Z Q，Qi E R，et al. Numerical simulations of the damage process of double cylindrical shell structure subjected to an impact［J］. Journal of Ship Mechanics，2010，14（6）：660-669.

[40] Giles A S，Nigel J，Jonathan H. Adhesion of thin coatings：the VAMAS（TWA 22-2）Inter laboratory Exercise［J］. Surface and Coatings Technology，2005，197（2）：336-344.

[41] Fang H，Lou M，Hah J. Deployment study of a self-rigidizable inflatable boom［J］. Journal of Spacecraft and Rokets，2006，43（1）：25-30.

[42] Manjit S，Suneja H R，Bola M S，et al. Dynamic tensile deformation and fracture of metal cylinders at high strain rates［J］. International Journal of Impact Engineering，2002，27（9）：939-954.

[43] Sikhanda S，Stephan B. Response of long rods to moving lateral pressure pulse：numerical evaluation in DYNA 3D［J］. International Journal of Impact Engineering，2001，26（1）：663-674.

[44] 李波．张拉索膜结构施工过程模拟分析研究［D］．北京：北京交通大学，2008.

[45] 柴洪伟，潘钦，曹国宗．车辐式结构张拉方案与关键技术研究［J］．空间结构，2011，17（2）：54-58.

[46] 江磊鑫，郭彦林，田广宇．索杆结构张拉过程模拟分析方法研究［J］．空间结构，2010，16（1）：11-18，34.

[47] 赵阳，王震，彭涛．向量式有限元膜单元及其在膜结构褶皱分析中的应用［J］．建筑结构学报，2015，36（1）：127-135.

[48] 王震，赵阳．膜结构大变形分析的向量式有限元 4 节点膜单元［J］．土木建筑与环境工程，2013，35（4）：60-67.

[49] Tsiatas G C，Katsikadelis J T. Large deflection analysis of elastic space membranes［J］. International Journal for Numerical Method in Engineering，2006，65（2）：264-294.

[50] Noguchi H，Kawashima T，Miyamura T. Element free analysis of shell and spatial structures [J]. International Journal for Numerical Method in Engineering，2000，47 (6)：1215-1240.

[51] 王震，赵阳，胡可. 基于向量式有限元的三角形薄板单元 [J]. 工程力学，2014，31 (1)：37-45.

[52] Bergan P G，Wang X. Quadrilateral plate bending elements with shear deformations [J]. Computers and Structures，1984，1 (9)：25-34.

[53] 王勖成，邵敏. 有限单元法基本原理和数值方法（第 2 版）[M]. 北京：清华大学出版社，1997.

[54] 徐荣桥. 结构分析的有限元法与 MATLAB 程序设计 [M]. 北京：人民交通出版社，2006.

[55] 何东升，唐立民. 弱连续条件下的九参三角形板元 [J]. 力学学报，2002，34 (6)：924-934.

[56] 曹志远. 板壳振动理论 [M]. 北京：中国铁道出版社，1989.

[57] Roapk R J，Young W C. Formulas for Stress and Strain [M]. 5nd ed. McGraw-Hill BookCompany，Inc，1975，376-380.

[58] 王震，赵阳，胡可. 基于向量式有限元的三角形薄壳单元研究 [J]. 建筑结构学报，2014，35 (4)：64-70.

[59] Horrigmoe G，Bergan P G. Nonlinear analysis of free-form shells by flat finite element [J]. Computer Methods in Applied Mechanics and Engineering，1978，16 (1)：11-35.

[60] 王震，赵阳. 膜结构大变形分析的向量式有限元 4 节点膜单元 [J]. 土木建筑与环境工程，2013，35 (4)：60-67.

[61] 王震，胡可，赵阳. 考虑 Cowper-Symonds 黏塑性材料本构的向量式有限元三角形薄壳单元研究 [J]. 建筑结构学报，2014，35 (4)：71-77.

[62] Wu T Y，Wang C Y，Chuang C C，et al. Motion analysis of 3D membrane structures by a vector form intrinsic finite element [J]. Journal of the Chinese Institute of Engineers，2007，30 (6)：961-976.

[63] Wu T Y，Ting E C. Large deflection analysis of 3D membrane structures by a 4-node quadrilateral intrinsic element [J]. Thin-Walled Structures，2008，46 (3)：261-275.

[64] 高柏峰，崔振山，黄健等. 基于非线性有限元法的膜结构找形研究 [J]. 燕山大学学报，2002，26 (4)：331-224.

[65] 李阳. 建筑膜材料和膜结构的力学性能研究与应用 [D]. 上海：同济大学，2007.

[66] 董石麟，罗尧治，赵阳等. 新型空间结构分析、设计与施工 [M]. 北京：人民交通出版社，2006.

[67] Chen H，Liew J Y. Explosion and fire analysis of steel frames using mixed element approach [J]. Journal of Engineering Mechanics，2005，131 (6)：606-616.

[68] 王震，赵阳，杨学林. 平面薄膜结构屈曲行为的向量式有限元分析 [J]. 浙江大学学报（工学版），2015，49 (6)：1116-1122.

[69] 于磊，赵阳，王震．考虑膜材各向异性的膜结构褶皱分析［J］．工程力学，2015，32（6）：183-191.

[70] 王震，赵阳，杨学林．薄壳结构的向量式有限元屈曲行为分析［J］．中南大学学报（自然科学版），2016，47（6）：2058-2064.

[71] 马瑞，张建，杨庆山．基于薄壳单元的膜材褶皱发展过程研究［J］．工程力学，2011，28（8）：70-76.

[72] 王长国．空间薄膜结构皱曲行为与特性研究［D］．哈尔滨：哈尔滨工业大学，2007.

[73] Roddeman D G，Drukker J，Oomens C W，et al. The wrinkling of thin membrane：part I：theory［J］. Journal of Applied Mechanics，ASME，1987，54（4）：884-887.

[74] 王瑞章．二向应力状态最大主应力方向的最简判别［J］．力学与实践，1991，13（5）：65-66.

[75] 梁珂，孙秦，Zafer Gurdal．结构非线性屈曲分析的有限元降阶方法［J］．华南理工大学学报（自然科学版），2013，41（2）：105-110.

[76] 邢小东，侯飞．轴向冲击载荷下圆柱壳动力屈曲的计算机仿真［J］．机械管理开发，2008，23（1）：77-78.

[77] 王震，赵阳．膜材碰撞接触分析的向量式有限元法［J］．计算力学学报，2014，31（3）：378-383.

[78] 王震，赵阳，杨学林．薄膜断裂和穿透的向量式有限元分析及应用［J］．计算力学学报，2018，35（3）：315-320.

[79] 王震，赵阳，杨学林．薄壳结构碰撞、断裂和穿透行为的向量式有限元分析［J］．建结构学报，2016，37（6）：53-59.

[80] Bridson R，Fedkiw R，Anderson J. Robust treatment of collisions，contact and friction for cloth animation［J］. ACM Transactions on Graphics（ACM SIGGRAPH）（S0730-0301），2002，21（3）：594-603.

[81] Suri S，Hubbard P M，Hughes J F. Analyzing bounding box for object intersection［J］. ACM Transactions on Graphics，1999，18（3）：257-277.

[82] Zang M，Gao W，Lei Z. A contact algorithm for 3D discrete and finite element contact problems based on penalty function method［J］. Computational Mechanics，2011，48（5）：541-550.

[83] 姜清辉，周创兵，张煜．三维数值流形方法的点-面接触模型［J］．计算力学学报，2006，23（5）：569-572.

[84] 吴明儿，戴璐，慕仝．ePTFE 膜材力学性能试验研究［J］．建筑材料学报，2010，13（5）：632-635.

[85] 高重阳．内部爆炸荷载下柱壳结构破裂问题的研究［D］．北京：清华大学，2001.

[86] 王震，赵阳，杨学林．基于向量式有限元的实体结构非线性行为分析［J］．建筑结构学报，2015，36（3）：133-140.

[87] 王震，赵阳，杨学林．基于六面体网格的向量式有限元分析及应用［J］．计算力学学报，2018，35（4）：480-486.

[88] Pawlak T P，Yunus S M，Cook R D. Solid element with rotational degrees of freedom：part Ⅱ - tetrahedron elements [J]. International Journal for Numerical Methods in Engineering，1991，31 (3)：593-610.

[89] Taylor R L，Beresford P L，Wilson E L. A non-conforming element for stress analysis [J]. International Journal for Numerical Methods in Engineering，1976，10 (6)：1211-1219.

[90] Cao Y P，Hu N，Lu J，et al. A 3D brick element based on Hu-Washizu variational principle for mesh distortion [J]. International Journal for Numerical Methods in Engineering，2002，53 (11)：2529-2548.

[91] 李宏光，岑松，龙驭球，等. 六面体单元体积坐标方法 [J]. 工程力学，2008，25 (10)：12-18.

[92] 朱伯芳. 有限单元法原理与应用（第 4 版）[M]. 北京：中国水利水电出版，2018：106-117.

[93] Zukas J A. Survey of computer for impact simulation. In：high velocity impact dynamics [M]. Wiley-Interscience，1990：593-714.

[94] Suri S，Hubbard P M，Hughes J J. Collision Detection in Aspect and Scale Bounded Polyhedra [C] // Proceedings of the 9th Annual ACM-SIAM Symposium on Discrete Algorithms. New York：Society for Industrial and Applied Mathematics，1998：127-136.

[95] 时党勇，李裕春，张胜民. 基于 ANSYS/LS-DYNA 8.1 进行显示动力分析 [M]. 北京：清华大学出版社，2005：331-340.